国家科学技术学术著作出版基金资助出版

先进冷喷涂金属固态沉积技术：
理论与应用

李长久　李文亚　雒晓涛
　　　　　　　　　　　　　　著
殷　硕　黄春杰　徐雅欣

科学出版社

北　京

内 容 简 介

本书系统介绍了冷喷涂技术原理、工艺、设备及工业应用，基于应用现状提出了冷喷涂固态增材制造技术的概念，可为冷喷涂技术在国内关键构件上的应用提供理论指导。全书共 10 章：第 1 章介绍冷喷涂原理、特点、历史及研究与应用现状；第 2 章系统介绍冷喷涂粒子结合机理；第 3 章和第 4 章分别介绍冷喷涂粒子加速加热行为与碰撞变形行为；第 5 章和第 6 章分别介绍冷喷涂层组织演变特征与性能；第 7 章介绍改善冷喷涂层组织与性能的方法；第 8 章介绍冷喷涂装备系统；第 9 章系统介绍冷喷涂材料的工业应用；第 10 章为冷喷涂技术的展望与新机遇。

本书可供材料加工、表面工程、增材制造等相关领域研究人员、工程技术人员或相关从业者阅读，也可作为材料科学与工程、机械工程专业本科生及研究生的参考书。

图书在版编目(CIP)数据

先进冷喷涂金属固态沉积技术：理论与应用 / 李长久等著. —北京：科学出版社，2023.11
　ISBN 978-7-03-074502-6

Ⅰ. ①先…　Ⅱ. ①李…　Ⅲ. ①冷喷涂－金属－固态－沉积
Ⅳ. ①TG174.442

中国版本图书馆 CIP 数据核字（2022）第 257855 号

责任编辑：祝　洁　罗　瑶 / 责任校对：崔向琳
责任印制：赵　博 / 封面设计：陈　敬

科　学　出　版　社 出版
北京东黄城根北街 16 号
邮政编码：100717
http://www.sciencep.com

中煤（北京）印务有限公司印刷
科学出版社发行　各地新华书店经销
*

2023 年 11 月第 一 版　开本：720×1000　1/16
2024 年 9 月第二次印刷　印张：27
字数：544 000

定价：358.00 元

（如有印装质量问题，我社负责调换）

前　言

日新月异的先进材料与技术推动了人类社会生产与工业制造的巨大进步。一种物质在另一种物质表面的沉积可颠覆性地改变材料的表面性能，不仅可使物体的服役效能显著提升，还可以使部件在本不可能服役的环境下以超高的性能服役。因此，表面改性与涂层技术方兴未艾，新的涂层制备方法层出不穷。冷喷涂是类似于弹丸高速碰撞在物体表面后沉积物质的新方法，其想法早在 100 余年前就有人提出，而真正作为具有实用价值的涂层制备技术被提出并得到研究仅有约 30 年时间。冷喷涂技术的出现与发展也更新了广为人知的增材制造（3D 打印）技术范畴，从液态凝固成形过渡到固态直接成形，产生了诸多意想不到的优点。因此，冷喷涂既是一种新兴的材料涂层沉积技术，又是一种特殊的增材制造方法，具有广阔的应用前景。

本书为我国冷喷涂技术研究的系统专著。作者团队是国内外最早从事冷喷涂技术研究的一批学者，研究成果为冷喷涂技术的发展与应用提供了重要的理论依据，其引领性与实用价值在国内外获得广泛的认可。本书主要包括作者团队 20 年来在冷喷涂结合机理、工艺、设备与应用等方面的研究经验，既包括冷喷涂材料沉积机理与冷喷涂装备工作原理等基础原理，又突出新型固态材料沉积技术的技术特点和应用前景，有助于读者从基础原理、装备与具体应用系统掌握冷喷涂技术。

感谢合作者法国贝尔福-蒙贝利亚技术大学廖汉林教授与 Christian Coddet 教授，日本大阪大学 Ninshu Ma 教授，大连理工大学王晓放教授，德国汉堡联邦国防军大学 Frank Gaertner 博士与 Thomas Klassen 教授，爱尔兰都柏林圣三一大学 Rocco Lupoi 副教授。感谢好友郭学平、张超、张嘎、邓思豪、王洪任、所新坤、李华、黄仁忠、谢迎春、李成新、杨冠军、李相波、许康威、谢信亮、赵蒙意、曾光等对本书出版的支持与帮助。感谢参与本书相关研究工作的 40 余位博士研究生和硕士研究生。

感谢陕西德维自动化有限公司李伯奇总经理在冷喷涂实验方面的支持。

感谢国家自然科学基金项目（50171052、51005180、50725101、51574196、51401158、50115814、51701161、51875443、52061135101、52375379）、国家重点研发计划项目（2016YFB0701203）、国家重点基础研究发展计划（973 计划）项目、装备预研项目、基础加强项目、两机中心重点项目等资助，感谢北京宇航系统工程研究所、5702 厂、中车青岛四方机车车辆股份有限公司、美的集团股份有限公司、东莞精明五金科技有限公司、敏实汽车技术研发有限公司等企业的需求支持。

　　鉴于本书主要为作者的研究心得与观点，书中描述可能有不当之处，也可能存在疏漏，诚挚希望得到读者的批评与指正（李长久，email：licj@mail.xjtu.edu.cn；李文亚，email：liwy@nwpu.edu.cn；雒晓涛，email：luoxiaotao@xjtu.edu.cn）。

术　语　表

SP	shot peening（喷丸）
CS	cold spray / cold spraying（冷喷涂）
EXW	explosion welding（爆炸焊接）
MPW	magnetic pulse welding（磁脉冲焊接）
LIW	laser impact welding（激光冲击焊）
CGDS	cold gas dynamic spraying（冷气动力喷涂）
GDS	gas-dynamic spraying（气体动力喷涂）
KS	kinetic spray/spraying（动能喷涂）
AD	aerosol deposition（气悬浮喷涂）
VCS	vacuum cold spraying（真空冷喷涂）
CSAM	cold spray additive manufacturing（冷喷涂增材制造）
HPCS	high-pressure cold spray（高压冷喷涂）
HPCSS	high-pressure cold spray system（高压冷喷涂系统）
HPCS	low-pressure cold spray（低压冷喷涂）
LPCSS	low-pressure cold spray system（低压冷喷涂系统）
PLC	programmable logic controller（可编程序控制器）
ODS	oxide dispersion-strengthened alloy（氧化物弥散强化合金）
SST	supersonic spray technologies（超音速喷涂技术）
KM	kinetic mtallization（动力金属化）
KM-PCS	KM-production coating system（KM-涂层生产系统）
KM-MCS	KM-moblie coating system（KM-移动式涂层系统）
CFRP	carbon fiber reinforced polymer（碳纤维强化聚合物）
MMC	metal matrix composite（金属基复合材料）
PAD	powder aerosol deposition（粉末气浮沉积）
MD	molecular dynamics（分子动力学）
DE	deposition efficiency（沉积效率）
PGDS	pulsed gas dynamic spray（脉冲气体动力喷涂）

SISP　　　shockwave-induced spraying process（冲击波推进喷涂工艺）
SLD　　　supersonic laser deposition（超音速激光沉积）
LACS　　　laser-assisted cold spray（激光辅助冷喷涂）
EFACS　　electrostatic-force-assisted cold spray（静电场辅助冷喷涂）
MACS　　　magnetic-assisted cold spray（磁场辅助冷喷涂）

目　　录

第1章 绪 论

1.1 物体高速碰撞行为

在自然界、日常生活、工业生产或机械装备使用过程中，各种类型的相对碰撞现象时有发生，大到天体，如太空中的小行星、彗星等撞击行星，小到分子、原子、电子或质子，如质子对撞机。上述碰撞，有的有害，需要避免；有的有用，可加以利用。因此，这些现象引发了人类对碰撞现象、基于碰撞产生的问题相关技术原理及其应用等一系列问题的研究，以趋利避害。

根据碰撞物体的尺寸与碰撞速度可将碰撞分为不同的类型，图 1-1 为几种典型高速碰撞条件下物体尺寸与碰撞速度的范畴示意图。千万米级别天体碰撞或大型陨石等超大尺寸物体的超高速碰撞通常会造成毁灭性打击，如气候巨变、物种灭绝、沧海桑田。米级与十米量级的飞机、火车、汽车、轮船等交通工具的碰撞，通常会造成机毁人亡的灾难性事故，就连小小的飞鸟撞击都可以导致飞机的失事（又称"鸟撞"）。厘米和十厘米尺度的炮弹或子弹穿甲可以破坏武器装备，毁灭基础设施，造成人员伤亡。毫米尺度的砂粒或喷丸（shot peening，SP）会引起工件表面材料的变形或冲蚀，也可用来清洁材料表面、强化表面、成形大型曲面构件等。同样，流沙或风沙会造成工业设备零部件的表面磨蚀，导致零件失效甚至引

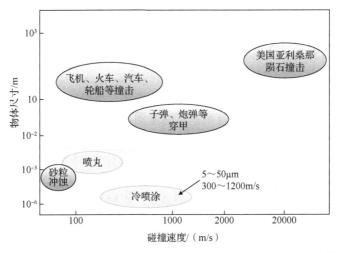

图 1-1 典型高速碰撞条件下物体尺寸与碰撞速度的范畴示意图[1]

起重大安全事故，但也可用来加工微孔、抛光内流道等。电子或质子虽然尺度更小，但近光速的对撞能产生巨大的能量，在高能粒子物理、凝聚态粒子天体物理领域有着重要的理论意义。本书所要讨论的冷喷涂（cold spray 或者 cold spraying，CS），是通过微米尺度（通常 5～50μm）粒子的高速（通常 300～1200m/s）碰撞实现材料的沉积[1]。

不同高速碰撞连接方法物体尺度如图 1-2 所示，除了冷喷涂技术外，通过高速撞击原理进行材料连接的技术还有爆炸焊接（explosion welding，EXW）、磁脉冲焊接（magnetic pulse welding，MPW）、激光冲击焊（laser impact welding，LIW）等[2]，尽管所连接构件的尺度不同，但均实现了材料界面的高强度固相结合。与传统基于熔化-凝固过程的金属焊接方法相比，固相连接具有显著的冶金优势，如无成分偏析、无元素烧损、无气孔、无热裂纹、残余应力低，以及可避免异种金属材料间形成脆性的金属间化合物等一系列优势。在金属涂层制备与热敏感金属材料沉积方面，冷喷涂技术相对于传统热喷涂技术与高能束熔覆技术，具有突出的冶金优势，已获得越来越多的学者与从业者的关注与应用。

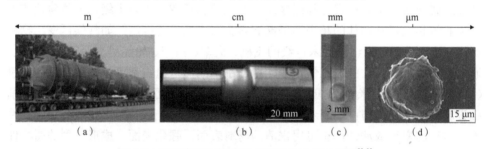

图 1-2　不同高速碰撞连接方法物体尺度示意图[2,3]

（a）爆炸焊接；（b）磁脉冲焊接；（c）激光冲击焊；（d）冷喷涂

1.2　冷喷涂技术的基本原理、概念及内涵

冷喷涂技术是一种基于气固两相流体动力学与高速碰撞动力学的粉末粒子累加成形方法，图 1-3 为冷喷涂技术原理示意图，整个过程分为两个阶段，一是粉末粒子加速加热过程［图 1-3（a）］，二是粒子碰撞［图 1-3（b）］与依次沉积累加过程［图 1-3（c）］。首先，将一路高压气体（称"加速气体"或"主气"）通过加热器加热到特定的温度；然后通入含有经过特殊设计的收缩-扩张型拉瓦尔（Laval）喷嘴（又称"拉瓦尔喷管"）的喷枪，当气体满足一定的临界条件时，气体流经 Laval 喷嘴喉部时被加速到音速，在扩张段达到超音速，离开 Laval 喷嘴出口进入大气气氛后，因产生冲击波而减速，到达基体表面后发生侧向流动；同时，另一路高压气体（也称"送粉气"）经送粉器，携带待喷涂的粉末粒子，通过送粉

嘴送入 Laval 喷嘴收缩段的特定位置,经具有一定温度的高速气流加速,获得较高的飞行速度,并且经气流加热获得一定的温度;当粉末粒子与气体两相流离开喷嘴出口后,仍然持续一段加速过程,气流携带粉末粒子最终到达基体表面,完成粉末粒子的加速、加热过程。碰撞过程中,当粒子以一定速度碰撞到基体表面后 [图 1-3(b)],粒子与基体都将发生剧烈的塑性变形,短时的剧烈塑性变形会使界面处产生快速温升,当粒子的速度超过特定的临界沉积速度时,通过粒子/基体间的协同塑性变形结合,实现粒子的沉积;后续粒子依次碰撞基体或已沉积粒子表面,从而沉积制备具有一定厚度的涂层或沉积体 [图 1-3(c)]。

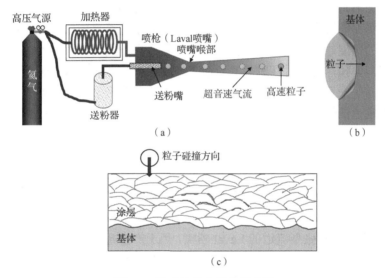

图 1-3 冷喷涂技术原理示意图

(a) 粉末粒子加速加热系统;(b) 单粒子碰撞基体沉积过程;(c) 多粒子碰撞累加形成涂层或沉积体

冷喷涂采用的粉末粒径一般为 5~50μm[4],但对于某些塑性变形能力较强、临界沉积速度较低的金属粉末,当粒径为 100~150μm 时也可以实现沉积(与冷喷涂设备能力有关)。粒子速度根据粉末特性的差异(体现在材料密度与粉末尺寸),一般在 300~1200m/s[4],不过根据现在设备能力以及喷涂气体条件调整,速度可达 1500m/s,甚至高达 1800m/s。一般要求喷涂粉末为具有一定塑性变形能力的金属材料,也可在喷涂粉末中混入一定比例的陶瓷等硬质材料粉末粒子,用于制备金属基复合材料。

冷喷涂采用的工作气体一般包括压缩空气、氮气、氦气或者它们的混合气体;送粉气体一般可选用氮气、氦气或者它们的混合气体。当然,氩气、二氧化碳,甚至氧气等其他气体也可用作工作气体,但考虑性价比、沉积体质量等问题,这些气体的使用通常受到限制。工作气体的压力一般介于 0.5~7MPa,小于 1MPa

时一般称作低压冷喷涂，大于 1MPa 时一般称作高压冷喷涂；工作气体的压力越高加速效果越好，但气体的消耗速率也会越高，最高压力需依据喷枪材料与预热温度，以及沉积体质量要求等设定，同时需保证生产安全。高压冷喷涂中，粉末粒子通常送入 Laval 喷嘴的收缩段，因此送粉气体压力一般略高于工作气体压力 0.1~0.3MPa，以便可以将粉末粒子稳定地送入加速气流中。此外，喷涂过程中，预热工作气体的目的主要是提高粉末粒子的温度与速度，进而提高粒子的塑性变形程度，有利于粒子沉积并提高其结合质量；通常条件下不对送粉气体进行预热，但室温的送粉气流汇入预热后的送粉气流后，会造成气体温度下降，进而影响粉末粒子的加热与加速，因而也有学者对送粉气进行预热，以进一步提升粒子速度与温度，提高能够有效沉积的粉末粒子比例与粒子的结合质量。气体预热温度越高，气体的速度越高，使得粒子的温度和速度升高，因而沉积体内粒子间的结合质量越好。但预热温度过高时容易引起 Laval 喷嘴堵塞、粉末粒子氧化或基材表面温度过高等一系列温度效应。气体的预热温度一般低于喷涂材料的熔点，而粉末实际温度远低于其熔点。同时，气体预热温度也受限于喷枪与管路系统的材料，目前选用镍基高温合金加热系统可实现的最高气体预热温度约为 1100℃，但需要通过水冷等方式对 Laval 喷嘴等高温部件进行强制冷却，以保证装备的长时工作稳定性与安全性。

　　除了工作气体的压力与温度条件外，冷喷涂装备中使用的喷嘴是影响粉末粒子加速、加热的又一关键因素，也是冷喷涂装备中的核心零件。特殊设计的喷嘴一般为具有收缩-扩张型流道的 Laval 喷嘴，用于产生超音速气流，也有学者/生产商设计开发了具有收缩-平直型流道的冷喷涂喷嘴，相关内容将在第 3 章详细介绍。对于特定流道设计的喷嘴，送粉方式与送粉位置也会对粉末粒子的加速与加热产生一定程度的影响，其实现的难易程度也有差异。一般来说，粉末从喷嘴的收缩段送入称为上游送粉。其优点为可以实现轴向中心送粉，对气流的扰动较小，但送粉气体的压力必须高于工作气体的入口压力，因此对送粉器的要求较高；也有学者/厂商将送粉位置设置在喷嘴喉部以后（下游）的一定位置，称作下游送粉，由于喷嘴下游气体扩张膨胀，压力减低，因此其优点为对送粉气体的压力要求较低，即送粉器硬件要求较低，但这种设计会扰动内部超音速流动，一般的低压冷喷涂装备及收缩-平直型喷嘴或收缩-短扩张-平直型喷嘴采用下游送粉。

　　简而言之，冷喷涂过程就是利用固态粉末粒子的高速碰撞及其产生的塑性变形来实现材料的沉积。当然，上述喷涂过程中的各种工艺参数均会影响粉末粒子的沉积特性与沉积体的质量，现有的研究也充分证明，冷喷涂不仅可以制备涂层，还可以实现金属增材制造（3D 打印），以及破损或失效零部件的修复再制造，后续章节将会进行详细论述。

　　文献中对"冷喷涂"技术的称谓不完全统一。虽然大部分专家学者认可冷喷涂的英文名称是 cold spray 或 cold spraying，但在冷喷涂发展过程中，部分研究机构或企业对基于上述原理的材料沉积技术提出了其他名称，比如，早期的冷气动力喷涂（cold gas dynamic spraying，CGDS）或者气体动力喷涂（gas-dynamic spraying，GDS）[4]；其他较常用的名称包括动能喷涂（kinetic spray/spraying，KS）[5]；也有学者称冷喷涂为动能金属化（kinetic metallization）[6]，或者动力金属化（dynamic metallization）；个别学者称冷喷涂为超音速粒子沉积（supersonic particle deposition）[7]。

日本学者将另外一种采用亚微米尺度陶瓷粉末粒子在远低于大气压的真空环境下进行固态碰撞沉积的方法称为气悬浮喷涂（aerosol deposition，AD）[8]，行业内通常也称作真空冷喷涂（vacuum cold spraying，VCS）或真空动能喷涂（vacuum kinetic spraying）。

综上所述，冷喷涂（CS）是目前比较统一且认可度最高的名称，在增材制造领域，又出现了冷喷涂增材制造（cold spray additive manufacturing，CSAM）、冷喷涂固态增材制造（solid-state cold spray additive manufacturing）等称谓。

1.3 冷喷涂技术的特点

与其他高能束材料沉积方法相比，冷喷涂技术最重要的特点是在较低温度的固态下实现材料的沉积，其次是粒子碰撞沉积存在**临界速度**（critical velocity）要求，一般用 v_c 表示，只有粒子速度大于临界速度才能在碰撞后沉积，否则将发生反弹，甚至对基材表面产生冲蚀。图 1-4 为冷喷涂与传统热喷涂气源温度和粒子速度比较示意图，最本征的特点有两点：一是冷喷涂过程温度低（或者粒子温度低），二是粒子碰撞速度高。基于上述重要特点，与基于等离子、激光、火焰、电弧等技术的传统热喷涂技术和增材制造技术相比，冷喷涂技术的主要优点表现在：①对基体或粉末本身不产生热影响，粒子在沉积后伴随晶粒组织细化现象；②在大气环境下喷涂时金属粉末粒子的氧化可以忽略；③沉积体内残余应力小且通常为压应力，因此沉积厚度无限制，且涂层制备可提高基材的疲劳性能等[3]；④粉末未发生显著氧化，因此可回收利用；⑤材料选择范围只取决于其自身的变形能力，对于高激光反射、高导热等激光与其他高能束技术沉积时存在困难的材料，冷喷涂体系更具有优势。

随着研究的深入，针对冷喷涂技术的应用，需要继续攻克的难题越来越多。首先，部分金属难以通过冷喷涂获得完全致密沉积体。对于钛合金，由于其极高的表面活性与低的弹性模量，钛合金粉末粒子高速碰撞后极容易沉积，但又很难发生大应变塑性变形，因此制备的沉积体孔隙率高，即使在极高速的条件下（如工作气体为氦气，1000℃）也很难达到完全致密。其次，对于高强度、高硬度粉

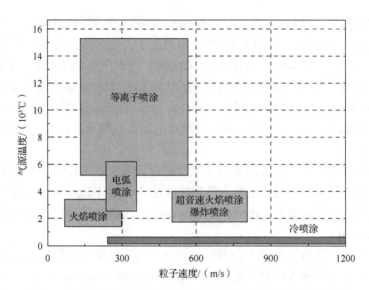

图 1-4 冷喷涂与传统热喷涂气源温度和粒子速度比较示意图

末，如高温合金、金属陶瓷等，由于高温强度高，沉积较为困难，即使采用极端气体条件（高温、高压工作气体），也难以得到完全致密的沉积体。最后，随着冷喷涂装备的快速发展，工作气体温度已经可以预热到1100℃，因此沉积体内部除了粉末粒子碰撞喷丸应力引起的压应力分量外，粉末粒子撞击表面后快速冷却产生淬火应力，导致沉积体内形成不可忽视的残余拉应力分量。在较高的气体温度下喷涂时，沉积体内甚至形成水平较高的残余拉应力。冷喷涂沉积层厚度增加，残余压应力也会增加，进而导致沉积层结合强度降低，对于弹性模量较高的材料，当沉积层厚度达到一定值时甚至会出现界面开裂或剥落的现象。

尽管冷喷涂技术具有诸多优点，但目前阶段冷喷涂技术仍存在一些缺点，主要包括以下四个方面：

（1）耗气量较大，根据喷嘴喉部尺寸设计不同，耗气量可能在100~3000L/min，如果采用价格高昂的氦气，成本极高。

（2）冷喷涂过程中粉末粒子的高速冲击会造成基体的变形，尤其非回转体的薄板构件，如2mm厚度以下的薄板。

（3）制备态的冷喷涂沉积体多表现为脆性断裂特征，延伸率不超过1%，几乎没有塑性，限制了制备态冷喷涂沉积体作为结构部件的应用，通常需要后处理以恢复其塑性。

（4）低熔点或部分高塑性材料冷喷涂过程中容易发生喷嘴堵塞，严重影响装备工作的持续稳定性。根据现有的研究，除了常见低熔点材料（如Sn、Zn、Pb、Al、Mg等及其合金），Cu、Ni及镍基合金等均可能发生喷嘴堵塞，严重影响冷喷涂沉积体的长时间工作稳定性，不利于工业生产线批量生产。虽然有学者通过优化喷嘴材料（比如喷涂低熔点材料时用耐高温聚合物喷嘴，喷涂高熔点材料时用陶瓷喷嘴），强制水冷喷嘴来缓解堵嘴，但聚合物塑料喷嘴易磨损、寿命短；陶瓷喷嘴难加工、易碎。因此，目前还没有行之有效的防止喷嘴堵塞的低成本措施。

上述问题是制约冷喷涂广泛应用的重要因素，也是目前亟待解决的问题。

金属增材制造（一般指 3D 打印）技术的普及，使工业生产模式发生了革命性的变化，带来了很多机遇，但现有 3D 打印技术均基于高能束高温热源（如激光、电子束、等离子、电弧等），制造过程中会发生材料的熔化与凝固过程，从而产生与传统熔化焊接类似的诸多冶金缺陷，包括气孔、成分偏析、热应力变形、裂纹等。基于冷喷涂的优点与固态成形特性，有学者提出"冷喷涂固态增材制造"概念[9]，表 1-1 为冷喷涂固态增材制造与传统高能束增材制造技术特点的对比，可以发现，其优点主要来源于冷喷涂特有的材料固态沉积特点。冷喷涂固态增材制造在大部分有色金属成形或修复中将发挥重要的作用，但同时也面临了重大的挑战，亟须优化。

表 1-1　冷喷涂固态增材制造与传统高能束增材制造技术特点的对比

	优缺点	冷喷涂固态增材制造	高能束增材制造
优点	过程温度	固态（过程温度低于熔点）适合低熔点材料（Cu 及熔点低于 Cu 的材料），以及高反射率材料（Al、Mg 合金等）；不影响被修复构件组织与性能	熔化（过程温度高于熔点）；已用于钛合金等；对被修复构件产生热影响，组织与性能可能退化
	组织特征	遗传粉末的细晶组织，无偏析；粒子界面晶粒进一步细小化，相对致密	铸态组织；往往伴随成分偏析、气孔等
	应力与裂纹	热应力低，主要为高速粒子碰撞的喷丸效应造成的残余压应力，基本无裂纹	热应力高，且主要为拉应力，内部易产生微裂纹，可能开裂
	沉积效率	沉积速度快；束斑直径可在 1～15mm 调节，送粉率高达 30kg/h，沉积效率可达 90%～100%，容易短时间实现米级产品制备	沉积效率较低；大构件耗时长
	异质复合材料	基本无界面反应；适合多材料沉积、复合材料制备	异质界面面临巨大挑战（脆性相生成、密度差异导致成分重新分布、润湿性等）
缺点	塑性/韧性	无塑性/韧性；高速碰撞变形，材料硬化严重，粒子界面相对较弱	塑性/韧性较差
	形状复杂度	复杂形状控制难；高速束流冲击沉积，复杂形状难以成形	容易实现复杂形状

1.4 冷喷涂技术发展历史

Papyrin 等[4]于 1990 年首次公开报道了他们在 20 世纪 80 年代后期发现冷喷涂沉积涂层的现象。针对冷喷涂起源与发展历史，有不少学者基于相关专利从原理上做了补充阐述。例如，Karthikeyan[10]将冷喷涂技术发展分为孕育期（1900～1990 年）、初始阶段（1990～2000 年）及发展阶段（2000 年至今），并做了详细介绍；Irissou 等[11]基于专利检索详细回顾了冷喷涂技术的发展历史。本节对国内外冷喷涂技术发展历史进行简要介绍。

公认的冷喷涂技术源于 20 世纪 80 年代中期苏联科学院西伯利亚理论与应用力学研究所（Institute of Theoretical and Applied Mechanics of the Russian Academy of Science in Novosibirsk）的研究工作。当时国际形势处于苏美争霸的冷战时期，苏联学者为了研究空间微尘粒子对飞行器的碰撞作用，在用示踪粒子进行超音速风洞实验时发现了粒子沉积的现象。进一步研究发现，只有当示踪粒子的速度超过某一临界值时，示踪粒子对靶材表面的作用才从冲蚀（erosion）转变为加速沉积（deposition），由此提出了冷喷涂的概念，当时称之为冷气动力喷涂。

另外，专利检索结果显示，在瑞士 Schoop 博士发明热喷涂技术[12]以前，美国学者 Thurston 在 1902 年提出了一项发明专利，提出了采用一种金属碰撞另一种金属而实现金属沉积的方法设想[13]。图 1-5 为美国 Thurston 发明的一种金属碰撞另一种金属的原理示意图，其中 D 为混合室，由气管 B 引入的气体与粉料斗 C

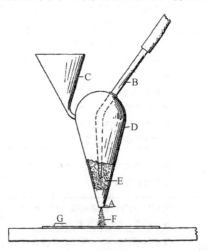

图 1-5　美国 Thurston 发明的一种金属碰撞另一种金属的原理示意图

A-喷嘴；B-气管；C-粉料斗；D-混合室；E-混合体；F-气固两相流；G-涂层

中的粉末在混合室完成混合而形成混合体 E，并从 A 喷出，形成气固两相流 F，粉末最终沉积在基体上形成涂层 G。根据专利描述，其并没有采用目前常用的收缩-扩张型拉瓦尔（Laval）喷嘴，所以室温下气流最高速度不超过 350m/s，由于该速度小于绝大多数材料的临界速度，因此可以想象其能沉积的材料非常有限。尽管 Thurston 同时提出了另外一项专利[14]，通过预热金属粉末制备涂层，但受当时沉积能力的限制，并没有形成实用技术得到发展。然而，10 年后瑞士的 Schoop 博士发现以类似于投泥球能粘到墙上的方式可实现熔滴碰撞沉积的金属热喷涂方法，与 Thursrton 提出的方法的差异在于粒子温度。因此，也可以认为冷喷涂与热喷涂的概念是在 100 多年前的同一时期提出的。

　　尽管在 19 世纪就已经发明了超音速 Laval 喷嘴，但直到 1958 年，Rocheville 才基于 Thurston 的发明专利，提出采用超音速气流将微小金属粉末粒子加速到更高的速度，从而在粒子工件表面可沉积粒子层的设计[15]。但可能受条件限制，仅报道了在工件表面沉积粒子层而非在粒子表面上沉积的现象，说明只是采用可以形成超音速气流的 Laval 喷嘴，当粒子速度无法超过临界速度时，难以形成强的结合而实现涂层的持续沉积。

　　20 世纪 80 年代，苏联的科学家在进行风洞实验中，发现了气固两相流中的高速金属示踪粒子可牢固地沉积于固体表面的现象，从而提出了冷喷涂技术[4]，自此冷喷涂技术的概念在喷涂领域逐步被知晓。第一篇关于冷喷涂的论文[16]于 1990 年发表，1994 年取得美国专利，1995 年又取得了欧洲专利。此后，最先参与冷喷涂研究的苏联学者 Papyrin 于 1994 年将冷喷涂概念引入美国，由美国国家制造科学中心（National Center for Manufacturing Sciences，NCMS）牵头成立了冷喷涂研究联合体（Consortium of Cold Spray Research，CCSR），由福特汽车公司、通用汽车公司、通用电气公司的航空发动机部门、普拉特·惠特尼（普惠）集团公司的联合技术部门等参与，并与合作者在美国开始研究开发工作，其成果分别于 1995 年、1996 年、1997 年在美国召开的国际热喷涂会议上发表[4]。2000 年，在美国陆军研究实验室等的资助下，又成立了第二个推动冷喷涂合作研究的联合体，由 Alcon 公司、ABB 公司、K-Tech 公司、惠普发动机公司、西门子西屋电力系统公司组成，对冷喷涂应用研究的推广起到了积极作用。

　　与此同时，欧洲德国汉堡联邦国防军大学 Kreye 教授对冷喷涂发展也做出了重要贡献[17-20]，于 20 世纪 90 年代试制了冷喷涂喷枪，随后带领团队开始了系统深入的冷喷涂研究，与 Linder 气体公司合作，成立了冷气技术公司（Cold Gas Technology），研发并商业化了 Kinetics 系列冷喷涂设备，对冷喷涂技术的发展起到了巨大的推动作用。

　　2000 年，在加拿大召开的国际热喷涂会议上首次组织了冷喷涂专题分会讨论会，研讨冷喷涂技术的发展与应用，并有 3 篇相关论文发表。自此，关于冷喷涂技术的研究在世界范围内才得到关注，来自加拿大、中国、日本、英国、韩国等学者开始积极参与冷喷涂研究。在我国，西安交通大学李长久教授对冷喷涂技术发展起到巨大的推动作用，2000 年底，西安交通大学率先自主研发了国内首套冷喷涂装备（具体工作由李文亚博士开展）。同期，中国科学院金属研究所从俄罗斯引进冷喷涂技术，开始相关研发工作。

随后，受到美国、欧洲、日本、中国等冷喷涂研究的示范效应影响，在国际上掀起了冷喷涂技术研发与应用的高潮，研发涵盖冶金基础与过程机理、工艺、设备及应用等各方面，其应用也从最初的材料保护涂层制备，拓展到了失效金属构件的修复与增材制造，相关内容将会在本书的后续章节进行介绍。

1.5　冷喷涂技术研究与应用现状

2000 年起，冷喷涂吸引了世界上越来越多的热喷涂领域学者，国际期刊（或国际会议论文集）上发表的冷喷涂相关论文数量逐年增加，国际期刊 1998～2020 年 2 月刊发的冷喷涂相关 SCI 收录论文统计如图 1-6 所示，分别于 2008 年和 2013 年后达到国际上对冷喷涂研究的两个小热潮，第一个热潮时间与美国陆军实验室发布冷喷涂修复的第一个国防部标准（MIL-STD-3021）的时间相对应[21]，第二个热潮与美国通用电气（General Electric，GE）公司提出冷喷涂 3D 打印概念的时间对应[22]，反映了美国对冷喷涂技术的推动作用，也从另一个侧面反映了冷喷涂的"热"与其应用领域的拓展有关。

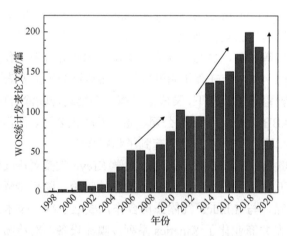

图 1-6　国际期刊 1998～2020 年 2 月发表冷喷涂相关 SCI 收录论文统计

在国内，根据西安交通大学李长久教授 2009 年发表在《中国表面工程》的一

篇论文统计结果[23]，截至 2007 年，我国期刊上发表的冷喷涂相关论文共计 52 篇
（其中，27 篇研究论文，25 篇综述性论文）。图 1-7 为 2008 年～2020 年 2 月我国
学者在国内期刊上发表冷喷涂相关论文统计结果，共计 397 篇（其中，354 篇研
究论文，43 篇综述性论文），2011 年以后基本维持在每年 30～40 篇，反映了我国
学者对冷喷涂研究的关注度和贡献。

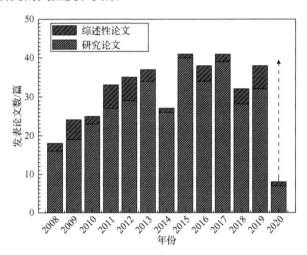

图 1-7　2008 年～2020 年 2 月中国学者在中国期刊发表冷喷涂相关论文统计

2018 年，新加坡南洋理工大学 Khor 教授在法国巴黎召开的国际先进材料加
工与制造学术大会（International Conference on Processing and Manufacture of
Advanced Materials，THERMEC）的欧洲冷喷涂研讨会上做大会报告[24]，采用
文献分析的方法（数据主要来源于 Web of Science），详细介绍了国际冷喷涂研
究状况（1999～2018 年），除了展示每年明显增加的发文量，还有以下内容值得
关注。

图 1-8 为 1999～2017 年冷喷涂研究领域发文量前 5 位国家的发文统计，其中，
中国发文总量最多，从年度变化曲线可知，2006 年起，中国学者在冷喷涂领域的
发文量超过美国。但美国、日本等国家的发文量降低并不表示研究水平降低，他
们的部分研究成果已经在多个领域实现了规模化应用，而我国在应用方面的研究
才开始"热"，应用推广方面还有较大差距。

对 1999～2018 年冷喷涂研究领域高发文量作者进行统计，共涉及全球 3161
位作者，其中 43 名作者发表论文数>20 篇。其间国际上发文量多的作者主要有西
北工业大学李文亚教授（部分工作在西安交通大学与法国贝尔福-蒙贝利亚技术大
学开展）、西安交通大学李长久教授、法国贝尔福-蒙贝利亚技术大学廖汉林教授、
加拿大渥太华大学 Jodoin 教授、日本东北大学 Ogawa 教授、西班牙巴塞罗那大学
Guilemany 教授等。

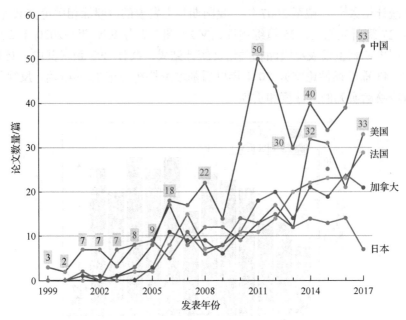

图 1-8　1999～2017 年冷喷涂研究发文量前 5 位国家的发文统计[24]

对 1998～2018 年中文期刊发表冷喷涂相关论文的机构和学者进行统计，共涉及 38 家机构和 697 位作者。其间发文量较多的学者主要有西北工业大学李文亚教授、西安交通大学李长久教授、西安交通大学杨冠军教授、西安交通大学李成新教授、爱尔兰都柏林圣三一大学殷硕助理教授、中国科学院金属研究所熊天英研究员等。图 1-9 为 2013～2017 年国际上发文量前 5 名作者及载文量前 5 名的期刊，

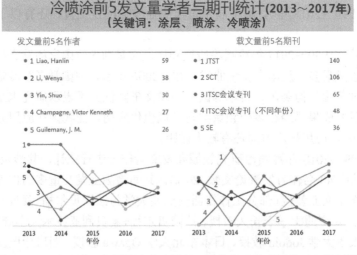

图 1-9　2013～2017 年国际上发文量前 5 名作者及载文量前 5 名期刊[24]

这 5 年中发文前 5 名作者有法国贝尔福-蒙贝利亚技术大学廖汉林教授、西北工业大学李文亚教授、爱尔兰都柏林圣三一大学殷硕助理教授、美国陆军研究实验室 Champagne 研究员与西班牙巴塞罗那大学 Guilemany 教授。

论文发表刊物除了近十几年来国际热喷涂大会（International Thermal Spray Conference，ITSC）的会议专刊以外（图 1-9），发文量前三名的 SCI 收录国际期刊分别是热喷涂技术（*Journal of Thermal Spray Technology*，JTST）、表面与涂层技术（*Surface & Coatings Technology*，SCT）、表面工程（*Surface Engineering*，SE）。根据中国知网检索统计，发表冷喷涂相关论文数量较多的中文期刊主要有（按照数量从多到少）：《表面技术》《材料导报》《热加工工艺》《中国表面工程》《材料工程》等。

图 1-10 为 2009～2018 年国际上发表冷喷涂相关论文题目与摘要中高频词条统计情况，更能反映研究热点或研究方向。2009～2018 年，领域内学者重点关注显微结构（microstructure）、气体（gas）、压力（pressure）、碰撞（impact）、结合（bonding）、沉积效率（deposition efficiency）、硬度（hardness）、喷嘴（nozzle）、合金（alloy）、复合涂层（composite coating）等。2013～2017 年，高频词条主要有喷涂涂层（sprayed coatings）、涂层（coatings）、喷涂（spraying）、铝及铝合金涂层（aluminum coatings）、复合涂层（composite coatings）、气体动力学（gas dynamics）、沉积（deposition）、金属涂层（metal coatings）、速度控制（velocity control）等，当然也出现了钛（titanium）、不锈钢（stainless steel）、镍（nickel coatings）、铜（copper）、金属陶瓷（cermets）、钛合金（titanium alloys）、金属

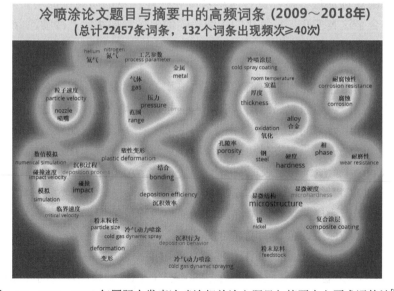

图 1-10 2009～2018 年国际上发表冷喷涂相关论文题目与摘要中主要术语统计[24]

基复合材料（metallic matrix composites）等材料，研究内容涉及结合（bonding）机理、显微组织（microstructure）、力学性能（mechanical properties）、残余应力（residual stress）、显微硬度（microhardness）、结合强度（bonding strength）、耐腐蚀性（corrosion resistance）。

以上基于数据统计的分析指明了冷喷涂研究的关注点、热点与发展方向，也指出了冷喷涂研究的主要贡献者与机构。关于详细的冷喷涂技术研究与应用现状，近几年也有数篇较全面的综述论文[1,9,20,25-28]，感兴趣的读者可以参阅。

冷喷涂可沉积的材料从最初的 Cu、Al、Ti、Fe 等塑形较好的纯金属[4,5,29]，发展到大部分金属及其合金（Al、Cu、Mg、Sn、Zn、Ag、Ti、Ni、Fe、Ta、不锈钢、Ti-6Al-4V、MCrAlY 等），以及金属基复合材料，如金属-金属（Al-Zn、W-Cu、Al-Cu、Al-Fe、Al-Ti、Al-Ni 等）、金属-陶瓷（Al/Ni/Cu-Al$_2$O$_3$、Al-SiC、Al-TiN 等）、金属-金属间化合物（Al-Mg$_{17}$Al$_{12}$、Al-FeSiBNbCu 等）、硬质合金（WC-Co、Cr$_3$C$_2$-NiCr 等），还有其他一些新型材料，如非晶（NiTiZrSiSn 等）、纳米结构材料（nano-Al、Ni、Cu、Fe-Al$_2$O$_3$、Cu-CNTs 等）、高熵合金（FeCoNiCrMn 等）等[1,25]。此外，在真空环境下，以亚微米尺度的陶瓷粉末为原料，采用真空冷喷涂技术可以制备纳米结构陶瓷涂层，用于光催化、压电等功能涂层[8]。

从应用角度，目前适合应用热喷涂的大部分领域，都有望应用冷喷涂实现相应的服役效能。根据冷喷涂技术的应用或潜在应用可分为以下四大类[30]。

1. 保护涂层

（1）耐腐蚀涂层。冷喷涂技术能够制备性能优良的防腐蚀涂层。与 Zn、Al 及它们的合金这类多孔、易氧化的传统热喷涂保护涂层相比，冷喷涂保护涂层更耐腐蚀，使用寿命更长。此外，冷喷涂更易实现在恶劣环境的钢材上沉积，如 Ti、Ni 及不锈钢等阴极金属涂层。

（2）耐高温涂层。用于火箭发动机中典型的高温保护涂层，包括高温合金抗氧化保护涂层、热障涂层黏结层、Cu-Cr-Al 抗氧化保护层，以及在高温环境中具有高热导率和电导率的 Cu-Cr-Nb 涂层等。例如，在美国国家航空航天局（NASA）研制的下一代先进可重复发射运载火箭中，通过冷喷涂技术在发动机燃烧室衬套材料 GRCop-84 新型铜合金表面制备了一层 Cu-Cr-Al 抗氧化保护层，实验证明，即使是在 800℃高温下进行长时间氧化，Cu-Cr-Al 涂层表面仍然完好如初。

（3）耐磨损涂层。这类冷喷涂涂层（简称"冷喷涂层"）主要采用耐磨材料，如金属间化合物涂层、金属陶瓷、金属基复合材料和减磨合金（Al-12Si 铝合金、锌合金、青铜等），可显著提高工业零部件的耐磨损性能。例如，冷喷涂制备的纳米结构 WC-12Co 涂层，其硬度可超过 1900HV，已接近烧结块材的硬度值。

2. 功能涂层

随着冷喷涂技术研究的深入，一些功能涂层材料得到了一定程度的关注。例如，非晶涂层、生物 Ti 与 Ti 合金材料及其复合材料涂层、光催化 TiO_2 涂层、磁性材料涂层、导热与导电涂层、压电材料涂层、隔热涂层、热塑性材料涂层等。另一个值得关注的是纳米结构涂层或块材材料的冷喷涂制备，将为纳米材料的结构化应用提供技术方案。

3. 增材制造

冷喷涂依据自身的喷涂特点，具有近净成形制造零部件的巨大潜力，对于一些形状并不复杂的轴对称旋转件或者平面状工件，都有可能直接喷涂成形。冷喷涂的固态成形特性及可在大气气氛中直接成形的特点，使其成为增材制造（3D 打印）领域的新方法。Ti 及 Ti 合金、Al 及 Al 合金、Cu 及 Cu 合金、Ni 及 Ni 合金、Mg 及 Mg 合金等工程材料都可以通过冷喷涂经济地制造零部件。美国陆军研究实验室、GE 公司、澳大利亚联邦科学与工业研究组织（CSIRO）、法国贝尔福-蒙贝利亚技术大学（UTBM）、德国英贝克（IMPACT）等报道了冷喷涂制造的典型构件。高体积分数金属基复合材料的制备加工一体化，将会给其低成本制造提供基础，但仍需继续研究才能付诸应用。

4. 零件修复

因冷喷涂技术具有操作方便的优点，如果配套便携式冷喷涂设备，可用于工业零部件的快速修复。例如，采用冷喷涂 Cu 涂层可以很方便地修复水冷铜部件的外壁破损部分。另外，利用 Al 及其合金涂层修复航天飞机固体燃料火箭推进器、修复飞行器结构中的部件、修复燃气轮机密封外壳等。目前，在该方向冷喷涂技术应用最多、且最具潜力，但仍缺乏用于指导高效、高质量修复的理论体系。

简而言之，冷喷涂可以做"三件事"：表面涂层制备、零件成形制造与失效零件修复再制造。因此，在航空、航天、船舶、轨道交通、新能源汽车、石油化工、电力电子、核能等领域有着非常广阔的应用前景。随着研究的深入，对于冷喷涂过程涉及的物理过程机制的理解更加全面、冷喷涂技术的基础理论更加完善，如结合机理、组织性能调控与评价等，有望实现涂层的按需设计与制备；并结合束流轨迹控制实现大型金属构件的冷喷涂增材制造，发展成为解决国家重大需求及重大问题的关键技术。

本书将从冷喷涂基础理论、工艺、设备到应用的知识结构体系阐述，供广大学者、技术人员、从业者等读者参考。

参 考 文 献

[1] LI W Y, ASSADI H, GAERTNER F, et al. A review of advanced composite and nanostructured coatings by solid-state cold spraying process[J]. Critical Reviews in Solid State and Materials Sciences, 2019, 44(2): 109-156.

[2] ZHANG Y. Investigation of magnetic pulse welding on lap joint of similar and dissimilar materials[D]. Ohio: The Ohio State University, 2010.

[3] 李文亚. 粒子参量对纳米结构金属涂层冷喷涂沉积特性影响的研究[D]. 西安: 西安交通大学, 2005.

[4] PAPYRIN A, KOSAREV V, KLINKOV S, et al. Cold spray technology[J]. Advanced Materials & Process, 2001, 159(9): 49-51.

[5] VAN STEENKISTE T H, SMITH J R, TEETS R E, et al. Kinetic spray coatings[J]. Surface and Coatings Technology, 1999, 111(1): 62-71.

[6] GABEL H. Kinetic metallization compared with HVOF[J]. Advanced Materials & Process, 2004, 162(5): 47-48.

[7] OH J J, KIM S S. Particle deposition on a truncated cylinder in a supersonic-flow at low-pressure[J]. Aerosol Science and Technology, 1994, 20(4): 375-384.

[8] AKEDO J. Room temperature impact consolidation (RTIC) of fine ceramic powder by aerosol deposition method and applications to microdevices[J]. Journal of Thermal Spray Technology, 2008, 17: 181-198.

[9] 李文亚, 张冬冬, 黄春杰, 等. 冷喷涂技术在增材制造和修复再制造领域应用研究现状[J]. 焊接, 2016, (4): 2-8.

[10] KARTHIKEYAN J. Evolution of cold spray technology[J]. Advanced Materials & Process, 2006, 164 (5): 66-67.

[11] IRISSOU E, LEGOUX J G, RYABININ A N, et al. Review on cold spray process and technology: Part I - intellectual property[J]. Journal of Thermal Spray Technology, 2008, 17: 495-516.

[12] SCHOOP M U. Apparatus for spraying molten metals and other fusible substances: US1133507[P]. 1915-03-10.

[13] THURSTON S H. Method of impacting one metal upon another: US0706701[P]. 1902-08-12.

[14] THURSTON S H. Process of coating one metal with another and resulting product: USUS661650A[P]. 1900-11-13.

[15] ROCHEVILLE C F. Device for treating the surface of a workpeice: US3100724[P]. 1963-08-13.

[16] ALKIMOV A P, KOSAREV V F, PAPYRIN A N. A method of cold gas dynamic deposition[J]. Dokl Akad Nauk Ssr, 1990, 315(5): 1062-1065.

[17] KREYE H, STOLTENHOFF T. Cold Spraying-a Study of Process and Coating Characteristics[C]. Quebec, Canada: Thermal Spray 2000, Proceedings from the International Thermal Spray Conference, 2000.

[18] STOLTENHOFF T, KREYE H, RICHTER H J. An analysis of the cold spray process and its coatings [J]. Journal of Thermal Spray Technology, 2002, 11(4): 542-550.

[19] SCHMIDT T, GAERTNER F, KREYE H. New developments in cold spray based on higher gas and particle temperatures [J]. Journal of Thermal Spray Technology, 2006, 15(4): 488-494.

[20] ASSADI H, KREYE H, GÄRTNER F, et al. Cold spraying-a materials perspective[J]. Acta Materialia, 2016, 116: 382-407.

[21] Department of defense manufacturing process standard. Materials deposition cold spray: MIL-STD-3021[P]. 2008-08-04.

[22] LI W Y, YANG K, YIN S, et al. Solid-state additive manufacturing and repairing by cold spraying: A review[J]. Journal of Materials Science & Technology, 2018, 34: 440-457.

[23] 李长久. 中国冷喷涂研究进展[J]. 中国表面工程, 2009, 22(4): 5-14.

[24] KHOR M. Detection of critical factors influencing the progress in cold spray technology through bibliometrics analysis[R]. Paris, France: Nanyang Technological University, 2018.

[25] LI W Y, CAO C C, YIN S. Solid-state cold spraying of Ti and its alloys: A literature review[J]. Progress in Materials Science, 2020, 110: 100633.

[26] CHAMPAGNE V, HELFRITCH D. The unique abilities of cold spray deposition[J]. International Materials Reviews, 2016, 61(7): 437-455.

[27] YIN S, CAVALIERE P, ALDWELL B, et al. Cold spray additive manufacturing and repair: Fundamentals and applications[J]. Additive Manufacturing, 2018, 21: 628-650.

[28] AN S, JOSHI B, YARIN A L, et al. Supersonic cold spraying for energy and environmental applications: One-step scalable coating technology for advanced micro- and nanotextured materials[J]. Advanced Materials, 2019, 1905028.

[29] 李文亚, 李长久. 冷喷涂特性[J]. 中国表面工程, 2002, 15(1): 12-16.

[30] 李文亚, 余敏. 冷喷涂技术的最新研究现状[J]. 表面技术, 2010, 39(5): 95-99.

第2章　冷喷涂粒子结合机理

冷喷涂粒子结合机理主要是探索冷喷涂粒子碰撞后形成结合的条件（临界结合条件）、结合过程（结合演变），以及结合质量的关键控制因素等几方面。冷喷涂粒子的结合行为主要指粒子在一定条件（速度、温度、角度）下碰撞变形行为与结合过程中界面组织微结构演变行为等。本章主要讨论与冷喷涂粒子结合相关的内容。

2.1　冷喷涂粒子结合的一般认识

早期学者对冷喷涂粒子结合的认识主要基于实验现象[1,2]。例如，①粒子在固态下形成结合；②粒子结合（沉积）需要超过特定的临界速度；③粒子高速碰撞过程中发生大塑性变形，可能破碎氧化膜，形成新鲜金属接触，从而在碰撞的高压与界面温升作用下，产生金属键结合。图 2-1 为冷喷涂粒子碰撞结合示意图[3]。

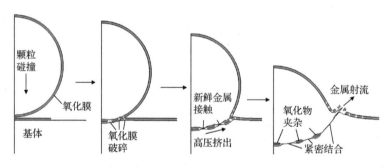

图 2-1　冷喷涂粒子碰撞结合示意图[3]

对于除金以外的常见金属，一旦与含氧气气氛接触即会在表层形成一层纳米尺度的氧化膜或钝化膜。氧化膜的形成会阻碍金属之间形成金属键。冷喷涂过程中，当固态金属粒子高速碰撞到基体上，发生剧烈塑性变形，导致粒子与基体表面氧化膜破碎，进而露出新鲜的金属，在较高压应力作用下此处金属局部形成紧密接触，从而形成金属键结合，当结合区足够抵抗粒子弹性反弹力时即形成有效结合。同时，图 2-1 中箭头所示的金属射流（jetting）也有助于清除原始表面的氧化膜，促进粒子间结合质量的提升。

　　对上述结合过程的认识解释了冷喷涂过程中的实验现象。例如，①只有具有一定塑性变形能力的金属才可能沉积；②变形需要达到一定程度才能产生紧密结合，因此粉末粒子沉积存在临界速度；③陶瓷粒子无法沉积，只有与金属混合才可能通过嵌入沉积到涂层中。

　　德国汉堡联邦国防军大学的 Kreye 教授（早期从事过爆炸焊接）考虑到爆炸焊接也是通过高速碰撞实现界面固相结合的过程，指出冷喷涂与爆炸焊接的结合机制类似[4,5]。与粉末爆炸成形相比，虽然两者均通过金属粉末形成了致密的块体，但是仔细对比两者的结合形成过程与结合过程中的载荷条件，发现其存在较大差别。德国汉堡联邦国防军大学通过实验比较研究了冷喷涂与粉末爆炸压实过程。图 2-2 为冷喷涂粒子碰撞结合与爆炸粉末压实过程对比示意图[5]，冷喷涂是粒子逐个碰撞沉积（碰撞速度相对较低，从右向左累加成形），而爆炸粉末压实是冲击波逐层推进产生结合（碰撞速度相对较高，从左向右累加成形）。冷喷涂与爆炸粉末压实 316L 不锈钢断面组织对比如图 2-3 所示，两种工艺的成形体组织差别较大，冷喷涂粒子发生了明显的扁平化，而爆炸粉末粒子呈压实的等边多角化。如果与传统爆炸焊接进行比较，由于连接构件尺度的巨大差异，传统爆炸焊接有明显的界面波纹形貌，且存在明显周期性规律，而冷喷涂粒子界面不存在波纹形貌，冷喷涂异种材料界面即使有微纳米尺度的材料混合，其形成机制也是完全不同的。

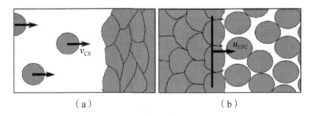

（a）　　　　　　　　　　　　　（b）

图 2-2　冷喷涂粒子碰撞结合与爆炸粉末压实过程对比示意图[5]

（a）冷喷涂；（b）爆炸粉末压实

v_{CS} -冷喷涂粒子碰撞速度；　u_{EPC} -爆炸成形速度

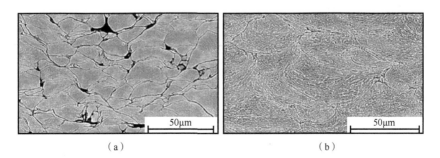

（a）　　　　　　　　　　　　　（b）

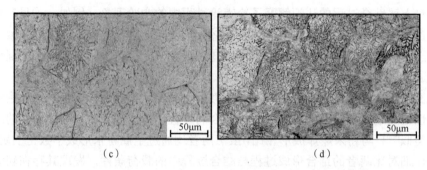

（c） （d）

图2-3　冷喷涂与爆炸粉末压实316L不锈钢断面组织对比[5]

（a）氮气加速，粉末粒径<22μm，平均碰撞速度600m/s下冷喷涂316L涂层断面组织；（b）氮气加速，粉末粒径15～45μm，平均碰撞速度800m/s下冷喷涂316L涂层断面组织；（c）600m/s速度条件下爆炸粉末压实316L不锈钢断面组织（粒径53～175μm）；（d）800m/s速度条件下爆炸粉末压实316L不锈钢断面组织（粒径53～175μm）

　　粒子的大塑性变形与其相伴的界面绝热温升有关。考虑热传导过程的20μm球形Cu粒子以400m/s速度垂直碰撞Cu基体典型数值模拟结果如图2-4所示，界面大部分区域等效塑性应变超过1，界面最大应变速率在碰撞初期高达10^9s^{-1}，完全可以看作绝热变形过程[6-12]。塑性变形产生热量，因此温度的分布特征与等效塑性应变的分布特征基本一致，局部应变量越大、温升越高。局部塑性应变越大、氧化膜的破碎和分散程度越大，形成的新鲜金属表面越多、粒子间结合质量越高。提升粒子撞击速度和温度，可在一定程度上提高粒子的塑性应变量，因此是提升粒子间结合质量的有效方法。

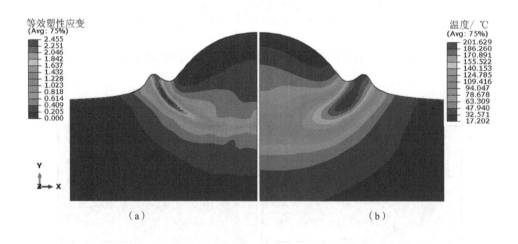

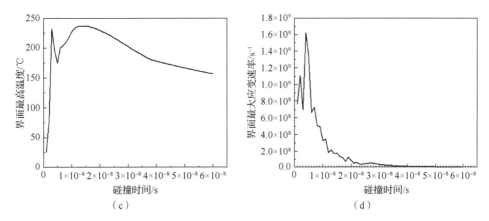

图 2-4　考虑热传导过程时 20μm 球形 Cu 粒子以 400m/s 速度垂直碰撞
Cu 基体典型数值模拟结果

（a）碰撞 30ns 时等效塑性应变分布；（b）碰撞 30ns 时温度分布；
（c）不同碰撞时间界面最高温度变化；（d）不同碰撞时间界面最大应变速率变化

　　基于数值模拟对冷喷涂粒子高速碰撞过程中界面变形过程的理解，德国汉堡联邦国防军大学的学者们提出了基于绝热剪切失稳（adiabatic shear instability，ASI）的冷喷涂粒子结合机理[13-15]，用于预测粒子结合临界速度。不同碰撞速度下，冷喷涂 Cu 粒子表面某点（发生大变形）应变与温度随碰撞时间的变化如图 2-5 所示[13]，随着粒子碰撞速度增加，粒子表面上某点（可对应在界面上最大塑性变形区）的应变与温度随碰撞时间持续提高，一旦应变与温度出现突然增加，即认为 ASI 发生，该临界点对应的粒子碰撞速度即冷喷涂粉末粒子沉积所需的临界速度。主要依据的是这一计算预测结果与实验所得临界速度比较吻合。然而，后续的研究表明：①基于这种突变预测的临界速度强烈依赖计算单元网格尺寸，尺寸越小则临界速度越低，这与临界速度在材料状态确定时应该为一确定值的事实不符。②针对实验测试结果，没有考虑实验过程中粉末氧化对粒子临界速度的显著影响。因此，其建立的 ASI 临界速度预测方法得到的结果将显著大于实际值，只是某种含氧量下的临界速度实验结果与某种网格尺寸下的数值预测结果巧合一致。但其提出的采用 ASI 预测临界速度的思路具有重要意义，后续会详细介绍本书作者开发的预测方法。

　　根据上述对冷喷涂粒子结合形成过程的基本认识，金属粉末粒子的高速碰撞引起粒子与基体接触的界面处发生局部剧烈塑性变形，并伴随可观的局部温度升高，塑性变形会使得原始粉末表面的氧化膜破碎、分散，进而在界面上实现新鲜金属的紧密接触，从而产生有利于界面结合的热力学与动力学条件。现有的实验研究证明，凡是有利于促进上述过程的举措，如提高粒子速度与温度等，均会提高粒子间的结合质量，提高能够沉积的粉末粒子占比。

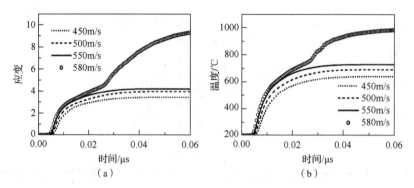

图 2-5　冷喷涂 Cu 粒子表面某点（发生大变形）应变与温度随碰撞时间的变化[13]

（a）应变随碰撞时间的变化；（b）温度随碰撞时间的变化

预测 Cu 粒子临界速度为 550～580m/s

2.2　冷喷涂粒子临界速度及其影响因素

冷喷涂粒子临界速度的概念是讨论结合机理的前提，即只有揭示粒子何时沉积，才能阐明其结合机理。已有研究证实，要想获得高的结合质量，需要粒子以更高的速度碰撞，或者说希望粒子速度超过临界沉积速度的幅度更大。本节对冷喷涂粒子临界速度及影响因素进行初步探讨，以说明开展第 3 章粒子加速行为的研究与第 4 章粒子的碰撞变形行为研究的必要性和重要性。本节的讨论主要以实验结果为主。

2.2.1　冷喷涂粒子临界速度的概念

对于冷喷涂粒子**临界速度**的理解存在多个层次：一是仅考虑单个具体粒子的沉积；二是针对具有一定粒径分布的真实粉末沉积；三是从涂层沉积过程中第一层粒子在基体表面沉积到后续不断沉积，形成一定厚度的涂层。以下根据前面对冷喷涂粒子结合过程的研究进行讨论。

（1）对于单个粒子，v_c 是指粒子从碰撞反弹转变为沉积到基体表面的临界速度，图 2-6 为单个粒子沉积临界速度示意图，低于 v_c 不发生结合而发生碰撞反弹，大于等于 v_c 则发生结合。

（2）真实粉末存在一定的粒径分布，有最小粒径、最大粒径、平均粒径，粉末中不同尺度的粒子因惯性的差异使其在相同加速气流中的速度存在随粒子尺寸增加而减小的特性。因此，与粒径分布相对应，速度呈现一定程度的分布，实际粉末多粒子碰撞沉积临界速度如图 2-7 所示。当所有粒子的速度均小于某一临界值时，所有粉末无法沉积，不能形成有效沉积体；随着粒子碰撞速度的整体提升，

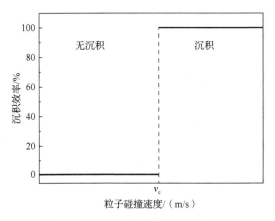

图 2-6　单个粒子沉积临界速度示意图

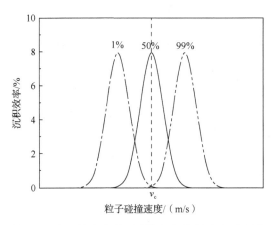

图 2-7　实际粉末多粒子碰撞沉积临界速度示意图

一旦有部分粉末最大速度超过临界速度时粒子开始发生沉积，即可产生沉积体，这一速度可定义为临界速度；当整体平均速度增加，大于临界速度的粒子数量增加，沉积的粒子数量随之增加；当所有粉末粒子的碰撞速度均高于临界速度时，沉积效率理论上可达 100%。当然，以上只是理论分析，实际喷涂过程中，多因素交互影响，特别是粉末粒径分布引起的速度分布，使得确定临界速度的难度增加。因此，早期临界速度仅作为一个相对量，用于判断不同材料冷喷涂沉积的难易程度，有学者针对一定粒径分布的粉末将沉积效率 50%时的平均速度作为临界速度[14]。

　　李文亚等以低含氧量高纯度 Cu 粉末（含氧量约 0.02%）为喷涂原料，实验测试表明其临界速度可低至 300m/s[7]，远低于 Assadi 等报道的 550m/s[13]。Assadi 等根据绝热剪切失稳理论通过数值计算预测 Cu 的临界速度约为 550m/s，与前述的实验测试结果高度吻合，因此影响极为广泛。但后来的研究结果发现，550m/s

的临界速度数值预测结果主要因为有限元计算时所选的单元格尺寸较大，所以被显著放大，而 550m/s 的临界速度实验测试值主要是因为所用的 Cu 粉末含氧量较高[15,16]。

（3）第三个层次关于粒子临界速度的理解，主要是考虑大部分情况下基体与涂层材料不同，第一层粒子沉积时的临界条件发生于异种材料之间，可以理解为**第一临界速度**（v_{c1}）；当异种涂层材料在基材表面形成连续沉积体时，对于后续碰撞粒子来说，其基材已变为同种材料，可以理解为**第二临界速度**（v_{c2}）。根据喷涂条件与基体/粉末材料组合不同，这两个临界速度有一定差别，特别是当基体与粉末材料力学性能差别较大时，二者之间的差异更大，但一般情况下采用"大约"的概念，容易将两者混为一谈。图 2-8 为冷喷涂粒子沉积工艺窗口示意图[17]。借鉴德国汉堡联邦国防军大学的研究成果，要想获得高质量的涂层，对于特定的材料存在一个特定的沉积窗口[17,18]（window of sprayability, WS），只有当粒子的速度超过制备涂层的第二临界速度才可以形成涂层。同时，当粒子温度较低时，金属材料的变形能力较差，粒子温度过高时，又可能发生高速碰撞材料熔化飞溅等行为，均不利于沉积（难沉积区）。需要说明的是，实际冷喷涂过程中，也并不是粒子速度越高越好，当粒子速度过高（比如达到超高速碰撞的范畴），会对基材造成显著的侵彻作用。因此，冷喷涂粒子沉积还存在**第三临界速度**（v_{c3}），即固态粒子碰撞能实现沉积的上限碰撞速度，大于此速度也无法有效沉积。但在实践过程中，受设备加速能力的限制，对于大多数材料来说，难以达到第三临界速度，对此通常不做过多考虑。

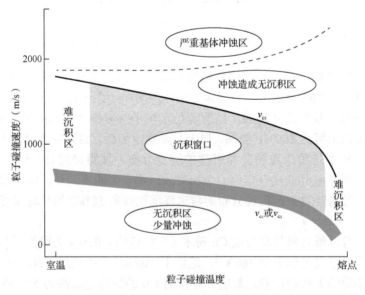

图 2-8　冷喷涂粒子沉积工艺窗口示意图[17]

2.2.2 冷喷涂粒子临界速度测量

1. 临界速度测量常规方法

从实验研究的角度，冷喷涂粒子临界速度的测量主要依赖不同喷涂条件下的粒子速度测量。但由于粒子飞行轨迹的空间不确定性，粉末的粒径存在大小分布等因素，每个粒子的速度用实验精确测量实际上非常困难（详见第 3 章），只能获得相对准确、平均的速度，因此所获得的临界速度是近似值。沉积效率是指沉积到基体上的粉末在碰撞试样表面的粉末中所占的比例，反映了粉末的利用率，是冷喷涂沉积中比较重要的参量。沉积效率为 0 即表示所有粉末都未达到沉积所需的临界速度，当沉积效率从 0 变为正值时，即可认为有粉末粒子的碰撞速度高于临界速度，从而从粒子速度分布与沉积效率的关系中得到临界速度值。图 2-9 为冷喷涂粒子平均速度与沉积效率的关系[15]。基于临界速度为粒子从不沉积到沉积的临界碰撞速度，可以推断 Cu 的临界速度在 500～550m/s，Al 的临界速度约为 650m/s，但此类数值严重受喷涂条件、粉末条件等影响。

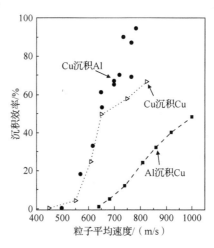

图 2-9　冷喷涂粒子平均速度与沉积效率的关系[15]

2. 基于不同喷涂角度的临界速度测量方法

为了更准确、更方便地测量冷喷涂粒子临界速度，在大量冷喷涂实验基础上，李长久等开发了一种基于实验与理论分析的冷喷涂粒子临界速度预测方法[7,16]，详细叙述如下。

基于冷喷涂粒子加速行为（详见第 3 章），尝试建立粒子沉积效率与粒径分布及临界速度之间的关系模型，用于求解临界速度。为此，做以下基本假设：

（1）所有速度超过临界速度的粒子都可以沉积；

（2）粒子的临界速度与同一批粉末粒子的大小无关；

（3）忽略低于临界速度粒子的冲蚀作用；

（4）忽略倾斜碰撞时粒子切向速度分量对粒子沉积的影响，只要粒子正碰撞速度分量超过临界速度就可以沉积。

在实际冷喷涂过程中，所用喷涂粉末均具有一定的粒径分布。粉末的粒径分布一般可采用 Rosin-Rammler 经验公式表达：

$$f_{\mathrm{m}} = \left\{ 1 - \exp\left[-\left(\frac{d_{\mathrm{p}}}{d_0} \right)^m \right] \right\} \times 100\% \qquad (2\text{-}1)$$

式中，d_{p} 为粒子直径（μm）；f_{m} 为粒子直径小于 d_{p} 的所有粒子的累积质量分数；d_0 与 m 为与一定粒径分布有关的常数，可以通过粒径测试实验确定。

在上述模型中，为了准确计算粒子的沉积效率，并使所建立的模型具有实际物理意义，通过粒子直径的最大值 $d_{\max}$ 与最小值 $d_{\min}$ 对粒径分布进行截取，使 $d_{\min} \leqslant d_{\mathrm{p}} \leqslant d_{\max}$，对 Rosin-Rammler 公式进行改进得到式（2-2）：

$$f_{\mathrm{m}} = \left\{ 1 - \exp\left[-\left(\frac{d_{\mathrm{p}} - d_{\min}}{d_0} \right)^m \right] \right\} \cdot \left\{ 1 - \exp\left[-\left(\frac{d_{\max} - d_{\min}}{d_0} \right)^m \right] \right\}^{-1} \times 100\% \qquad (2\text{-}2)$$

除了粒子直径对粒子的加速行为影响较大外，粒子速度还受喷嘴几何形状、粒子密度及形貌、工作气体种类及温度与压力、喷涂距离等因素的影响[15]。根据大量的数值计算结果，以上影响因素可以用简单的经验公式来表达。因此，粒子速度与某一影响因素的关系就可以简单确定。本模型中，当冷喷涂条件一定时，粒子速度 v_{p} 与粒子直径 d_{p} 的关系可简单地用式（2-3）表达：

$$v_{\mathrm{p}} = f(d_{\mathrm{p}}) = \frac{k}{d_{\mathrm{p}}^n} \qquad (2\text{-}3)$$

式中，k 与 n 为与喷嘴形状、气体条件等有关的系数，可以通过数值模拟计算得到，也可通过实验测量来确定（实验非常困难）。因此，根据式（2-3），在一定的冷喷涂气流中，粒子速度将与粒子直径成反比，粒子直径为 $d_{\min}$ 时将获得最大的粒子速度 $v_{\max}$，而粒子直径为 $d_{\max}$ 时将获得最小的粒子速度 $v_{\min}$。当 $v_{\min}$ 高于粒子的临界速度时，所有的粒子都可以沉积，沉积效率为 100%。当 $v_{\max}$ 小于临界速度时，没有粒子可以沉积，因此沉积效率为 0。当临界速度介于 $v_{\min}$ 和 $v_{\max}$ 之间时，只有部分粒子可以沉积，所能沉积的最大粒子直径（d_c）可以用临界速度（v_c）代入式（2-3）推导出式（2-4）：

$$d_c = f^{-1}(v_c) = \left(\frac{k}{v_c} \right)^{1/n} \qquad (2\text{-}4)$$

粒子沉积的临界速度取决于所采用的特定喷涂材料及其他影响临界速度的因素，因此一次实验获得的临界速度是本次实验条件确定的。

将 d_c 代入式（2-2）就可以得到 $d_c \leqslant d_{max}$ 时的沉积效率（E_d），如式（2-5）所示，当 $d_c > d_{max}$ 时，沉积效率就是 100%。

$$E_d = \left(1 - \exp\left\{-\left[\frac{(k/v_c)^{\frac{1}{n}} - d_{min}}{d_0}\right]^m\right\}\right) \cdot \left\{1 - \exp\left[-\left(\frac{d_{max} - d_{min}}{d_0}\right)^m\right]\right\}^{-1} \times 100\% \quad (2\text{-}5)$$

式（2-5）是粒子在 90°碰撞条件下的沉积效率，当喷涂角度从 90°开始倾斜时，同样气流条件下，粒子的正碰撞速度分量将会降低，同时产生一定平行于基体表面的切向速度分量。如果忽略切向速度的影响，粒子的正碰撞速度（v_n）可以表达为式（2-6）：

$$v_n = f(d_p) \times \sin\theta = \frac{k}{d_p^n} \times \sin\theta \quad (2\text{-}6)$$

式中，θ 为喷嘴轴线方向与基体表面的夹角，即喷涂角度，不同 θ 如图 2-10 所示。

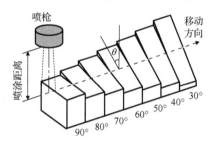

图 2-10　不同 θ 的示意图

同样，当临界速度小于最小正碰撞速度时，沉积效率为 100%；当临界速度大于最大正碰撞速度时，沉积效率为 0；当临界速度介于最小正碰撞速度和最大正碰撞速度之间时，只有部分粒子可以沉积，此时所能沉积的最大粒子直径如式（2-7）所示：

$$d_c = \left(\frac{k \cdot \sin\theta}{v_c}\right)^{\frac{1}{n}} \quad (2\text{-}7)$$

因此，将式（2-7）代入式（2-2）就可以得到一定喷涂角度下 $d_c \leqslant d_{max}$ 时的沉积效率 E_d。同样，当 $d_c > d_{max}$ 时，沉积效率为 100%。

$$E_d = \left(1 - \exp\left\{-\left[\frac{(k \cdot \sin\theta/v_c)^{\frac{1}{n}} - d_{min}}{d_0}\right]^m\right\}\right) \cdot \left\{1 - \exp\left[-\left(\frac{d_{max} - d_{min}}{d_0}\right)^m\right]\right\}^{-1} \times 100\%$$

$$(2\text{-}8)$$

　　图2-11为喷涂角度对粒子沉积效率影响示意图,根据以上沉积效率计算模型,假设一定冷喷涂工艺条件下粒子的最小速度大于临界速度，粒子的沉积效率随喷涂角度的变化可用图2-11（a）示意。随喷涂角度从90°减小，当最小正碰撞速度大于临界速度时，所有粒子都可以沉积，沉积效率保持在100%；当最小正碰撞速度等于临界速度时，接近 100%沉积，小于这一角度后，粒子的沉积效率开始从100%逐渐减小；当最大正碰撞速度等于临界速度时，达到临界沉积角度，小于这一角度，粒子将无法实现沉积，沉积效率为 0。因此，理想情况下喷涂角度对粒子沉积效率的影响可以分为三个典型区间：最大沉积区（或100%沉积区）、过渡区和无沉积区。这些角度区间的大小主要取决于一定喷涂条件下粒子的速度分布及相应喷涂材料的临界速度。实际喷涂时，一般情况下，临界速度介于粒子最大速度与最小速度之间，所以上面定义的最大沉积区一般较难出现，如图 2-11（b）所示，最大沉积效率一般达不到100%，只出现过渡区与无沉积区。

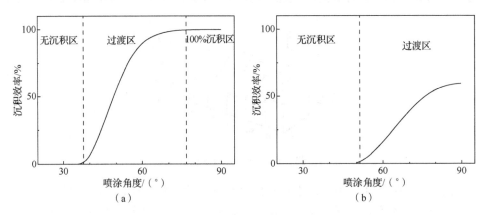

图 2-11　喷涂角度对粒子沉积效率影响示意图

（a）粒子最小速度大于临界速度；（b）临界速度介于粒子最大速度与最小速度之间

　　值得一提的是，由于绝对沉积效率的测量也相对较难，因此提出了归一化处理方法。将 90°的沉积效率进行归一化处理，即假定 90°沉积效率为 100%，可求相对沉积效率（E_r）随喷涂角度变化的理论关系，根据式（2-8）可得式（2-9）：

$$E_r = \left(1-\exp\left\{-\left[\frac{(k\cdot\sin\theta/v_c)^{\frac{1}{n}}-d_{\min}}{d_0}\right]^m\right\}\right)\cdot\left(1-\exp\left\{-\left[\frac{(k/v_c)^{\frac{1}{n}}-d_{\min}}{d_0}\right]^m\right\}\right)^{-1}\times100\%$$

$$(2\text{-}9)$$

　　根据式（2-9），如果已知粉末的粒径分布，以及一定喷涂条件下相应的粒子速度分布（可通过数值计算获得），就可以得到相对沉积效率与喷涂角度及临界速度的关系。通过在不同喷涂角度下进行实验，得到相对沉积效率与喷涂角度的实验数据，再通过最小二乘法即可推算出粒子临界速度 v_c。

2.2.3　冷喷涂粒子临界速度的影响因素

影响粒子能否产生有效结合的因素都会影响粒子沉积的临界速度，比较重要的因素主要有粉末材料种类（变形能力）、粉末氧化程度（含氧量）、工作气体温度（粒子温度）、基体温度等，下面根据上述基于喷涂角度的临界速度测量方法给出一些临界速度影响因素的规律。

实验研究采用购买的惰性气体雾化球形 Cu 粉与 Ti 粉作为原始粉末，并通过筛分得到 5 种粒径的 Cu 粉与两种粒径的 Ti 粉，冷喷涂实验用球形 Cu 粉末及 Ti 粉末含氧量及粒径分布如表 2-1 所示。其中，P-B 与 P-C 为同一批次的 P-A Cu 粉末通过 400 目筛网分离所得，P-B 为粗粉，P-C 为细粉，以研究同批粉末中粒径对临界速度的影响。另外，P-D 与 P-E 初始态为同一粉末，P-D 不做处理，但对 P-E 进行了 150℃加热氧化处理，以研究粒子氧化程度（或含氧量）对粒子沉积特性的影响。P-F 与 P-G 为两种粒径的球形 Ti 粉。

表 2-1　冷喷涂实验用球形 Cu 粉末及 Ti 粉末含氧量及粒径分布

粉末编号	粉末种类	含氧量 /%	粒径分布 /%		
			0.1μm	0.5μm	0.9μm
P-A	Cu 粉	0.01	34.6	56.2	91.0
P-B	Cu 粉	0.02	43.0	64.1	95.2
P-C	Cu 粉	0.03	11.7	23.3	41.6
P-D	Cu 粉	0.14	9.3	20.5	38.4
P-E	Cu 粉	0.38	9.3	20.5	38.4
P-F	Ti 粉	0.17	11.4	23.4	42.1
P-G	Ti 粉	0.10	23.4	40.1	67.3

注：含氧量为氧原子的质量分数。

不同喷涂条件下粒子速度系数与平均粒子温度如表 2-2 所示，部分参数组合中采用氦气作为加速气体（工作气体），粒子速度与平均温度根据**第 3 章**的数值计算方法获得，用于比较不同因素对粒子沉积特性的影响规律。

表 2-2　不同喷涂条件下粒子速度系数与平均粒子温度

喷涂条件编号	粉末编号	工作气体	工作气体压力/MPa	工作气体温度/℃	粒子速度系数		平均粒子温度/℃
					k	n	
C-01	P-A	氮气	2.0	265	1231.3	0.36	41
C-02	P-A	氮气	2.0	400	1299.0	0.36	82
C-03	P-A	氮气	2.0	540	1347.5	0.36	122
C-04	P-A	氦气	1.0	165	1530.3	0.36	−80
C-05	P-A	氮气	1.0	400	1108.0	0.36	80
C-06	P-A	氮气	2.6	410	1386.0	0.36	85
C-07	P-B	氮气	2.0	560	1355.1	0.36	127
C-08	P-C	氮气	2.0	490	1327.0	0.36	163
C-09	P-D	氮气	2.0	340	1287.1	0.36	93
C-10	P-D	氦气	2.0	340	1962.5	0.36	−52
C-11	P-E	氮气	2.0	520	1347.0	0.36	181
C-12	P-E	氦气	1.0	155	1521.7	0.36	−126
C-13	P-F	氮气	2.0	400	1543.8	0.36	135
C-14	P-G	氦气	2.0	360	2239.5	0.36	22

　　根据不同喷涂角度下粒子相对沉积效率计算模型，对表 2-2 所述的 14 个喷涂条件进行冷喷涂实验，不同喷涂条件下喷涂角度对相对沉积效率的影响如图 2-12 所示。

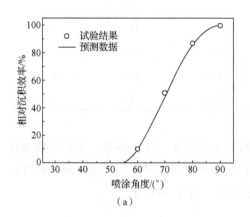
（a）

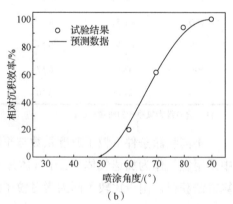
（b）

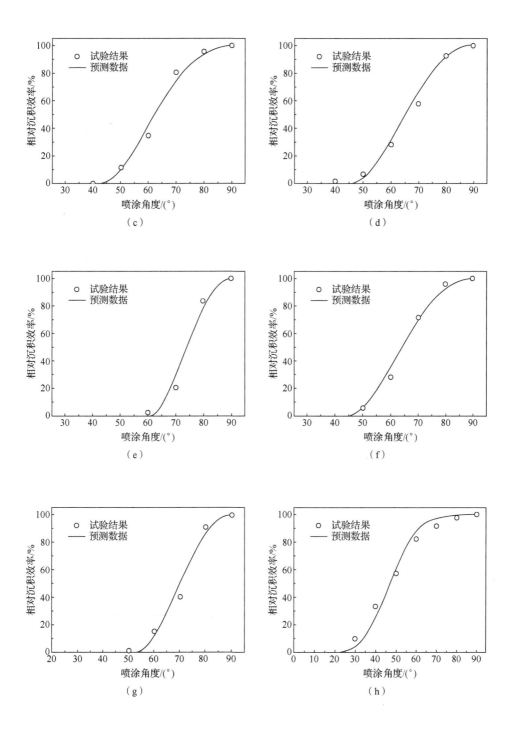

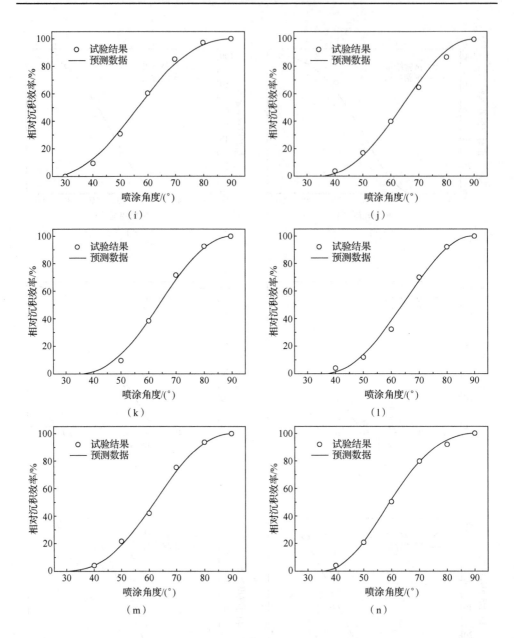

图 2-12　不同喷涂条件下喷涂角度对相对沉积效率的影响

(a) C-01；(b) C-02；(c) C-03；(d) C-04；(e) C-05；(f) C-06；(g) C-07；(h) C-08；

(i) C-09；(j) C-10；(k) C-11；(l) C-12；(m) C-13；(n) C-14

从图 2-12 可知，在不同喷涂条件下，粒子的相对沉积效率均随喷涂角度降低而减小。当喷涂角度小于某一临界角度后，几乎没有粒子沉积。根据冷喷涂条件不同，这一临界喷涂角度在 30°～60°变化。另外，从以上实验数据还可以发现，实验条件下均未达到最大沉积区，也就是只有部分粒子沉积。利用式（2-9），采用粒子分布参数及计算得到的每种条件下的速度参数，对每种喷涂条件下的实验数据进行拟合确定临界速度，计算得到相对沉积效率与喷涂角度预测数据的关系曲线也见图 2-12。从图中可以发现，对不同喷涂条件下通过理论预测的结果与实验结果均吻合较好。因此，采用计算模型方法推测临界速度是可行的。

1. 粉末尺寸的影响

为了研究同一批次粉末中粒子尺寸对其临界速度的影响，将同一批 Cu 粉末分筛成两种粒径的粉末 P-B 与 P-C，然后进行实验。根据前面介绍的方法在 C-07 与 C-08 喷涂条件下分别得到 P-B 与 P-C 两种粉末的临界速度约为 320m/s 与 310m/s。这一结果表明，同一批粉末的粒径对粒子的临界速度影响较小，可以忽略。因此，对于同一批次的粉末，粒子的临界速度与粉末粒子尺寸无关。

2. 粒子温度的影响

根据前面的结果，粒子沉积时的温度对粒子变形产生的影响较大，进而对粒子沉积产生一定的影响。为了探究粒子温度对其临界速度的影响，可通过实验设计，选择不同的气体条件进行实验。Cu 粒子平均温度对其临界速度的影响如图 2-13 所示，粒子温度对临界速度具有显著的影响。为了能直观地分析粒子温度对临界速度的影响，图 2-13 中的横坐标采用了计算得到的粒子平均温度，为了比较，将**第 4 章**中计算得到的临界速度也在图 2-13 中给出。从图中可以发现，同种粉末粒子的临界速度，随着其平均温度的增加基本呈线性降低趋势。这是因为随

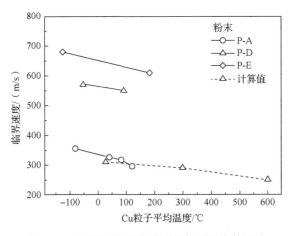

图 2-13 Cu 粒子平均温度对其临界速度的影响

粒子温度的增加，粒子材料的屈服强度降低，从而使粒子的塑性变形能力增加，更有利于粒子在变形过程中结合而沉积。另外，在氮气条件下，粒子温度低，从而使粒子的临界速度比同样条件下采用氮气时的临界速度高。

线性拟合温度对 P-A 粉末粒子临界速度影响的实验数据，得到直线的斜率约为-0.28，意味着 Cu 粒子温度每增加 100℃，其临界速度约降低 28m/s。根据以上实验结果可以发现，采用含氧量较低的 P-A 粉末得到的临界速度与没有考虑氧化膜计算得到的临界速度基本一致。但同样是 Cu 粉末，比较含氧量差异较大的 P-A、P-D 及 P-E 三种粉末，其临界速度的差别却比较大，而且与文献[1,19,20]报道的值也有较大差别。分析发现，几种 Cu 粉末的含氧量及文献中采用的 Cu 粉末的含氧量有较大的差别。因此，原始粉末的含氧量也是影响粒子临界速度的主要因素。

3. 粉末氧化程度的影响

根据前面的实验结果，P-C、P-D 与 P-E 三种粉末的粒径相当，但粉末含氧量不同。因此，以 Cu 粉末含氧量为横坐标，取采用氮气在较高温度下所测得的粒子临界速度为纵坐标，给出粒子含氧量对其临界速度的影响。图 2-14 为 Cu 粉末含氧量对粒子临界速度的影响，随着 Cu 粉末含氧量的增加，Cu 粒子的临界速度几乎呈抛物线规律增加。如果将不同文献报道的临界速度数据绘到一幅图中，图 2-15 为粉末含氧量对不同材料粉末粒子临界速度的影响[16]，可见粉末氧化程度对临界速度具有显著影响，这一结果也为不同学者对于同种材料报道的临界速度存在较大差异找到了原因。

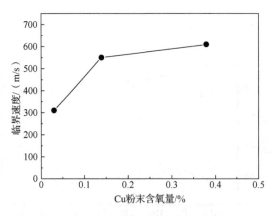

图 2-14　Cu 粉末含氧量对粒子临界速度的影响

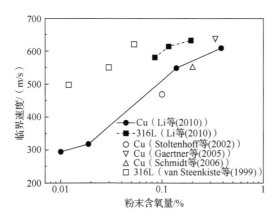

图 2-15　粉末含氧量对不同材料粉末粒子临界速度的影响[16]

　　粉末含氧量的变化主要源于粒子表面氧化膜厚度的变化,含氧量越高,粉末粒子表面的氧化膜越厚,因此本质上是氧化膜厚度对临界速度有着重要的影响。根据目前对冷喷涂粒子结合机理的理解,高速金属粒子碰撞后产生剧烈的塑性变形,破碎并挤出粒子表面的氧化膜,使露出的新鲜金属在高的碰撞压力下与粒子产生结合,当结合的面积足够大时,粒子就可以成功沉积。因此,在粒子碰撞、变形、结合过程中,如果表面氧化膜厚度增加,则破碎并挤出氧化膜需要更大的粒子碰撞能量,从而需要更高的粒子速度才能保证成功结合。较厚的氧化膜夹杂在粒子间界面上会影响新鲜金属界面的有效接触面积。根据以上分析,粒子沉积时的临界速度对应于某一临界动能,也就是粒子临界速度的平方将与粒子表面的氧化膜成一定的正比关系,而临界速度与氧化膜厚度成一定的抛物线关系,这一分析结果与实验结果吻合。

　　4. 粉末种类的影响

　　图 2-15 反映了 316L 不锈钢的临界速度明显高于纯 Cu。为了进一步考察喷涂材料对粒子临界速度的影响,本部分选用球形 Ti 粉末进行实验。喷涂条件对 Ti 粉末粒子临界速度的影响如图 2-16 所示,根据 C-13、C-14 两种喷涂条件下的相对沉积效率结果得到两种 Ti 粉(P-F 与 P-G)的临界速度分别为 510m/s 与 580m/s。根据简单估算(假定表面氧化膜为 TiO_2),两种粉末的相对氧化膜厚度均约 35nm,而两种喷涂条件下粒子的温度差别较大。因此,这两种粉末临界速度的差别主要受粒子平均温度的影响。增加 Ti 粒子平均温度,使 Ti 粒子临界速度降低。与 Cu 粒子的研究结果类似。

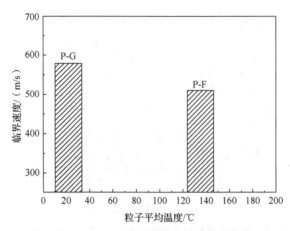

图 2-16　喷涂条件对 Ti 粉末粒子临界速度的影响

2.3　冷喷涂粒子界面结合的宏观行为

以前学者对冷喷涂粒子界面结合机理的认识浅尝辄止，通常只将能否沉积的临界条件与粒子结合行为进行关联。本书将根据多年的研究成果对冷喷涂粒子结合机理做深入的探讨。根据对冷喷涂涂层宏-微观组织性能的研究，本书认为，结合行为可分别从宏观与微观进行深入认识。宏观行为主要包括粒子间的机械咬合（interlocking）、大量后续粒子对已沉积粒子的冲击夯实效应（tamping effect）、金属-陶瓷共沉积时陶瓷粒子的钉扎作用（pinning）等，微观行为主要包括在强烈热力耦合作用下界面结合的产生过程，以及由此引起的沉积粒子显微组织演变，如界面动态再结晶、纳米晶、非晶、氧化膜破碎与挤出、局部熔化、界面反应等。

2.3.1　机械咬合与冶金结合共存机制

根据前面对冷喷涂粒子结合的一般认识，当高速金属粒子碰撞基体或已沉积涂层后，其发生大的变形到达临界热/力条件后将黏附基体之上而沉积。图 2-17 为冷喷涂沉积的典型单个 Cu 粒子与涂层形貌，完全印证了粒子发生大变形而结合，涂层中粒子均发生很大程度的变形，涂层组织致密，大小不一的扁平化粒子相互咬合。简单地讲，机械咬合是粒子碰撞结束后弹性变形回复导致的变形粒子与基体（或已沉积粒子）间的挤压作用。借鉴传统热喷涂的理论经验[21,22]，从宏观上来看，冷喷涂粒子的结合是机械咬合与冶金结合（金属键）的混合作用，图 2-18 为冷喷涂粒子机械咬合与冶金结合示意图，两者所占的比例取决于粒子碰撞条件（速度、温度及粒子表面氧化状态）。例如，众所周知，热喷涂涂层与基体的结合主要以机械咬合为主，实践中较低的涂层结合强度测试结果（<100MPa）也印证了这一结论。对于冷喷涂来说，给定喷涂粉末的结合形式主要取决于粒子

碰撞条件，由此确定两种结合机制各自的影响。举例来说，同样是纯 Cu 涂层，冷喷涂技术发展之初，受限于硬件装备条件，难以将粉末加速到极高的速度，涂层的结合强度及内聚强度通常不超过 100MPa。因此，这时候机械咬合所占的比例就大一些；更有甚者，如果喷涂粉末的氧化程度严重（后续会详细讨论），即使粒子发生了同样的变形程度，但由于氧化膜阻碍冶金结合，使冶金结合比例明显降低，整体强度也会显著降低。随着设备能力提升，目前气体的压力已经可达 7MPa 量级，气体的预热温度可达 1000℃以上，粒子速度可以更高（800m/s 以上），这时候粉末粒子碰撞产生的变形程度大大增加，冶金结合的比例显著增加。因此，所制备 Cu 涂层结合强度可以超过 100MPa，甚至涂层自身强度在 400MPa 以上，达到与强烈冷变形纯 Cu 相当的水平，这时候冶金结合已成为主要的结合机制，具体参见**第 6 章冷喷涂层的性能**。

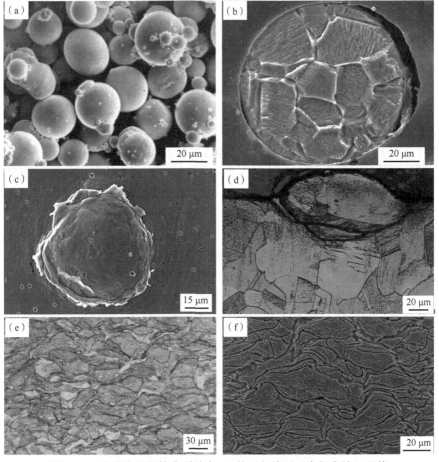

图 2-17　冷喷涂沉积的典型单个 Cu 粒子与涂层（金相腐蚀）形貌

（a）球形 Cu 粉；（b）单个 Cu 粒子断面形貌；（c）沉积的单个 Cu 粒子表面形貌；
（d）沉积的单个 Cu 粒子断面形貌；（e）Cu 涂层断面形貌 1；（f）Cu 涂层断面形貌 2

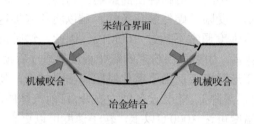

图 2-18　冷喷涂粒子机械咬合与冶金结合示意图

　　上述对结合控制机制转换的宏观描述，同样适用于其他金属材料，只不过两种结合机制所占比例的转换条件不同。一般情况下，材料越容易变形，越容易实现更高比例的冶金结合。

　　前面已经提及，当基体与粉末的材料种类不同时，第一层涂层与基体的结合至关重要，第一层涂层中粒子的结合质量决定涂层与基体的结合强度，会影响后续涂层在服役条件下能否发挥其性能。对于粒子/基体异种材料碰撞变形行为，根据其变形能力一般可分为三类：硬与软组合、软与硬组合、硬度相当组合。图 2-19 为冷喷涂粒子碰撞异种基体/材料的三类变形行为。如图 2-19（a）所示，当较硬的粒子撞击较软的基体时，粒子部分嵌入（penetration）基体，除少量的冶金结合外（取决于粒子表面氧化膜的破碎情况），机械咬合作用明显，称为穿入式；当粒子与基体材料硬度/强度相当时［图 2-19（b）］，双方均发生明显的变形，或者说粒子的动能由粒子与基体各吸收约一半，这种情况称为协调变形（coordinating deformation），事实证明这种情况下的结合质量最高，可产生较高比例的冶金结合（界面的大变形同程度破碎，清除了基体与粒子表面氧化膜），还兼顾一定的机械咬合；当较软的粒子撞击较硬的基体时［图 2-19（c）］，粒子几乎完全平铺（flattening）在基体上，呈圆盘状，基体几乎没有或仅有少量变形，这时基体的变形较小，使得界面冶金结合很有限，机械咬合作用也差，实践证明这种条件下结合质量最差，即使能沉积涂层，涂层结合强度低，而且涂层较厚时很容易发生剥离（残余应力作用）。

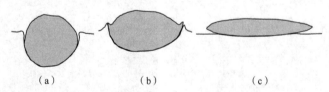

　　　（a）　　　　　　　　　（b）　　　　　　　　　（c）

图 2-19　冷喷涂粒子碰撞异种基体/材料的三类变形行为

（a）硬粒子撞软基体的穿入式；（b）硬度/强度相当的协调变形；（c）软粒子撞硬基体的圆盘式

2.3.2　冲击夯实效应

根据前面冷喷涂过程的介绍可以发现，被高速（或高温高速）气流加速形成的高速粒子流将对基体产生较大的冲击力。冷喷涂过程的冲击夯实效应如图 2-20 所示，当喷涂距离比较小时（30mm 以内），高速气流会在基体表面滞止流动而向侧向分流，或者在基体表面形成一个高温高压区（具体的结果将在**第 3 章**讨论），高速、高温气体与基材表面的高效对流换热可有效提高局部表面的温度；另外，连续不断的固态高速粒子流对表面的物理碰撞会导致表面发生塑性变形，产生物理冲击效应。热力耦合作用下，一定程度上逐渐改变了涂层的组织特征，可造成从涂层/基体界面到涂层表面的性能发生梯度变化。

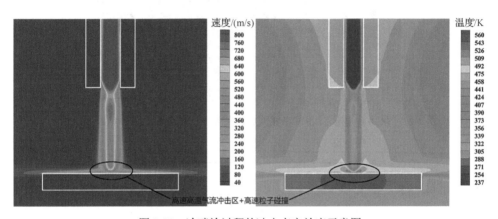

图 2-20　冷喷涂过程的冲击夯实效应示意图

根据早期的研究结果[7,23,24]，冲击夯实效应在喷涂 Cu、Ni、Zn 等密度较大、强度较低的粉末材料时作用不太明显，在喷涂 Al、Ti 等密度较小、强度较低的粉末材料时作用比较明显。对于强度高的粉末材料（如不锈钢、钛合金、高温合金），冲击夯实效应也有明显的效果。下面以冷喷涂 Ti 涂层为例进行论述（**第 5 章**沉积过程中冷喷涂层组织演变特征也会讨论冲击夯实效应）。

采用多角形 Ti 粉末在氮气加速条件下所制备涂层的典型断面组织如图 2-21 所示，涂层由两个明显的区域组成：表层的多孔区与底层（靠近涂层/基体界面）的致密区，在当前喷涂条件下，表层多孔区的厚度为 150~200μm。采用割线法统计图 2-21 中 Ti 涂层的孔隙率随距离涂层表面深度的变化，统计时从涂层表面每隔 20μm 画一条平行于涂层表面的直线，计算所画直线位于气孔上的总长度与所画直线总长度的比值，来表征某一深度的孔隙率。冷喷涂 Ti 涂层孔隙率随距离涂层表面深度的变化如图 2-22 所示，随距离涂层表面深度的增加，涂层的孔隙率迅速下降，当深度超过 200μm 后，孔隙率降低到较低的水平且基本保持不变。以上结果表明，Ti 粒子沉积过程先是单个粒子通过有限变形沉积到基体或已沉积涂层的表面，后续粒子到来时，已沉积粒子层受到冲击夯实效应影响发生进一步塑性变形来填充粒子间隙。在后续粒子连续的冲击夯实效应影响下，涂层的底层逐渐致密化；最后沉积的粒子受到较少的冲击夯实效应影响，因此所制备涂层的表层孔隙率较高、内部较为致密，孔隙率随厚度呈梯度分布。

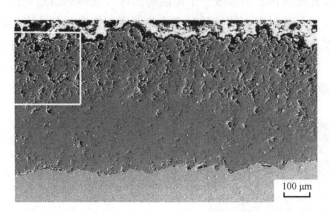

图 2-21   采用多角形 Ti 粉末在氮气加速条件下所制备涂层的典型断面组织

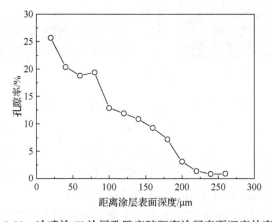

图 2-22   冷喷涂 Ti 涂层孔隙率随距离涂层表面深度的变化

进一步研究表明，在喷涂条件一定时，随着涂层总厚度的增加（如喷涂的次数增加），涂层表层多孔区的厚度基本不受影响。但当粒子速度增加时，冲击夯实效应增强，从而得到更致密的涂层。图 2-23 为采用多角形 Ti 粉末在氦气加速条件下所制备涂层的典型断面组织，涂层仍然由明显的表层多孔区与底层致密区组成，但在当前氦气条件下，表层多孔区的厚度约 100μm。

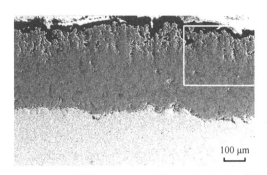

图 2-23 采用多角形 Ti 粉末在氦气加速条件下所制备涂层的典型断面组织

此外，现有的研究还指出，采用球形粉末获得的涂层组织比多角形粉末略显致密，图 2-24 为采用球形 Ti 粉末在氦气加速条件下所制备涂层的典型断面组织，图 2-25 为采用球形 Ti 粉末在氦气加速条件下所制备涂层的典型断面组织，涂层依然表现出表层多孔与底层致密的组织结构，且表层多孔的厚度在氮气与氦气两种条件下分别约为 200μm 与 100μm。因此，粉末粒子的形貌对粒子的冲击夯实效应影响较小。

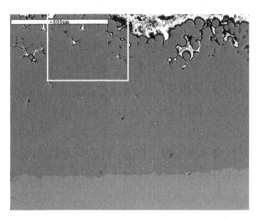

图 2-24 采用球形 Ti 粉末在氮气加速条件下所制备涂层的典型断面组织

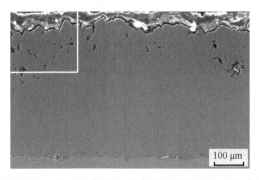

图 2-25 采用球形 Ti 粉末在氦气加速条件下所制备涂层的典型断面组织

对于其他材料，夯实效果取决于材料热物理与力学性能及粒子碰撞条件（喷涂条件），冲击夯实效应的范围也至少在两个扁平粒子范围内（表层附近）。但粒子速度，或者更准确地说粒子动能，是影响冲击夯实效应的最关键的因素。**第 5 章会深入探讨冲击夯实效应下涂层组织演变及原位喷丸致密化方法。**

2.3.3　金属−陶瓷复合涂层中硬质相的钉扎作用

作为一类特殊的材料，金属基复合材料（metal matrix composite, MMC），尤其粒子增强金属基复合材料（particle reinforced metal matrix composite, PRMMC）在航空航天、电子等工业领域应用前景广阔。大量的研究表明，冷喷涂是制备 PRMMC 非常有效的方法，冷喷涂过程中，仅需将目标复合材料中的强化相组元粉末与金属组元粉末进行机械混合，以混合粉末作为喷涂粉末，在优化的喷涂条件下即可获得高性能的 MMC[25]。混合粉末冷喷涂过程中，强化相（硬质相）的加入可起到多重作用，即可通过夯实效应显著提升金属涂层的组织致密度，硬质相在涂层中的引入还可提高硬度与强度[25-34]，后续章节会详细讨论，本部分主要讨论的是强化相（硬质相）对粒子结合的宏观贡献，即钉扎作用。冷喷涂 Al/Al₂O₃ 复合材料涂层断面光学显微镜（OM）组织如图 2-26 所示，冷喷涂 AA5356/TiN 复合材料涂层断面扫描电子显微镜（SEM）组织如图 2-27 所示，多角形陶瓷粒子充分嵌入粒子表面，在粒子间（或者涂层与基体间）起到了"钉子"作用。实验结果表明，加入一定陶瓷粒子提升了金属涂层的结合强度，还显著提升了涂层显微硬度，但如果过量地加入陶瓷粒子，反而会弱化结合[31]，导致涂层脆化。此外，如果强化相为硬质金属（如 W 等），也能起到界面钉扎作用，提升结合强度与显微硬度，Cu 基体上冷喷涂 W/Cu 复合材料涂层断面 OM 组织如图 2-28 所示。当然控制基体相金属与强化相粒子的粒径大小与分布可以进一步促进这种微观钉扎作用[32-34]。

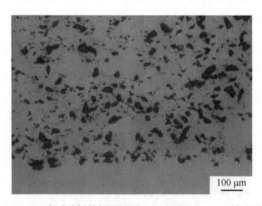

100 μm

图 2-26　冷喷涂 Al/Al₂O₃ 复合材料涂层断面 OM 组织（Al₂O₃ 粉末体积分数为 15%）

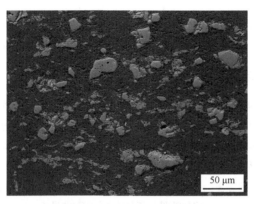

图 2-27　冷喷涂 AA5356/TiN 复合材料涂层断面 SEM 组织（TiN 粉末体积分数为 25%）

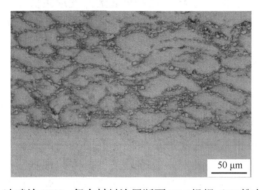

图 2-28　Cu 基体上冷喷涂 W/Cu 复合材料涂层断面 OM 组织（W 粉末质量分数为 20%）

　　另外，在金属粉末中混入一定比例的硬质陶瓷粉末，还可降低金属粉末的临界速度，使粉末的沉积效率得到提升。在低压冷喷涂生产实践中，由于气体的压力较低，因此难以将金属粉末粒子加速到较高的水平，采用纯金属粉末进行喷涂时，沉积效率通常较低（<10%），粉末利用率和涂层制备效率较低。以铝与铝合金粉末为例，在冷喷涂过程中通常会添加一定比例（<30%）的多角形 Al_2O_3，喷涂过程中利用多角形 Al_2O_3 粒子对已沉积铝或铝合金粒子的撞击，使得表面露出新鲜金属，又称活化涂层表面，从而更利于后续粒子的沉积，使得临界速度降低，粉末沉积效率提高（>30%）。

2.4　冷喷涂粒子结合形成过程中的微观演变

　　不论是数值模拟分析，还是实验结果，都表明了粒子碰撞界面上发生了局部高应变的高速率塑性变形，同时伴随可观的温升。因此，如果从微观上看粒子的界面结合机理，就需要对界面附近进行观察，找到结合的原因。根据现有研究结果，发现界面再结晶行为、氧化膜破碎及挤出行为、界面局部熔化行为是影响微观结合的三个重要因素。下面就分三个角度探讨粒子的结合机理。

2.4.1　界面再结晶结合机理

大量的文献表明，冷喷涂粒子在高速碰撞过程中，大变形与绝热温升容易引起沉积粒子界面上发生动态再结晶，形成尺寸为亚微米甚至纳米尺度的细小晶粒[7,24,35-38]。典型冷喷涂 Cu 涂层粒子界面再结晶晶粒如图 2-29 所示，在粒子界面会形成细小的等轴晶粒，同时在紧邻区域还会形成带状的细晶区域，形成原理可基于图 2-30～图 2-32 所示的结果进行说明。动态再结晶发生的条件是应变量要达到临界应变量，同时温度要达到相应的再结晶温度。在单个粒子碰撞时，塑性应变在粒子中的分布不均匀，大应变量塑性变形主要集中在粒子的下界面处［图 2-30、图 2-31（a）］，由高应变速率塑性变形诱导的瞬时高温与塑性应变的分布一致，由于粒子下界面处满足动态再结晶所需的条件，因此在此处形成细小的再结晶等轴晶粒。冷喷涂粒子沉积碰撞过程极短（<1000ns），再结晶后晶粒长大的时间极短，因此再结晶晶粒尺寸可低至纳米尺度。当后续粒子撞击已沉积粒子时，大应变量的塑性变形与温升主要集中在已沉积粒子的顶部与刚沉积粒子的下部。如图 2-32（a）所示，这一反复演变过程使得沉积体内粒子界面处呈现细晶的状态。由于冷喷涂粒子的塑性变形量从粒子界面向内部逐渐降低，粒子内部的应变与温度不能满足动态再结晶发生的临界条件，因此根据应变量的差异呈现不同的特征。动态再结晶的发生基于晶界扩散和晶粒转动两种机制，冷喷涂粒子高速碰撞的特征使得后者占主导地位，如图 2-32（b）的冷喷涂粒子界面显微组织模型所示，在紧邻完全动态再结晶的区域，由于晶粒的转动尚未达到 60°，因此呈现带状的细晶组织。随着距离进一步深入粒子内部，晶粒呈现常规的变形组织，呈现拉长状态，内部存在高密度位错。因此冷喷涂沉积体内部细晶组织沿粒子界面呈三维网状分布、粒子中心为常规变形组织的独特不均匀特征。

图 2-29　典型冷喷涂 Cu 涂层粒子界面再结晶晶粒

原始粒子晶粒可参考图 2-17（b）

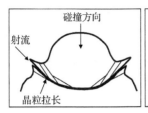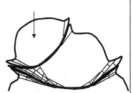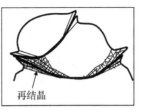

图 2-30 冷喷涂粒子碰撞界面发生动态再结晶过程示意图

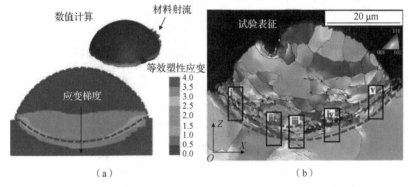

（a） （b）

图 2-31 冷喷涂单个 Cu 粒子应变分布与 EBSD 表征结果[35]

（a）粒子应变分布；（b）EBSD 图像

EBSD-电子背散射衍射

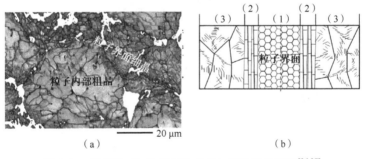

（a） （b）

图 2-32 冷喷涂 Cu 涂层晶粒分布与显微组织模型[36,37]

（a）晶粒分布特征；（b）显微组织模型

（1）等轴细晶区-完全动态再结晶；（2）取向低角板条晶区-部分再结晶；

（3）高密度位错粗晶区-剧烈塑性变形

　　源于以上所述的冷喷涂粒子界面再结晶机理，正是因为界面的再结晶使冶金结合界面更加牢固，这一连接机理可以与摩擦焊接固相界面的结合类比[38]，通过再结晶使界面两侧金属完全结合成一体。冷喷涂大粒子球形 Cu 粉如图 2-33 所示，李文亚等通过对大粒子原始 Cu 粉末进行退火处理，获得大晶粒粒子，然后进行冷喷涂，所获得涂层的电子背散射衍射（electron backscatter diffraction，EBSD）

结果［图 2-33（c）］表明，粒子界面发生明显再结晶，形成细小晶粒，促进了界面结合。同时，粒子内部也形成大量纳米孪晶，第 5 章将详细讨论组织演变规律。

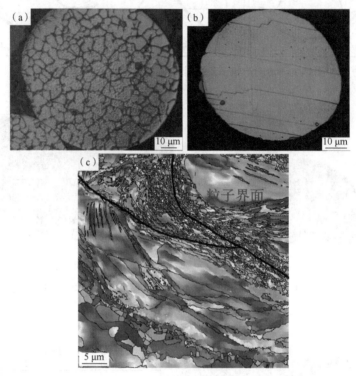

图 2-33　冷喷涂大粒子球形 Cu 粉[39]

（a）原始粉末断面；（b）700℃退火后粉末断面；（c）涂层 EBSD 分析的反极图

2.4.2　氧化膜破碎结合机理

根据前面的描述，碰撞粒子表面氧化膜的破碎与挤出（射出）行为是与界面冶金结合同时发生的，也就是说氧化膜破碎结合机制是与界面再结晶结合机制"共生"的现象，只有表面氧化膜被挤出或弥散在粒子结合界面上，才能形成更有效的结合。李文亚等最早实验观察到氧化膜的显著影响，而且采用喷涂前进行氧化处理的金属粉末，显化了氧化膜的影响[3,7,14,40,41]，从而为氧化膜破碎结合机理提供了实验证据。

人为氧化后的球形 Cu 粉末氮气冷喷涂粒子与基体表面氧化膜破碎行为如图 2-34 所示，将球形 Cu 粉末与表面抛光的 Cu 基体放到 250℃的空气炉中氧化处理 4h，粉末已经严重氧化（粉末由初始的粉红色变成黑色），形成较厚的氧化膜［图 2-34（a）与（b）］。当然，基体表面也形成了一层厚氧化膜，冷喷涂碰撞后［图 2-34（c）］基体表面形成较多的碰撞坑（粒子发生了反弹），氧化膜被严重撞碎。从图 2-34（d）的典型凹坑放大图可以发现，坑底部氧化膜破碎，但没有被挤出，在凹坑外围边缘，氧化膜破碎更严重，并发生显著的剥落散失。另外，观察反弹后的 Cu 粉末的碰撞外表［图 2-34（e）］，同样是氧化膜发生严重破碎并脱落，只残留部分氧化膜。当表面氧化膜被大量破碎清除后，就形成了结合的条件，粒子可以结合到基体上［图 2-34（f）］。因此，氧化膜在粒子碰撞结合过程中至关重要。

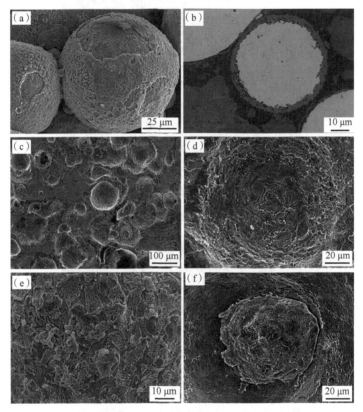

图 2-34　人为氧化后的球形 Cu 粉末氮气冷喷涂粒子与基体表面氧化膜破碎行为[40]

（a）氧化后 Cu 粉末 SEM 形貌；（b）氧化后 Cu 粉末断面 OM 形貌；（c）冷喷涂后基体表面 SEM 形貌；
（d）碰撞坑（粒子反弹）氧化膜破碎行为；（e）反弹粒子表面氧化膜分布；（f）沉积在碰撞坑内的单个粒子
Cu 基体同样条件氧化处理

基于上述分析，对一般金属粉末冷喷涂层内粒子界面进行高倍透射电子显微镜（transmission electron microscopy，TEM）分析，可以观察到分布在粒子界面上的氧化膜。平均粒径为 20.5μm 的球形 Cu 粉末氮气冷喷涂层 TEM 图如图 2-35 所示[3]，厚度在纳米尺度的破碎氧化膜存在于 Cu 粒子界面上。由于这种纳米尺度氧化膜不便观察，因此采用人为氧化 Cu 粉末可显化氧化膜，更易于表征观察。人为氧化后平均粒径为 20.5μm 的球形 Cu 粉末在氮气条件下的冷喷涂层 TEM 图如图 2-36 所示[3]，可以很容易观察到较厚的破碎氧化膜存在于 Cu 粒子界面上，这种厚氧化膜的存在，显著降低了涂层强度，从涂层沉积效率上也明显体现出其对结合的影响[3]。具体的氧化膜破碎行为将在第 4 章通过粒子碰撞变形行为的数值分析结果阐述。

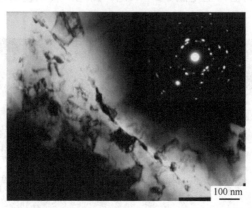

图 2-35　平均粒径 20.5μm 的球形 Cu 粉末氮气冷喷涂层 TEM 图[3]

粉末含氧量（质量分数）为 0.04%

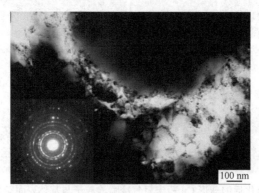

图 2-36　人为氧化后平均粒径 20.5μm 的球形 Cu 粉末在氮气条件下的冷喷涂层 TEM 图[3]

粉末含氧量（质量分数）为 0.38%

　　理论上来说，处于同样空气存放条件下的金属粉末氧化程度与粉末的粒径直接相关[40]，粒径越小的粉末比表面积越大，越容易氧化，含氧量越高。对于同一批次的粉末，由于存在粒径分布，因此其含氧量（或氧化程度）是一个平均的概念。在冷喷涂过程中，尺寸较小的粒子往往更容易沉积，即涂层的含氧量受到粒径影响较大。另外，上述现象也反映了粒径小的粉末所需的临界速度更高[17]。

2.4.3　界面局部熔化结合机理

机械嵌合与冶金结合两种"共生"结合机制是目前公认的冷喷涂粒子主要结合形式，而且目前公认冷喷涂是一个固态粒子沉积方法，但高速碰撞带来的绝热温升在一些情况下是不可忽视的。李文亚等通过一系列理论分析与实验验证，证明了界面局部熔化的存在及其对结合的影响[42-47]。理论上，对于任何固体材料，高速碰撞后部分动能会转换成热能，产生一定温升。对于有一定塑性的金属材料，塑性变形过程中 90%以上的能量将转变为热量，因此温升更加明显。下面对常见冷喷涂材料进行绝热温升理论分析。

首先，金属塑性变形做功生热，温升公式一般用式（2-10）表示。

$$\Delta T = \frac{\beta}{\rho C_p} \int_0^{\varepsilon_p} \sigma \mathrm{d}\varepsilon_p \tag{2-10}$$

$$E_k = \frac{1}{2} m_p v_p^2 = \frac{1}{12} \pi d_p^3 \rho v_p^2 \tag{2-11}$$

式中，ΔT 为温升；σ 为变形流动应力；ε_p 为塑性应变；ρ 为材料密度；C_p 为比热容；β 为绝热系数（反映塑性变形功转换成热的比例）。

对于质量为 m_p（粒径为 d_p）、速度为 v_p 的一个金属粉末，其动能 E_k 用式（2-11）表示，再假设只有碰撞界面变形区域生热，可用式（2-12）表示动能转换成热：

$$\alpha E_k = f_v \int_{T_r}^{T} m_p C_p \mathrm{d}T = f_v m_p C_p \Delta T \tag{2-12}$$

式中，α 是动能转换成热能的效率；f_v 是变形区占整个粒子的比例，即界面熔化区域比例，这样可求得最后累加温升，用式（2-13）表示。

$$\Delta T = \frac{\alpha E_k}{f_v m_p C_p} = \frac{\alpha v_p^2}{2 f_v C_p} \tag{2-13}$$

如果碰撞熔化在某一特定速度（v_{pm}）发生了，还需考虑熔化潜热的影响，能量转换方程用式（2-14）表示：

$$\frac{1}{2} \alpha m_p v_{pm}^2 = f_v m_p [C_p (T_m - T_r) + H_L] \tag{2-14}$$

式中，T_m 是材料熔点；T_r 是碰撞前参考温度（一般是室温，比如按照 20℃计算）。因此，某种材料粉末粒子碰撞熔化所需的速度可用式（2-15）表示：

$$v_{pm} = \sqrt{2 f_v [C_p (T_m - T_r) + H_L]/\alpha} \tag{2-15}$$

表 2-3 为几种代表性材料热物理性能，根据式（2-10）～式（2-15）对表 2-3 所示的代表材料进行碰撞温升计算，不同材料高速碰撞时可能产生界面熔化的最小

速度预测结果如图 2-37 所示。计算中，α 取 0.9（经验值），且改变了界面熔化区域比例（f_v）。

表 2-3　几种代表性材料热物理性能[36]

材料种类	密度 / (kg/m³)	比热容 / [J/ (kg·K)]	热导率 / [W/ (m·K)]	熔点/℃	熔化潜热 / (J/kg)	导温系数 / (m²/s)	材料强度/MPa	
							屈服强度	抗拉强度
Sn	7170	228	66.6	232	60600	$4.07×10^{-5}$	25	52
Zn	7131	389	121	420	102000	$4.36×10^{-5}$	30	55
Cu	8880	386	398	1083	205000	$1.16×10^{-4}$	90	210
AA2219	2840	880	120	638	382800	$4.80×10^{-5}$	80	240
Ni	8899	447	90.5	1455	290000	$2.28×10^{-5}$	150	317
Al	2688	905	237	660	395000	$9.74×10^{-5}$	44	80
NiCoCrAl	8180	461	11.5	1427	334000	$3.05×10^{-6}$	917	1207
Al-12Si	2660	963	121	532	496600	$4.72×10^{-5}$	70	155
Mg	1740	1020	156	649	372000	$8.79×10^{-5}$	90	115
Ti6Al4V	4420	537	7.6	1660	418200	$3.20×10^{-5}$	880	950
Ti	4506	522	21.9	1680	440000	$9.31×10^{-6}$	140	220

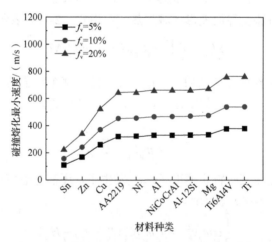

图 2-37　不同材料高速碰撞时可能产生界面熔化的最小速度预测

从图 2-37 可以发现，计算得到的可能发生熔化的速度条件在实际冷喷涂时完全可以达到。当然，实验研究结果也表明，低熔点材料很容易发生碰撞局部熔化，而高熔点材料根据其热物理性能与力学性能的综合考虑，也可观察到碰撞熔化。基于实验结果与计算分析，将常见冷喷涂材料根据产生局部熔化的难易程度分为三类。

1. 低熔点材料

对于 Sn、Pb、Zn、Al、Mg 等及其合金，由于其熔点相对较低，在冷喷涂条件下的变形产热使其容易达到熔化条件。当然，判断是否发生碰撞熔化应基于实验观察，李文亚等建立了两个准则：一是涂层断口局部是否出现明显韧窝状特征，该特征为碰撞冶金结合后在反弹力作用下的撕裂；二是涂层表面或内部是否出现大量的细小粒子（远小于喷涂粉末的尺度），该判据依据碰撞熔化造成的飞溅微球，而飞溅细小微球又被后续粒子遮蔽并夹杂在涂层中。

图 2-38 为冷喷涂 Sn 涂层表面 SEM 形貌，对于 Sn 来说，在 200℃的气体温度下喷涂就可以发生大量的熔化，形成大量细小粒子。图 2-39 为冷喷涂 Zn 涂层形貌，Zn 粒子在 300℃上的气体温度下喷涂可以发生大量的熔化，由于碰撞速度的提高，还形成了大量的飞溅细小粒子，采用透射电子显微镜也可以明显观察到 Zn 涂层内的细小粒子［图 2-39（d）］；同时，也观察到一些典型韧窝状表面［图 2-39（b）］，主要是由于大粒子碰撞后，产生局部熔化而形成结合，但大粒子反弹脱落后就留下了拉断的韧窝。图 2-40 为冷喷涂铝合金涂层断口 SEM 形貌，

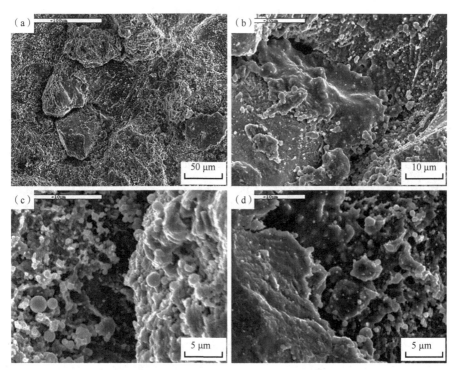

图 2-38　冷喷涂 Sn 涂层表面 SEM 形貌[42]

（a）低倍局部粒子碰撞边缘；（b）高倍局部粒子碰撞边缘；（c）高倍粒子碰撞边缘细小粒子；
（d）高倍粒子碰撞边缘熔化迹象

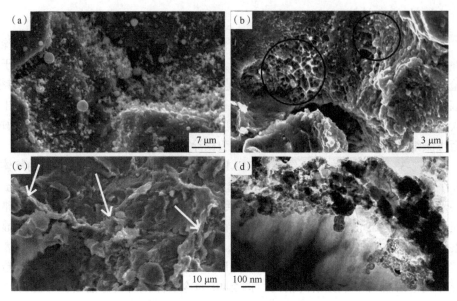

图 2-39　冷喷涂 Zn 涂层形貌[43]

（a）涂层表面大量细小粒子 SEM 形貌；（b）涂层表面韧窝 SEM 形貌；
（c）涂层断口 SEM 形貌；（d）涂层断面界面细小粒子 TEM 形貌

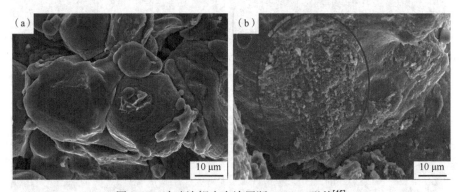

图 2-40　冷喷涂铝合金涂层断口 SEM 形貌[45]

（a）AA2219；（b）Al-12Si

对于 Al 与 Al 合金来说，由于其良好的导热性与高的比热容，大量熔化不易发生，但也可在断口中观察到局部熔化的形貌特征。对于冷喷涂 Zn 涂层的拉伸性能研究表明[43]，通过控制这种熔化程度，可以获得高结合强度涂层。目前需要更多的数据来支撑碰撞熔化对结合的调控作用。

2. 钛及钛合金

Ti 及 Ti 合金具有比较高的强度与熔点,按照冷喷涂碰撞变形沉积理论,很难沉积形成涂层,发生碰撞熔化也比较难。但是由于 Ti 及 Ti 合金的特殊热物理性能,实际上很容易冷喷涂沉积,也容易发生碰撞局部熔化,冷喷涂 Ti 及 Ti 合金(TC4)断口 SEM 形貌如图 2-41 所示,这主要基于如下所述的材料高化学活性与低热导率。

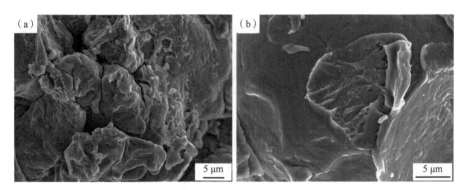

图 2-41　冷喷涂 Ti 及 Ti 合金断口 SEM 形貌[47]

(a) Ti; (b) TC4

1) Ti 的高化学活性

Ti 属于活泼金属,在一定温度下与氧气和氮气都可以反应。冷喷涂 Ti 或钛合金过程中,喷嘴出口的束流呈现明显的"亮流"特征,压缩空气冷喷涂 Ti 过程中出口出现的"亮流"如图 2-42 所示。虽然该结果是采用压缩空气冷喷涂获得的,但实际上,采用氮气或氦气都会呈现类似的明显"亮流",然而其他材料,如

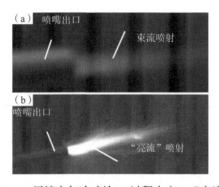

图 2-42　压缩空气冷喷涂 Ti 过程中出口"亮流"

(a) 室温下喷涂; (b) 520℃气体预热喷涂

Al、Cu、Ni 及其合金等均不出现"亮流"。分析认为，Ti 的高化学活性起关键作用，飞行过程中 Ti 表面与气体或喷嘴内壁摩擦，从而产生较高表面温度，呈现"亮流"特征。如果表面高温实际存在，碰撞界面处就很容易发生局部熔化，即使粒子没有达到临界变形沉积速度，局部熔化造成的结合足以抵抗反弹。对于高强的钛合金更明显，压缩空气冷喷涂 TC4 钛合金涂层界面组织 SEM 如图 2-43 所示，冷喷涂 TC4 涂层中粒子仅靠少量的熔化在局部形成连接，形成多孔特征的涂层。当然，后续的研究表明，增加冲击夯实效应可以获得比较致密的涂层。

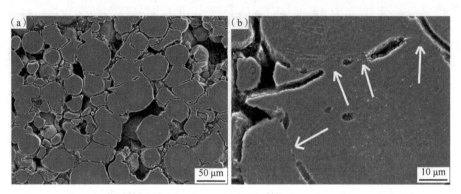

图 2-43　压缩空气冷喷涂 TC4 钛合金涂层界面组织 SEM（轻度腐蚀）[47]

（a）低倍组织显示明显多孔特征；（b）粒子界面高倍组织表明局部熔化结合特征（白色箭头所指）

2）Ti 或 Ti 合金的低热导率

Ti 与 Ti 合金的热导率很低，因此高温表面碰撞引起的温升更容易集中在表面，即使它们的熔点较高，也能达到局部熔化状态，促进局部良好结合。

以上分析表明，界面碰撞局部熔化是冷喷涂 Ti 合金的主要结合机制；对于纯 Ti，结合机制还包括常规的界面再结晶机制与氧化膜破碎机制。研究还发现，Fe 粉末冷喷涂过程中也有微弱的"亮流"特征，也暗示了 Fe 粉末在飞行过程中表面产生较高的温度。因此，粉末表面活性与飞行过程中表面摩擦产热是促进一些喷涂材料局部熔化，并形成局部强结合的原因。

3. 其他金属材料

对于 Cu、Ni、Cu 合金、不锈钢、高温合金等，由于其在喷涂束流中没有明显的"亮流"，Cu 及 Cu 合金导热性能好，不易于发生碰撞熔化；不锈钢与高温合金虽然热导率比较低，但表面惰性高（抗氧化），也不容易发生碰撞熔化。

界面局部熔化结合的形成对后续冷喷涂层结合性能的调控将起到重要的作用，但有待开展更多、更深入的研究。

2.4.4　冷喷涂金属-陶瓷共沉积界面行为

对于冷喷涂金属基复合材料涂层，除了陶瓷粒子宏观上的钉扎作用外，陶瓷粒子与金属粒子间的界面结合也是影响冷喷涂复合材料涂层质量的一个重要因素[25,27,28,34,48-50]。对于采用简单机械混合的粉末（这也是最常用的混粉方式）冷喷涂沉积金属-陶瓷复合涂层过程中，不规则多角形陶瓷粒子在碰撞中将发生浸入钉扎、破碎、反弹等现象，陶瓷粒子的碰撞在起到清洁金属表面作用的同时，陶瓷与金属间也会形成原子尺度上的"紧密"接触。

图 2-44 为冷喷涂 TiNp/AA5356 复合涂层 TEM 界面分析。从图 2-44 可以发现，微观上陶瓷粒子也产生了一些微裂纹，有些区域形成微观咬合［如图 2-44（a）中EDS2 点］，界面附近金属发生了再结晶，存在拉长晶粒［图 2-44（a）中矩形框附近］。图 2-45 为冷喷涂 TiNp/AA5356 复合涂层 TEM 界面高分辨分析。图 2-45所示的另外一个 TiN 粒子与金属的界面分析结果表明，局部界面结合良好，而且形成一定纳米尺度的非晶区（高速碰撞造成的）；当然，结合界面下部也存在结合较弱的区域。整体来说，陶瓷粒子与金属之间的结合相对较弱。

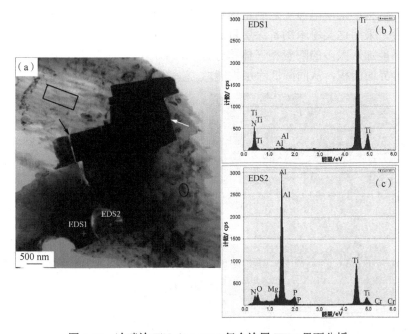

图 2-44　冷喷涂 TiNp/AA5356 复合涂层 TEM 界面分析

（a）TiN 与金属界面明场像；（b）EDS1 点能谱；（c）EDS2 点能谱

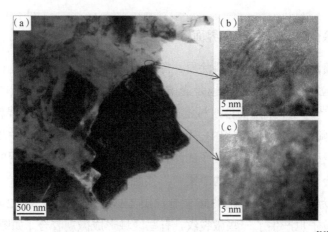

图 2-45　冷喷涂 TiNp/AA5356 复合涂层 TEM 界面高分辨分析[30]

（a）TiN 与金属界面明场像；（b）界面高分辨 TEM 照片；（c）界面 TEM 高分辨照片

　　为了进一步提升金属-陶瓷复合涂层中金属/陶瓷界面的结合性能，可以通过优化粉末制备方法的方式进行改善。研究采用的有效方法主要有两种：一是球磨的方法[25,29]，二是采用电解沉积制备包覆粉末[28,48-50]。图 2-46 为不同冷喷涂复合粉末形貌。在可控的球磨条件下，陶瓷粒子破碎并嵌入金属表面，形成良好的结合和核壳结构；采用电镀工艺制备的包覆粉末，粉末中的金属相与陶瓷相具有良好的结合。采用这类粉末制备涂层可显著提升涂层结合质量。当然，在冷喷涂过程中，不能加入太多的陶瓷相（体积分数<50%），过多的陶瓷粒子会降低涂层中有效结合界面面积，从而降低涂层性能。

图 2-46　不同冷喷涂复合粉末形貌[28,30,49]

（a）球磨 AA5356-TiN 复合粉末 SEM 形貌；（b）单个球磨 AA5356-TiN 复合粉末断面 OM 形貌；（c）Ni 包氧化铝
复合粉末 SEM 形貌；（d）单个 Ni 包氧化铝复合粉末断面 OM 形貌；（e）Cu 包金刚石复合粉末 SEM 形貌（有过
　　渡 Ni 镀层）；（f）单个 Cu 包金刚石复合粉末断面 SEM 形貌［采用聚焦离子束（FIB）技术制备］

参 考 文 献

[1] PAPYRIN A, KOSAREV V, KLINKOV S, et al. Cold Spray Technology[M]. Amsterdam: Elsevier, 2001.

[2] DYKHUIZEN R C, SMITH M F, GILMORE D L, et al. Impact of high velocity cold spray particles[J]. Journal of Thermal Spray Technology, 1999, 8(4): 559-564.

[3] LI W Y, LI C J, LIAO H L. Significant influence of particle surface oxidation on deposition efficiency, interface microstructure and adhesive strength of cold-sprayed copper coatings[J]. Applied Surface Science, 2010, 256(16): 4953-4958.

[4] ZHANG D, SHIPWAY P H, MCCARTNEY D G. Particle-Substrate Interactions in Cold Gas Dynamic Spraying[C]. Ohio, USA: Thermal Spray 2003, Advancing the Science and Applying the Technology, 2003.

[5] BORCHERS C, SCHMIDT T, GAERTNER F, et al. High strain rate deformation microstructures of stainless steel 316L by cold spraying and explosive powder compaction[J]. Applied Physics A, 2008, 90(3): 517-526.

[6] 李文亚. 粒子参量对纳米结构金属涂层冷喷涂沉积特性影响的研究[D]. 西安: 西安交通大学, 2005.

[7] LI W Y, LIAO H L, LI C J, et al. On high velocity impact of micro-sized metallic particles in cold spraying[J]. Applied Surface Science, 2006, 253(5): 2852-2862.

[8] LI W Y, ZHANG C, LI C J, et al. Modeling aspects of high velocity impact of particles in cold spraying by explicit finite element analysis[J]. Journal of Thermal Spray Technology, 2009, 18(5-6): 921-933.

[9] LI W Y, YU M, WANG F F, et al. Finite element simulation of impacting behavior of particles in cold spraying by Eulerian approach[J]. Journal of Thermal Spray Technology, 2012, 21(3-4): 745-752.

[10] WANG F F, LI W Y, YU M, et al. Prediction of critical velocity during cold spraying based on a coupled thermomechanical Eulerian model[J]. Journal of Thermal Spray Technology, 2014, 23(1-2): 60-67.

[11] LI W Y, YU M, WANG F F, et al. A generalized critical velocity window based on material property for cold spraying by Eulerian method[J]. Journal of Thermal Spray Technology, 2014, 23(3): 557-566.

[12] LI W Y, ZHANG D D, HUANG C J, et al. Modelling of the impact behaviour of cold spray particles: Review[J]. Surface Engineering, 2014, 30(5): 299-308.

[13] ASSADI H, GÄRTNER F, STOLTENHOFF T, et al. Bonding mechanism in cold gas spraying[J]. Acta Materialia, 2003, 51(15): 4379-4394.

[14] LI C J, LI W Y, LIAO H L. Examination of the critical velocity for deposition of particles in cold spraying[J]. Journal of Thermal Spray Technology, 2006, 15(2): 212-222.

[15] GILMORE D L, DYKHUIZEN R C, NEISER R A, et al. Particle velocity and deposition efficiency in the cold spray process[J]. Journal of Thermal Spray Technology, 1999, 8(4): 576-582.

[16] LI C J, WANG H T, ZHANG Q, et al. Influence of spray materials and their surface oxidation on the critical velocity in cold spraying[J]. Journal of Thermal Spray Technology, 2010, 19(1-2): 95-101.

[17] SCHMIDT T, GÄRTNER F, ASSADI H, et al. Development of a generalized parameter window for cold spray deposition[J]. Acta Materialia, 2006, 54(3): 729-742.

[18] ASSADI H, KREYE H, GÄRTNER F, et al. Cold spraying-a materials perspective[J]. Acta Materialia, 2016, 116: 382-407.

[19] YIN S, MEYER M, LI W Y, et al. Gas flow, particle acceleration, and heat transfer in cold spray: A review[J]. Journal of Thermal Spray Technology, 2016, 25(5): 874-896.

[20] STOLTENHOFF T, KREYE H, RICHTER H J, et al. Optimization of the Cold Spray Process[C]. Singapore: International Thermal Spray Conference, 2001.

[21] 葛益, 雒晓涛, 李长久. 冷喷涂固态粒子沉积中粒子间结合形成机制研究进展[J]. 表面技术, 2020, 49(7): 60-67.

[22] PAWLOWSKI L. The science and engineering of thermal spray coatings[J]. Materialwissenschaft und Werkstofftechnik, 2008, 39(8): 579-580.

[23] LI C J, LI W Y. Deposition characteristics of titanium coating in cold spraying[J]. Surface and Coatings Technology, 2003, 167(2-3): 278-283.

[24] LI C J, LI W Y. Microstructure evolution of cold-sprayed coating during deposition and through post-spraying heat treatment[J]. Transactions of Nonferrous Metals Society of China, 2004, 14(S2): 49-54.

[25] LI W Y, ASSADI H, GAERTNER F, et al. A review of advanced composite and nanostructured coatings by solid-state cold spraying process[J]. Critical Reviews in Solid State and Materials Sciences, 2019, 44(2): 109-156.

[26] LI W Y, ZHANG G, GUO X P, et al. Characterizations of cold-sprayed TiN particle-reinforced Al alloy-based composites - from structures to tribological behaviour[J]. Advanced Engineering Materials, 2007, 9(7): 577-583.

[27] LI W Y, ZHANG G, LIAO H L, et al. Characterizations of cold sprayed TiN particle reinforced Al2319 composite coating[J]. Journal of Materials Processing Technology, 2008, 202(1-3): 508-513.

[28] LI W Y, ZHANG C, LIAO H L, et al. Characterizations of cold-sprayed Nickel-Alumina composite coating with relatively large Nickel-coated Alumina powder[J]. Surface & Coatings Technology, 2008, 202(19): 4855-4860.

[29] LI W Y, ZHANG G, ZHANG C, et al. Effect of ball milling of feedstock powder on microstructure and properties of TiN particle-reinforced Al alloy-based composites fabricated by cold spraying[J]. Journal of Thermal Spray Technology, 2008, 17(3): 316-322.

[30] YU M, LI W Y, SUO X K, et al. Effects of gas temperature and ceramic particle content on microstructure and microhardness of cold sprayed SiCp/Al5056 composite coatings[J]. Surface & Coatings Technology, 2013, 220: 102-106.

[31] YU M, SUO X K, LI W Y, et al. Microstructure, mechanical property and wear performance of cold sprayed Al5056/SiCp composite coatings: Effect of reinforcement content[J]. Applied Surface Science, 2014, 289: 188-196.

[32] SUO X K, SUO Q L, LI W Y, et al. Effects of SiC volume fraction and particle size on the deposition behavior and mechanical properties of cold-sprayed AZ91D/SiCp composite coatings[J]. Journal of Thermal Spray Technology, 2014, 23(1-2): 91-97.

[33] YANG T, YU M, CHEN H, et al. Characterisation of cold sprayed Al5056/SiCp coating: Effect of SiC particle size[J]. Surface Engineering, 2016, 32(9): 641-649.

[34] HUANG C J, LI W Y. Strengthening mechanism and metal-ceramic interface behavior of cold-sprayed TiNp/Al5356 deposits[J]. Surface Engineering, 2016, 32(9): 663-669.

[35] WANG Q, MA N, TAKAHASHI M, et al. Development of a material model for predicting extreme deformation and grain refinement during cold spraying[J]. Acta Materialia, 2020, 199: 326-339.

[36] 魏瑛康. 原位微锻造辅助冷喷涂金属的组织形成原理与性能研究[D]. 西安: 西安交通大学, 2020.

[37] LUO X T, LI C X, SHANG F L, et al. High velocity impact induced microstructure evolution during deposition of cold spray coatings: A review[J]. Surface and Coatings Technology, 2014, 254: 11-20.

[38] LI W Y, VAIRIS A, PREUSS M, et al. Linear and rotary friction welding review[J]. International Materials Reviews, 2016, 61(2): 71-100.

[39] FENG Y, LI W Y, GUO C W, et al. Mechanical property improvement induced by nanoscaled deformation twins in cold-sprayed Cu coatings[J]. Materials Science and Engineering A, 2018, 727: 119-122.

[40] YU M, LI W Y, GUO X P, et al. Impacting behavior of large oxidized copper particles in cold spraying[J]. Journal of Thermal Spray Technology, 2013, 22(2): 433-440.

[41] LI C J, LI W Y. Effect of sprayed powder particle size on the oxidation behaviour of MCrAlY materials during HVOF deposition[J]. Surface and Coating Technology, 2003, 162(1): 31-41.

[42] LI W Y, ZHANG C, GUO X P, et al. Study on impact fusion at particle interfaces and its effect on coating microstructure in cold spraying[J]. Applied Surface Science, 2007, 254(2): 517-526.

[43] LI C J, LI W Y, WANG Y Y. Formation of metastable phases in cold-sprayed soft metallic deposit[J]. Surface and Coatings Technology, 2005, 198(1-3): 469-473.

[44] LI W Y, ZHANG C, WANG H T, et al. Significant influences of metal reactivity and oxide film of powder particles on coating deposition characteristics in cold spraying[J]. Applied Surface Science, 2007, 253(7): 3557-3562.

[45] LI W Y, ZHANG C, GUO X P, et al. Deposition characteristics of Al-12Si alloy coating fabricated by cold spraying with relatively large powder particles[J]. Applied Surface Science, 2007, 253(17): 7124-7130.

[46] LI W Y, LI C J, YANG G J. Effect of impact-induced melting on interface microstructure and bonding of cold sprayed zinc coating[J]. Applied Surface Science, 2010, 257(5): 1516-1523.

[47] LI W Y, ZHANG C, GUO X P, et al. Ti and Ti-6Al-4V coatings by cold spraying and microstructure modification by heat treatment[J]. Advanced Engineering Materials, 2007, 9(5): 418-423.

[48] YIN S, XIE Y C, CIZEK J, et al. Advanced diamond-reinforced metal matrix composites via cold spray: Properties and deposition mechanism[J]. Composites Part B, Engineering, 2017, 113: 44-54.

[49] YIN S, CIZEK J, CHEN C Y, et al. Metallurgical bonding between metal matrix and core-shelled reinforcements in cold sprayed composite coating[J]. Scripta Materialia, 2020, 177: 49-53.

[50] CHEN C Y, XIE Y C, YAN X C, et al. Tribological properties of Al/diamond composites produced by cold spray additive manufacturing[J]. Additive Manufacturing, 2020, 36: 101434.

第3章 冷喷涂过程中气流特性与粒子加速加热行为

冷喷涂过程中，粒子经过喷嘴加速加热后撞击基体前的速度与温度（有时候还有碰撞角度）是决定粒子能否沉积形成涂层，以及决定涂层组织与性能的关键因素，尤其是粒子速度，其大小将决定粒子撞击基体后是沉积形成涂层，还是对基体产生喷丸或冲蚀作用。只有当粒子速度大于临界速度时，粒子碰撞后将沉积于基体表面。因此，研究冷喷涂粒子碰撞基体前的加速加热行为尤为重要。根据流体动力学原理[1,2]与气固两相流动的理论[3,4]，以及前期大量研究[5-9]，影响气流及粒子加速加热行为的因素很多，如喷嘴形状、加速气体条件、所用粉末的种类、粒子形貌、粒径大小，甚至基体的位置/角度等都将影响气流与粒子的加速加热行为。尽管通过实验来研究影响粒子速度的方法可行[5,10]，但系统研究将会花费大量的成本与时间，而且粒子温度目前还无法实现实验研究。采用计算流体动力学（computational fluid dynamics，CFD）的方法完全可以求解流场，合理预测粒子速度[5-8,11]，甚至温度。因此，本章主要介绍粒子加速加热行为的数值模拟仿真，以及针对实际应用的喷嘴优化设计方法。

3.1 冷喷涂粒子加速加热行为的研究方法

3.1.1 理论计算

基于空气动力学或流体动力学原理，高压气体在轴对称的喷管内流动时，可以用一维等熵模型理论计算气流的速度与温度；然后再借鉴气固两相流理论，求解粒子的速度与温度。下面介绍理论计算过程[7,11]。

1. 气流速度计算

假定气体为理想气体，气体常数不变，且满足一维等熵流动（即绝热，壁面无摩擦），收缩-扩张型拉瓦尔喷嘴内壁形貌如图 3-1 所示，这里内壁面不一定是直线型，也可以是曲线型，但要满足断面积渐变（从入口到喉部称为上游，断面积逐渐减少，从喉部到出口称为下游，断面积逐渐增加，喉部断面积最小）。

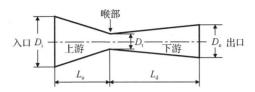

图 3-1　收缩-扩张型拉瓦尔喷嘴示意图

当气体种类（性质）一定、喷嘴内壁形貌一定时，喷嘴内任意断面的马赫数（Ma）与断面积（A）的关系如式（3-1）所示：

$$\frac{A}{A^*}=\frac{1}{Ma}\left[\left(\frac{1}{\gamma+1}\right)\left(1+\frac{\gamma-1}{2}Ma^2\right)\right]^{\frac{\gamma+1}{2(\gamma-1)}} \tag{3-1}$$

式中，A^* 为喉部断面积；γ 为气体比热比（对于单原子气体，比热比约为 1.66 或 1.67；对于双原子气体，比热比约为 1.4；空气可看作氮气与氧气的组合，比热比为 1.4；对于三原子气体，比热比约为 1.3）。

马赫数确定以后，根据流体动力学原理，喷嘴内任意位置气体的压力 P、温度 T、密度 ρ、速度 v 可以分别用式（3-2）～式（3-5）表示：

$$\frac{P_0}{P}=\left(1+\frac{\gamma-1}{2}Ma^2\right)^{\frac{\gamma}{\gamma-1}} \tag{3-2}$$

$$\frac{T_0}{T}=1+\frac{\gamma-1}{2}Ma^2 \tag{3-3}$$

$$\frac{\rho_0}{\rho}=\left(1+\frac{\gamma-1}{2}Ma^2\right)^{\frac{\gamma}{\gamma-1}} \tag{3-4}$$

$$v=Ma\sqrt{\gamma RT} \tag{3-5}$$

式中，P_0 为气体滞止压力；T_0 为气体滞止温度；ρ_0 为气体滞止密度；R 为气体常数。滞止参数（stagnation parameters）是指设想气流在某一断面的流速以无摩擦的绝热过程（即等熵过程）降低为零时，该断面上的其他参数所达到的数值。

采用式（3-1）～式（3-5），可以算出气体条件与喷嘴参数一定时喷嘴出口的气流速度。但一维等熵模型假设太多，过于理想，而且没有考虑外流场，计算结果有较大误差，如图 3-2 所示，与全方程（N-S）数值模拟求解结果相比，气体滞止压力变化导致的误差很大。

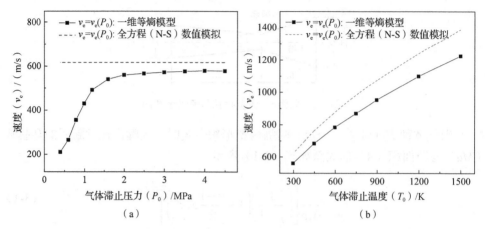

图 3-2　采用一维等熵模型计算的气体滞止压力与气体滞止温度对喷嘴出口
气体速度影响与 CFD 模拟结果对比[12]

（a）气体滞止压力；（b）气体滞止温度
v_e -喷嘴出口气体速度

2. 粒子速度计算

气流条件确定以后，将粒子沿喷嘴轴对称线轴向放入气流，根据气固两相流理论，粒子速度 v_p 可以用式（3-6）表示：

$$m_p \frac{\mathrm{d}v_p}{\mathrm{d}t} = C_D \rho_g \left(v_g - v_p \right) | v_g - v_p | \frac{A_p}{2} \qquad (3\text{-}6)$$

式中，t 为某一运动时刻；m_p 与 A_p 分别为粒子质量与粒子等效最大断面积；ρ_g 与 v_g 分别为气体密度与速度；C_D 为气体对粒子的拖曳系数（有相对运动条件下气流对粒子的带动作用）。如果气体密度与拖曳系数固定，式（3-6）可以转化为式（3-7）[11]：

$$\log \frac{v_g - v_p}{v_g} + \frac{v_g}{v_g - v_p} - 1 = \frac{C_D A_p \rho_g x}{2m_p} \qquad (3\text{-}7)$$

式中，x 为沿轴线的从入口开始的距离。从式（3-7）可以发现，粒子速度受粒子尺寸（断面大小、质量），气体速度（气体种类、气体常数、温度）及喷嘴形状（长度）影响。这些参数的影响都可以通过 CFD 进行准确的预测。

对于粒子飞出喷嘴出口后的速度，理论计算就非常困难了，另外，喷嘴内粒子温度的求解也非常困难（虽然可以做等温模型假设）。Grujicic 等[12]试图给出复杂的假设与推断得到粒子碰撞速度与出口速度的经验关系，但还是误差较大。因此，需要考虑采用 CFD 方法进行精确数值模拟求解。

3.1.2 数值模拟

目前，针对冷喷涂粒子求解，主要采用商用 CFD 软件——FLUENT 进行喷嘴内气流与粒子加速行为数值模拟，通常采用二维轴对称模型进行求解。根据需要，也可以建立三维模型进行求解，但计算量剧增。因此，除非有必要，一般采用二维轴对称模型。

1. 气体流动方程求解

气体流动方程主要包括基于微小流体单元建立的质量守恒（连续性）、动量守恒及能量守恒三个方程[13]，三维情况下的通用方程分别如式（3-8）～式（3-10）所示：

$$\frac{\partial \rho}{\partial t} + \mathrm{div}(\rho \boldsymbol{u}) = 0 \tag{3-8}$$

$$\frac{\partial(\rho u)}{\partial t} + \mathrm{div}(\rho u \boldsymbol{u}) = \frac{\partial(-p + \tau_{xx})}{\partial x} + \frac{\partial \tau_{yx}}{\partial y} + \frac{\partial \tau_{zx}}{\partial z} + S_{Mx} \tag{3-9a}$$

$$\frac{\partial(\rho v)}{\partial t} + \mathrm{div}(\rho v \boldsymbol{u}) = \frac{\partial \tau_{xy}}{\partial x} + \frac{\partial(-p + \tau_{yy})}{\partial y} + \frac{\partial \tau_{zy}}{\partial z} + S_{My} \tag{3-9b}$$

$$\frac{\partial(\rho w)}{\partial t} + \mathrm{div}(\rho w \boldsymbol{u}) = \frac{\partial \tau_{xz}}{\partial x} + \frac{\partial \tau_{yz}}{\partial y} + \frac{\partial(-p + \tau_{zz})}{\partial z} + S_{Mz} \tag{3-9c}$$

$$\frac{\partial(\rho E)}{\partial t} + \mathrm{div}(\rho E \boldsymbol{u}) = -\mathrm{div}(p \boldsymbol{u}) + \mathrm{div}(\lambda \mathrm{grad} T)$$

$$+ \left[\begin{array}{l} \dfrac{\partial(u\tau_{xx})}{\partial x} + \dfrac{\partial(u\tau_{xy})}{\partial y} + \dfrac{\partial(u\tau_{xz})}{\partial z} + \dfrac{\partial(v\tau_{xy})}{\partial x} + \\[3mm] \dfrac{\partial(v\tau_{yy})}{\partial y} + \dfrac{\partial(v\tau_{zy})}{\partial z} + \dfrac{\partial(w\tau_{xz})}{\partial x} + \dfrac{\partial(w\tau_{yz})}{\partial y} + \dfrac{\partial(w\tau_{zz})}{\partial z} \end{array} \right] + S_E$$

$$\tag{3-10}$$

式中，x、y、z 代表笛卡儿坐标系三个方向坐标；t 为时间；ρ 为气体密度；$\boldsymbol{u}$ 为速度矢量（u、v、w）；E 为气体能量；T 为气体温度；λ 为气体热导率；p 为流体正应力；τ 为流体黏性力；S_M 与 S_E 分别为其他动量与能量源项。

仅上述方程，即使给出初始条件与边界条件也很难离散求解，需要添加方程封闭模型，还需要处理好湍流模型，不同的模型对气流有一定的影响。如图 3-3 所示，采用 RANS（Reynold averaged Navier-Stokes）系列方程，并配合不同湍流模型可进行求解；S-A（Spalart-Allmaras）模型只有一个方程，模拟自由剪切流差别较大；其他几个模型均有两个额外方程，如标准（standard，STD）k-ε 模型，重整化群（re-normalization group，RNG）k-ε 模型，剪切应力输运 k-ω 模型，适用性比较好。

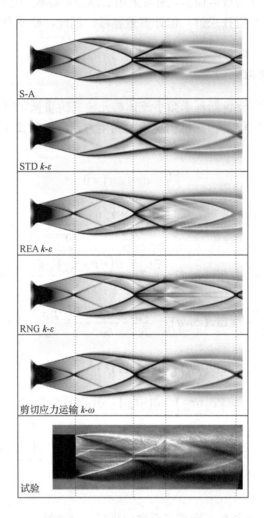

图 3-3　不同湍流模型计算获得的喷嘴出口流场与实验结果对比[14]

采用 Schlieren image 纹影法测得；REA-反应工程法

有了以上封闭的求解方程后，还需要先做一定的设置（假设）才可以进行计算，如气体为理想可压缩气体，气体比热容、热导率、黏性系数为常数等。然后再设置初始条件与边界条件，如喷嘴内壁为无滑移壁面（速度为 0）。其他一些设置可以在 FLUENT 软件中完成。

2. 粒子速度求解

在 FLUENT 软件中，粒子速度的计算相对更复杂。采用内置的离散相模型
（discrete phase modeling，DPM）时，由于粉末粒子在气流中的体积占比很低，通
常采用粒子与气流不相互作用的求解模式，先求解稳态气流场，然后根据气流场
数据迭代计算粒子速度。当然，在送粉速率很大的条件下，也可以选择粒子与气
流相互作用模式，在流场求解过程中，每一个迭代步均会作为源项引入粒子的影
响，反过来再求粒子的参量。正常情况下，可采用式（3-6）进行求解，如果粒子
受到其他体积力影响（如重力），则采用式（3-11）求解。当然，最复杂的是软件
内置了很多经典的拖曳系数 C_D 模型，具体参考文献[7]或者 FLUENT 软件手册。

$$m_p \frac{dv_p}{dt} = C_D \rho_g \left(v_g - v_p \right) | v_g - v_p | \frac{A_p}{2} + F_b \tag{3-11}$$

对于一般球形粒子，C_D 常用 Morsi 和 Alexander 提出的简单经验式（3-12）
表达[5,7]：

$$C_D = a_1 + \frac{a_2}{Re} + \frac{a_3}{Re^2} \tag{3-12}$$

式中，a_1、a_2 与 a_3 为常数；Re 是雷诺数（Reynolds number），该式可用于 $Re<50000$
的场合。Re 量纲为 1，一般管内流动 Re 见式（3-13）：

$$Re = \frac{vD\rho_g}{\mu} \tag{3-13}$$

式中，v 为平均气流速度；D 为管内径；μ 为流体动力黏度。对于冷喷涂涉及的
粒子加速，Re 采用式（3-14）表达：

$$Re = \frac{\rho_g d_g | v_g - v_p |}{\mu} \tag{3-14}$$

式中，d_g 为粒子直径。

3. 粒子温度计算

在 FLUENT 计算软件中，同样设置了粒子温度的求解模块，计算过程与步骤
类似于速度的求解。在求解粒子温度时，也做了一定的假设。量纲为 1 的毕奥数
（Biot number，Bi）定义如式（3-15）所示，毕奥数是指热传导阻力与对流换热阻
力之比，决定固体温度的一致性，式中，h 为表面换热系数；d_p 为粒子直径（特
征长度）；λ_p 为粒子热导率。h 与气流的热导率以及努塞尔数的关系如式（3-16）
所示，式中，λ_g 为气体热导率；Nu 为努塞尔数。Nu 可用式（3-17）表示，式中，
Pr 为普朗特数，用式（3-18）表示。如果 $Bi \leqslant 0.1$，则物体最大与最小过余温度之
差小于 5%，对于一般工程计算，此时认为整个物体（粒子）内部温度均匀，可满

足精确要求。通过估算，冷喷涂粒子的毕奥数小于 0.1。因此，认为粒子瞬时均温，一般冷喷涂粒子的温度 T_p 求解用式（3-19）：

$$Bi = \frac{hd_p}{\lambda_p} \qquad (3\text{-}15)$$

$$h = \frac{\lambda_g Nu}{d_p} \qquad (3\text{-}16)$$

$$Nu = 2 + 0.6Pr^{\frac{1}{3}}Re^{\frac{1}{2}} \qquad (3\text{-}17)$$

$$Pr = \frac{u_g c_p}{\lambda_g} \qquad (3\text{-}18)$$

$$m_p c_p \frac{\mathrm{d}T_p}{\mathrm{d}t} = A_s h\left(T_r - T_p\right) \qquad (3\text{-}19)$$

式中，c_p 为粒子比热容；T_r 为粒子周围环境温度；A_s 为粒子表面积。

3.1.3 实验测量

1. 气流速度测量

冷喷涂过程中喷管内的流场和粒子飞行速度目前无法测量，只有出口外的流场与粒子速度才可以通过特殊设计的实验获得。在流体力学领域，流场一般采用纹影法显示，这是力学实验中一种常用的光学观测方法，其基本原理是利用光在被测流场中的折射率梯度正比于流场的气流密度进行测量，广泛用于观测气流的边界层、燃烧、激波、气体内的冷热对流及风洞或水洞流场。图 3-3 显示了一个典型流场的测量结果，图 3-4 是另外一个纹影法测量流场与 CFD 数值模拟结果的对比。

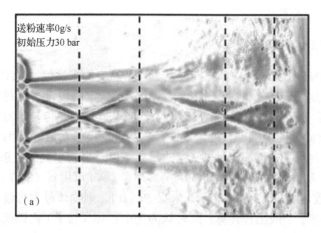

送粉速率0g/s
初始压力30 bar

（a）

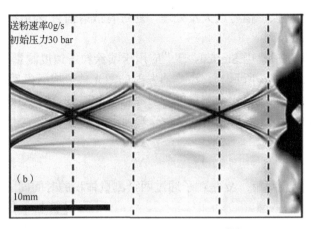

图 3-4　超音速喷嘴出口处流场[15]

（a）CFD 数值模拟结果；（b）纹影法获得的流场

$1bar=10^5Pa$

2. 粒子速度测量

高速粒子速度的测量是有一定难度的。早期冷喷涂学者同样借用了流场中示踪粒子速度测量方法，如激光多普勒测速法（laser Doppler velocimetry，LDV[16]；或者 Doppler picture velocimetry，DPV[17]），也可采用激光双聚焦（laser two-focus，L2F[10]）法测量粒子速度。

激光多普勒测速法是 Vardelle 等[18]最先应用于喷涂粒子速度测量领域的。Wagner 等[19]报道的典型双束 LDV 系统如图 3-5 所示。进行测量时，聚焦于测量体积内的两束激光发生干涉，产生间距为 d_f 的干涉条纹［式（3-20）］：

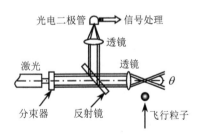

图 3-5　双束 LDV 系统速度测量原理

$$d_f = \frac{\lambda}{2\sin\dfrac{\theta}{2}} \qquad (3\text{-}20)$$

式中，λ 是激光波长。运动粒子通过测量体积时，其散射的光束发生多普勒频移（Δf_D），并与粒子速度（v_p）成正比［式（3-21）］：

$$\Delta f_D = \frac{v_p}{d_f} \qquad (3\text{-}21)$$

在激光束的能量足够高时，这种散射光在背散射方向上可由光电元件接收，并进行相应光电转换、信号放大及处理，通过背散射信号获得多普勒频移，从而可测出粒子速度。

激光双聚焦法最早由 Steffens 等[20]应用于喷涂粒子速度测量。典型的 L2F 法速度测量原理如图 3-6 所示[21]，激光器发射的激光被分成两束后，聚焦于两个小测量体积上，粒子通过第一个测量体积时激活计数时钟，直至接收到来自测量体积 2 的脉冲信号，粒子速度可由式（3-22）确定：

$$v_p = \frac{\Delta d}{\Delta t} \tag{3-22}$$

式中，Δd 是双焦点间距；Δt 是粒子通过两个测量体积的时间间隔。

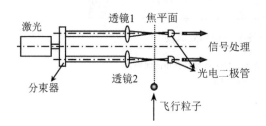

图 3-6　2-103-6 L2F 法速度测量原理

尽管粒子的速度可以进行实验测定，但是影响粒子速度的因素较多，通过实验系统研究将耗费大量的成本与时间。近年来，由于计算机技术及数值计算方法的迅速发展，采用数值模拟的方法研究粒子的加速行为可显著节约成本与时间。

3.2　冷喷涂载气流动行为

3.2.1　冷喷涂载气流动的基本特征

冷喷涂粒子的加速通常采用具有断面积收缩-扩张型的喷管内产生超音速流体流动进行，这种喷管由瑞典工程师拉瓦尔（Laval）发明，因此也称为拉瓦尔喷管（喷嘴）。拉瓦尔喷管目前主要用于火箭发动机和航空发动机的推力室，导弹的喷管也采用拉瓦尔喷管结构。但是不同于推力喷管追求最大的推力，冷喷涂采用拉瓦尔喷管主要是期望获得最大程度的粒子加速。由于气流特性控制着粒子的加速行为，因此理解影响气流特性的主要因素及其影响规律尤为重要。下面首先根据一维等熵流动模型介绍拉瓦尔喷管内气体流动的基本特征。

为了便于理解拉瓦尔喷管内气体流动特征，这里以压力参数为例进行详解。在拉瓦尔喷管内，气体从入口到出口一直膨胀，膨胀过程中压力逐渐减小，气体速度逐渐提高，气体膨胀同时造成气体温度逐渐降低，密度下降。图 3-7 为拉瓦尔喷管入口与出口压力条件对喷管内气体流动影响的示意图[22]，讨论时采用相对的概念，即入口压力不变，但出口压力（背压）逐渐降低的情况。当入口压力 P_0 与出口压力 P_e 相等时，没有流动；当出口压力 P_e 略低于入口压力 P_0 时，没有达到喉部产生音速流动的条件，如图 3-7（b）中的曲线 A 与 B；曲线 C 为一个临界条件，当气体未达到阻滞条件时，气体到达喉部时尚未达到音速，同时压差不足以使其继续膨胀增速，因此一过喉部就开始增压（降速）；随着出口压力进一步降低，如曲线 D 与 E，甚至 F，在喷管下游的某个位置产出冲击波（也是压差不足的表现），导致气流速度急速下降，F 为另一个临界条件，冲击波刚好在出口产生；如果再进一步增大压差（降低 P_e），激波产生在出口外（曲线 G 与 I），气流速度在喷嘴外开始下降，曲线 H 为一理想状态，几乎无激波产生，适合对粒子速度进行计算，曲线 I 属于压差条件超出了喷管自身参数（如马赫数），无法获得更加好的加速效果，外部条件也无法影响喷管内流动。

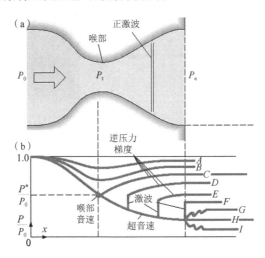

图 3-7　气体流动压力条件对拉瓦尔喷管内流动影响[23]

（a）拉瓦尔喷管示意；（b）压力与气体流动情况
P^*-达到音速临界的压力；P-管内气体压力

　　采用 FLUENT 软件对一个典型的冷喷涂喷嘴内的流动进行二维轴对称模型计算，结果如图 3-8 所示（以下均对称显示）。所选用的喷嘴尺寸为入口直径 16mm，喉部直径 2mm，出口直径 4mm，上游长度 30mm，下游长度 100mm，计算时采用比较大的外流场。从图 3-8（a）～（c）可以发现，低压条件下气流在喷嘴内发生过膨胀，在喷嘴内下游一定距离产生了冲击波，压力、温度与速度均发生了显著变化，与图 3-7 中曲线 D 或 E 的条件类似。从图 3-8（d）～（f）可以发现，该特定喷嘴条件下，20atm[①]气流在喷嘴内产生了足够的膨胀，到达出口时仍能保持基本不产生激波，气体的压力与温度逐渐降低，速度逐渐升高，与图 3-7 的曲线 H 类似。根据图 3-9（a）所示的沿喷嘴轴向气流速度分布，20atm 时喷嘴出口还是有一点速度波动，说明气体条件从曲线 H 往曲线 I 偏离了一点。

_____

① 1 atm=1.013×10⁵Pa。

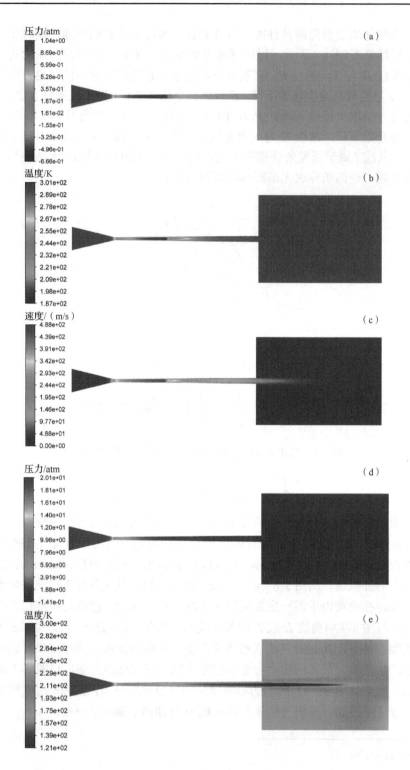

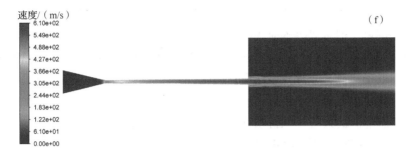

图 3-8　采用氮气作为加速气体的喷嘴流场分布特征

（a）1atm，压力；（b）1atm，温度；（c）1atm，速度；（d）20atm，压力；
（e）20atm，温度；（f）20atm，速度
入口压力分别为 1atm 与 20atm；温度为室温（300K）

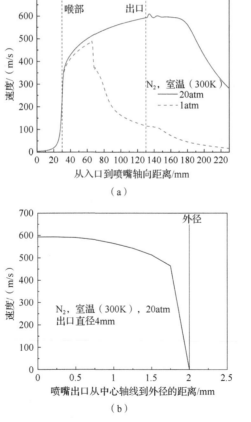

图 3-9　采用氮气作为加速气体的气流速度分布

（a）喷嘴轴向；（b）喷嘴出口径向

需要指出的是，由于气体不断发生膨胀，气流温度可以降低到-100℃以下，虽然无法测量，但室温喷涂时喷嘴外很快出现结冰现象可间接证实气流的低温特性。同时，在通常大气气氛冷喷涂时，由于周围空气并不绝对干燥，喷嘴温度显著下降到低于室温甚至冰点以下时，喷嘴外壁会出现冷凝水甚至结冰，无法正常喷涂。因此，尽管冷喷涂可以在室温下喷涂，但必须对气体进行适当加热，至少补偿因膨胀降温的效应，保持喷嘴表面处于室温以上。

仔细考察可以发现，喷嘴内气流径向速度分布［图3-8（f）］也呈现一定的非均匀性，尤其是壁面效应造成的边界层内，速度几乎降为0，从图3-9（b）所示出口处的径向速度分布可以明显发现这一点。后续的实验研究也表明，这种气流速度径向梯度，会造成粉末粒子的速度在喷嘴内的径向呈梯度分布。

以上是李文亚等[23]早期研究所采用的喷嘴，下游长度较短，后续根据大量的研究结果进行了喷嘴尺寸优化：一是优化喷嘴出口直径，或者说喷嘴扩张比（出口断面积与喉部断面积之比）；二是增加下游长度，使粒子能在更长的时间内被加速到更高的速度，后续将给出详细介绍。下面仅讨论喷涂条件（气体参数、喷嘴参数、基体位置与送粉速率）对气体在喷嘴内与出口外流动的影响。

3.2.2　气体参数对气流特征的影响

本小节研究气体参数对气流特征影响，固定喷嘴尺寸为入口直径16mm，喉部直径2mm，出口直径6mm，上游长度30mm，下游长度100mm。

1. 气体种类影响

图3-10与图3-11分别为采用同样气体入口条件（300℃，20atm）的氮气与氦气的温度场与速度场，非常明显，氮气条件下气流温度可低至172K，而氦气条件下气流温度更低，约-170K；采用氦气获得了更高的气流速度，最大约2200m/s，是氮气的2.4倍，而根据式（3-5）计算获得同样气体条件下氦气速度约为氮气的2.8倍；研究还发现，该喷嘴在20atm的压力条件下氦气呈现明显过膨胀，这一现象从图3-11中的沿轴线的气流出口速度先急剧降低的结果更容易看出。

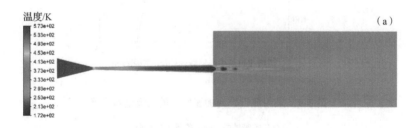

（a）

温度/K
5.73e+02
5.33e+02
4.93e+02
4.53e+02
4.13e+02
3.73e+02
3.33e+02
2.93e+02
2.53e+02
2.13e+02
1.72e+02

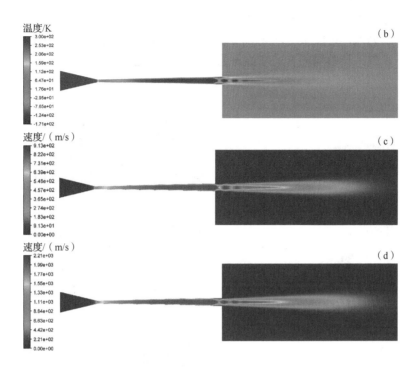

图 3-10　采用同样气体入口条件（300℃、20atm）的氮气与氦气作为加速气体流场特征

（a）氮气下温度分布；（b）氦气下温度分布；（c）氮气下速度分布；（d）氦气下速度分布

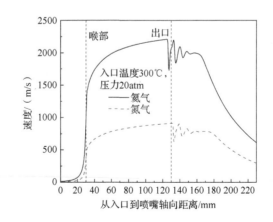

图 3-11　采用氮气与氦气作为加速气体的轴向气流速度

2. 气体入口压力影响

采用氮气作为加速气体，气体温度为室温（300K，27℃），不同入口压力下

气体流场速度如图 3-12 与图 3-13 所示，氮气在喷嘴内为过膨胀，入口压力小，气体流动能力差，过膨胀更严重；气体压力进一步增加到 50atm，膨胀比较充分，表明对于氮气，该喷嘴的合适喷涂压力为 50atm 以上。

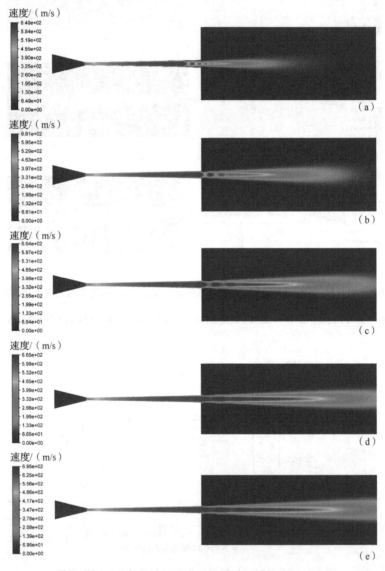

图 3-12　采用氮气作为加速气体不同入口压力下气流速度云图（温度为 300K）

（a）10atm；（b）20atm；（c）30atm；（d）40atm；（e）50atm

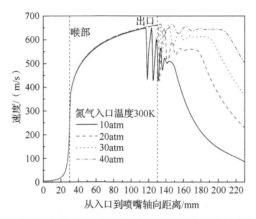

图 3-13　采用氮气作为加速气体不同入口压力下的轴向气流速度

3. 气体入口温度影响

图 3-14 为采用氮气作为加速气体时，入口压力 20atm，不同入口温度下气流温度与速度云图，图 3-15 为氮气作为加速气体不同入口温度下的轴向气流速度。与图 3-12（b）的室温入口条件相比，随着气体入口温度增加，气体的最高速度增加，600℃时气流速度约 1100m/s；高速气流的最低温度也明显增加，600℃时接近室温；气体在喷嘴内的过膨胀状态相似，也说明基于压力流动的 Laval 喷嘴中，压力条件影响了喷嘴内气体流动激波特征。

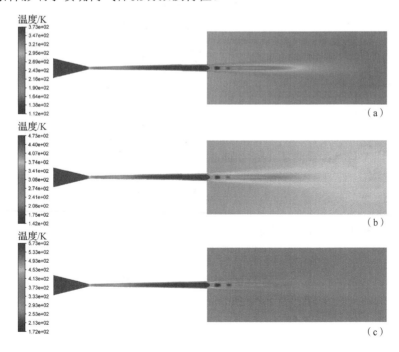

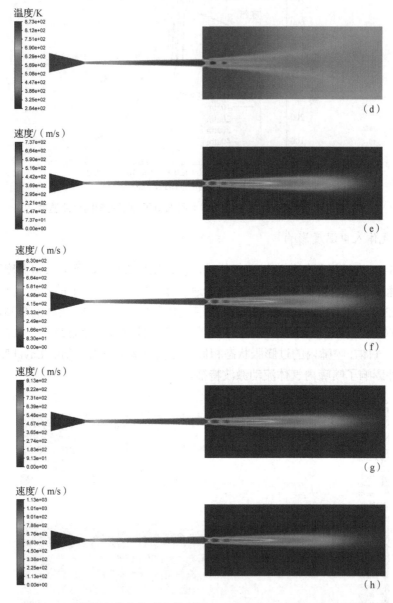

图 3-14　采用氮气作为加速气体不同入口温度下的气流温度与速度云图

（入口压力为 20atm）

（a）100℃温度云图；（b）200℃温度云图；（c）300℃温度云图；（d）600℃温度云图；

（e）100℃速度云图；（f）200℃速度云图；（g）300℃速度云图；（h）600℃速度云图

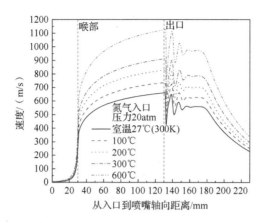

图 3-15　采用氮气作为加速气体不同入口温度下的轴向气流速度

3.2.3　喷嘴参数对气流特征的影响

3.2.1～3.2.2 小节的结果表明，喷嘴的内流道尺寸会影响气流和粒子加速加热行为，比如喷嘴扩张比（出口断面积与喉部断面积之比）、下游长度、上游长度、下游形状变化等。为了与前面数据进行直接比较，本小节采用喉部直径 2mm 的喷嘴进行计算，改变喷嘴其他参数；加速气体采用室温 300K、20atm 的氮气。

1. 喷嘴出口直径（扩张比）影响

固定喷嘴尺寸：入口直径为 16mm，喉部直径为 2mm，上游长度为 30mm，下游长度为 100mm 时，喷嘴出口直径的变化代表扩张比的变化。图 3-16 与图 3-17

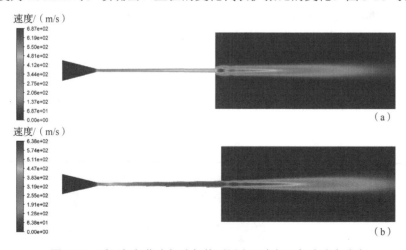

图 3-16　采用氮气作为加速气体不同出口直径下气流速度分布

（a）3mm；（b）5mm

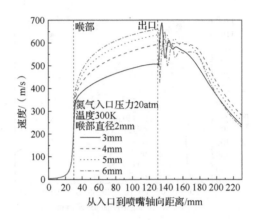

图 3-17　采用氮气作为加速气体不同出口直径下的轴向气流速度

为不同喷嘴出口直径的气流速度分布，同时参考图 3-8（f）（出口直径为 4mm）与图 3-12（b）（出口直径为 6mm）。出口直径为 3mm 时［图 3-16（a）］，喷嘴内膨胀不足，气体流出喷嘴后继续膨胀增速，在出口外剧烈膨胀，出口直径为 4mm［图 3-8（f）］接近完全膨胀，出口直径为 5mm 后喷嘴内出现过膨胀，出口直径为 6mm 更明显。从轴向气流速度（图 3-17）也可发现，喷嘴内的气体速度随着出口直径（扩张比）的增加而增加，这与不同扩张比下喷嘴的气体的膨胀程度不同有关。

2. 下游长度影响

固定喷嘴尺寸：入口直径为 16mm，喉部直径为 2mm，出口直径为 6mm，上游长度为 30mm 时，喷嘴下游长度对气流速度影响如图 3-18 与图 3-19 所示。参考图 3-12（b），随着下游长度增加，气体在喷嘴出口的膨胀特征类似，但气流在喷嘴内的最高速度逐渐降低；下游长度 200mm 时，气流最高速度在喷嘴内开始降低，下游长度 250mm 时更明显。以上结果意味着喷嘴下游长度为 150～200mm 比较合适，但该条件依赖于气体入口压力条件，也要考虑粒子速度来确定最优下游长度。

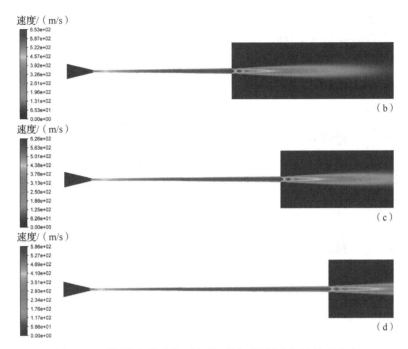

图 3-18　采用氮气作为加速气体不同下游长度气流速度分布

（a）50mm；（b）150mm；（c）200mm；（d）250mm

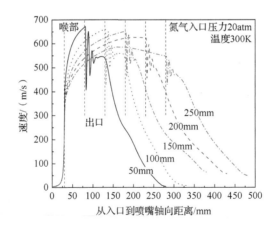

图 3-19　采用氮气作为加速气体不同下游长度的轴向气流速度

3. 上游长度影响

固定喷嘴尺寸：入口直径为 16mm，喉部直径为 2mm，出口直径为 6mm，下游长度为 100mm 时，若上游长度从 30mm 增加到 50mm，对应的气流特征如图 3-20 与图 3-21 所示，喷嘴喉部以后的流动基本不受影响，气流速度在上游略有增加；

但后续的粒子加热行为研究发现，上游气体尚未发生膨胀降温且速度较慢，因此粉末在上游段的加热效率较高，高温的上游段加长，非常有利于粒子加热，3.3 节将会详细讨论。

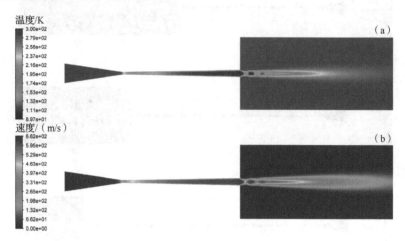

图 3-20　采用氮气作为加速气体 50mm 上游长度流场分布

（a）温度；（b）速度

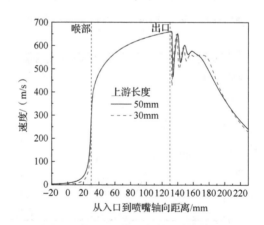

图 3-21　采用氮气作为加速气体不同上游长度的轴向气流速度

4. 入口直径影响

固定喷嘴尺寸：喉部直径为 2mm，出口直径为 6mm，上游长度为 30mm，下游长度为 100mm 时，如图 3-22 与图 3-23 所示，当喷嘴入口直径从 16mm 减小到 6mm 与 4mm 时，气流在喷嘴下游的流动几乎不受影响，而上游的气流速度逐渐增加。根据后续的粒子加热行为研究，入口直径大一些有利于粒子加热。

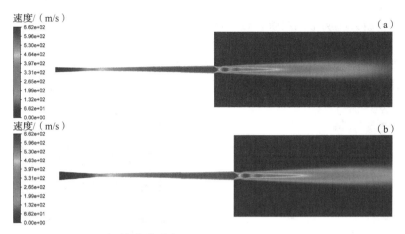

图 3-22　采用氮气作为加速气体不同入口直径气流速度分布

（a）4mm；（b）6mm

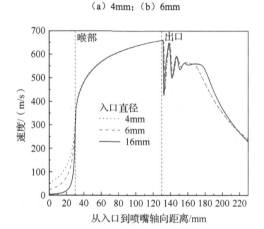

图 3-23　采用氮气作为加速气体不同入口直径的轴向气流速度

5. 喷嘴下游形状的影响

以上为常规喷嘴内部尺寸变化的影响因素,实际上根据现有收缩-扩张型喷管的使用与设计（如航空发动机尾喷管）,下游形状对流体流动也有影响。固定喷嘴尺寸:喉部直径为 2mm,出口直径为 6mm,上游长度为 30mm,下游长度为 100mm;气体参数为氮气、室温、20atm,改变喷嘴下游形状,分别考察下游喷管由普通的锥形,变为向外凸的钟形与向内凹的喇叭形后的影响。同时考察了基体是否对喷嘴内气流产生影响,如图 3-24 与图 3-25 所示,无基体的气流速度分布见图 3-12（b）。首先,基体存在对喷嘴内部流动没有影响,3.2.4 小节结果也证明这一点。当喷嘴下游变为钟形时〔图 3-24（b）〕,由于喉部以后的快速扩张,使气流速度很快增加到较高的数值,然后变化较慢,直至喷出出口,产生激波（图 3-25）,由于喷嘴出口的马赫数已经确定,所以气流到达出口的速度与常规锥形下游喷嘴处基本一样。下游为喇叭形的喷嘴，过了喉部以后，喷嘴断面积开始变化缓慢，气流速度增加也相对较慢，直至断面积开始快速增加时，气流速度迅速增加，到达出口时与锥形下游喷嘴相似（图3-25）。上述结果说明，钟形喷嘴下游的流场情况相对较好，但从后面粒子加速效果（3.3.4小节）来看，钟形喷嘴并不比锥形喷嘴

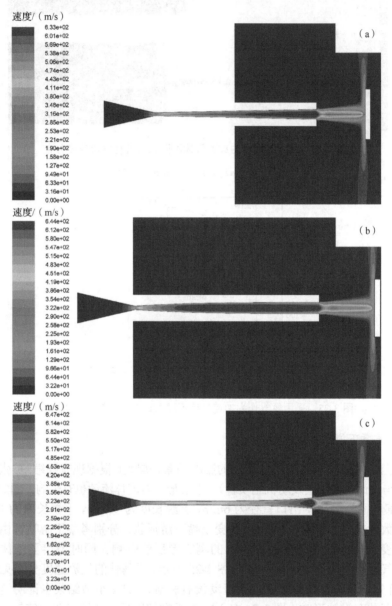

图3-24 不同喷嘴下游形状下气流速度分布（含基体，30mm喷涂距离）

（a）常规锥形；（b）钟形；（c）喇叭形

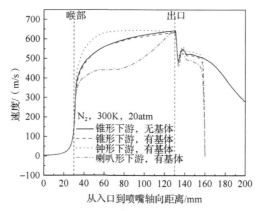

图 3-25　不同喷嘴下游形状对中心轴向气流速度的影响

计算域含基体，喷涂距离为 30mm

的粒子加速效果好，主要是因为钟形喷嘴下游的气流速度较高，但降低了气流的密度，减弱了对粒子的加速效果。

3.2.4　基体位置对气流特征的影响

固定喷嘴尺寸：入口直径为 16mm，喉部直径为 2mm，出口直径为 6mm，上游长度为 30mm，下游长度为 100mm。为了明确基体位置对气体流动的影响，本小节采用入口 20atm、300℃ 的氮气。基体存在时喷涂距离的影响如图 3-26 与图 3-27 所示。当喷涂距离为 15mm 时，由于流动在垂直基体表面的滞止，基体表面的气流温度将接近入口气流温度，此时速度变为 0，并产生侧向流动，也就是所谓的强冲击热气流；当喷涂距离为 50mm 时，基体对气流的影响明显减弱，当喷涂距离为 100mm 时，基体对气流基本没有影响（图 3-27）。根据传热学理论，基体也将被气流加热，喷涂距离越小，加热效果越明显，因此为了控制基体温度，喷涂距离也要基于粒子加速行为合理选择。

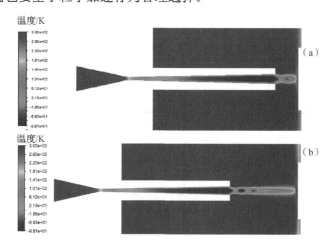

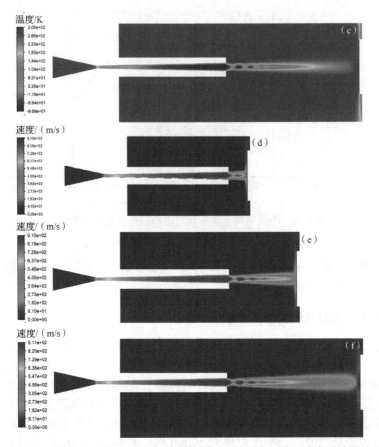

图 3-26 采用 300℃氮气作为加速气体不同喷涂距离气流温度与速度分布

（a）喷涂距离 15mm 时温度分布；（b）喷涂距离 50mm 时温度分布；（c）喷涂距离 100mm 时温度分布；
（d）喷涂距离 15mm 时速度分布；（e）喷涂距离 50mm 时速度分布；（f）喷涂距离 100mm 时速度分布

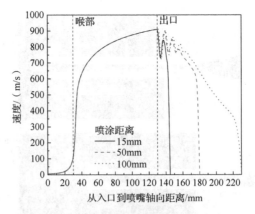

图 3-27 采用氮气作为加速气体不同喷涂距离的轴向气流速度

3.2.5 送粉速率对气流特征的影响

虽然目前一般不考虑送粉速率的影响，但送粉速率较大时会明显降低气流速度，从而反过来降低粒子速度。本小节将平均粒径 20μm 的 Cu 粉末送入气流（20atm、300℃氮气），并在求解时设置粒子与气流相互作用，送粉速率设为 0.001kg/s（3.6kg/h）与 0.008kg/s（高送粉速率，28.8kg/h），结果如图 3-28 与图 3-29 所示，与不送粉的图 3-14（g）相比，有粉末流线的区域气流速度明显降低，虽然该计算过程中，也许粒子在空间的分布与实际不符，但该结果反映了气流中送入大量粒子会降低气流速度，从而降低粒子速度，降低沉积效率，实验结果也表明了这一点[23]。

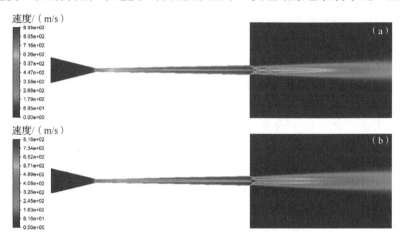

图 3-28　采用 20atm、300℃氮气作为加速气体不同送粉速率气流速度分布

（a）0.001kg/s；（b）0.008kg/s

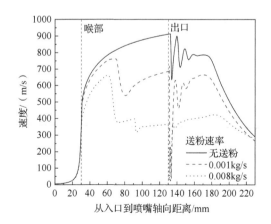

图 3-29　采用 20atm、300℃氮气作为加速气体不同送粉速率下沿轴向的气流速度

需要注意的是，工业实践中通常不对送粉气体进行预热。因此，冷的送粉气体进入喷嘴上游本身也会显著降低气流速度及温度，从而影响下游流动，降低粒子速度[24]。该部分内容将在喷嘴优化设计部分给出具体实例。

3.3 冷喷涂粒子加速加热行为

3.3.1 冷喷涂粒子加速加热概述

冷喷涂粒子送入高速气流中，与气流发生热量与动量传递，粒子速度与温度发生变化。根据前面的理论分析，任何影响气体流动的条件都会影响粒子的加速或加热。此外，粉末自身的参数（如尺寸、形貌等）也会影响粒子的加速加热。

图 3-30 为无基体存在时气体与粒子速度、温度沿喷嘴轴线变化的典型计算结果，所采用喷嘴尺寸：入口直径为 16mm，喉部直径为 2mm，出口直径为 6mm，上游长度为 30mm，下游长度为 100mm；气体与粉末入口条件为 20atm、300℃的氮气，20μm 球形 Cu 粒子。粒子速度经喷嘴喉部后沿轴向迅速增加，在喷嘴外某处达到最大值，此时粒子速度与气流速度相同，随后粒子速度呈现逐渐降低的趋势。另外，粒子温度在上游增加较快，经过喷嘴喉部后逐渐降低，离开喷嘴后温度变化较慢。上述讨论结果表明粒子的加速过程主要在喷嘴下游段完成，而粒子的加热过程主要发生在喷嘴上游。如果将以上数据在粒子飞行时间轴上展开，图 3-31 为粒子整个飞行过程中速度与温度随飞行时间的变化，可以看得更清晰，粒子在上游的飞行时间超过总时间的 50%，因此在较高温度的气流中加热时间相对较长。以下的讨论如无特说明，喷涂距离为 15mm。

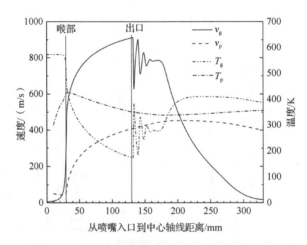

图 3-30　无基体时气体与粒子速度、温度沿喷嘴轴线变化的典型计算结果

T_g-气体温度

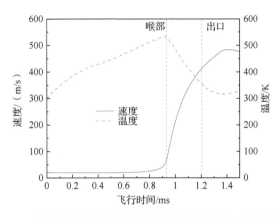

图 3-31　粒子整个飞行过程中速度与温度随飞行时间的变化

此外，根据文献[18]、[25]等的实验结果，粒子速度也呈现明显的空间分布，如图 3-32 与图 3-33 所示，粒子速度在飞出喷嘴后继续增加，在一定的喷涂距离处达到最大（文献中给出的条件是 60mm 处），然后粒子速度开始降低。同时，粒子速度的径向分布也存在明显的梯度，也是喷嘴中心轴线附近最高。此外，在较远的喷涂距离处，由于出现明显的涡流（空气卷入），粒子速度也显著降低（图 3-32）。

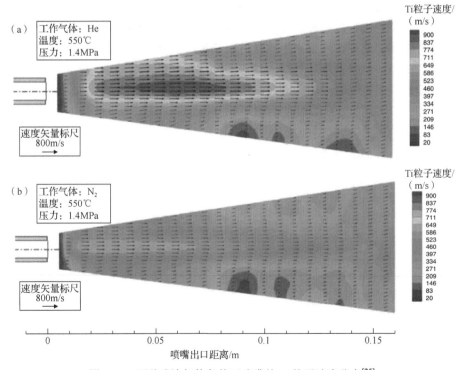

图 3-32　两种喷涂气体条件下喷嘴外 Ti 粒子速度分布[25]

（a）氦气，550℃，1.4MPa；（b）氮气，550℃，1.4MPa

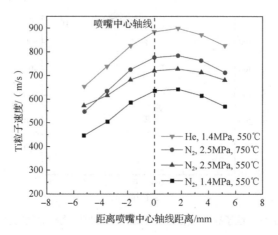

图 3-33　几种喷涂气体条件下喷嘴外 Ti 粒子速度径向分布[25]

出口外 60mm 处

3.3.2　气体参数对粒子加速加热的影响

图 3-34 为在氮气与氦气两种加速气体条件下气体入口压力对粒子速度与温度的影响，可以看出，粒子速度随着气体入口压力的增加明显增加。采用氦气时粒子可获得较高的速度，约为采用氮气时粒子速度的 1.5 倍，与气流本身速度的差异相当。另外，粒子温度随气体入口压力的增加稍微有所减小。当采用氦气时，粒子温度比采用氮气时低约 100K，尽管气体的入口温度为 573.15K，而轴线上粒子温度理论上可达到 273K（0℃）以下。

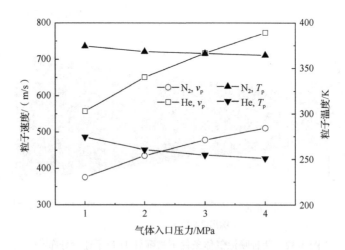

图 3-34　气体入口压力对粒子速度与温度的影响

图 3-35 为氮气与氦气条件下气体入口温度对粒子速度与温度的影响，随气体入口温度的增加，粒子的速度增加，粒子的温度也几乎呈线性增加。同样，当采用氦气时粒子可获得较高的速度，约为采用氮气作为加速气体时粒子速度的 1.5 倍，而粒子温度要比采用氮气时低约 100K。

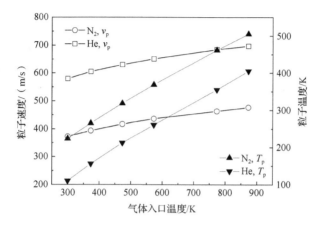

图 3-35　气体入口温度对粒子速度与温度的影响

3.3.3　粉末参数对粒子加速加热的影响

粉末参数主要包括粒子种类（密度）、大小、形貌、粒径分布及送粉速率等。根据气固两相流动的特点，以上参数均会对粒子的加速加热行为产生不同程度的影响。

图 3-36 为粒子密度对粒子速度的影响，随着粒子密度的增加，如从 Al 的 $2.7g/cm^3$ 增加到 Mo 的 $10.2g/cm^3$，在其他条件不变的情况下，粒子速度降低约 30%。

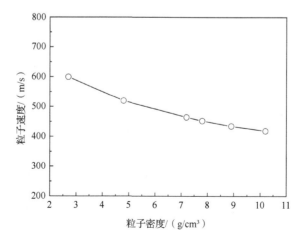

图 3-36　粒子密度对粒子速度的影响

　　图 3-37 为粒径对粒子速度与温度的影响，随着粒径增大，粒子速度减小，当粒径大于 40μm 时，随粒径增大，粒子速度减小程度变缓。另外，粒子温度随粒径的增加呈现先增加后降低的趋势。当粒径约 20μm 时，粒子温度达到最大值。这主要是不同粒径的粒子因速度不同在喷嘴内被气流加热与冷却作用时间不同的结果。上述讨论结果表明，同样气体条件下，密度小、粒径小的粒子易于被加速，粒子质量小、惯性小时易于加速，而质量大、惯性大时不易于加速。因此，实际冷喷涂时要求所采用粉末的粒径尽量小，使绝大部分粒子达到临界速度以上。一般要求粒径小于 50μm。

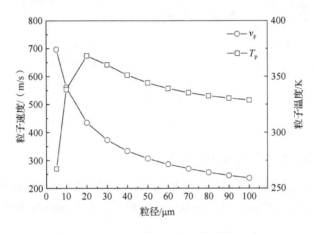

图 3-37　粒径对粒子速度与温度的影响

　　图 3-38 为同样体积当量直径下粒子形状系数对粒子速度的影响。粒子形状系数用来表征粒子形貌的不规则度，其定义为与真实粒子具有同样体积的球形粒子的表面积与真实粒子的表面积之比。根据定义，球形粉末的形状系数为 1，而一般粉末的形状系数在 0.7～1。从图 3-38 中可以发现，当粒子形状系数越小，粒子越不规则时，粒子速度随形状系数几乎呈线性增加。这是因为粒子的形状系数越小，粒子形状越不规则，最大断面积越大，其在气流中受到的拖曳力越大，就越容易被加速。因此，从这一点来说，球形粒子的加速相对最差。在实际喷涂过程中，由于所采用的粉末有一定的粒径分布，而且不同尺寸粒子的加速行为不同，所以实际喷涂射流中粒子速度并不是一个恒定值，而是与粒子尺寸分布相对应，也呈现一定的速度分布。要保证高的沉积效率，必须使较低速度的粒子超过粒子的临界速度。

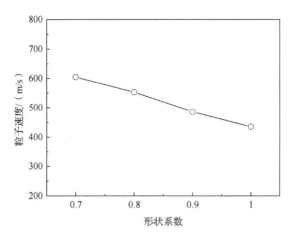

图 3-38　同样体积当量直径下粒子形状系数对粒子速度的影响

3.3.4　喷嘴参数对粒子加速加热的影响

图 3-39 与图 3-40（a）分别为喷嘴入口直径与上游长度对粒子速度的影响。从图中可清楚地发现，喷嘴入口直径与上游长度在所研究的取值范围内对粒子速度几乎没有影响。观察粒子在喷涂距离 15mm 处的温度，室温 27℃喷涂变化也不明显，这主要是因为气体没有预热。当氮气预热至 500℃时［图 3-40（b）］，很明显较长的上游有利于速度较低粒子的加热，从图 3-31 的结果也可清楚地发现，粒子在上游的飞行时间占了总时间的大部分（按照到达喷涂距离为准）。

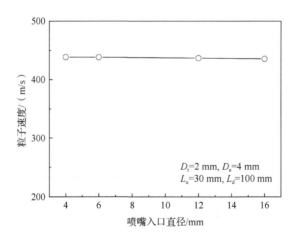

图 3-39　喷嘴入口直径对粒子速度的影响

D_t -喉部直径；　D_e -出口直径；　L_u -上游长度；　L_d -下游长度

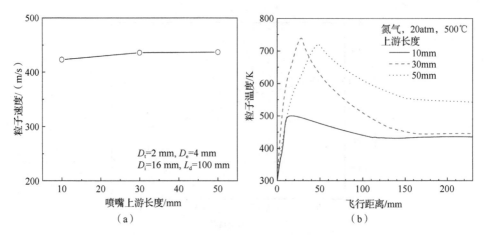

（a）　　　　　　　　　　　　　　（b）

图 3-40　喷嘴上游长度对粒子速度与温度的影响

（a）粒子速度；（b）粒子温度

D_i -入口直径

从图 3-41 所示的喷嘴喉部直径对粒子速度的影响可知，在同样的扩张比（R_E=4）时，当喉部直径大于 2mm 时，喉部直径对粒子的速度也没有明显影响。

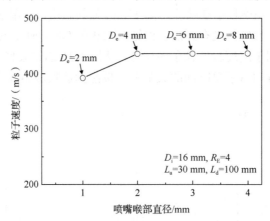

图 3-41　喷嘴喉部直径对粒子速度的影响

R_E -喷嘴扩张比

以上这些结果表明，喷嘴上游（收缩段）对粒子速度没有影响，但是对粒子温度影响较大。同时应当指出，在同样的气体入口条件下，当喉部直径增大时，所需消耗的气体流量将与喉部断面积的增加成正比。

图 3-42 为喷嘴出口马赫数对粒子速度的影响，喉部直径固定为 2mm，马赫数为 1，对应出口直径为 2mm。随着喷嘴出口马赫数（出口直径）的增加，粒子速度先增加，当出口直径接近 4mm 时，对于氮气和氦气这两种气体，粒子速度均

达到最大值附近，然后随出口马赫数（出口直径）的增加粒子速度降低，粒子速度最大时的出口马赫数分别约为 2.9 与 3.4。

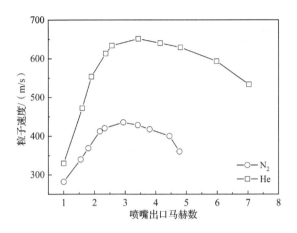

图 3-42　喷嘴出口马赫数对粒子速度的影响

图 3-43 为喷嘴下游长度对粒子速度与温度的影响。随着喷嘴下游长度的增加，粒子速度明显增加。当喷嘴下游长度大于 200mm 后，粒子速度随喷嘴下游长度的增加变缓。粒子温度的变化趋势与粒子速度的变化趋势正好相反，主要是气体不断膨胀使温度降低，当气体温度低于粒子温度时，随着喷嘴下游长度的进一步延长，气体不断对粒子进行冷却。因此，对于下游长度较短的喷嘴，粒子在喷嘴内没有得到充分加速，飞出喷嘴后速度将会继续大幅度增加。当下游长度较短时，喷涂距离的影响非常显著，具体分析见 3.3.5 小节。

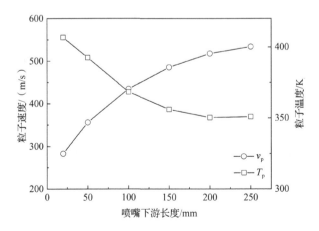

图 3-43　喷嘴下游长度对粒子速度与温度的影响

图 3-44 为不同喷嘴下游形状对中心轴向 Cu 粒子速度的影响，当喷嘴其他尺寸参数固定后，若只改变下游形状（断面积变化率随距离的变化），对粒子的加速并无改善，与常规的锥形相比，下游呈钟形或喇叭形时粒子速度反而有小幅度降低。受实验技术与喷嘴加工技术手段的限制，目前还无法通过实验确认喷嘴下游形状对实际冷喷涂过程中粒子速度的影响。

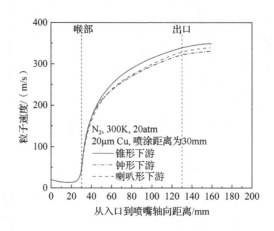

图 3-44　不同喷嘴下游形状对中心轴向 Cu 粒子速度的影响

含基体，30mm 喷涂距离处

3.3.5　基体位置对粒子加速加热的影响

根据前面的分析，如图 3-45 所示，当喷嘴下游长度小于等于 50mm 时，随喷涂距离的增加，粒子速度明显增加，当喷涂距离超过 50mm 时，粒子速度变化缓慢。因此，在实际的冷喷涂过程中，喷涂距离一般小于 50mm。另外，当喷嘴下游长度超过 150mm 时，粒子的加速主要在喷嘴内进行，粒子在喷嘴外的加速非常有限。因此，在这种条件下喷涂时，喷涂距离对粒子的速度无明显影响。较优的喷涂距离在 20~40mm，考虑到喷涂距离较小时气流温度较高（图 3-46），可根据需要选择 20mm 以内的喷涂距离。

对于不同直径的粒子，基体存在与否的影响略有不同，如图 3-47 所示，Cu 粒子直径小于 5μm 时，影响比较明显；对于密度较小的 Al 来说，粒子直径小于约 10μm 时基体存在会对粒子速度产生较大的影响。因此，除了较小与较轻的粒子外，基体存在对粒子速度几乎没有影响。

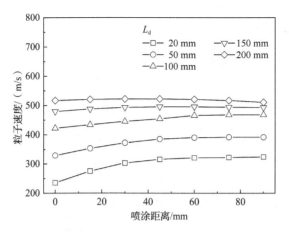

图 3-45　不同喷嘴下游长度下喷涂距离对粒子速度的影响

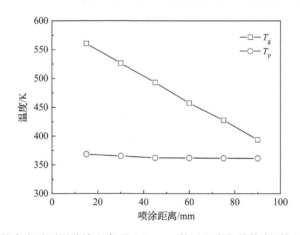

图 3-46　基体存在时不同喷涂距离对 20μm Cu 粒子温度与基体表面气流温度的影响

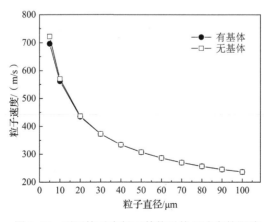

图 3-47　不同粒子直径下基体对粒子速度的影响

3.3.6　粒子加速主要影响因素的综合分析

从上面的计算结果可以发现，冷喷涂时粒子速度的主要影响因素有喷嘴扩张比（R_E）、下游长度（L_d）、加速气体类型、入口压力（P）、温度（T）、粒子密度（ρ_p）、粒子直径（d_p）与形状系数（F_s）。由于每个影响因素的影响规律不同，为了得到包含所有主要影响因素与粒子速度的关系式，首先对每个独立的主要影响因素做回归分析，忽略其他因素的影响，得到相对简单的单因素与粒子速度的关系式，然后将所有单独的关系式通过常数系数进行整合。根据上述方法，当采用氮气作为加速气体时，粒子在喷涂距离 15mm 处的速度 v_{p15} 可用式（3-23）表示：

$$v_{p15} = 9.05(6.1 + 6.3Ma_e - Ma_e^2)L_d^{0.25}P^{0.23}T^{0.23}\rho_p^{-0.27}d_p^{-0.36}F_s^{-0.92} \qquad (3\text{-}23)$$

其中，v_{p15}、L_d、P、T、ρ_p、d_p 的单位分别为 m/s、mm、MPa、K、g/cm^3、μm。

根据计算结果，当采用氦气作为加速气体时，与氮气相比，除了出口马赫数（Ma_e）的影响不同外，其他主要因素的影响均呈一定的倍数关系，可以用式（3-24）表示：

$$v_{p15} = 3.15 \times (55.7 + 7.2Ma_e - Ma_e^2)L_d^{0.25}P^{0.23}T^{0.23}\rho_p^{-0.27}d_p^{-0.36}F_s^{-0.92} \qquad (3\text{-}24)$$

因此，根据以上两个公式可以估算不同工艺条件下的粒子速度，判断是否满足临界速度的条件，从而对工艺参数进行进一步的修改。比如，在 Gilmore 等[10]报道的条件下（采用平均直径 22μm 的球形 Cu 粉，氦气入口压力与温度分别为 2.1MPa 与 300℃，喷嘴下游长度为 80mm，扩张比为 6.37），估算的粒子平均速度为 650m/s，尽管实验测试采用喷嘴下游断面为矩形、出口断面为 2mm×10mm 的矩形，与 Gilmore 等[10]对粒子速度的测量值 680m/s 相当。以上两个公式的应用范围如表 3-1 所示，在喷涂距离 15mm 时，采用公式计算的结果与直接模拟的结果误差不超过 5%。当采用压缩空气时，因为空气与氮气的热物性相近，所以也可用式（3-23）估算。

表 3-1　式（3-23）与式（3-24）的应用范围

参数	取值范围
Ma_e（氮气）	2～5
Ma_e（氦气）	2～7
L_d/mm	50～250
P/MPa	1～4
T/℃	27～627
ρ_p/（g/cm^3）	2～11
d_p/μm	5～100
F_s	0.7～1

3.4 冷喷涂喷嘴优化设计

3.4.1 冷喷涂喷嘴尺寸优化设计

根据前面的计算结果，可以发现，对于特定粉末，通过尺寸与形状设计可获得一定喷涂条件下的优化喷嘴[23,26]。具体喷嘴优化设计方法如下。

1. 制定整个喷嘴优化的模型

喷嘴优化用 Laval 喷嘴尺寸如图 3-48 所示，与图 3-1 相比，该模型综合考虑了送粉嘴及送粉气的影响，在上游建立送粉模型；同时将基体纳入计算范围，建立了基体模型。

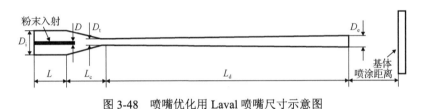

图 3-48 喷嘴优化用 Laval 喷嘴尺寸示意图

2. 初步选择喷嘴主要尺寸

根据经验，如图 3-49 所示，喷嘴尺寸初步选择的主要依据如下：①喷涂什么粉末（密度与粉末平均尺寸），需要综合考虑临界速度。②所能提供的气源种类及压力。③加热器所能预热的温度。首先，依据气体类型及所能承受的气体消耗，初步选定喉部直径 D_t。其次，设定合理的入口直径 D_i 与上游收缩段长度 L_c，为了

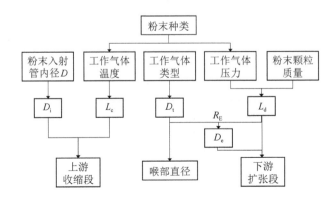

图 3-49 喷嘴初步尺寸设定步骤示意图

减小冷送粉气影响并提高粒子预热温度，上游长度可以长一些。再次，根据喉部直径大体确定下游扩展段长度 L_d，比如 75～85 倍的喉部直径。最后，给出较优的扩张比 R_E，确定相应的出口直径 D_e。

3. 数值模拟优化喷嘴尺寸

基于 FLUENT 数值模拟软件，喷嘴优化设计技术路线如图 3-50 所示，首先，计算初始喷嘴的气体流场及粒子加速与加热状态，检验喷嘴喉部的气流是否比较均匀，否则就需要修改入口直径与上游收缩段长度；其次，检查喷嘴出口的气体膨胀特征，最好为过膨胀，再检查粒子速度是否达到最高水平，当粒子尺寸较大时，可适当增加下游长度；最后，根据计算结果选择合适的喷涂距离。上述优化过程，最主要的是优化扩张比与下游长度。

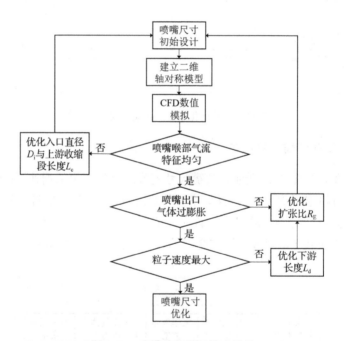

图 3-50　喷嘴优化设计技术路线

3.4.2　典型喷涂材料用冷喷涂喷嘴优化设计

一般情况下，喷涂粉末的粒径要求小于 50μm，平均粒径 20μm，所以优化喷嘴主要是依据材料密度，也就是不同材料种类，比如铝及铝合金、镁及镁合金、钛及钛合金、铜及铜合金，基本代表主要的密度范围。下面介绍一些典型的实例。

图3-51为不同直径球形铜粒子在不同喷嘴下游长度与扩张比条件下的碰撞速度，不同直径的铜粒子在不同扩张比与下游长度下获得的最高速度不同。对于较小粒子，扩张比越大，达到最高速度需要的下游长度越长，速度也越高。

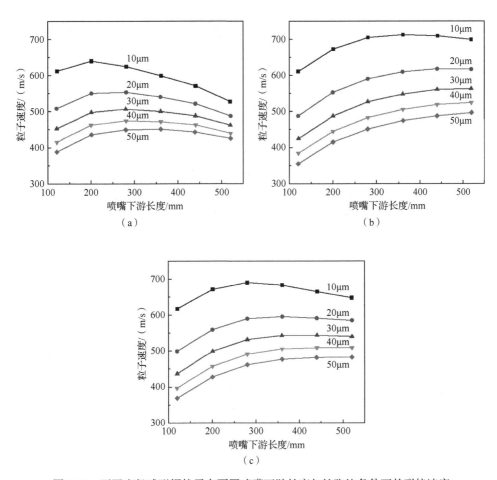

图 3-51　不同直径球形铜粒子在不同喷嘴下游长度与扩张比条件下的碰撞速度

（a）R_E=4；（b）R_E=8；（c）R_E=12
喷嘴喉部直径 2.7mm，氮气，30atm，300℃

图 3-52 为不同材料粒径 20μm 粒子在不同喷嘴下游长度与扩张比条件下的粒子速度，对于不同材料，最优粒子速度所对应的喷嘴尺寸基本一致，而对于较大密度的铜粒子，其加速可采用更大的下游长度与略小的扩张比。

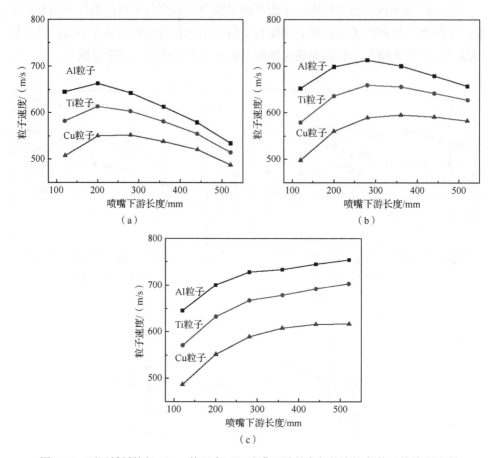

图 3-52　不同材料粒径 20μm 粒子在不同喷嘴下游长度与扩张比条件下的粒子速度

（a）R_E=4；（b）R_E=8；（c）R_E=12

喷嘴喉部直径为 27mm，氮气，30atm，300℃

参 考 文 献

[1] 陈矛章. 粘性流体动力学基础[M]. 北京: 高等教育出版社, 1993.

[2] 孔珑. 可压缩流体动力学[M]. 北京: 水利电力出版社, 1989.

[3] 岑可法, 樊建人. 工程气固多相流动的理论及计算[M]. 杭州: 浙江大学出版社, 1990.

[4] 周力行. 湍流两相流动与燃烧的数值模拟[M]. 北京: 清华大学出版社, 1991.

[5] 李文亚. 粒子参量对纳米结构金属涂层冷喷涂沉积特性影响的研究[D]. 西安: 西安交通大学, 2005.

[6] LI W Y, LI C J. Optimization of spray conditions in cold spraying based on the numerical analysis of particle velocity[J]. Transactions of Nonferrous Metals Society of China, 2004, 14(S2): 43-48.

[7] YIN S, MEYER M, LI W Y, et al. Gas flow, particle acceleration, and heat transfer in cold spray: A review[J]. Journal of Thermal Spray Technology, 2016, 25(5): 874-896.

[8]　LI W Y, CAO C C, YIN S. Solid-state cold spraying of Ti and its alloys: A literature review[J]. Progress in Materials Science, 2020, 110: 100633.

[9]　张涤明, 蔡崇喜, 章克本, 等. 计算流体力学[M]. 广州: 中山大学出版社, 1991.

[10]　GILMORE D L, DYKHUIZEN R C, NEISER R A, et al. Particle velocity and deposition efficiency in the cold spray process[J]. Journal of Thermal Spray Technology, 1999, 8(4): 576-582.

[11]　DYKHUIZEN R C, SMITH M F. Gas dynamic principles of cold spray[J]. Journal of Thermal Spray Technology, 1998, 7(2): 205-212.

[12]　GRUJICIC M, ZHAO C L, TONG C, et al. Analysis of the impact velocity of powder particles in the cold-gas dynamic-spray process[J]. Materials Science & Engineering A, 2004, 368(1/2): 222-230.

[13]　VERSTEEG H, MALALASEKERA W. An Introduction to Computational Fluid Dynamics: The Finite Volume Method[M]. Second Edition, England: Pearson Education Limited, 2007.

[14]　ZAPRYAGAEV V I, KUDRYAVTSEV A N, LOKOTKO A V, et al. An Experimental and Numberical Study of a Supersonic-Jet Shock-Wave Structure[C]. Moscow, Russia: Proceedings of the XI International Conference on the Methods of Aerophysical Research, 2002.

[15]　SAMAREH B, STIER O, LÜTHEN V, et al. Assessment of CFD modeling via Flow visualization in cold spray process[J]. Journal of Thermal Spray Technology, 2009, (18): 934-943.

[16]　ALKIMOV A P, KOSAREV V F, PAPYRIN A N. A method of cold gas dynamic deposition[J]. Dokl Akad Nauk Sssr, 1990, 315(5): 1062-1065.

[17]　CHAMPAGNE V K, HELFRITCH D J, DINAVAHI S P G, et al. Theoretical and experimental particle velocity in cold spray[J]. Journal of Thermal Spray Technology, 2011, 20(3): 425-431.

[18]　VARDELLE A, BARONNET J M, VARDELLE M, et al. Measurements of the plasma and condensed particles parameters in a DC plasma jet[J]. IEEE Transactions on Plasma Science, 1980, 8: 417-424.

[19]　WAGNER N, GNÄDIG K, KREYE H, et al. Particle velocity in hypersonic flame spraying of WC-Co[J]. Surface Technology, 1984, 22: 61-71.

[20]　STEFFENS H D, BUSSE K H, SELBACH H. Measurements of Particle and Plasma Velocity in a Low Pressure Plasma Jet[C]. Eindhoven, The Netherlands: 7th International Symposium on Plasma Chemistry, 1985.

[21]　SMITH M F, DYKHUIZEN R C. The effect of chamber pressure on particle velocities in low-pressure plasma deposition [J]. Surface and Coatings Technology, 1988, 34(1): 25-31.

[22]　LI S, MUDDLE B, JAHEDI M, et al. A numerical investigation of the cold spray process using underexpanded and overexpanded jets[J]. Journal of Thermal Spray Technology, 2012, 21(1): 108-120.

[23]　李文亚, 韩天鹏, 杨夏炜. 一种冷喷涂的冷喷嘴的设计方法: ZL201710717725. 6[P]. 2018-01-23.

[24]　ZHANG D, SHIPWAY P H, MCCARTNEY D G. 工艺参数变化对冷喷涂铝沉积性能的影响[J]. 中国表面工程, 2008, 21(4): 1-7.

[25]　ZAHIRI S H, YANG W, JAHEDI M. Characterization of cold spray titanium supersonic jet[J]. Journal of Thermal Spray Technology, 2009, 18(1): 110-117.

[26]　CAO C C, HAN T P, XU Y X, et al. The associated effect of powder carrier gas and powder characteristics on the optimal design of the cold spray nozzle[J]. Surface Engineering, 2020, 36(10): 1081-1089.

第4章　冷喷涂粒子碰撞变形行为

粉末粒子经过加速、加热后，形成具有一定速度与温度的高能粒子流。假定基体已经放置在喷涂距离位置，接下来粒子依次碰撞基体，碰撞过程中粒子的动能转化成热能、材料畸变能等，可能会发生多种物理/化学现象，均会对粒子能否沉积、沉积后结合质量造成不同程度的影响，因此研究粒子碰撞变形行为至关重要。影响粒子碰撞变形的因素较多，主要包括材料种类（不同材料的热物理性能、力学性能差异等）与碰撞条件（速度、温度、角度、粒子形貌和尺寸等），因为目前无法通过实验观察碰撞变形过程，只能观察沉积的粒子形貌及反弹粒子或碰撞坑的形貌，所以研究碰撞变形行为的手段以数值模拟为主[1-9]。另外，与粒子碰撞行为直接相关的临界速度预测也是重点和难题，尽管通过实验来研究粒子临界速度可行[10-12]，但系统研究将会花费大量的经济及时间成本，而且测量结果是一个平均值，因此采用数值模拟方法研究临界速度是一个不可或缺的重要方法。

4.1　高应变速率条件下金属材料的变形行为及本构关系

材料在经受碰撞/冲击载荷后会发生动态响应，产生应力波，并在材料中传播，因此很多学者尝试去解析材料的动态响应行为[13-15]。通常情况下，准静态实验的应变速率为 $10^{-5} \sim 10^{-1} s^{-1}$ 量级，冲击实验的应变速率范围是 $10^2 \sim 10^4 s^{-1}$，甚至 $10^6 s^{-1}$[14]，冷喷涂条件下粒子应变速率可达 $10^9 s^{-1}$，属于超高速碰撞的范畴[15]，而材料的响应也由塑性变形变成流体动力学的范畴[14]，如表 4-1 所示。变形过程的求解方程仍然是经典的质量守恒方程、动量守恒方程与能量守恒方程，再附加可能的状态方程、边界条件等。

表 4-1　受外载作用下材料相应的三个范畴[14]

响应类别	应力水平	本构方程	控制方程组
流体动力学	远高于屈服强度	状态方程	非线性
塑性变形	高于屈服强度	复杂关系	非线性
弹性变形	低于屈服强度	胡克定律	线性

与材料的准静态力学本构模型相比，动态本构模型重点考虑应变、应变速率，以及绝热温升造成的材料软化对材料力学性能的影响。本节主要介绍施加冲击载荷让材料发生塑性变形后的动态响应，描述材料塑性变形后的流动应力 σ 本构关系模型，通用形式见式（4-1）：

$$\sigma = f\left(\varepsilon, \dot{\varepsilon}, T\right) \tag{4-1}$$

式中，ε 为应变；$\dot{\varepsilon}$ 为应变速率；T 为温度。有时应力与变形过程也有关系。最简单的材料塑性模型是理想刚塑性模型，如图 4-1（a）所示，不考虑弹性变形，直接用一个屈服应力常数表示材料的屈服流动，不考虑应变速率的影响，但可以考虑温度影响。为了更接近真实材料，常用理想弹塑性模型［图 4-1（b）］，材料首先发生弹性变形，在达到屈服点时，应力保持常数不变，可以考虑应变速率与温度的影响。进一步改进材料塑性模型就变成图 4-1（c）所示的弹塑性强化模型，材料在达到屈服后，屈服（流动）应力随着应变的增加而不同程度地增加，比如常用的双线性强化，屈服应力曲线用两条线段表示，可以考虑应变速率与温度的影响。

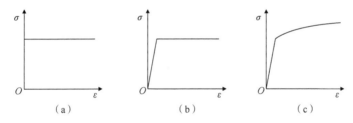

图 4-1　常见金属材料塑性模型

（a）理想刚塑性模型；（b）理想弹塑性模型；（c）弹塑性强化模型

由于实际材料内的应力与应变是一个二阶张量，为了简化，往往用等效应力（σ_{eff}）与等效应变（ε_{eff}）表示，分别如式（4-2）与式（4-3）所示[13]：

$$\sigma_{\text{eff}} = \frac{\sqrt{2}}{2}\sqrt{\left(\sigma_1 - \sigma_2\right)^2 + \left(\sigma_2 - \sigma_3\right)^2 + \left(\sigma_1 - \sigma_3\right)^2} \tag{4-2}$$

$$\varepsilon_{\text{eff}} = \frac{\sqrt{2}}{2}\sqrt{\left(\varepsilon_1 - \varepsilon_2\right)^2 + \left(\varepsilon_2 - \varepsilon_3\right)^2 + \left(\varepsilon_1 - \varepsilon_3\right)^2} \tag{4-3}$$

以上只是复杂应力应变本构关系的基本形式，在实际研究过程中，通常需要对本构关系进行简化与参数化，进而获得可实际使用的具体本构关系方程。下面介绍经典的 Johnson-Cook 材料模型（简称"JC 材料模型"），应力关系本构方程如式（4-4）所示[13,16]：

$$\sigma = (A + B\varepsilon^n)(1 + C\ln\frac{\dot{\varepsilon}}{\dot{\varepsilon}_0})(1 - T^{*m}) \tag{4-4}$$

式中，A、B、n、C 与 m 为 5 个材料常数，通过实验获得；$\dot{\varepsilon}_0$ 为参考应变速率（为了简化计算，可以取 1）；A 为参考应变速率下、温度为 T_r 时测得的材料初始屈服强度；B 与 n 为材料应变硬化（加工硬化）参数；C 为应变速率硬化参数；T^* 为温度（量纲为 1），由式（4-5）获得：

$$T^* = (T - T_r) / (T_m - T_r) \tag{4-5}$$

式中，T_r 为参考温度（有时取室温）；T_m 为材料熔点。JC 材料模型适用于大部分金属与合金，表 4-2 为早期 Johnson 和 Cook[16]实验获得的几种 JC 材料模型本构方程参数。

表 4-2　参考应变速率为 1 时几种 JC 材料模型本构方程参数[16,17]

材料	密度/ (kg/m³)	比热容/ [J/ (kg·K)]	熔点/ K	A/ MPa	B/ MPa	n	C	m
OFHC 纯铜	8960	383	1356	90	292	0.31	0.025	1.09
弹壳黄铜	8520	385	1189	112	505	0.42	0.009	1.68
商业纯镍	8900	446	1726	163	648	0.33	0.006	1.44
工业纯铁	7890	452	1811	175	380	0.32	0.060	0.55
低纯度铁	7890	452	1811	290	339	0.40	0.055	0.55
AA2024-T351	2770	875	775	265	426	0.34	0.015	1.00
AA7039 铝合金	2770	875	877	337	343	0.41	0.010	1.00
1006 低碳钢	7890	452	1811	350	275	0.36	0.022	1.00
4340 中碳钢	7830	477	1793	792	510	0.26	0.014	1.03
S7 工具钢	7750	477	1763	1539	477	0.18	0.012	1.00

另外，处于流体动力学范畴的材料，除了本构模型外，还需要状态方程来描述其压力、密度与能量变化的关系。比较经典且常用的是 Mie-Gruneisen 状态方程[18]。对于压缩状态的材料，其压力 p 表达式为

$$p = \frac{\rho_0 c^2 \mu [1 + (1 - \gamma_0 / 2)\mu - a / 2\mu^2]}{[1 - (S_1 - 1)\mu - \dfrac{S_2\mu^2}{\mu + 1} - \dfrac{S_3\mu^3}{(\mu + 1)^2}]^2}(\gamma_0 + a\mu)E \tag{4-6}$$

式中，E 为单位初始体积的内能；c 为材料中的声速；S_1、S_2、S_3 为 u_s-u_p 曲线的斜率值，u_s 为质点速度，u_p 为曲线的截距；γ_0 与 a 为 Gruneisen 常数，a 为 γ_0 的一阶体积修正；μ 为压缩系数，与相对体积 V 或密度 ρ 及初始密度 ρ_0 的关系如式（4-7）所示：

$$\mu = \frac{1}{V} - 1 \text{ 或者 } \mu = \frac{\rho}{\rho_0} - 1 \tag{4-7}$$

对于膨胀态材料，压力 p 定义为式（4-8）：

$$p = \rho_0 c^2 \mu + (\gamma_0 + a\mu)E \tag{4-8}$$

确定几个状态方程参数相对比较困难，一般采用线性 Mie-Gruneisen 状态方程，假设 S_2 与 S_3 为 0。几种材料的 Mie-Gruneisen 状态方程常数如表 4-3 所示。

表 4-3　几种材料的 Mie-Gruneisen 状态方程常数[16,18,19]

材料	c/（m/s）	S_1	S_2	S_3	γ_0	a
铜	3940	1.49	0	0	2.02	0.47
铁	4569	1.49	0	0	2.17	0.46
中碳钢	4578	1.33	0	0	1.67	0.43
铝 [19]	5386	1.339	0	0	1.97	—

材料在高速碰撞时发生断裂、裂纹等失效是常见现象，为了描述材料的断裂行为，也有不少学者建立了材料的断裂模型。简单一点就是设置一个断裂应变常数值，或者某个拉应力值，当材料局部达到失效值时就发生断裂。Johnson 与 Cook 也研究建立了比较经典的参数化 JC 断裂模型，如式（4-9）所示[20-23]：

$$\varepsilon_f = (D_1 + D_2 e^{D_3 \sigma^*})(1 + D_4 \ln \dot{\varepsilon}^*)(1 + D_5 T^*) \tag{4-9}$$

式中，ε_f 为断裂应变；$D_1 \sim D_5$ 为 5 个断裂常数；应力因子 σ^* 为压力与等效应力的比值，即 $\sigma^* = p/\sigma_{\text{eff}}$。当累积等效塑性应变满足式（4-10）时发生断裂失效，即 $D=1$ 时失效。

$$D = \sum \frac{\Delta \overline{\varepsilon}}{\varepsilon_f} \tag{4-10}$$

几种常见材料的 JC 断裂模型参数见表 4-4。

表 4-4　几种常见材料的 JC 断裂模型参数[24,25]

材料	D_1	D_2	D_3	D_4	D_5
铜[24]	0.54	4.89	−3.03	0.014	1.12
铁[24]	−2.20	5.43	−0.47	0.016	0.63
4340 中碳钢[24]	0.05	3.44	−2.12	0.002	0.61
铝[25]	0.071	1.248	−1.142	0.147	1

注：文献[25]没有给出断裂的温度常数 D_5，本书取一个适中值。

4.2　冷喷涂粒子碰撞变形行为的研究方法

4.2.1　实验观察

高速粒子碰撞基体或已沉积涂层后的状态/形貌，可以通过扫描电子显微镜（SEM）或透射电子显微镜（TEM）进行表征。大部分情况下，通过设计单粒子碰撞实验，即通过喷枪在抛光基体表面上快速扫描，或者通过一个多孔掩膜板进行喷涂，尽量获得不发生堆叠的单个沉积粒子，如图 4-2 所示 [也可参考图 1-2（d）、图 2-17 等]。当粒子撞击基体后发生反弹时，将在粒子反弹后的基体表面留下碰撞坑，可供进一步研究。

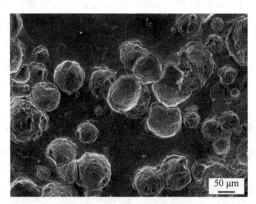

图 4-2　典型冷喷涂球形 Cu 粒子碰撞抛光 Cu 基体后形貌

涂层内部粒子的变形情况如图 2-3、图 2-17 所示。涂层内每个沉积粒子一般经过后续多个粒子的多次碰撞而变形，甚至于冲击夯实效应下在后续粒子间接碰撞下发生变形。如果要研究碰撞过程中的演变过程，实验观察基本不可能实现（目前的技术手段无法拍摄到整个变形演变过程）。2018 年，Hassani-Gangaraj 等[18]开发了冷喷涂粒子高速碰撞的激光冲击实验模拟系统，即将单个粒子黏附到一个平板表面，然后通过脉冲激光在平板背面冲击，利用冲击波使粒子脱离并产生一定速度，碰撞一个预置的基板。这一过程中同时采用光学放大与成像，进而可获得粒子实际速度与碰撞变形沉积或反弹信息，该方法可获得单个粒子的精确临界速度，但所获得的图像分辨率很低（只能看到一个模糊的黑影），而且不能对粒子进行加热，与实际冷喷涂气固两相流过程相差较远。因此，目前冷喷涂粒子碰撞过程的研究依然主要依靠数值模拟方法。

4.2.2 理论分析

粒子碰撞行为的理论分析相对于粒子加速与加热行为更为复杂，国际上很少有学者深入探讨，因为粒子碰撞过程中发生高速大变形，应变速率大，传统的赫兹接触理论无法准确预测，即使是弹塑性修正的赫兹接触理论[19]，也是准静态，误差较大，只能得到定性分析结果。例如，早年 Papyrin 等[12]采用赫兹接触理论及较多的假设估计了粒子碰撞接触时间，如图 4-3 所示，尽管后来的数值模拟表明接触时间数量级合理，但误差较大。他们还估计了粒子外形变化，结果如图 4-4 所示，与实际变化规律一致。当然，他们还讨论了基体可变形后的碰撞，与实际相差较大，感兴趣的读者可以参考 Papyrin 等[12]的原著。

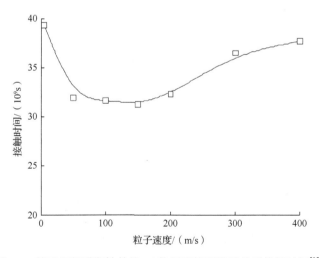

图 4-3 基于理想弹塑性的纯 Al 粒子碰撞刚性基体后接触时间[12]

Al 粒子直径为 20μm，屈服强度为 300MPa

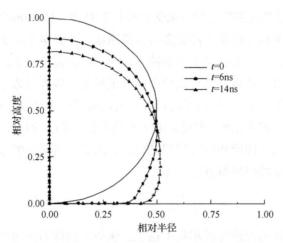

图 4-4　基于理想弹塑性的纯 Al 粒子碰撞刚性基体后外形变化预测[12]

Al 粒子直径为 20μm，碰撞速度为 200m/s

　　另外，粒子变形程度的估计可以通过扁平率或压缩率来表征。基于原始粒子直径 d_p、扁平后高度 h_p、变形后垂直于碰撞方向的扁平粒子最大直径 D，扁平率（R_f）可定义为

$$R_f = D/d_p \tag{4-11}$$

压缩率（R_c）可定义为

$$R_c = (d_p - h_p)/d_p \times 100\% \tag{4-12}$$

　　利用这两个值探讨其与粒子碰撞条件（工艺参数）及涂层组织性能的关联性，对于涂层组织与性能优化具有一定的指导意义。

4.2.3　数值模拟

　　对于粒子高速碰撞变形行为，采用数值模拟方法是最高效和最直观的方法，也被众多学者所采用。冷喷涂粒子高速碰撞大变形是计算的难点与挑战，需要用到求解高度非线性的方程及软件，而且最好基于显式积分算法进行。早期美国学者采用专用代码热力耦合动力学（coupled thermal-mechanical/hydrodynamic，CTH）进行了简单的轴对称二维粒子碰撞模拟[1]。随后学者主要采用商用软件进行研究，最常用的是 LS-DYNA、ANSYS/LS-DYNA、ABAQUS/Explicit，由于本书研究使用的 ANSYS 内置了 LS-DYNA 求解器，后面讨论只提及 LS-DYNA。

　　LS-DYNA 是一个通用显式非线性动力分析有限元程序，最初是 1976 年在美国劳伦斯利弗莫尔国家实验室（Lawrence Livermore National Laboratory）由

Hallquist J O 主持开发完成，主要目的是为核武器的弹头设计提供分析工具，后经多次扩充和改进，计算功能更为强大。此软件受到美国能源部的大力资助及世界十余家著名数值模拟软件公司（如 ANSYS、MSC. Software 等）的加盟，极大地加强了其前后处理能力和通用性，在全世界范围内得到广泛使用。软件的广告中声称可以求解各种三维非线性结构的高速碰撞、爆炸和金属成形等接触非线性、冲击载荷非线性和材料非线性问题。实际上该求解器仍存在诸多不足，特别是在爆炸冲击方面，功能相对较弱，目前其欧拉混合单元中最多只能容许三种物质，边界处理较为粗糙。同时，缺少基本材料数据和依据，让用户难以选择和使用。ABAQUS 是一套先进的通用有限元系统，也是功能最强的有限元软件之一，可以分析复杂的固体力学和结构力学系统。ABAQUS 有两个主要分析模块：ABAQUS/Standard 提供通用的分析能力，如应力和变形、热交换、质量传递等；ABAQUS/Explicit 应用对时间进行显示积分求解，为处理复杂非线性接触问题提供有力的工具，适合分析短暂、瞬时的动态事件，但对爆炸与冲击过程的模拟相对不如 LS-DYNA。两种软件在求解粒子碰撞大变形时可用到的求解方法有拉格朗日（Lagrangian）法、欧拉（Eulerian）法、光滑粒子流体动力学（smoothed particle hydrodynamics，SPH）法，它们的特点与功能总结如表 4-5 所示。综合比较，ABAQUS/Explicit 下的欧拉法求解更合适。

表 4-5　LS-DYNA 与 ABAQUS/Explicit 求解粒子碰撞变形行为比较

软件	求解方法/特殊单元	绝热温升	热传导	网格畸变
LS-DYNA	拉格朗日法	是	否	严重
	欧拉法	是	否	无
	SPH 法	是	否	无
ABAQUS/Explicit	拉格朗日法	是	是	严重
	欧拉法	是	是	无
	SPH 法	是	否	无

下面对几种求解方法及设置进行简要说明，其中欧拉法包括 LS-DYNA 中所谓的任意拉格朗日-欧拉（arbitrary Lagrangian-Eulerian，ALE）法与 ABAQUS 中的耦合欧拉-拉格朗日（coupled Eulerian-Lagrangian，CEL）法，均可描述网格固定条件下的物质流动，本小节统一称为欧拉法。

1. 拉格朗日法

对于球形粒子正碰撞（粒子速度与基体表面呈 90°），由于轴对称性的特点，可采用如图 4-5 所示的二维轴对称模型进行计算，选取软件中的轴对称单元进行网格划分。例如，粒子取直径 20μm 的球体，基体取一个圆柱体，为了避免对变形区计算精度的影响，基体半径与高度需取得足够大，李文亚等的研究工作中基体半径与高度均为 10 倍粒子半径[4]。粒子划分网格单元的尺寸一般是粒子直径的 1/100～1/32，如 0.625μm 网格（20μm 粒子直径的 1/32）；为保证基体局部变形区的计算精度，基体局部的网格尺寸与粒子的相当［图 4-5（b）］，其他区域用较粗网格。同时，拉格朗日法下经常标记一些变形严重的单元/节点来输出应力、应变、温度等，以反映界面行为。

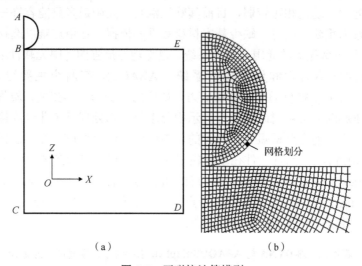

（a）　　　　　　　　　　　　　　　（b）

图 4-5　正碰撞计算模型

（a）二维轴对称模型；（b）局部网格划分（含常用变形严重区域观测点）

　　计算中，图 4-5（a）中所示的边界 A-B-C 为轴对称边界，限制节点 X 方向位移。边界 C-D、D-E 均看作固定壁面，限制节点 X 与 Z 两个方向的位移。其他的边界作为自由边界处理。所有粒子单元节点以初始的 Z 向速度与温度进行初始化，基体单元节点以初始温度进行初始化。以常用的 JC 材料模型定义材料，并分别赋予粒子与基体（材料可以相同，也可以不同）。因为高速碰撞过程受惯性力的控制，所以可忽略重力等其他体积力。粒子与基体的相互作用通过设置特定的接触模型，两种软件均有内置的二维或三维通用接触算法，需要进行一定调试后使用，而 ABAQUS 也可以自定义接触模型来求解，具体请参见相应的软件手册。

　　如果考虑热传导、碰撞接触界面换热等，则需要设置材料的热物理性能及热边界条件，还需要设置摩擦产热、塑性变形产热（绝热温升），以及界面两侧的热分配系数等。例如，常用塑性功转化成热量的比例系数为 0.9。界面摩擦系数的设置可以是常数，也可以是随着相对运动速度、温度等变化的数值。如果是同种材料，摩擦界面热分配各 50%；如果是异种材料，根据材料的蓄热系数按比例分配。

以上是二维计算模型，也可以采用三维计算模型。当然，为了提高计算效率一般不采用全尺寸模型，这样网格量与计算量剧增，因此通常采用 1/4 对称模型（正碰撞时可采用）或者 1/2 对称模型（带角度倾斜碰撞时可采用），如图 4-6 所示，再配合过渡网格划分，求解时间达到可接受范围。

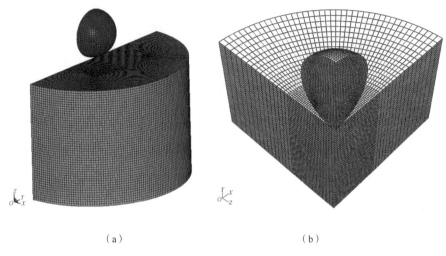

（a）　　　　　　　　　　　　　　　（b）

图 4-6　粒子碰撞三维计算模型

（a）1/2 对称模型；（b）1/4 对称模型

2. 欧拉法

拉格朗日法最难处理的是网格畸变，尽管有自适应网格处理，但也很难准确模拟大变形情况。因此，很多学者采用了欧拉法。在欧拉空间，网格固定不变，物质当作流体在网格中流动，通过特定算法求解。考虑到计算网格越小，计算精度越高，但计算时间越长，且 ABAQUS 软件不支持二维空间的欧拉单元，目前大部分学者采用准三维模型。如图 4-7 所示，假想从粒子中心轴面取出一个切片，厚度为一个单元尺寸，并且约束厚度方向的流动，这样物质就被限制在二维平面内，图 4-7（b）中网格尺寸为 $0.2\mu m$（网格分辨率为 $1/100d_p$），可以假定绝热温升，也可以考虑热传导，考虑热传导更接近真实过程。

3. 光滑粒子流体动力学法

除了欧拉法，另一种有效解决大变形网格畸变问题的方法是无网格法，如最常用的 SPH 法。采用大量的粒子来模拟连续的物质，通过一定的统计算法将不同的粒子关联起来，具体算法可参考 ABAQUS 软件手册或 SPH 相关资料。如图 4-8 所示，可以全部区域采用光滑粒子，粒子间距离（如同网格尺寸）可以渐变，在

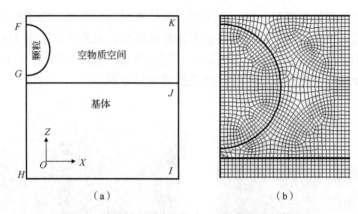

（a）   （b）

图 4-7　冷喷涂 Cu 粒子撞击 Cu 基体的欧拉模型

（a）几何模型（含空物质空间）；（b）局部网格划分

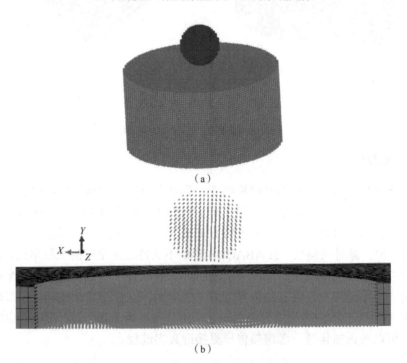

（a）

（b）

图 4-8　冷喷涂粒子碰撞 SPH 法模型

（a）全部光滑粒子；（b）拉格朗日网格-光滑粒子耦合

粒子及基体碰撞区域取小间距；也可以局部碰撞区域采用光滑粒子，非变形区采用拉格朗日网格，通过边界耦合算法进行求解。正如拉格朗日模型中网格尺寸影响输出结果，SPH 法模型中单个粒子的质量与间距对计算结果有一定影响。此外，

SPH 法还可以模拟冷喷涂中多粒子的碰撞过程。但是，SPH 法模型的计算量太大，这也促进了拉格朗日法和 SPH 法的耦合。目前的软件功能较为有限，尚不能有效的计算热传导。因此，除了李文亚等早期使用 SPH 法模拟粒子碰撞[9]，该方法使用较少。

4.3　基于拉格朗日法研究粒子碰撞变形行为

冷喷涂金属粒子碰撞金属基体的一般特征已经在第 2 章给出，如界面剧烈温升、高应变速率等特征。下面详细介绍不同碰撞条件下粒子碰撞变形行为。

4.3.1　粒子速度与温度对粒子碰撞变形行为的影响

图 4-9 为当 20μm Cu 粒子在温度为室温（27℃）时粒子速度对其变形形貌的影响，其中基体为 Cu。研究发现，随着粒子速度的增加其变形程度增加，Cu 基体中坑深增加，而变形粒子的高度减小，扁平粒子最大直径增加。当粒子速度大于 400m/s 时，开始在粒子与基体碰撞界面边缘形成射流状挤出物。因此，粒子与基体间的接触面积将随粒子速度的增加而显著增加。

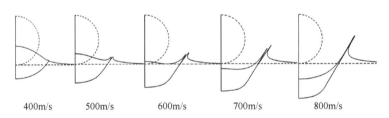

　　400m/s　　　　500m/s　　　　600m/s　　　　700m/s　　　　800m/s

图 4-9　20μm Cu 粒子温度为 27℃时粒子速度对其变形形貌的影响

图 4-10 为当 20μm Cu 粒子速度为 500m/s 时粒子温度对其变形形貌的影响。粒子的变形程度随其温度的增加明显增加，变形粒子的高度减小，最大直径增加，且 Cu 基体中的坑深增加。

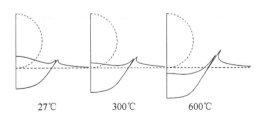

　　　27℃　　　　　300℃　　　　　600℃

图 4-10　20μm Cu 粒子速度为 500m/s 时粒子温度对其变形形貌的影响

　　计算以上扁平粒子的扁平率与压缩率，结果如图 4-11 所示，图中还给出了李文亚[11]的实验结果。从图 4-11（a）可以发现，随粒子速度的增加，粒子扁平率增加。当粒子速度大于 400m/s 时，扁平率增加速率变大，与碰撞界面金属射流的产生相对应。同时可以发现，随粒子温度的增加，粒子扁平率也增加。由于原始粉末的粒径在一定范围内分布，粒子的速度也与之对应在一定范围内分布，考虑到实验的统计误差，可以认为从粒子断面形貌得到的粒子扁平率与计算结果较吻合。但是在较高的速度与温度下，由于在界面处形成明显的射流，扁平率的计算变得困难，当扁平率超过 2 时，数据的可靠性降低。因此，李文亚[11]采用了粒子的压缩率来表征粒子的变形程度。如图 4-11（b）所示，粒子的压缩率几乎随粒子速度的增加呈线性增加。粒子的压缩率也随粒子温度的增加而增加，这一趋势在较高的粒子速度下更明显。尽管粒子压缩率的实验值略低于计算结果，但考虑到从涂层纵断面的粒子断面照片进行统计时，粒子的断面通常不在其直径处，会低估沉积粒子的压缩率，因此可以认为模拟结果具有较高的合理性。

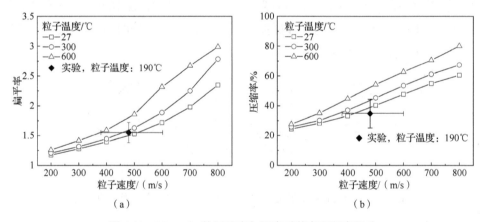

图 4-11　20μm Cu 粒子速度与温度对其变形程度影响

（a）扁平率；（b）压缩率

　　根据上述模拟结果，可以选择代表性单元模拟分析界面应变/温度随变形过程的变化规律。图 4-12 为温度为 27℃的 20μm Cu 粒子的速度对监测单元有效塑性应变随碰撞时间变化的影响。

　　从图 4-12 中可以发现，在本计算条件下，随碰撞过程的进行，当粒子速度小于 410m/s 时，粒子的有效塑性应变随碰撞时间的增加而增加，然后随着碰撞过程的进行趋于稳定。当粒子速度为 410m/s 时，有效塑性应变在碰撞的某一时刻开始陡增，而且随粒子速度的进一步增加，有效塑性应变开始出现陡增的时刻提前。

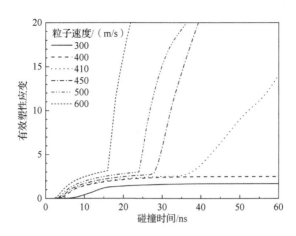

图 4-12　20μm Cu 粒子温度为 27℃时不同粒子速度下粒子有效塑性
应变随碰撞时间的变化

网格尺寸为 1/32d_p

这表明监测单元开始出现了明显失稳流动，这是高速碰撞时的绝热剪切条件造成的。研究还发现，监测单元的应力变化与有效塑性应变的变化相似，也是从粒子速度为 410m/s 开始，应力的变化出现陡降或较大波动，故认为开始发生绝热剪切失稳的速度可能预示着粒子的临界速度。Assadi 等[2]同期也发现了类似的现象。根据这一观点，在这种条件下的 Cu 粒子的临界速度约为 410m/s。但这一 Cu 粒子的临界速度与已报道的 500～640m/s 及 Assadi 等[2]计算得到的结果 580m/s 有较大差别。仔细分析表明，计算网格尺寸对发生绝热剪切失稳变形的粒子速度计算结果有很大影响。实验结果也表明，喷涂条件与 Cu 粉末的氧化程度均对粒子的临界速度有较大的影响。同样，在较高的粒子温度下，由于温度对材料强度的软化作用，开始发生这种"绝热剪切失稳"的速度降低。

对这种"预测"的粒子临界绝热剪切失稳速度与网格单元尺寸进行相关性分析，如图 4-13 所示，可以明显发现，随网格单元尺寸的减小，临界绝热剪切失稳速度明显降低。随粒子温度的增加，临界绝热剪切失稳速度也明显降低。但是，网格单元尺寸太小将会导致计算无法进行而使程序异常中止。由于在有限元分析中，网格单元尺寸越小，求解结果理论上更接近合理的值。因此，采用简单线性外推的方法，将网格大小外推到 0μm，用这时的临界绝热剪切失稳速度来表征粒子的临界速度。在当前计算条件下，粒子温度为 27℃、300℃与 600℃时的临界绝热剪切失稳速度分别约为 310m/s、290m/s 与 250m/s。实验结果支持了这一预测，表明李文亚[11]提出的这一临界速度数值预测方法有效合理。

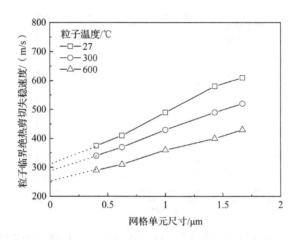

图 4-13　不同粒子温度下划分网格单元尺寸对预测 20μm Cu 粒子
临界绝热剪切失稳速度的影响

4.3.2　粒子速度与温度对碰撞粒子界面温升的影响

　　图 4-14 为 20μm Cu 粒子速度与温度对粒子局部碰撞界面最高温度的影响。随着粒子速度的增加，局部最高温度明显增加。同时，随粒子温度的增加，局部最高温度也明显增加。当粒子速度高于一定值时，由于金属射流产生明显，将使局部塑性应变明显增大，从而使最高温度的增加速率变大。当粒子温度为600℃，粒子速度高于 600m/s 时，粒子的局部最高温度可能高于 Cu 的熔点（1083℃）。当粒子温度较低时，粒子需要更高的速度才可能使最高温度达到 Cu 的熔点。另外，如果考虑熔化潜热与热传导的影响，粒子就需要更高的速度才可能发生局部熔化。由于 Cu 粒子的这一特点，实际冷喷涂实验中很难熔化。采用透射电子显微镜对 Cu 涂层内粒子界面进行观察尚未发现熔化现象，与计算预测的结果一致。

　　但是对于熔点较低的材料，如 Sn（熔点为 232℃）、Zn（熔点为 420℃）或其他低熔点合金，熔化的可能性较大。图 4-15 为 20μm Zn 粒子速度与温度对粒子局部碰撞界面最高温度的影响。随 Zn 粒子速度或温度的增加，局部的最高温度明显升高。当粒子温度为 103℃，粒子速度高于 500m/s 时，粒子的局部最高温度超过 Zn 的熔点。对于 Zn 的碰撞熔化对粒子参量的要求，冷喷涂中很容易满足，实验结果也表明了冷喷涂 Zn 时可发生明显的界面熔化现象。

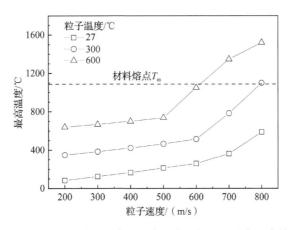

图 4-14　20μm Cu 粒子速度与温度对其碰撞界面最高温度的影响

网格尺寸为 1/32d_p

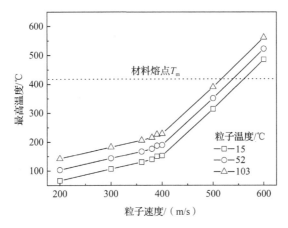

图 4-15　20μm Zn 粒子速度与温度对其碰撞界面最高温度的影响

网格尺寸为 1/32d_p

4.3.3　网格尺寸对粒子碰撞变形行为计算结果的影响

　　除了前面提到的网格尺寸对粒子变形计算结果的显著影响外，李文亚等还研究了网格尺寸对粒子变形形貌预测的影响[4]。例如，20μm 球形 Cu 粒子在不同速度碰撞 Cu 基体后，采用 1/32d_p 与 1/50d_p 网格进行比较，结果如图 4-16 所示，可以发现基本变化不大，只有当速度非常高时，网格变形严重，才有一定差别。Cu 粒子扁平率与压缩率如图 4-17 所示，反映了类似的规律，且网格尺寸影响相对可忽略。另外，用压缩率表征变形程度对网格尺寸的敏感度更低，几乎不受影响。

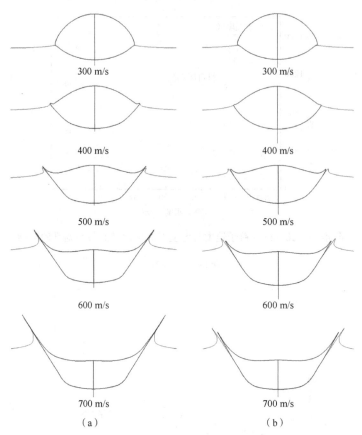

图 4-16 采用 $1/32d_p$ 与 $1/50d_p$ 网格计算获得 $20\mu m$ 球形 Cu 粒子
在不同速度碰撞 Cu 基体后断面形状

（a）$1/32d_p$；（b）$1/50d_p$

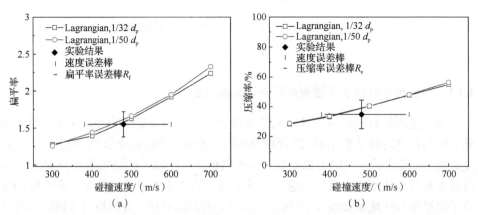

图 4-17 采用 $1/32d_p$ 与 $1/50d_p$ 网格计算获得 $20\mu m$ 球形 Cu 粒子在不同速度碰撞 Cu 基体后形状

（a）扁平率；（b）压缩率

4.3.4　粒子尺寸对粒子碰撞变形行为的影响

在考虑网格尺寸影响的同时，还需要考虑粒子尺寸是否对计算结果有影响，这主要涉及相对网格精度（分辨率）的问题。换句话说，针对同样的碰撞速度，网格尺寸是否会对不同粒子尺寸的粒子碰撞变形行为产生影响，作者团队与德国汉堡联邦国防军大学[21,25]采用实验与数值模拟方法对这个问题进行了研究。德国汉堡联邦国防军大学将实验与数值模拟结果一起进行拟合，获得粒子临界速度（v_{cr}）与粒子直径（d_p）关系如式（4-13）所示：

$$v_{cr} = kd_p^n \qquad\qquad (4\text{-}13)$$

式中，k 与 n 为材料常数，对于 Cu，k 与 n 分别为 900 与-0.19[21]，也有报道中 k 与 n 为 825 与-0.18[25]；对于 316 不锈钢，k 与 n 分别为 950 与-0.14[21]。同时，实验结果表明，Cu 粉末尺寸增大，粉末的临界速度随之降低。德国汉堡联邦国防军大学团队认为[21]，不同尺寸粒子在界面的导热行为有差异（局部绝热剪切的作用区不同）。这个问题目前还没有确切的结论。作者团队的数值模拟研究表明，同样碰撞速度下不同粒径的变形特征具有相似性，如图 4-18 与图 4-19 所示（对比图 4-16），不同粒子碰撞后的形貌基本一样，压缩率也基本不随粒径变化。

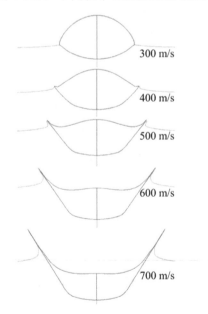

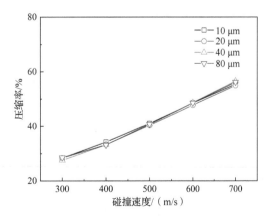

图 4-18　80μm 球形 Cu 粒子不同速度碰撞后形貌

网格尺寸为 1/32d_p

图 4-19　不同粒径球形 Cu 粒子碰撞 Cu 基体后压缩率随碰撞速度变化

网格尺寸为 1/32d_p

基于大量实验研究与数值模拟计算，粒子尺寸的影响可归结为粒子表面氧化膜的显著影响，因为在大气中存在的粉末，其自然表面氧化状态与粒径成反比，小粉末氧化严重，因此临界速度大，大粉末氧化相对较轻，则临界速度低。李文亚等的实验研究充分证明了这一点[4]。但以上研究尚缺少物理机制上的深入分析。

4.4　基于欧拉法数值计算研究粒子碰撞变形行为

4.3 节讨论了采用拉格朗日法获得的粒子碰撞计算结果，可以发现网格畸变是影响结果的主要因素，因此李文亚等又采用欧拉法系统研究了粒子变形行为[4-9]。在欧拉网格空间，网格固定而物质流动，粒子边界/碰撞界面的追踪相对拉格朗日法要难一些，需要特殊的后处理来显示变形粒子，通常用到一个单元内物质的体积分数，通过一定算法勾勒自由边界，还可以通过设定粒子与基体材料不同（但使用同样的材料性能参数）来区分，当然如果是异种材料碰撞，就不用刻意设定。

4.4.1　采用 LS-DYNA 不考虑热传导的粒子碰撞变形行为

李文亚等在早期的研究中采用 LS-DYNA 软件中的 ALE 算法（实际是欧拉法）中的二维模型进行了计算（没有考虑热传导，只有绝热温升）[4]。图 4-20（a）为不同碰撞速度下 20μm Cu 粒子碰撞 Cu 基体后的变形演变规律，网格畸变问题完全消除，从形貌上看与采用拉格朗日法得到的结果类似，但是当粒子速度较高时（如 600m/s 与 700m/s），边界界面处呈现不连续的飞溅状，也就是说类似流体（这也是欧拉法的本质）。此外，还发现当减小网格尺寸时，如图 4-20（b）所示，计算结果类似，但空间分辨率明显提高，表面/界面更加光滑细致，这说明采用欧拉法时网格单元尺寸也是重要的计算参数，要在计算机能力允许的情况下尽量采用更小的网格。

当观察碰撞界面最大塑性应变随时间变化时，如图 4-21 所示，与图 4-12 拉格朗日法计算的结果类似，碰撞初期塑性应变迅速增加，然后在 10～30ns（取决于碰撞速度）后趋于平缓，也意味着碰撞过程基本结束。但与图 4-12 明显不同的是，不再存在绝热剪切失稳及与之对应的临界速度，使塑性应变出现陡增的情况，后续章节将对计算结果作进一步分析，讨论用以预测临界速度的参量。统计上述碰撞扁平粒子的压缩率，如图 4-22 所示，与拉格朗日法获得的结果一致。进一步说明欧拉法是更有效的预测冷喷涂粒子碰撞变形行为的方法。

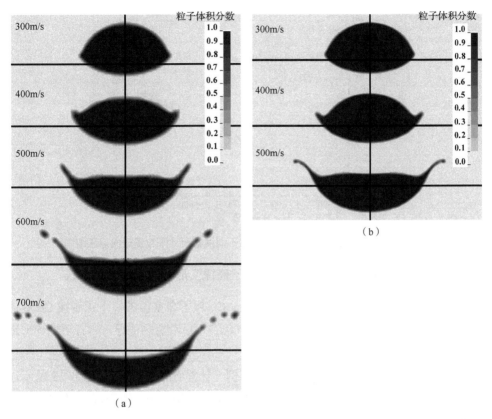

图 4-20　网格尺寸对不同碰撞速度下 20μm Cu 粒子碰撞 Cu 基体后变形演变规律的影响

（a）网格尺寸为 $1/32d_p$；（b）网格尺寸为 $1/50d_p$

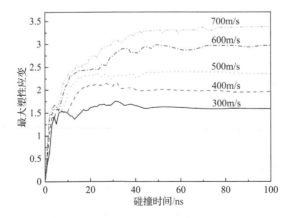

图 4-21　不同速度碰撞下粒子界面最大塑性应变随碰撞时间的变化

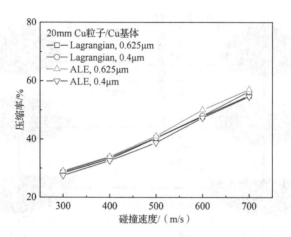

图 4-22　采用欧拉法计算不同碰撞速度与不同网格尺寸下粒子碰撞后压缩率统计

4.4.2　采用 ABAQUS 不考虑热传导的粒子碰撞变形行为

采用图 4-7 所示的计算模型模拟 20μm Cu 粒子在室温条件下正碰撞 Cu 基体后变形演变过程。网格尺寸为 0.2μm（$1/100d_p$），不考虑热传导，只有塑性变形造成的绝热温升（绝热系数为 0.9）。

在给出结果之前，先给出一个验证算例（计算设置一样），如图 4-23 所示，参照德国汉堡联邦国防军大学报道的 20mm Cu 炮弹撞击低碳钢基体的实验结果[23]，李文亚等进行了相应数值模拟，计算获得粒子的扁平形貌与实验相似，统计压缩率误差在 3%之内[7]，这说明所建立的欧拉法模型可靠，同时，铜制子弹在较低速度（如 350m/s）即可以黏附到钢板上的实验结果也表明作者团队采用的临界速度预测方法的准确性。

图 4-24 为采用 ABAQUS 的欧拉法计算获得的典型结果，20μm Cu 粒子以 310m/s 的速度碰撞 Cu 基体。之所以赋予粒子相对较低的碰撞速度，是因为后续的研究表明这个速度在临界速度附近（略高于临界速度）。随着碰撞过程的不断进行，碰撞界面在 10ns 内迅速产生剧烈塑性应变（同时温升），虽然后续最大等效塑性应变变化较小，但大变形区（高温区）沿界面快速扩展，20ns 时就可以看到金属射流开始冲出碰撞界面，后续的研究表明，这对应典型的绝热剪切失稳现象，有材料射流形成表明粒子碰撞速度已经超过临界速度。从图 4-24（f）界面最大等效塑性应变和最高温度的演变也能发现这个趋势，在随后的时间内，界面在大变形与高温作用下形成牢固的金属键合。当然，界面温度在不考虑热传导条件下会被高估（与拉格朗日法结果类似）。

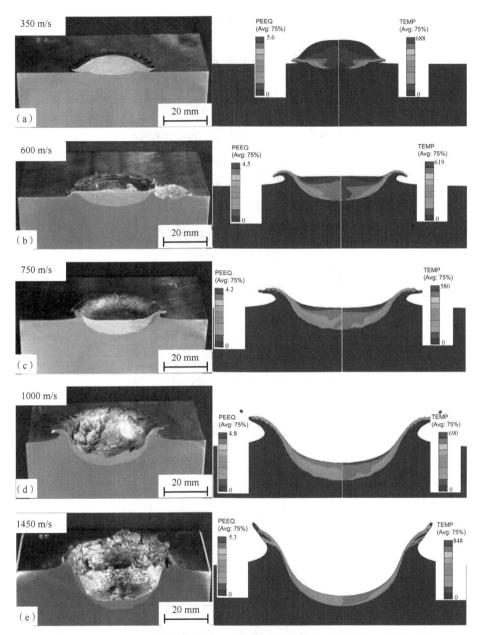

图 4-23　20mm Cu 弹丸以不同速度碰撞低碳钢基体实验结果[23]与模拟计算[6]

（a）350m/s；（b）600m/s；（c）750m/s；（d）1000m/s；（e）1450m/s

网格尺寸为 $1/100d_p$

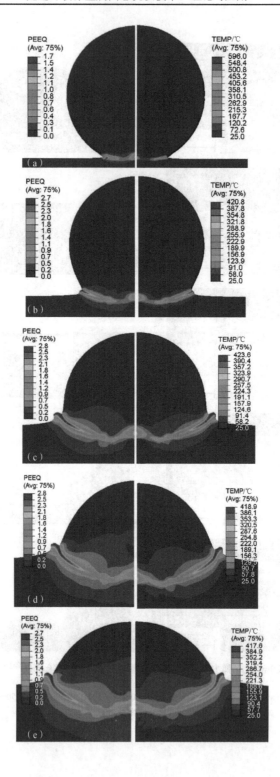

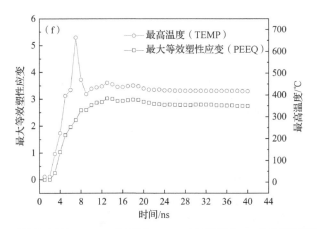

图 4-24　不同时刻 20μm Cu 粒子以 310m/s 速度碰撞 Cu 基体等效塑性应变

（a）5ns；（b）10ns；（c）20ns；（d）30ns；（e）40ns；（f）碰撞界面最大等效塑性应变和最高温度随时间变化

图 4-25 为不同碰撞速度下 20μm Cu 粒子的变形预测结果，随着粒子速度增加，粒子变形程度显著加剧，与以前的实验观察一致，而且基体表面的冲击坑深度也增加，粒子的扁平率与压缩率均增加。需要指出的是，当粒子速度小于 290m/s ［图 4-25（a）～（c）］ 时，界面大变形区没有冲出边界界面，被包在小变形区域内，这意味着无法有效产生射流、清除界面氧化膜，因此不能形成良好结合。当速度≥290m/s 后，可以明显发现大变形区冲出界面而形成金属射流，速度≥400m/s 以后更加明显，速度≥500m/s 后，金属射流转化为细小"飞溅"（与假设为流体有关，实际过程也许要很高速度后产生，参见图 4-23）。进一步研究表明，290～300m/s 处于临界沉积的速度条件，将在 4.7 节详细讨论。

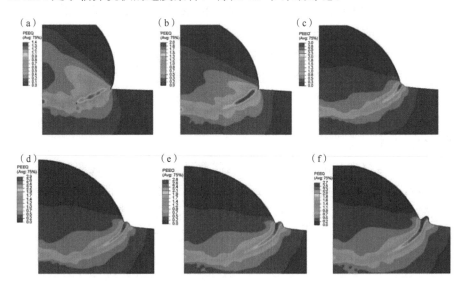

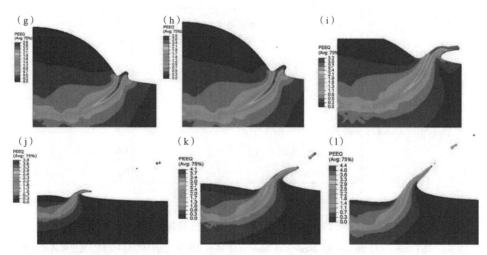

图 4-25　不同碰撞速度下 20μm Cu 粒子正碰撞 Cu 基体后等效塑性应变（PEEQ）云图

(a) 200m/s；(b) 250m/s；(c) 280m/s；(d) 290m/s；(e) 300m/s；(f) 310m/s；
(g) 320m/s；(h) 330m/s；(i) 400m/s；(j) 500m/s；(k) 600m/s；(1) 700m/s

4.4.3　采用 ABAQUS 并考虑热传导的粒子碰撞变形行为

参考拉格朗日法的计算结果，若不考虑热传导，虽然对形貌影响较小，但对界面温度变化影响较大，因此李文亚等也研究了考虑热传导条件下的碰撞变形过程数值模拟[7]。计算条件与 4.4.2 小节基本相同，唯一不同之处在于采用了 ABAQUS 中热力耦合求解程序，考虑了热传导效应。李文亚等同样先将计算结果[7]与德国汉堡联邦国防军大学报道的 20mm Cu 炮弹撞击低碳钢基体的实验结果[23]进行比较，发现模拟获得的最终粒子形貌与图 4-23 基本一样。

图 4-26 为考虑热传导与不考虑热传导时 20μm Cu 粒子以 400m/s 速度碰撞 Cu 基体后的等效塑性应变与温度分布对比，以及最大等效塑性应变与最高温度随碰撞时间演变的对比，粒子等效塑性应变差别较小，但最高温度及温度场分布差别较大，图 4-26（c）的直接对比更反映了这一特征，表明考虑热传导才能更准确地预测界面碰撞变形行为。

同理，采用考虑热传导的模型计算不同碰撞速度下粒子的碰撞变形过程，如图 4-27 所示，与图 4-25 相比，界面上大变形区的变化类似，但大变形区冲出边界的速度略有增加，这里为 310m/s [图 4-27（c）]，说明考虑热传导预测的临界速度比不考虑热传导时高 20m/s，这一结果从物理意义上来理解更接近真实值（实验获得）。

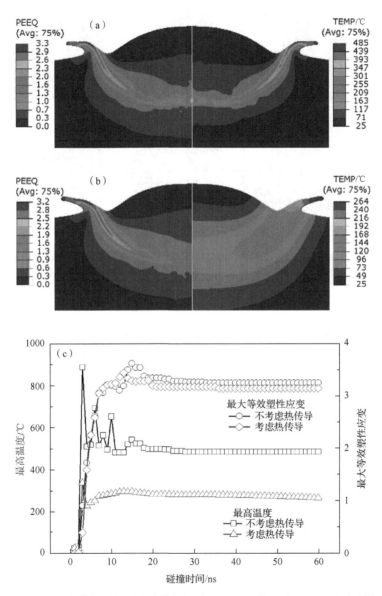

图 4-26　考虑热传导与不考虑热传导时 20μm Cu 粒子以 400m/s 速度碰撞
Cu 基体时等效塑性应变及温度分布与最大等效塑性应变及最高温度演变的对比

（a）不考虑热传导（绝热温升）；（b）考虑热传导；
（c）两种条件下最大等效塑性应变与最高温度随碰撞时间变化

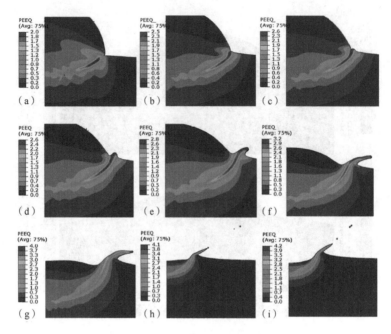

图 4-27　采用考虑热传导的模型计算不同碰撞速度下 20μm Cu 粒子正碰撞
Cu 基体后最大变形量时的等效塑性应变（PEEQ）云图

（a）250m/s；（b）290m/s；（c）310m/s；（d）320m/s；（e）350m/s；
（f）400m/s；（g）500m/s；（h）600m/s；（i）700m/s

4.5　碰撞角度影响

前面主要讨论了粒子碰撞行为的数值模拟方法及主要设置对计算模拟粒子变形过程的主要影响规律。下面针对几个重要的粒子变形相关问题进行讨论。首先是粒子碰撞角度，主要阐述在 90° 正碰撞时是否沉积效率最高，以及喷涂角度对粒子沉积效率的影响规律。

在实际的冷喷涂过程中，由于基体表面可能不是平面或者表面有一定的粗糙度，所以喷涂粒子与基体碰撞时可能呈一定的倾斜角度，从而影响冷喷涂粒子的沉积效率。李文亚等在国际上率先设计实验，系统研究了喷涂角度对粒子沉积的影响[9]，在第 2 章讨论了基于不同喷涂角度的粒子临界速度快速准确实验测量方法，这里主要讨论喷涂角度对粒子变形行为的影响。

4.5.1　喷涂角度对粒子碰撞变形行为影响的实验结果

图 4-28 为采用球形 Cu 粉末在不同喷涂角度下得到的典型单个沉积粒子形貌，

当粒子倾斜碰撞时，由于切向速度的存在，使粒子沿基体表面方向产生一定的横向位移，而且随着倾斜角度的增加，横向位移量明显增加。当喷涂角度为 30°时，几乎不再有粒子沉积，而是从基体表面脱离，对基体表面造成一定程度的冲蚀。这主要是因为同样喷涂条件下粒子正碰撞分速度降低，产生不利于结合形成的切向分速度。实验结果表明，喷涂角度小于 45°时几乎很难制备涂层，这在实际喷涂中需要考虑。

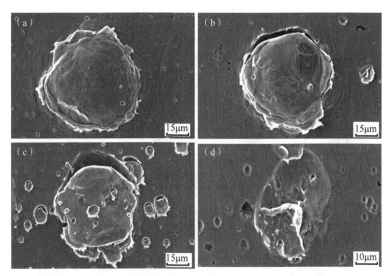

图 4-28　采用球形 Cu 粒子在不同喷涂角度下制备的典型单个粒子形貌

（a）90°；（b）70°；（c）50°；（d）30°

上述的典型扁平粒子不同喷涂角度下沉积的断面形貌实验结果如图 4-29 所示，由于 90°可以参考其他正碰撞的结果，而 30°没有有效沉积的粒子，所以图中只给出了喷涂角度为 70°与 50°下的典型粒子断面形貌。从图中可以看出，随喷涂角度

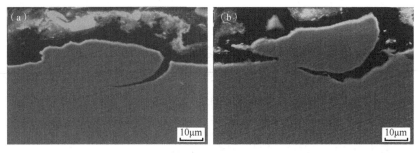

图 4-29　喷涂角度对沉积的 Cu 粒子断面形貌与界面结合状态影响的典型实验结果

（a）70°；（b）50°

增加，由于粒子切向速度显著增加，横向位移显著增大，粒子与基材有效接触面积显著减小，使粒子剥离的趋势增大，这将不利于粒子的结合，从而降低粒子的沉积效率。

4.5.2 喷涂角度对粒子碰撞变形行为影响的数值模拟

采用三维 1/2 计算模型，李文亚等采用拉格朗日法时研究不同碰撞角度下的 Cu 粒子碰撞 Cu 基体的变形行为，计算时未考虑热传导（只有绝热温升）[24]。图 4-30 为采用拉格朗日法模拟获得的 20μm 球形 Cu 粒子以 500m/s 速度在不同喷涂角度碰撞 Cu 基体后不同时刻单个扁平粒子的典型形貌。从图中可以看出，随着角度的减小，因粒子的切向分速度增加，横向位移量增加，60°时已经呈现与基体分离的趋势。

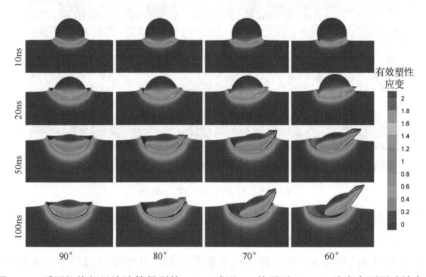

图 4-30　采用拉格朗日法计算得到的 20μm 球形 Cu 粒子以 500m/s 速度在不同喷涂角度碰撞 Cu 基体后不同时刻形貌[24]

不同角度下碰撞界面处最大压力变化如图 4-31 所示，约 80°时压力最大，这也许意味着粒子稍微偏离法向碰撞时更有利于增加界面变形，促进表面氧化膜的破碎挤出，从而有利于结合，虽然目前尚未有报道，但早期的实验结果[26]表明，在某些喷涂条件下，喷涂角度为 80°左右时，涂层相对沉积效率达到最高（图 4-32），也从另一侧面印证这一观点，但仍需深入研究。

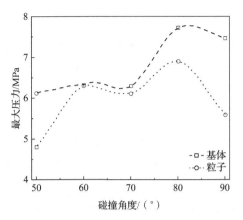

图 4-31 20μm 球形 Cu 粒子以 500m/s 速度在不同角度下碰撞时的
界面两侧最大压力随碰撞角度变化

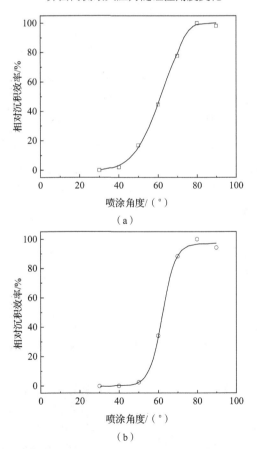

（a）

（b）

图 4-32 喷涂角度对氮气冷喷涂纯 Cu 与 Ti 的相对沉积效率（相对于 90°）的影响

（a）Cu；（b）Ti

4.6　粒子与基体材料种类对粒子碰撞变形行为的影响

无论基体与粉末粒子的材料种类是否相同，当第一层粒子完全覆盖基体后，后续粒子的沉积将基于相同材料之间的碰撞变形行为。即使如此，第一层粒子的结合及质量仍然是影响整个涂层性能的重要因素。因此，下面讨论基体材料与粒子材料不同时的碰撞变形行为。前面提到，对于异种材料碰撞变形行为，一般可分为三类（图 2-19）：硬粒子撞击软基体（极端情况为陶瓷撞击金属），软粒子撞击硬基体（极端情况为金属撞击陶瓷），粒子与基体硬度或强度相当。当然，不同组合产生的机械咬合、冶金结合、残余应力等均不同。

下面通过数值模拟对异种材料冷喷涂碰撞变形行为进行更详细的讨论。图 4-33 为室温下，20μm 球形 Cu 粒子以 290m/s 速度碰撞不同基体后粒子产生的等效塑性应变，参考图 4-27（b）（Cu 粒子/Cu 基体），可以发现与上面分类相当的碰撞变形模式，当 Cu 碰撞在 Cu 或较软的 Al 表面时，形成明显的冲击坑，而碰撞较硬（强度较高）的钢、高温合金时，基体冲击坑较小。统计碰撞过程中的重要参量如表 4-6 所示，可以发现对于较硬的基体，Cu 粒子主要发生变形，塑性应变大，绝热温升显著，接近熔点，即使考虑热传导，相对界面温度也处于较高水平；当基体较软时，基体变形量较大，粒子等效塑性应变较小，绝热温升较小，这些都不利于形成良好结合。

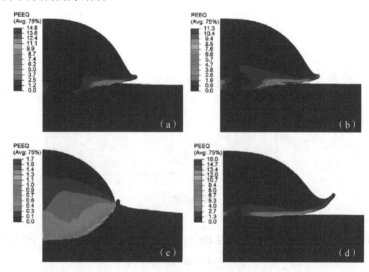

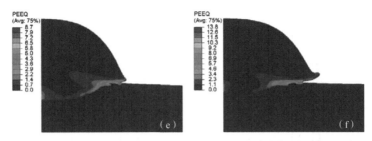

图 4-33　室温下 20μm 球形 Cu 粒子以 290m/s 速度碰撞不同基体后的
粒子等效塑性应变分布（欧拉法，网格尺寸为 1/100d_p）

（a）Fe；（b）Steel 20；（c）Al；（d）In718；（e）Ni；（f）SS316L

表 4-6　室温下 20μm 球形 Cu 粒子以 290m/s 速度碰撞不同基体后的
最大稳态等效塑性应变与最高温度

粒子/基体	最大稳态等效塑性应变	最高温度/℃
Cu/ Cu	2.9	429.6
Cu/ Al	1.7	261.8
Cu/ Ni	8.7	943.3
Cu/ Steel 20	11.3	1003.4
Cu/ SS316L	13.8	1054.3
Cu/ Fe	14.9	1131.0
Cu/ In718	16.0	1100.3

　　为了改善较软粒子喷涂在较硬基体上的结合，李文亚等尝试通过调控基体或
粒子温度，以达到粒子与基体协调变形的效果[8]。图 4-34 为 20μm 球形 Cu 粒子在
25℃以 290m/s 速度碰撞在不同温度的 In718 基体后粒子的最大稳态等效塑性应
变，当基体温度超过 900℃时，随着基体预热温度的增加，基体变形量显著增加，
使粒子与基体同时产生一定的协调变形；当基体预热温度 1100℃时，Cu 熔化。

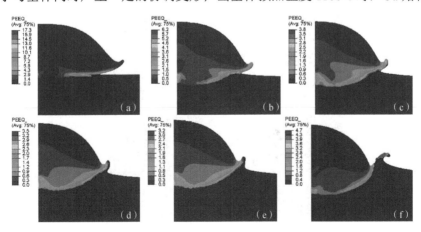

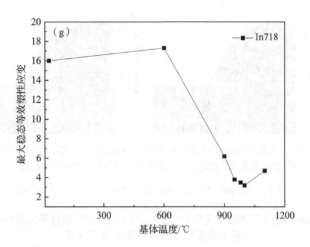

图 4-34　20μm 球形 Cu 粒子在室温 25℃以 290m/s 速度碰撞不同温度的
In718 基体后粒子的最大稳态等效塑性应变

（a）600℃；（b）900℃；（c）950℃；（d）980℃；（e）1000℃；（f）1100℃；（g）最大稳态 PEEQ 随基体温度变化
欧拉法，网格尺寸为 1/100d_p

　　通过系统研究基体预热温度的影响，可以确立不同基体材料开始产生协调变形的温度，如图 4-35 所示，较软的基体达到协调变形所需温度较低，较硬/强的基体达到协调变形所需温度较高［从图 4-35（e）可以清楚发现］。需要说明的是，协调变形的主要特征是通过基体的变形使得喷涂（Cu）粒子的最大稳态等效塑性应变达到 3～4，但对于硬/软组合，则需要增强粒子的变形能力以实现协调变形。因此，如果更软的材料（如 Al）做基体时，理论上需要将 Cu 粒子加热到一定温度才可以实现碰撞协调变形。

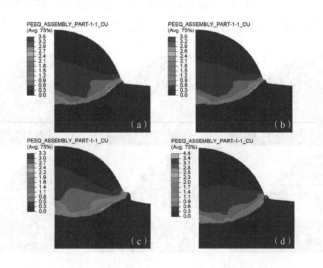

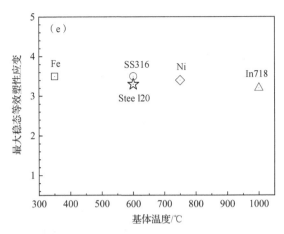

图 4-35　20μm 球形 Cu 粒子在室温 25℃以 290m/s 速度碰撞不同温度的
不同基体后产生协调变形时的条件

（a）Fe 350℃；（b）SS316 600℃；（c）Steel 20 600℃；（d）Ni 750℃；
（e）不同碰撞条件下的最大稳态 PEEQ
欧拉法，网格尺寸为 1/100d_p

上述计算结果表明，冷喷涂工艺中遇到喷涂粉末与基材硬度相差较大的组合时，可采用预热等方式对高硬度侧进行适当的预热软化，从而使得粒子碰撞时实现协调变形，进而获得高的结合强度。

4.7　冷喷涂粒子临界速度的数值预测

4.7.1　拉格朗日法

前面已经指出，临界速度是冷喷涂过程中的重要变量，而且临界速度的准确测量比较困难，因此希望数值模拟能提供便捷的方法。在早期采用拉格朗日法进行计算时，受网格尺寸的影响，其他学者基于绝热剪切失稳的预测结果均不准确，虽然能与部分实验结果吻合，但也是所采用的某一网格尺寸与粉末氧化的影响结果偶然吻合。李文亚[11]通过在不同网格尺寸下计算临界绝热剪切失稳对应的粒子速度，然后外推到网格尺寸为零时的值可作为粒子的临界速度（图 4-13），以 Cu 为典型材料的预测结果与实验结果吻合良好。

图 4-36 为采用 20μm 不同粒子碰撞同材料基体时预测得到的绝热剪切失稳速度与网格尺寸的关系，由此可预测不同材料的临界速度，比如硬度较高的 In718 高温合金的临界速度约为 500m/s，316L 不锈钢的临界速度约为 400m/s。针对实际应用的金属粉末，氧化膜的存在无法避免，模型中没有考虑氧化膜的影响。因此，实际的临界速度应该会更高，尤其是氧化膜比较难破碎的材料（如不锈钢、高温合金等），需要更深入地研究建立考虑氧化膜影响的模型。

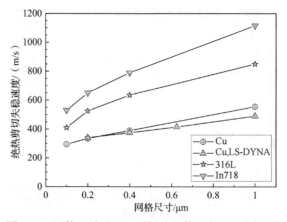

图 4-36　网格尺寸对不同材料绝热剪切失稳速度的影响

4.7.2　欧拉法

　　参考 4.4 节的研究结果，李文亚等基于绝热剪切失稳与大变形区挤出（氧化膜破碎）模型建立了欧拉法下预测临界速度的方法[6,9]。一种方法是观察不同粒子碰撞速度条件下界面大变形区是否挤出界面为原则（图 4-25 或者图 4-27），不管考虑不考虑热传导，结果预测均类似，比如 Cu 的临界速度约为 300m/s。

　　另外一种方法是分析粒子碰撞过程中最大稳态等效塑性应变随粒子碰撞速度的变化规律，如图 4-37 所示，对于 Cu 粒子，在碰撞速度为 280～370m/s 时，最大稳态等效塑性应变（PEEQ）变化较小，这表明塑性应变强化和热软化之间达到了动态平衡。因此，可把开始转变的速度当作临界速度，基于该模型得到 Cu 的临界速度为 290m/s。这一速度与形貌观察的结果相符。同理，考虑热传导的影响结果如图 4-38 所示，不考虑热传导会高估塑性应变，考虑热传导获得了 Cu 的临界速度为 300m/s，与实验结果吻合。

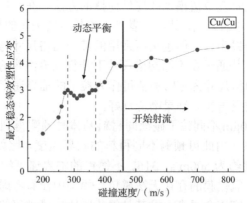

图 4-37　20μm 球形 Cu 粒子不同碰撞速度对最大稳态等效塑性应变的影响

计算过程不考虑热传导

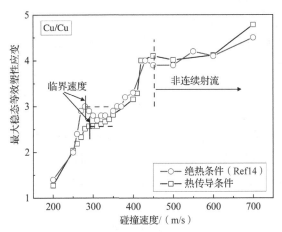

图 4-38　20μm 球形 Cu 粒子不同碰撞速度对最大稳态等效塑性应变的影响

计算过程考虑了热传导与绝热温升

采用上述方法预测其他常见的喷涂材料的临界速度，如 Fe、Ni、SS304 不锈钢、Al、In718 高温合金和 TC4，如图 4-39 所示，类似于 Cu，所有的材料都出现了等效塑性应变平台，这是达到临界速度的重要标志。显然，由于材料性能的差异，转变速率各不相同。由此预测的 Fe、Ni、SS304 不锈钢、Al、In718 高温合金和 TC4 的临界速度分别为 350m/s、380m/s、395m/s、410m/s、490m/s 和 500m/s，与已有实验值比较吻合。

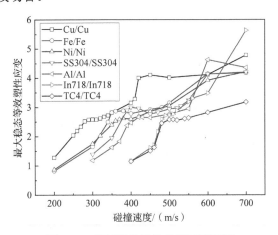

图 4-39　基于欧拉法的临界速度预测

4.7.3　特征速度法

基于碰撞变形过程数值模拟获得界面开始发生绝热剪切失稳变形所对应的粒子速度为临界速度，由高速率变形条件下发生临界绝热剪切失稳的条件确定，因此无论采用哪种计算模型，都将得到相同的临界速度。最近研究发现，基于变形模拟所得的临界速度与材料的特征速度呈现良好的线性关系[27]，由此，可确立基于这一特征速度的临界速度预测公式。借鉴高速碰撞动力学的理论，定义特征速度（v_f）如式（4-14）所示：

$$v_f = \sqrt{\frac{\sigma_s}{\rho}} \qquad (4\text{-}14)$$

式中，σ_s 为材料的初始屈服强度（相当于 Johnson-Cook 材料模型中的参数 A）；ρ 为材料的密度。绘制基于数值模拟与实验所得不同材料的临界速度与上述特征速度的相关关系，如图 4-40 所示，两个参数之间呈现线性关系。因此，通过对结果进行线性拟合，可得式（4-15）。

$$v_{cr} = 240 + 0.61 v_f \qquad (4\text{-}15)$$

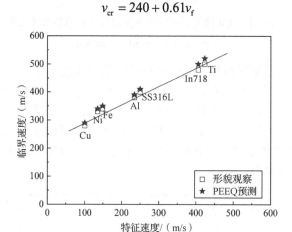

图 4-40　不同材料数值模拟及实验所得临界速度与其特征速度的关系

因此，对于给定材料，首先根据其屈服强度与密度计算得到特征速度 v_f，即可根据关系式计算临界速度。以上粒子临界速度预测的前提是忽略氧化膜的影响，如果粉末呈现一定程度的氧化，要根据含氧量进行修正，这还需要进一步研究，以确定修正规律与方法。

参 考 文 献

[1] DYKHUIZEN R C, SMITH M F, GILMORE D L, et al. Impact of high velocity cold spray particles[J]. Journal of Thermal Spray Technology, 1999, 8(4): 559-564.

[2] ASSADI H, GÄRTNER F, STOLTENHOFF T, et al. Bonding mechanism in cold gas spraying[J]. Acta Materialia, 2003, 51(15): 4379-4394.

[3] GRUJICIC M, SAYLOR J R, BEASLEY D E, et al. Computational analysis of the interfacial bonding between feed-powder particles and the substrate in the cold-gas dynamic spray process[J]. Applied Surface Science, 2003, 219(3-4): 211-227.

[4] LI W Y, LIAO H L, LI C J, et al. On high velocity impact of micro-sized metallic particles in cold spraying[J]. Applied Surface Science, 2006, 253(5): 2852-2862.

[5] LI W Y, ZHANG C, LI C J, et al. Modeling aspects of high velocity impact of particles in cold spraying by explicit finite element analysis[J]. Journal of Thermal Spray Technology, 2009, 18(5-6): 921-933.

[6] YU M, LI W Y, WANG F F, et al. Finite element simulation of impacting behavior of particles in cold spraying by Eulerian approach[J]. Journal of Thermal Spray Technology, 2012, 21(3-4): 745-752.

[7] WANG F F, LI W Y, YU M, et al. Prediction of critical velocity during cold spraying based on a coupled thermomechanical Eulerian model[J]. Journal of Thermal Spray Technology, 2014, 23(1-2): 60-67.

[8] LI W Y, YU M, WANG F F, et al. A generalized critical velocity window based on material property for cold spraying by Eulerian method[J]. Journal of Thermal Spray Technology, 2014, 23(3): 557-566.

[9] LI W Y, ZHANG D D, HUANG C J, et al. Modelling of the impact behaviour of cold spray particles: A review[J]. Surface Engineering, 2014, 30(5): 299-308.

[10] GILMORE D L, DYKHUIZEN R C, NEISER R A, et al. Particle velocity and deposition efficiency in the cold spray process[J]. Journal of Thermal Spray Technology, 1999, 8(4): 576-582.

[11] 李文亚. 粒子参量对纳米结构金属涂层冷喷涂沉积特性影响的研究[D]. 西安: 西安交通大学, 2005.

[12] PAPYRIN A, KOSAREV V, KLINKOV K V, et al. Cold Spray Technology[M]. Oxford: Elsevier, 2007.

[13] MEYERS M A. Dynamic Behavior of Materials[M]. New York: John Wiley & Sons, 1994.

[14] 余同希, 邱信明. 冲击动力学[M]. 北京: 清华大学出版社, 2011.

[15] 马晓青, 韩峰. 高速碰撞动力学[M]. 北京: 国防工业出版社, 1998.

[16] JOHNSON G R, COOK W H. A constitutive model and data for metals subjected to large strains, high strain rates and high temperatures[J]. Engineering Fracture Mechanics, 1983, 21: 541-548.

[17] KATAYAMA M, KIBE S, YAMAMOTO T. Numerical and experimental study on the shaped charge for space debris assessment[J]. Acta Astronautica, 2001, 48(5-12): 363-372.

[18] HASSANI-GANGARAJ M, VEYSSET D, NELSON K A, et al. In-situ observations of single micro-particle impact bonding[J]. Scripta Materialia, 2018, 145: 9-13.

[19] 何思明, 吴永, 李新坡. 粒子弹塑性碰撞理论模型[J]. 工程力学, 2008, 25(12): 19-24.

[20] TIAMIYU A A, SCHUH C A. Particle flattening during cold spray: Mechanistic regimes revealed by single particle impact tests[J]. Surface & Coatings Technology, 2020, 403: 126386.

[21] SCHMIDT T, GÄRTNER F, ASSADI H, et al. Development of a generalized parameter window for cold spray deposition[J]. Acta Materialia, 2006, 54(3): 729-742.

[22] JOHNSON G R, COOK W H. Fracture characteristics of three metals subjected to various strains, strain rates, temperatures and pressures[J]. Engineering Fracture Mechanics, 1985, 21(1): 31-48.

[23] GUPTA N K, IQBAL M A, SEKHON G S. Experimental and numerical studies on the behavior of thin aluminum plates subjected to impact by blunt- and hemispherical-nosed projectiles[J]. International Journal of Impact Engineering, 2006, 32(12): 1921-1944.

[24] LI W Y, GAO W. Some aspects on 3D numerical modeling of high velocity impact of particles in cold spraying by explicit finite element analysis[J]. Applied Surface Science, 2009, 255(18): 7878-7892.

[25] SCHMIDT T, ASSADI H, GÄRTNER F, et al. From particle acceleration to impact and bonding in cold spraying[J]. Journal of Thermal Spray Technology, 2009, 19: 794-808.

[26] LI C J, LI W Y, WANG Y Y, et al. Impact Fusion Phenomenon during Cold Spraying of Zinc[C]. Orlando, USA: Thermal Spray 2003, Advancing the Science & Applying the Technology, ASM International, Materials Park, 2003.

[27] GANGARAJ M H, VEYSSET D, CHAMPAGNE V K, et al. Response to comment on "Adiabatic shear instability is not necessary for adhesion in cold spray"[J]. Scripta Materialia, 2019, 162: 515-519.

第 5 章　沉积过程中冷喷涂层组织演变特征

在满足临界沉积条件的情况下，高速固态粒子依次碰撞基体，通过变形扁平化形成结合而沉积成涂层。粒子的扁平化程度取决于材料自身的性能与碰撞条件（材质、组织、粒子速度、温度、角度、形貌等），同时超高应变速率的大应变塑性变形还会使涂层组织出现不同于常规冶金块材与喷涂粉末的特征。这些组织特征包括宏观上粒子累加特征与微观上界面组织结构特征，如细晶化、再结晶、纳米结构化、局部熔化、微孔/界面未结合区形成、表面氧化膜破碎与分散夹杂等。上述组织演变形成特征有些有利于界面结合的形成，有些则不利于界面结合的形成，同时部分特征致使涂层硬度、耐腐蚀性能、耐磨损性能发生变化。因此，需要系统深入研究，阐明其演变规律，根据涂层最终的服役条件，对涂层组织做到有目的地调控。第 2 章关于结合机理与第 4 章关于粒子碰撞变形行为已初步展示了涂层基本特征，本章系统深入探讨涂层的宏观/微观组织演变特征及其对性能的影响规律。

5.1　多粒子碰撞形成涂层的宏观规律

本节借鉴第 4 章的粒子碰撞数值模拟方法对涂层的宏观构筑特征及一般规律进行阐述。图 5-1 为典型的采用拉格朗日法基于二维热力耦合模型计算获得的不同温度下多个 Cu 粒子（不同尺寸）以 500m/s 的速度碰撞 Cu 基体沉积后的形貌与温度分布[1]，根据碰撞位置与粒径，粒子呈现出不同的变形形貌。在实际冷喷涂粒子束流中，粒子粒径不同导致粒子速度存在一定差异，碰撞变形程度不同，使得不同粒子的断面形貌存在一定的差异，但总体与实验结果类似，呈现出涂层所具有的累加结构特征。粒子的扁平化程度取决于自身的塑性变形程度，塑性应变量越大，扁平化程度越大。对于常规金属材料，随着温度的上升，材料的屈服强度逐渐降低，塑性变形能力提升，因此随着粒子初始温度的提高，粒子更容易变形，扁平化程度更高（图 5-1）。另外，在冷喷涂粒子沉积过程中，对于单个粒子，除了自身碰撞发生的塑性变形外，后续粒子的撞击也会导致已沉积粒子进一步发生塑性变形，还可以发现，沉积在最下层的粒子扁平化程度更加明显。单个粒子自身的塑性变形存在不均匀性，粒子的塑性变形主要集中在粒子与其他物体碰撞的接触界面区域，由于单个粒子自身碰撞时下部界面发生剧烈塑性变形，被后续粒子碰撞时，上部界面又会发生剧烈塑性变形。因此，观察多粒子碰撞后的等效塑性应变情况[2]，如图 5-2 所示，会发现大变形区全部集中在界面上，同理也是温升最高的地方，这也意味着这些界面区域将在极端非平衡热力耦合条件下发生微观上的组织演变（后续通过 SEM、TEM 等可以观察到）。

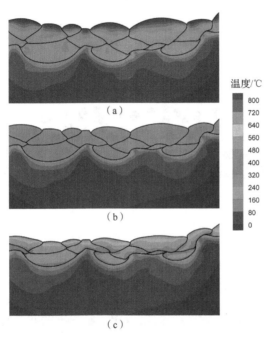

图 5-1　采用拉格朗日法基于二维热力耦合模型计算获得的不同温度下多个 Cu 粒子
以 500m/s 的速度碰撞 Cu 基体沉积后的形貌与温度分布

（a）100℃；（b）300℃；（c）500℃

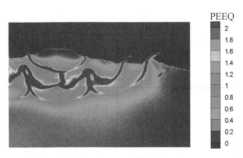

图 5-2　采用欧拉法二维绝热温升模型计算获得的多个 Cu 粒子
碰撞 Cu 基体等效塑性应变

　　引入更多粒子可计算模拟涂层沉积时的特征。图 5-3 为采用欧拉法二维热力耦合模拟 78 个不同粒径（5～45μm）Cu 粒子以 500m/s 碰撞 Cu 基体不同时刻形貌与等效塑性应变分布的模拟结果，涂层厚度约 100μm，也可以发现最大变形出现在碰撞界面附近的局部区域，看似随机分布的大变形区与不同粒径粒子的空间位置等信息有关，如图 5-3（e）中标记出的大变形条带，从图 5-3（a）～（d）也可以发现其形成过程。

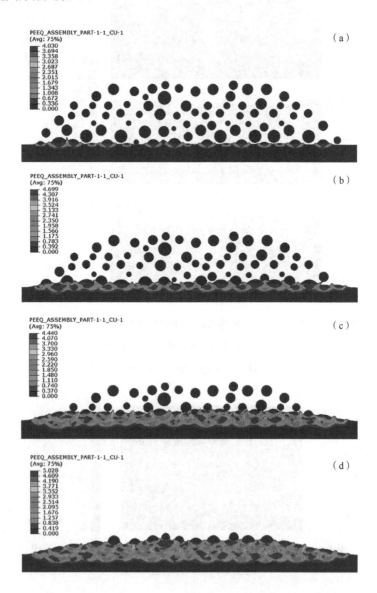

图 5-3　欧拉法二维热力耦合模拟 78 个不同粒径（5～45μm）Cu 粒子以 500m/s

碰撞 Cu 基体不同时刻形貌与等效塑性应变

（a）50ns；（b）100ns；（c）200ns；（d）300ns；（e）400ns

　　实验也能观察到类似的条带，如图 5-4 所示。此外，多粒子界面上也存在微孔，如图 5-5 所示。孔隙的形成是粒子的塑性变形量不足以完全填充粒子间的空隙所致，同时，孔隙率与粒子间的结合质量、涂层的耐腐蚀性能、导热、导电等性能均存在负相关关系。因此通常需要通过材料、粒子速度与温度的联合调控，根据涂层的实际服役需求对孔隙进行有效调控。

图 5-4　典型冷喷涂纯 Cu 涂层断面金相照片（腐蚀）

图 5-5　欧拉法二维热力耦合模拟 78 个不同粒径（5～45μm）Cu 粒子以 500m/s

碰撞 Cu 基体 1000ns 时形貌与等效塑性应变

5.2　涂层组织的各向异性

材料的各向异性是指材料的全部或部分化学、物理等性质随着方向的改变而变化，在不同的方向上呈现出差异的性质。对于冷喷涂涂层，从二维断面观察涂层宏观累加特征可以发现，粒子的扁平化已呈现出二维各向异性（粒子碰撞方向与粒子扁平方向）的组织，实验结果也证明了这一特征（图 5-6）。实际上，从三维角度观察涂层累加结构，也呈现出明显的三维各向异性。传统热喷涂层一般认为具有典型的三维各向异性，涂层中粒子累加结构如图 5-7 所示[3]。不同的是，冷喷涂不存在球形未变形粒子（热喷涂过程中未熔化粒子）或者明显的氧化物夹杂。粒子塑性变形程度在不同方向的差异会导致涂层的性能同样存在各向异性，早期的研究也发现，冷喷涂 Cu 垂直于涂层表面方向与平行于表面方向的电阻率存在显著差别，如图 5-8 所示，这种各向异性完全可通过退火热处理消除[4,5]。下面介绍冷喷涂层的各向异性特征及形成机制。

如图 5-9 所示，冷喷涂层是喷枪沿着一定方向进行多道次往返喷涂后形成的，为获得厚度相对均匀的连续完整涂层，道与道之间需要以一定比例重叠。例如，如果冷喷涂粒子束流的直径为 6mm（与喷嘴出口直径相当），道间距可以是 2mm（取决于喷涂条件与涂层厚度要求，道间距可在 1~3mm）；若单层厚度不能满足要求，可再重复上述过程而重复喷涂，直到厚度满足要求；如果是用于增材制造，则层数更多。因此，冷喷涂层的各向异性通过下述的宏观-微观机理形成：

（1）每一道内大量粒子扁平化造成的粒子碰撞方向与厚度方向的各向异性；

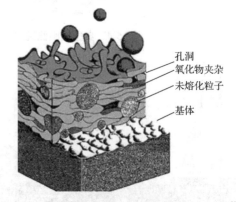

图 5-6　典型冷喷涂层表面 SEM 形貌特征　　图 5-7　传统热喷涂层中粒子累加结构示意图[2]

FeCoNiCrMn 高熵合金涂层

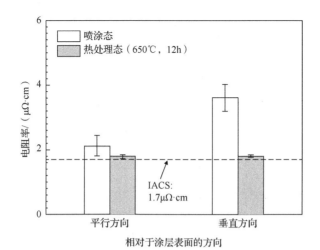

图 5-8　热处理对冷喷涂 Cu 涂层平行方向与垂直方向电阻率的影响[4,5]

IACS-国际退火铜标准

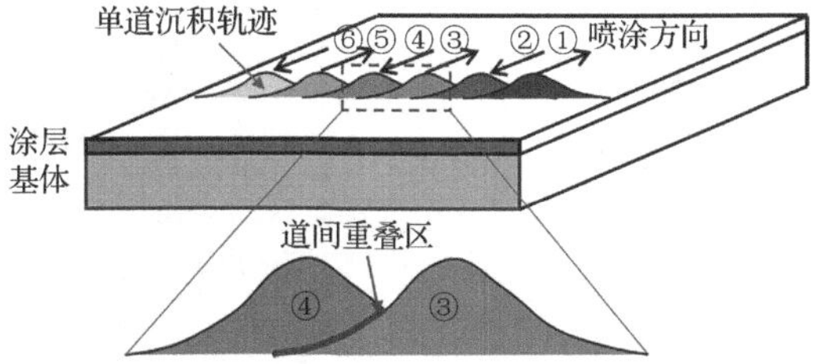

图 5-9　冷喷涂层各向异性产生宏观-微观机理示意图

①~⑥表示不同道

（2）两道之间重叠区内，由于粒子碰撞微观区域已经不是正碰撞（90°），同时表层温度也低于单道沉积体内部，两个因素共同作用使得重叠区界面的结合与道内粒子间结合相比变差；

（3）多层喷涂中，每层之间的界面与道间界面类似，层间界面结合比道内粒子间结合弱；

（4）道与道，层与层，在喷涂方向与垂直于喷涂方向及厚度方向上，均因粒子变形的方向性造成明显的各向异性。

上述多种因素相互叠加，最终导致涂层内部存在不同程度的各向异性。下面以纯 Cu 为例，通过实验解释涂层各向异性[6]。采用如图 5-10 所示的两种典型路径进行冷喷涂，喷涂多层后获得较厚的沉积体（大于 50mm），并进行机械加工，获得如图 5-11 所示的两个 Cu 块材。粒子扁平化沉积造成的微观各向异性是冷喷涂层的固有特性，通过如图 5-10 所示的喷涂方向调节很难改变，只有通过后处理才可以改变或消除，由道间搭接造成的各向异性可以通过调整喷涂路径有效抑制。

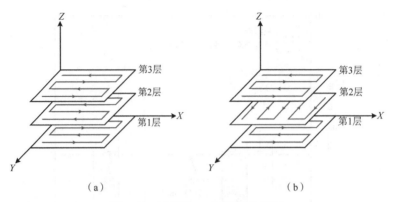

图 5-10　冷喷涂 Cu 喷枪路径规划

（a）传统方法每层相同路径；（b）层间垂直喷涂的改进方法

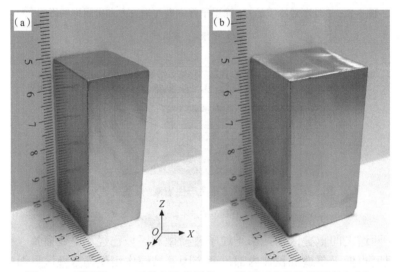

图 5-11　采用图 5-10 两种方法获得的 Cu 涂层（高为涂层厚度方向）

（a）传统方法每层相同路径；（b）层间垂直喷涂的改进方法

　　对 Cu 块材三个正交断面（XY 面、XZ 面、YZ 面）制作金相试样，并进行腐蚀、组织特征观察，如图 5-12 和图 5-13 所示。不管哪种喷涂路径，平行于涂层表面方向的 XY 面的组织呈现近球形的粒子特征；垂直于涂层表面的两个断面方向（XZ 与 YZ），呈现典型的扁平粒子特征，虽然在光学显微镜下很难区分道与道、层与层之间界面，但后述的性能测试结果表明道与道、层与层之间存在弱结合的特征，因此沉积体厚度方向的强度明显低于水平方向。采用后热处理可以调控喷涂态下的冷喷涂层组织，进而降低其各向异性。基于传统热喷涂的热处理思路，冷喷涂层热处理主要包括去应力热处理与退火热处理。去应力热处理温度较低，具有降低或消除残余应力与减少或消除涂层内粒子界面区域高密度晶体缺陷的作用。退火热处理则可以改善整个涂层的组织特征，通过使原始晶粒与再结晶晶粒长大，显著改善涂层的塑性。如图 5-12 和图 5-13 所示，退火热处理使涂层断面上因塑形变形拉长的晶粒变为等轴晶粒，原始的因弱结合而呈深色的粒子界面也大幅度消失，并显著降低了涂层组织的各向异性组织特征，预期对性能的各向异性起到很好的改善作用。研究结果表明，对于任意喷涂路径，退火热处理均能显著降低各向异性。

图 5-12　传统喷涂路径下冷喷涂 Cu 三个断面的喷涂态及热处理态金相组织（腐蚀）

（a）喷涂态 XY 面；（b）喷涂态 XZ 面；（c）喷涂态 YZ 面；（d）热处理态 XY 面；
（e）热处理态 XZ 面；（f）热处理态 YZ 面

图 5-13　层间垂直喷涂路径下冷喷涂 Cu 三个断面的喷涂态及热处理态金相组织

（a）喷涂态 XY 面；（b）喷涂态 XZ 面；（c）喷涂态 YZ 面；（d）热处理态 XY 面；
（e）热处理态 XZ 面；（f）热处理态 YZ 面

5.3　粒子冲击夯实致密化沉积特征

在 2.3.2 小节，以典型材料 Ti 为对象，介绍了冷喷涂过程中连续粒子高速碰撞（不管沉积与否）对已沉积粒子的冲击夯实效应（tamping effect），导致宏观上涂层组织呈现从与基体结合界面到涂层表面逐渐致密化的沉积特征。在该冲击效应下（有时也称"喷丸效应"），形成了冷喷涂层特有的组织特征。当然，由于 Ti 材料性能的特殊性，上述特征比其他材料更为明显，而对于 Cu、Al、Ni、Fe 等其他材料，取决于材料热物理性能、力学性能及粒子碰撞条件（喷涂条件），冲击夯实效应的范围可在至少 2 个扁平粒子厚度范围内（表面附近）观察到，如图 5-14 所示，与 Cu、Ni 相比，316L 不锈钢变形能力相对较差，因此涂层表层的多孔层更为明显。

图 5-14　其他冷喷涂层表面附近断面金相组织

(a) Cu；(b) Ni；(c) 316L 不锈钢

前面也提到，粒子速度（或者更准确地说粒子动能）是影响冲击夯实效应最为关键的因素。针对纯 Ti，采用较大的粒子制备的涂层[7]，如图 5-15 所示，其表面层同样也呈现典型的多孔结构，但由于大粒子变形能力（孔隙填充能力）相对较弱，内部组织也并不完全是致密粒子。进一步研究发现，在冷喷涂多孔表面层上冷喷涂其他涂层，可将多孔表面层致密化，如图 5-16 所示，从而可在致密化的同时封闭表面多孔结构，这为冷喷涂涂层结构设计提供了一种新思路。

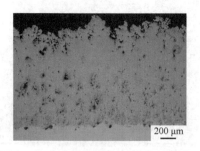

图 5-15　冷喷涂大粒子 Ti 粉末制备涂层断面金相组织

粉末粒径为 45～160μm

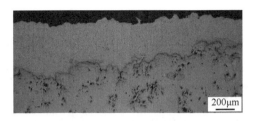

图 5-16　大粒子 Ti 冷喷涂层表面冷喷涂 Al-12Si 铝合金（涂层后断面组织）

当冷喷涂强度较高的钛合金（TC4）时，根据变形沉积的理论基本无法沉积，但由于 Ti 或 Ti 合金表面活性较高，粒子沉积所需的临界速度相对较低，粒子容易沉积，粉末的沉积效率通常可在 70%以上，粒子整体变形量较小，使得涂层孔隙率较高[8,9]。如图 5-17 所示，采用氮气冷喷涂的 TC4 钛合金涂层孔隙率一般大于 5%，甚至高达 40%，表面附近孔隙率更高，即使采用氦气冷喷涂，孔隙率也很难降至 1%以下，这是这类特殊材料的冷喷涂组织特征[8]。5.4 节将介绍采用人为原位喷丸方法制备这类材料的致密涂层方法。

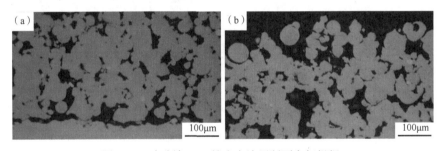

图 5-17　冷喷涂 TC4 钛合金涂层断面金相组织

（a）TC4 涂层与 TC4 基体界面附近；（b）涂层表面附近

根据第 3 章的讨论，喷涂距离同时影响了粒子碰撞速度与温度，喷涂距离对涂层宏观组织演变的影响显著[10]，典型结果如图 5-18 所示，由于 Cu 具有良好的变形沉积特性，喷涂距离只影响其沉积效率（涂层厚度），而对于纯 Al，涂层喷涂距离不仅影响沉积效率，而且影响涂层孔隙率。另外，纯 Al 涂层的表层多孔区也较为明显，这主要是因为 Al 本身密度较低，粉末粒子的动能较小，碰撞时所产生的变形量较小。进一步研究发现，当纯 Al 涂层沉积效率较低（涂层薄）时，制备的涂层致密度反而更高，这主要是因为沉积效率较低时，碰撞后不能沉积的大尺寸粒子数目增多，对于沉积的粒子，后续撞击产生夯实强迫变形的粒子数量增多，由此引起更强的冲击夯实（喷丸）效应，增强了涂层致密化效应。

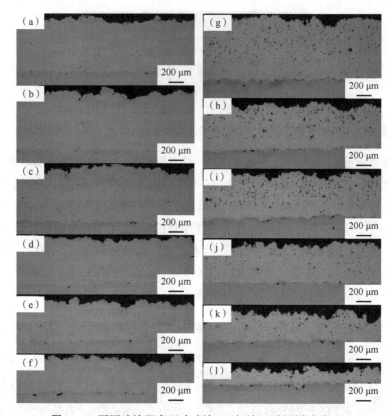

图 5-18　不同喷涂距离下冷喷涂 Cu 与纯 Al 断面金相组织

（a）铜、10mm；（b）铜、30mm；（c）铜、50mm；（d）铜、70mm；（e）铜、90mm；（f）铜、110mm；

（g）纯 Al、10mm；（h）纯 Al、30mm；（i）纯 Al、50mm；（j）纯 Al、70mm；

（k）纯 Al、90mm；（l）纯 Al、110mm

　　Fan 等[11]采用大粒径范围的 Al 粉末（10～160μm），通过改变加速气体条件以改变粒子速度制备了纯 Al 涂层，如图 5-19 所示，证实了低沉积效率下［图 5-19（a）］因大量反弹粒子增强了冲击夯实效应使得涂层组织更加致密，性能测试也表明了低沉积效率下制备的涂层硬度与自身断裂强度更高。图 5-20 给出了不同沉积效率条件下冷喷涂 Al 涂层组织演变过程示意图[11]，在沉积效率较低时，有大量的大尺寸粒子碰撞后发生反弹，然而其多次碰撞粒子过程引起沉积的小粒子受到与其对应的多次被撞击不断变形，累计变形量随反弹粒子数量而增加，即随沉积效率的降低而增加，从而使得沉积的涂层逐渐被夯实；沉积效率较高时，沉积的粒子受到反弹粒子冲击的次数较少，夯实效应较低，因此涂层孔隙率偏高；当粒子速度显著增加时，沉积效率较高，尽管反弹粒子的冲击夯实效应也较弱，但较高速度的粒子在其碰撞沉积中引起的夯实变形量足以获得相对致密的涂层粒子。因此，涂层宏观组织的演变能否达到一定的致密度，由粒子自身的变形量与后续粒子反弹撞击产生的累计变形量决定。

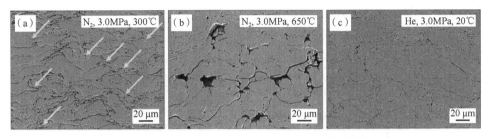

图 5-19　不同气体条件下冷喷涂大粒径范围纯 Al 涂层断面组织

（a）沉积效率 1.66%；（b）沉积效率 17.45%；（c）沉积效率 64.99%

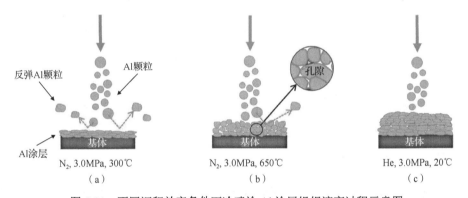

图 5-20　不同沉积效率条件下冷喷涂 Al 涂层组织演变过程示意图

（a）低沉积效率，大量的大粒子反弹；（b）相对较高沉积效率，一定大粒子反弹；
（c）较高沉积效率，反弹粒子较少

5.4　原位喷丸致密化沉积工艺与特征

5.3 节讨论的冷喷涂过程中的沉积或反弹粒子对已沉积粒子的冲击夯实效应，已经被国内外大量学者用来解释冷喷涂涂层组织演变与形成的规律。西安交通大学李长久教授团队在前期冷喷涂冲击夯实效应成果基础上通过深入研发，在国际上率先提出了原位喷丸致密化的工艺方法[12-22]，也称作原位微锻造辅助冷喷涂（in-situ micro-forging assisted cold spray），其原理如图 5-21 所示。在原始喷涂粉末中机械混合一定比例的特大粒子（喷丸粒子），粒径从一百微米到几百微米，喷丸材料可以是金属（如不锈钢），也可以是陶瓷，这些粒子在气流中加速时，基于粒子加速的尺寸效应达不到理论上的临界沉积速度，但可因尺寸较大获得较大的动能，在撞击已沉积的涂层粒子后不沉积仅发生反弹，从而引入原位喷丸效应（微锻造效果），显著增强的变形使得涂层致密度显著增加，同时也改善了粒子界面结合质量，已被用来制备致密的纯 Ti、TC4 钛合金、纯 Ni、In718 高温合金、纯 Al、铝合金等涂层或块体[13-22]。

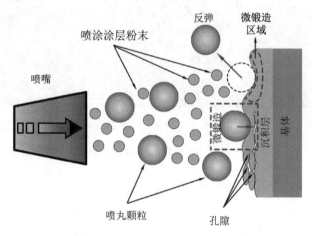

图 5-21　在线（原位）喷丸（微锻造）辅助冷喷涂过程示意图[18,22]

图 5-22 为不同不锈钢喷丸混合比例下冷喷涂纯 Ti 和 TC4 钛合金涂层断面组织，不加钢丸或钢丸含量较少时，涂层孔隙率大，当钢丸含量（体积分数）超过 50%后，涂层致密度显著增加。

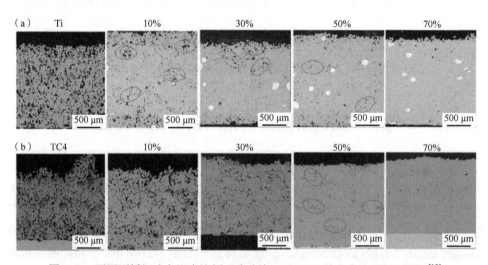

图 5-22　不同不锈钢喷丸混合比例下冷喷涂 Ti 和 TC4 钛合金涂层断面组织[13]

（a）纯 Ti；（b）TC4 钛合金
10%～70%为钢丸体积分数

图 5-23（a）为统计的孔隙率随钢丸含量的变化，结果表明，获得的涂层达到

与采用高昂成本的氦气制备的涂层相当的致密效果。同时，两种涂层的显微硬度也随钢丸含量的增加而增加 [图 5-23（b）]。应当指出，虽然理论上大的喷丸粒子无法沉积，但由于喷涂束流中粒子运动的复杂性，难免有二次及以上粒子碰撞，改变喷丸粒子沉积条件，从而使一些喷丸粒子可能沉积到涂层中，从图 5-22（a）的断面中可以发现这些大粒子的沉积。当然，通过工艺设计与优化，可以避免喷丸粒子的夹杂。图 5-24 为用原位喷丸辅助冷喷涂方法制备的纯 Al 与纯 Ni 致密涂层的断面组织，这些涂层的致密度达到了完全隔离腐蚀介质的程度，对基体表现出了优异的耐腐蚀保护性能[22]。以原位微锻造冷喷涂方法在镁合金表面制备的耐腐蚀 Ni 涂层为例，涂覆后的 AZ31B 镁合金样品在 NaCl 溶液中浸泡 1000h，中性盐雾腐蚀 3000h 后，未发现腐蚀介质渗透涂层的现象，涂层完整性良好，未出现鼓包、分层、剥落等情况[22]。

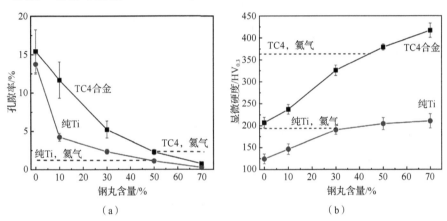

图 5-23　不同不锈钢喷丸混合比例下冷喷涂 Ti 与 TC4 钛合金涂层[13]

（a）孔隙率；（b）显微硬度

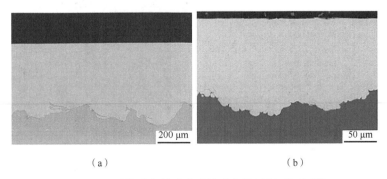

图 5-24　原位喷丸辅助冷喷涂致密涂层断面组织[22]

（a）纯 Al；（b）纯 Ni

5.5　喷涂角度对宏微观组织演变的影响

第 4 章讨论了喷涂角度对粒子碰撞变形行为的影响，指出偏离正碰撞后的切向分速度会造成粒子侧向滑移，当偏离角度较大时会显著影响粒子的变形与沉积。实验研究结果也证实喷涂角度对涂层宏观组织演变具有显著影响[23]。图 5-25 为不同喷涂角度下冷喷涂 Cu 涂层金相腐蚀后的断面组织，图 5-26 为不同喷涂角度下冷喷涂层相对沉积效率，可以看出在同样的粒子加速加热条件下，当喷涂角度减小至 70°或 60°，相对沉积效率已经出现明显降低。粒子的沉积得益于基体表面（有一定粗糙度）第一层或前两层粒子的沉积作为"墙角"，否则当喷涂角度小于 60°以后，涂层较难沉积。同时，根据前面的讨论，在 80°时相对沉积效率最高，这也说明稍微倾斜的碰撞有利于粒子沉积。图 5-26（b）所示的冷喷涂纯 Ti 时的相对沉积效率随喷涂角度变化的结果也证实了这一点。

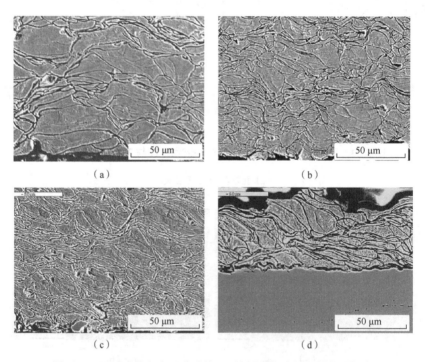

（a）　　　　　　　　　　　　　（b）

（c）　　　　　　　　　　　　　（d）

图 5-25　不同喷涂角度下冷喷涂 Cu 涂层金相腐蚀后的断面组织

（a）90°；（b）80°；（c）70°；（d）60°

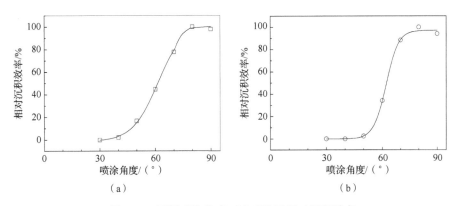

图 5-26　不同喷涂角度下冷喷涂层相对沉积效率

（a）纯 Cu；（b）纯 Ti

　　喷涂角度除了对相对沉积效率产生明显影响外，还会对涂层的表面结构产生显著影响。图 5-27 为在相对较低的气体温度和气体压力条件（400℃、2.8MPa）以不同喷涂角度制备的冷喷涂电解 Ni 涂层宏观形貌，当喷涂角度≤40°时，粉末粒子难以沉积，不能在基材表面形成涂层，当喷涂角度增加至 50°时，尽管粉末粒子可在基材表面沉积，但沉积的粒子呈现不连续状态，表面粗糙度大，难以形成完整的保护涂层。只有当喷涂角度≥60°时才能形成表面质量较好的连续完整涂层。如图 5-28 所示，喷涂角度对沉积效率的影响规律与其他材料一致，即随着喷涂角度的增大，当喷涂角度大于某阈值时沉积效率随角度的增加呈升高趋势。另外，近期研究发现，能否实现高质量涂层沉积的临界喷涂角度与喷涂材料和粒子碰撞条件存在依赖关系，即喷涂材料塑性变形能力越差，粒子碰撞速度和温度越低，则能够沉积的临界喷涂角度越高，可选的工艺参数窗口越窄。

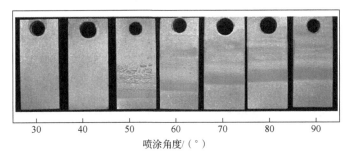

图 5-27　不同喷涂角度下制备的冷喷涂电解 Ni 涂层宏观形貌[24]

气体温度为 400℃，气体压力为 2.8MPa

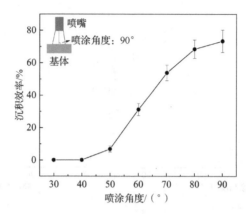

图 5-28　喷涂角度对冷喷涂电解 Ni 涂层沉积效率的影响[24]

气体温度为 400℃，气体压力为 2.8MPa

5.6　粒子界面微结构演变

　　第 2 章在结合机理部分已经对一些重要的界面微结构进行了阐述，但主要是以结合机理为主。下面对加工硬化与位错增殖、残余应力、再结晶、纳米晶、固态相变（熔化）、氧化膜的破碎/夹杂、微孔/微裂纹等重要的界面微结构特征及其演变规律进行进一步说明。

5.6.1　涂层材料的加工硬化与位错增殖

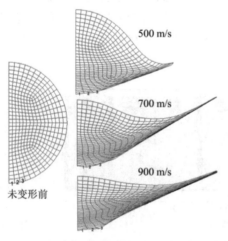

图 5-29　冷喷涂 AA6061 铝合金粒子碰撞后界面
大变形特征

　　如图 5-29 所示，高速金属粒子以不同的速度碰撞金属基体后，碰撞界面均发生较大的变形，粒子碰撞速度越高，最大应变量与发生大塑性变形的区域逐渐变大。相比于粉末和冶金方法制备的同成分材料，冷喷涂涂层通常会表现出更高的硬度，即冷喷涂过程会使沉积的粒子产生更明显的加工硬化现象。表 5-1 为不同冷喷涂金属涂层的硬度与同成分冶金块材硬度对比，可以发现对于 Ni、Cu、Ta、Zn、Al 及其合金等材料，喷涂态涂层的硬度均显著高于相应的冶金块体材料。例如，对于金属 Cu，块体材料的硬度仅为 40HV，喷涂态 Cu 涂层的硬度则高达 150HV，升高幅度近 300%，对于大多数金属其硬度可达到相应冶金块材的 1.5～2.5 倍。

表 5-1　冷喷涂金属涂层的硬度与同成分冶金块材硬度对比[25]

涂层材料	硬度		
	冶金块材	喷涂粉末	喷涂态涂层
Ti	97HV	N/A	4.0GPa ± 0.3GPa
		N/A	2.76GPa ± 0.13GPa
	2.5GPa	N/A	4.0GPa
		N/A	3～5GPa
Ta	0.87GPa ± 0.07GPa	100HV$_{0.3}$	230HV$_{0.3}$
	87HV	N/A	2.73GPa ± 0.21GPa
		N/A	2.68GPa ± 0.31GPa
Cu	40HV	N/A	150HV$_{0.3}$
		N/A	165HV$_{0.3}$
		N/A	150HV
		N/A	105～145HV
Cu-8 % Sn	N/A	80HV$_{0.025}$	167HV$_{0.2}$
Cu-4Cr-2Nb	110.1HV$_{0.2}$ ± 13.8HV$_{0.2}$	N/A	156.8HV$_{0.2}$ ± 4.6HV$_{0.2}$
Zn	20HV$_{0.2}$	N/A	50～75HV$_{0.2}$
Al	N/A	33HV ± 2.2HV	36～72HV
1100 Al	80HV$_{0.05}$	N/A	115～257HV$_{0.05}$
304 不锈钢	200HV$_{0.2}$	172HV$_{0.05}$	345HV$_{0.2}$ ± 18HV$_{0.2}$
316 不锈钢	2.11GPa	N/A	2.92GPa
Ag	0.2GPa	N/A	1.3GPa
Ni	80HV	N/A	197HV$_{0.3}$ ± 21HV$_{0.3}$
	N/A	174HV$_{0.1}$	218～275HV$_{0.1}$
nc Ni	6.0～7.5GPa	8.38GPa ± 0.22GPa	9.67GPa ± 0.25GPa
nc AlCuMgFeNi	N/A	4.19GPa ± 0.2GPa	4.41GPa ± 0.5GPa
Al 基非晶	N/A	3GPa ± 0.02GPa	5.01GPa ± 0.41GPa

注：N/A 表示无相关数据，nc 表示纳米晶。

　　进一步研究表明，冷喷涂金属涂层的加工硬化主要与高速碰撞引起的材料内部位错显著增殖、晶粒细化等因素有关，其中位错增殖为主要因素。在明显发生蠕变的温度以下，金属晶体通常可通过晶体滑移和孪生两种方式发生塑性变形。

对于滑移较多的面心立方与体心立方结构的金属，塑性变形通常以位错滑移为主要机制；对于某些密排六方金属，则以孪生为主要方式。同时，应变速率的提高，使材料需要在更短的时间内通过塑性变形吸收外部的能量，因此位错的增殖速率会随之上升。另外，不同于位错移动需要时间，孪生变形为切变过程可瞬时完成，因此孪生的比例也会上升。与常规的准静态拉伸中较低的应变速率（$<10^{-3}\text{s}^{-1}$）相比，冷喷涂粒子高速碰撞塑性变形过程中，粒子的平均应变速率可达 10^4s^{-1} 以上，界面局部应变速率可达 10^8s^{-1} 以上，因此位错密度极高，同时在某些不易出现孪晶、层错能较低的金属，如 Al、Ni 等也出现了变形孪晶。以冷喷涂 NiCrAl 合金为例，退火态材料中的位错密度一般为 10^{12}m^{-2} 量级，喷涂态涂层内的平均位错密度可达 10^{15}m^{-2}，而粒子界面处发生剧烈塑性变形区域的位错密度则可高达 10^{18}m^{-2}。图 5-30 为冷喷涂 NiCrAl 涂层中的位错状态，从图 5-30（a）中的明场像中可以观察到大量的位错网络，在图 5-30（b）中的逆傅里叶转换图像中可以发现大量的位错。

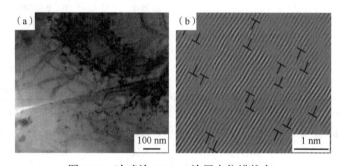

图 5-30　冷喷涂 NiCrAl 涂层中位错状态

（a）粒子界面的位错网络 TEM 明场像；（b）与高密度位错区域逆傅里叶转换图像

5.6.2　残余应力

　　表层残余应力对承力构件的疲劳与应力腐蚀性能具有重要影响，因此在涂层制备、构件修复时也需关注残余应力。通常认为，由于冷喷涂加工温度较低，固态粒子碰撞沉积过程类似工业应用的喷丸过程，因此普遍认为冷喷涂涂层内的残余应力为压应力，压应力的存在使其在涂层制备与失效金属构件修复方面更具优势。冷喷涂过程中的残余应力可通过如图 5-31 所示的三个过程引入：粒子碰撞-塑性变形过程、粒子与基材结合后的快速冷却过程、粒子与基材较低速度共同冷却到室温的过程。

　　首先，粒子的碰撞会对基材或者已沉积涂层表面产生冲击，当冲击应力高于材料的动态屈服强度时，材料表面会发生水平向外的塑性扩张变形，撞击位点以

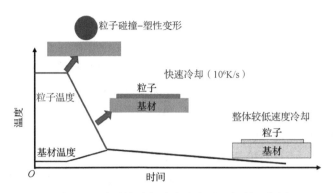

图 5-31　冷喷涂过程残余应力引入机制示意图

外的材料具有阻碍扩张变形的趋势，因此在材料表面会形成水平向粒子中心的残余压应力，即喷丸应力（peening stress）。喷丸应力为残余压应力，其水平与材料自身的屈服强度、碰撞引起的塑性变形程度有关。通常条件下材料的屈服强度越高，粒子自身越趋向于固态，粒子的碰撞速度越高，碰撞粒子的数目越多，则残余压应力水平越高。

其次，当温度较高的粒子在基材表面撞击变形、扁平化后，由于与温度较低的基材发生快速热传导，因此粒子发生快速冷却（可达 10^6K/s），粒子具有快速收缩的趋势。由于粒子的收缩会受到基材的限制，在粒子内部会产生残余拉应力。上述的快速冷却过程类似于钢铁的淬火处理，因此粒子快速冷却收缩产生的应力被称为淬火应力（quenching stress）。淬火应力恒为拉应力，会降低被涂覆构件的疲劳与应力腐蚀性能，同时会对涂层结合产生不利影响。淬火应力主要与粒子材料自身的弹性模量、线膨胀系数、温度下降幅度有关，弹性模量越高、温度下降幅度越大，则淬火应力水平越高。

最后，涂层制备完成后，粒子/涂层与基材温度逐渐达到一致，然后整体以较低速度冷却到室温，当涂层材料与基材的热膨胀系数存在差异时，由于冷却收缩的程度不同，在材料内部产生残余应力。上述残余应力是热膨胀系数差异引起的，通常也称为热应力（thermal stress）。

热应力既可以是拉应力也可是压应力，当涂层材料的热膨胀系数高于基材时，涂层收缩趋势更为明显，涂层内部为残余拉应力；反之则为残余压应力。热应力的水平主要与涂层与基体材料之间的热膨胀系数差异大小、温度下降幅度呈正相关关系。常规热喷涂涂层与冷喷涂涂层内部的残余应力均可用上述过程解释，涂层内部最终残余应力是上述三种机制产生应力的叠加。

由于冷喷涂具有加工温度较低的特性，粒子在固态下碰撞沉积，因此可以避免淬火应力，同时也可以忽略热应力，在此条件下，冷喷涂涂层中将产生残余压应力，这一推论也被初期大量的实验结果所证实。冷喷涂 Ni-5Al、Cu、Al 等涂层中均被实验证实存在较低水平的残余压应力。然而部分研究结果表明，当基材与涂层材料的热膨胀系数存在较大差异时，涂层内部还可能产生残余拉应力。当在碳钢表面沉积热膨胀系数较高的 Al 时，Al 涂层内便可形成约为 50MPa 量级的残余压应力。由于热应力与喷涂过程中整个涂层与基材体系累积的温度有关，因此除了气体温度外，还对喷枪移动速度具有显著依赖关系。喷枪移动速度越低，累积的温升越高，因此热应力水平也就越高。近年来，随着热喷涂装备水平的发展，高性能商用冷喷涂装备的普及，冷喷涂过程中气体温度可达到 1000℃ 以上，使得以往被忽略的淬火应力和热应力也对涂层的最终残余应力产生显著影响。因此，在具有周期载荷作用的构件表面制备涂层或冷喷涂修复失效金属构件时，需要综合考虑上述因素，避免产生残余拉应力对构件寿命造成影响。

另外，涂层内部的残余应力（σ）水平及分布状态随着涂层制备过程中涂层厚度的增长也会发生演变。以 Cu 基材表面冷喷涂 Cu 涂层为研究对象，基于通过实验检测与数值模拟相结合的研究结果，说明冷喷涂涂层增厚过程中的残余应力及分布的演变规律。图 5-32 分别为采用非破坏性的 X 射线衍射法与破坏性的轮廓法测试得到的 Cu 基材冷喷涂 Cu 涂层表面残余应力测试结果。

两种测试方法得到的数值相近，可以发现，在涂层平面内的喷枪移动方向（X）与垂直方向（Y）的应力水平差异较小。这主要是因为单个粒子的碰撞从统计意义上讲在水平方向是对称的，同时说明喷枪移动造成的粒子碰撞条件差异对残余应力影响也相对较小。在相对较低的粒子碰撞速度（约 500m/s）和加速气体温度（400℃）条件下，涂层表面产生了幅值介于 23.67~36.90MPa 的残余压应力。

由于 X 射线衍射法仅可获得材料表面的残余应力信息，因此进一步采用轮廓法分别对沿涂层深度方向的水平主应力进行了测试，结果如图 5-33 所示。喷枪移动方向与垂直方向主应力在深度方向的变化规律与应力幅值基本一致，在涂层表面为较低幅值的残余压应力，在涂层中部均形成较高水平的残余拉应力，随后进一步接近基材，拉应力幅值降低，在基材表面又逐渐过渡为残余压应力。喷涂过程中，气体温度约为 400℃，数值计算结果显示粒子平均温度约为 160℃，喷涂过程中基材表面温度不高于 80℃，涂层材料与基材同质，不存在热膨胀系数差异，热应力可忽略。因此，上述结果与通常认为的冷喷涂涂层内部仅形成压应力的认知不同。

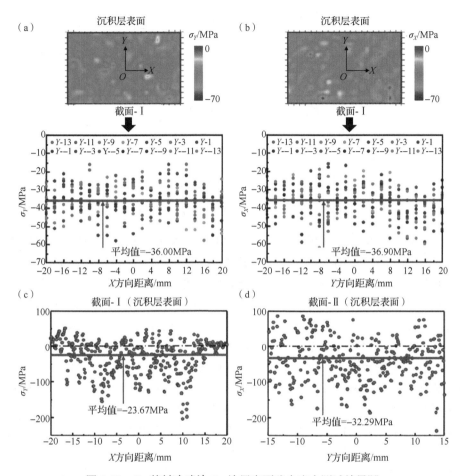

图 5-32　Cu 基材冷喷涂 Cu 涂层表面残余应力测试结果[26]

（a）X 射线衍射法测试 σ_Y；（b）X 射线衍射法测试 σ_X；（c）轮廓法测试 σ_Y；（d）轮廓法测试 σ_X

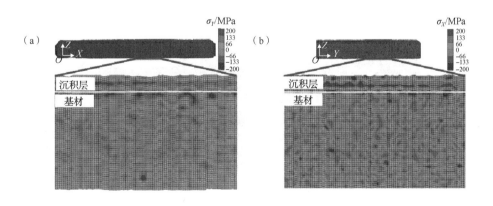

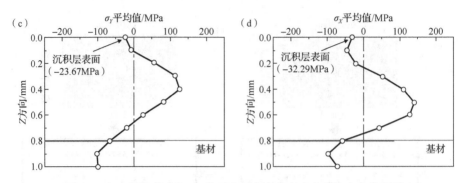

图 5-33　Cu 基材冷喷涂 Cu 涂层水平方向残余应力随深度变化规律

（a）σ_Y 分布；（b）σ_X 分布；（c）轮廓法测试 σ_Y；（d）轮廓法测试 σ_X

进一步分析认为，上述看似反常的结果是由涂层厚度增加累积和残余应力力矩平衡规律共同决定的，常规报道中的涂层厚度不超过 0.3mm，上述冷喷涂 Cu 涂层厚度约为 0.8mm。为了阐明残余应力分布随涂层厚度变化的演变规律，采用拉格朗日法与欧拉法相结合的手段，通过数值计算对单个粒子沉积，单层、2 层、3 层、4 层粒子沉积过程中水平方向主应力的演变进行了研究，结果如图 5-34 所示。如图 5-34（a）所示，单个粒子沉积时，粒子的大部分区域为拉应力区，由于自由扩张变形受到约束，仅在粒子顶部存在压应力区。当单层粒子沉积时，涂层内均为压应力，在基材亚表层形成与之达成力矩平衡的拉应力区。当沉积层数增加为 3 层和 4 层时，中性面上移，拉应力区域扩展到涂层与基材界面，甚至涂层内部。尽管上述逐层沉积中的残余应力幅值未经过实验验证，但其规律性与目前的实验结果一致。由此可见，当较高水平的残余拉应力存在于涂层与基材界面时，将会对界面结合产生不利影响。随着涂层厚度的增加，应力幅值的增加可能会引起涂层沿界面的开裂。因此，在厚沉积层实施零件修复时，需要通过材料、工艺过程与后处理方法，或者以上手段相结合对残余应力加以有效调控，以保证修复层的结合质量与自身质量。

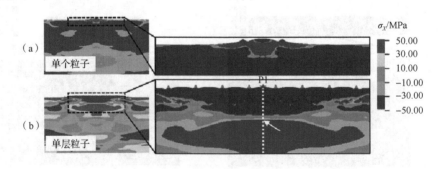

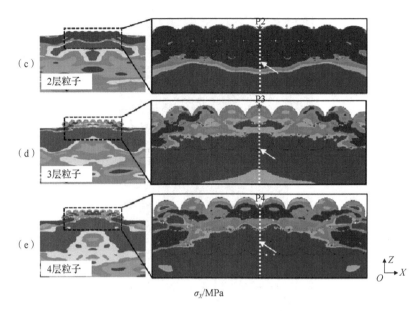

图 5-34　Cu 基材冷喷涂 Cu 涂层的水平方向主应力随厚度的演变规律

（a）单个粒子；（b）单层粒子；（c）2 层粒子；（d）3 层粒子；（e）4 层粒子

5.6.3　界面区域动态再结晶与纳米晶形成

在冷喷涂金属涂层内部粒子界面处通常会观察到大量呈等轴形态的亚微米或纳米尺度的细小晶粒，其晶粒尺寸通常小于原始粉末的晶粒尺寸，因此可以推断这些细小的晶粒是在冷喷涂过程中产生的，即冷喷涂过程中粒子界面处发生了动态再结晶。动态再结晶发生的机制主要有两种：晶界转动与晶界扩散，这两种方式均需要满足一定的热力学/动力学条件。上述现象已被多个实验观察所证实（可参见第 2 章，图 2-31），典型的如容易发生再结晶的 Cu 粒子[27]，较难再结晶的铝及铝合金材料[11,22]。如图 5-35 所示，纯铝在冷喷涂的热力学/动力学条件下在界面处也会发生明显的动态再结晶。

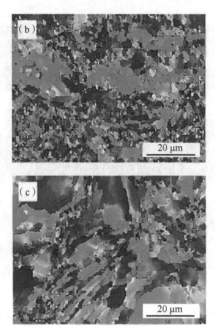

图 5-35　不同沉积效率条件下冷喷涂 Al 涂层断面 EBSD 分析[11]

（a）沉积效率 1.66%；（b）沉积效率 17.45%；（c）沉积效率 64.99%

　　界面再结晶晶粒尺寸在一定碰撞条件下可保持在 100nm 以内（至少一个维度上），意味着不稳定性较高的纳米结构界面形成（非常有利于后续的热处理界面愈合），这里不再赘述界面纳米晶。同时，研究还发现，在粒子内部变形较小的区域，会出现冲击诱导的孪晶，如图 5-36 所示，喷涂前完全退火热处理后粒子内部只存在几个大晶粒，但喷涂后除了大变形区的再结晶外，在粒子内部还发现了明显纳米孪晶界，这与 Cu 本身的低层错能容易再结晶有关[27]。

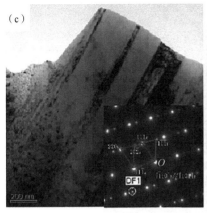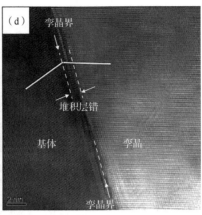

图 5-36　冷喷涂大粒子退火 Cu 涂层断面组织

（a）OM 显微照片；（b）EBSD 粒子内部及界面；（c）TEM 粒子内部孪晶；（d）HRTEM 孪晶界特征

原始退火粉末见图 2-33

再结晶发生的两种机制：晶界转动与晶界扩散均与扩散过程有关，因此除了存在临界应变外，对温度有一定的要求。冷喷涂粒子高速撞击过程中粒子产生的塑性应变与温度均具有不均匀特性，粒子边界区域塑性应变比内部更大；同处于粒子界面处时，粒子界面两侧剪切区域比中心部位应变更大。碰撞导致的温升主要由塑性变形产生，应变更高的区域，温升也更高，更容易满足动态再结晶条件。上述的粒子变形特征使得沉积后涂层内部的组织存在类似网状的微观不均匀特征，如图 5-37（a）所示，粒子界面处为细小的再结晶晶粒，而内部则为具有高位错密度的大变形晶粒，由于不满足动态再结晶条件，尺寸与粉末中晶粒尺寸相当。进一步通过晶界夹角的标注，如图 5-37（b）所示，除了在界面区域存在的一定量大角度晶界（high-angle grain boundary，HAGB）外，还存在大量低角度晶界（low-angle grain boundary，LAGB）与超低角度晶界（VLAGB），表明界面区域存在动态再结晶进行不彻底的情况。粒子内部主要为大角度晶界，同时存在少量的小角度与超小角度晶界。由于粒子界面呈连续网状分布，因此也造成涂层内部细晶组织呈网状分布的特征。

进一步通过对晶界夹角沿垂直于粒子界面方向变化规律的研究发现，平均晶界夹角在界面处最高，随着未再结晶区域的延伸逐渐减小。这一结果说明，缺陷产生与晶界转动是冷喷涂粒子高速碰撞过程中界面处发生动态再结晶的主要方式。由于远离界面区域的应变与温升均更小，因此晶界转动不完全，主要表现为小角度晶界。在此基础上，总结冷喷涂金属沉积体内粒子的普适显微组织特征，结果如图 5-38 所示。粒子界面处由于发生了完全的动态再结晶，因此形成位错密

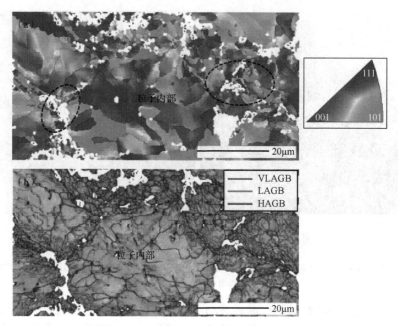

图 5-37　冷喷涂 Al 涂层的断面组织

（a）EBSD 位向图；（b）质量衬度图[22]

基于塑性应变梯度的显微组织模型

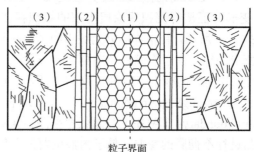

图 5-38　冷喷涂层内部粒子界面处显微组织结构示意图[25]

（1）等轴细晶区——完全动态再结晶
（2）取向低角板条晶区——部分再结晶
（3）高密度位错粗晶区——剧烈塑性变形

度极低的细小等轴晶粒；紧邻的次界面区域为拉长的竹节状，具有小角度晶界的亚晶粒；粒子内部则主要为大变形的大角度晶粒，且在晶粒内部存在高密度位错网络。

5.6.4　界面局部熔化

界面微/纳结构的形成，除了与动态再结晶有关，还与局部熔化现象有关。第 2 章已经做了说明，可能发生碰撞界面局部熔化的材料有三类：

（1）低熔点材料，如 Sn、Pb、Zn 等及其合金，由于熔点低，在界面温升及气流温度作用下，比较容易发生局部界面熔化。

（2）钛及钛合金，这是一类特殊材料，导热性差，活性较高，从变形沉积角度理论上很难沉积，但沉积效率很高，沉积的涂层致密度较低，没有发生较大变形下就形成结合而沉积，导致沉积的粒子之间存在大量孔隙，如图 2-41（b）所示（TC4 涂层断面），因此局部的结合就能使粒子黏附沉积，这可能是局部熔化形成冶金结合的贡献，但需进一步通过实验验证。

（3）其他金属材料，如 Ni、Fe、不锈钢、高温合金等，导热性与 Cu、Al 相比较差，在足够高的碰撞速度及一定温度下也可能发生碰撞熔化（但尚无实验报道）。

以上材料如果出现局部熔化，熔体会以极高的冷却速度冷却凝固，从而获得纳米晶，甚至出现非晶，也可能由于少量熔体飞溅（如果界面熔体较多，且在碰撞过程中产生），从而形成的纳米尺度粒子（参见图 2-38、图 2-39）被包裹到涂层中粒子界面处，最终形成纳米结构界面。

5.6.5　原始粉末表面氧化膜的破碎/夹杂

第 2 章已说明了原始粉末粒子表面氧化膜对粒子沉积的影响非常显著，由于大部分金属材料在大气氛中不可避免被不断氧化，因此待喷涂金属粉末需要密封存放，否则存放时间将明显影响沉积特性。前期的实验研究表明，氧化膜厚度（粉末含氧量）对粒子沉积特性有显著影响，通过实验在界面上观察到大量的氧化膜夹杂，但氧化膜在粒子碰撞中是否发生破碎分散的行为因其自身性能不同也可能存在很大的差别。借鉴固相扩散焊接领域氧化膜的影响，将冷喷涂中氧化膜的影响种类可分为容易分解破碎型（如氧化铜、氧化铁、氧化钛等）和完全不分解难破碎型（如氧化铝）。对于容易分解破碎型，通过提高粒子速度，或者通过后热处理可以消除其对力学性能的显著影响。但氧化铝只有通过提高粒子速度来尽量破碎分散，很难通过后热处理显著改善其力学性能。

　　第 2 章已经介绍了通过氧化实验人为调控氧化膜所观察到的氧化膜的影响，下面借助数值模拟介绍氧化膜的破碎行为。图 5-39 为 AA6061-T6 铝合金粒子表面氧化膜影响的欧拉法绝热温升二维对称计算模型[28]，粒子与基体材料采用 Johnson-Cook 塑性材料模型，Al$_2$O$_3$ 氧化膜采用 Johnson-Holmquist 脆性材料模型。值得指出的是，由于计算机能力的限制，氧化膜厚度取 0.3μm，等于一个单元网格尺寸。

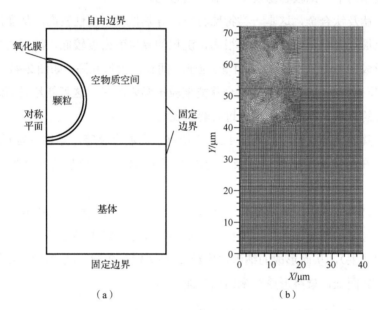

（a）　　　　　　　　　　　（b）

图 5-39　AA6061-T6 铝合金粒子表面氧化膜影响的欧拉法绝热温升二维对称计算模型

（a）含 0.3μm 氧化膜的几何区域及边界条件；（b）网格划分（单元网格尺寸为 0.3μm）

　　图 5-40 为带氧化膜的 AA6061-T6 铝合金粒子以 700m/s 速度碰撞铝合金基体后不同时刻的变形形貌，氧化膜随着碰撞过程的进行很快发生破碎，随着大变形的发生，大变形区破碎的氧化膜逐渐分散开来弥散于粒子界面处，但在粒子碰撞正下方区域的氧化膜不易破碎，挤出更困难，基本留在了原处，这是由于底部区域横向变形有限而难以破碎分散氧化膜的基本特征。此外，金属射流的产生，也会通过射流将氧化膜从界面清除出去，从而增强新鲜金属之间的接触。如图 5-41 所示，第 2 个粒子碰撞后，会把重叠区第 2 个粒子上表面残留氧化膜进一步破碎、分散、挤出。以上过程在多个粒子依次碰撞中不断连续发生，就使得粒子的累计变形量不断增加，氧化膜分散程度进一步增强，在较大变形条件下，发生氧化膜的弥散分布，增强界面金属的直接接触与结合，这一现象有助于国内外同行理解界面冶金结合的形成机制。

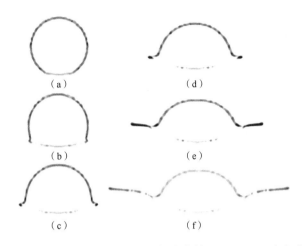

图 5-40　带氧化膜的 AA6061-T6 铝合金粒子以 700m/s 速度碰撞
铝合金基体后不同时刻的变形形貌

（a）1ns；（b）6ns；（c）11ns；（d）16ns；（e）26ns；（f）50ns

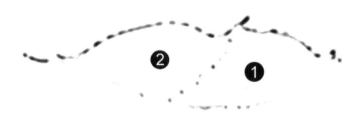

图 5-41　2 个带氧化膜的 AA6061-T6 铝合金粒子以 700m/s 速度碰撞
铝合金基体后的变形形貌

1、2 表示 2 个粒子

影响粒子表面氧化膜破碎挤出的因素主要是粒子速度与被碰撞基体的强度，两个因素决定接触界面处的变形程度，当改变基体种类（如变为较硬 Cu 合金和不锈钢）时，如图 5-42 所示，随着基体强度增加，界面处粒子材料的变形程度增加，粒子表面氧化膜破碎弥散效果增强。同理，随着粒子速度增加，界面变形程度增加，氧化膜破碎弥散效果更好。但碰撞区正下方的氧化膜依然难以破碎弥散。考虑前面提到的碰撞角度影响，如图 5-43 所示，当粒子以一定角度碰撞基体时，碰撞区正下方的材料也会发生较大的横向滑移变形，促使氧化膜的破碎弥散，但倾斜角度较大时并不利于沉积（如 70°与 60°的结果）。

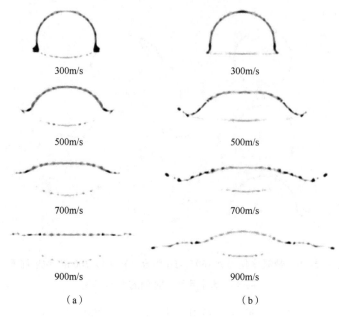

图 5-42　带氧化膜的 AA6061-T6 铝合金粒子以不同速度
碰撞不同基体后的变形形貌

（a）Cu 基体；（b）不锈钢基体

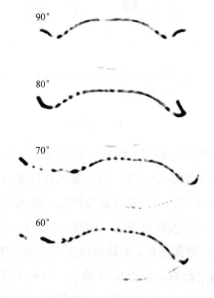

图 5-43　带氧化膜的 AA6061-T6 铝合金粒子以不同角度碰撞
铝合金基体后的变形形貌

当喷涂粉末粒子表面的氧化膜厚度为纳米尺度时,因氧化膜与基材结合良好,粒子碰撞过程中难以发生氧化膜从表面的剥落,局部塑性应变量越大,氧化膜分散程度越高,粒子间结合质量越高。对于单个粒子,粒子碰撞区正下方界面中心部位塑性应变量最低,因此氧化膜破碎程度最低。粒子界面侧边区域由于塑性应变量更高,氧化膜分散程度更高,因此局部结合质量也更好。图 5-44 为冷喷涂 Cu 涂层单个粒子界面不同区域氧化膜的 TEM 与 EDS 表征结果,在粒子碰撞正下方的界面中心部位氧化膜存在连续分布,分散程度较差;在粒子界面边缘的局部区域则未发现氧化膜,这与模拟结果一致。另外,如图 5-45 所示,随着粒子碰撞速度的提高,对于同种喷涂粉末粒子,不同区域的塑性变形程度均有增加,因此所有区域的氧化膜分散程度都增加,粒子间结合质量提升。沉积体的自身强度与导电性、导热性等显著依赖于粒子界面结合质量,因此这些的性能随界面结合的提升均会提高。

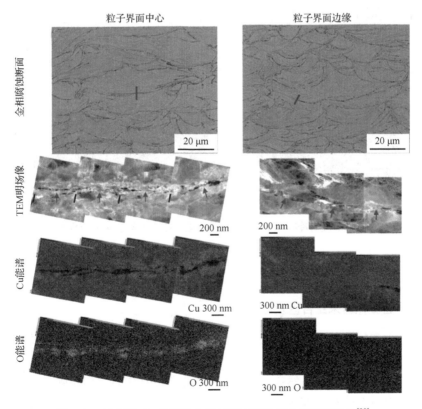

图 5-44 冷喷涂 Cu 涂层单个粒子界面氧化膜分布表征结果[29]

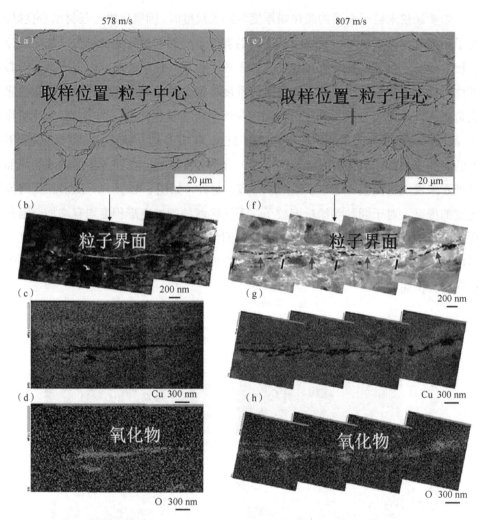

图 5-45　碰撞速度对冷喷涂 Cu 涂层粒子界面中心部位氧化膜分散程度的影响[29]

（a）～（d）为碰撞速度为 578m/s 时，粒子中心部位的 SEM、TEM、EDS（Cu 与 O 元素的面分布）图；
（e）～（h）为碰撞速度为 807m/s 时，粒子中心部位的 SEM、TEM、EDS（Cu 与 O 元素的面分布）图

5.6.6　界面微孔与未结合区及微裂纹

除了上述特征外，冷喷涂涂层中难免存在微孔或者未结合（有时候可以看作微裂纹）缺陷。基于第 2 章结合机理，凡是变形不充分（填充不到）的区域，容易形成缺陷。有些界面虽然在光学显微镜下看似存在结合，但实际上是一种弱结合，比如冷喷涂纯 Cu，早期在较低的加速气体压力下制备时，虽然涂层断面组织表观上致密，但强度较低（几十兆帕），显然是存在大量的未结合界面所致，在此

情况下，通过断面腐蚀的方法就可以明显看到快速腐蚀而显化的粒子之间的弱结合界面。随着冷喷涂设备参数的显著提高，涂层更加致密，强度随之提高，但即便如此，还因变形不充分存在一些微孔。图 5-46 为冷喷涂 316L 不锈钢涂层喷涂态及后处理态的界面组织与内部孔隙 3D 微计算机扫描断层（CT）成像[30]，不锈钢粉末屈服强度较高，变形不充分时，冷喷涂态涂层中孔隙数量较多、尺寸较大，可至数十微米量级；真空热处理后，扩散使得孔隙数量减少，但微小孔隙发生聚集使得表观孔隙率增加；经过热等静压处理后，孔隙尺寸与数量均明显减少。

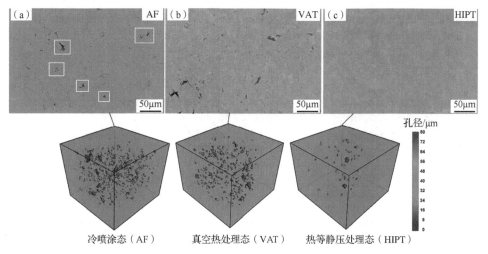

图 5-46　冷喷涂 316L 不锈钢涂层及内部孔隙 3D 微 CT 成像（0.5mm×0.5mm×0.5mm 区域）[30]

（a）冷喷涂态；（b）真空热处理态；（c）热等静压处理态

　　图 5-47 为另外一个冷喷涂致密涂层的例子[31]，即不同气体条件下（两种氮气，一种氦气）冷喷涂因瓦钢（INVAR36）涂层断面组织及 3D 微 CT 成像。氮气条件下，粒子速度相对较低，涂层含有大量孔隙；增加氮气压力 [图 5-47（h）]，粒子速度相对增加，孔隙减少；采用氦气显著增加粒子速度，涂层更加致密，孔隙大大减少 [图 5-47（i）]。因此，粒子碰撞速度是改变涂层孔隙大小的主要因素。

　　在粒子速度较低或粉末粒子氧化较严重的条件下，冷喷涂层中除了存在较大的孔隙（光镜下肉眼可辨）与微孔外，变形后沉积的粒子之间未结合界面（或弱结合界面）的比例较高，在较大的残余应力下（不管拉应力，还是压应力），可发展为微裂纹，甚至是宏观裂纹。图 5-48 为冷喷涂大粒子 Cu 涂层中未结合区/微裂纹，试样并没有进行金相腐蚀处理，由于沉积效率较低，沉积的大粒子 Cu 发生了较大变形，但因氧化膜分散有限，即使涂层在低沉积效率下形成，也有大量粒子界面以弱结合存在，甚至在后续粒子不断的碰撞下发生开裂而形成微裂纹；采

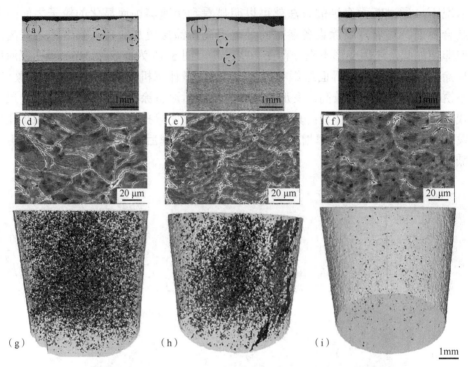

图 5-47　不同气体条件下冷喷涂因瓦钢（INVAR36）涂层断面组织及 3D 微 CT 成像[31]

（a）氮气条件 1 断面 OM 形貌；（b）氮气条件 2 断面 OM 形貌；（c）氢气条件断面 OM 形貌；
（d）氮气条件 1 断面腐蚀后 SEM 形貌；（e）氮气条件 2 断面腐蚀后 SEM 形貌；
（f）氢气条件断面腐蚀后 SEM 形貌；（g）氮气 1-微 CT；（h）氮气 2-微 CT；（i）氢气-微 CT

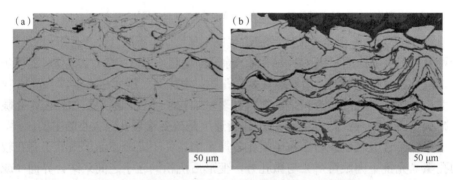

图 5-48　冷喷涂大粒子 Cu 涂层中未结合区/微裂纹

（a）完全退火粉末制备涂层；（b）氧化预处理粉末制备涂层

用氧化粉末喷涂的涂层，这种现象更加明显，因夹杂在界面处的氧化膜阻止冶金
结合的形成，裂纹的扩展更明显。

对于难变形材料，如高温合金、高熵合金等，沉积要求的粒子速度高，造成的冲击效应更明显，涂层内的应力更大，因此当不能形成有效界面结合时，涂层内就容易产生微裂纹、大裂纹，甚至宏观开裂。图 5-49 为冷喷涂高熵合金涂层的断面组织，可以明显看到从涂层界面深入涂层内部的裂纹。如果裂纹产生在涂层与基体界面上，残余应力较大时可能导致整个涂层脱落。

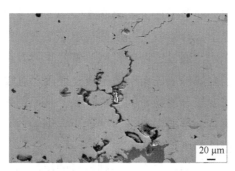

图 5-49　冷喷涂高熵合金涂层的断面组织（从界面到内部的垂直裂纹）

如图 5-50 所示，钛合金表面冷喷涂钛合金涂层，按照喷涂材料/基材的硬度组合应为硬-硬组合，界面结合强度低，加上喷涂过程中产生较大应力，易导致界面裂纹萌生、扩展、开裂。因此，考虑未结合界面是冷喷涂层的固有属性，控制冷喷涂应力是一项非常重要的工程任务。

图 5-50　钛合金基体上氮气冷喷涂较厚钛合金涂层导致界面开裂

涂层厚度超过 10mm

以上界面微结构演变，除了局部熔化外，其他均在冷喷涂层固有的固态变形沉积特征下发生，均会影响涂层性能，需要通过相应的措施进行抑制（不利影响）

或调控（有利影响），如改变喷涂条件、控制粉末成分、实施喷后处理等，第 7 章将会详细介绍。

5.7 复合涂层组织演变规律

第 2 章结合机理部分简单描述了金属/陶瓷（或硬质金属、硬质相、强化相）共沉积结合机理，这里重点介绍复合涂层微观组织演变规律。如前文所述，硬质相的加入起到了多重作用，通过宏观（机械）钉扎作用及微观表面活化作用（破除氧化膜）显著提升了金属涂层的组织致密度、硬度与强度。不管哪种粉末设计形式，硬质相加入均改变了金属粒子的变形行为，从而影响了复合涂层组织演变过程，这里主要介绍复合涂层典型特征，其他更详细的内容可参考专题讨论冷喷涂复合涂层制备及其特性的两篇综述论文[32,33]。

根据粉末的复合形式不同，复合涂层制备时的组织结构演变特征不同。粉末主要有两类：一是简单机械混合的粉末（金属与硬质相相互分开），二是金属与硬质相构成的复合结构粉末粒子。

对于简单的混合粉末，飞行过程中金属相与硬质相按各自的惯性被加速气流加速，依次与基体碰撞而发生沉积。陶瓷粒子在碰撞后会发生钉扎、破碎、反弹等现象，多角陶瓷粒子切削金属粒子表面可以起到清洁金属表面的作用，其碰撞也可以起到冲击夯实效应；另外，陶瓷与金属间也会形成原子尺度上的紧密接触，当然也会因为破碎而形成局部孔隙（不利因素），可参见图 2-42 和图 2-43，部分硬质粒子沉积后分布在金属粒子之间。复合涂层的组织结构（硬质相含量与分布）主要取决于粉末中金属相与硬质相的含量、各自的粒径及分布、喷涂过程中各自的沉积效率、硬质相破碎程度（本身脆性与碰撞速度）。这种复合涂层制备工艺简单，可根据需要确定混合的硬质相种类、粉末的粒径与含量，涂层材料成分设计灵活。但是冷喷涂过程中主要存在以下三个问题：

（1）陶瓷硬质粒子发生碰撞破碎，导致最终涂层中存在裂纹缺陷且硬质粒子尺寸比初始粉末粒子更小；磨损服役条件下，陶瓷相中的裂纹缺陷导致陶瓷粒子难以起到抗磨的作用；腐蚀条件下，裂纹会成为腐蚀介质渗入涂层内部的优先通道，可能导致涂层不具备长期耐腐蚀性能。

（2）涂层中的硬质陶瓷相含量通常低于粉末中的相应含量，且具体含量与喷涂参数相关。由于最终的陶瓷粒子含量不仅与金属、陶瓷粉末的材质、粒径、外形等材料因素有关，还与碰撞速度、温度等喷涂参数有关，因此硬质陶瓷相含量精准控制难度较大。

（3）硬质陶瓷粒子仅能存在于金属粒子界面处且尺寸不能太小。冷喷涂金属涂层内部，粒子界面通常为涂层的薄弱环节，陶瓷粒子的存在会进一步减少金属粒子之间的接触面积，进而对粒子之间的结合质量造成不利影响。当陶瓷粒子粒径小于 10μm 时，混合粉末的流动性将会受到严重影响，而相同的含量下，硬质相粒子越小越有利于提升复合材料强度性能。

对于第二种粉末复合形式，因为金属与硬质粒子在喷涂前已经设计混合成一体的复合粉末粒子，所以其沉积过程以一个单一粒子形式考虑，其加速特性取决于粉末密度、粒径、形貌等因素。由于硬质相的存在，其碰撞变形过程与金属粒子显著不同，从而影响了复合涂层的组织结构与性能。根据现有文献，这类复合粉末的制备方法主要有：①球磨法（最常用）；②雾化造粒法；③包覆法；④烧结法（典型的如 WC-Co 等硬质合金），下面分别介绍其组织结构特征。

5.7.1　球磨法制备复合粉末及涂层组织

在传统的粉末冶金、热喷涂等工艺中，球磨法常常被用来制造复合粉末或合金化粉末，因此也可以用于制备冷喷涂复合粉末。采用球磨复合（金属-陶瓷）粉末冷喷涂制备涂层的典型断面组织结构如图 5-51（b）所示，粉末的组织参考图 2-44（a）与（b），与用同成分的简单机械混合粉末制备的涂层［图 5-51（a）］相比，由于球磨过程中陶瓷粒子发生破碎，并均匀分散于金属中，所制备涂层中陶瓷相弥散程度更高，含量更高，后续的性能测试表明，其硬度更高，耐摩擦磨损性能更优。

图 5-51　冷喷涂 AA5356-50%TiN 复合涂层[34]

（a）简单机械混合粉末；（b）球磨复合粉末

TiN 含量为质量分数

与使用机械混合粉末不同的是，球磨复合粉末中陶瓷粒子尺寸小到亚微米、纳米尺度，分布在单个粒子内部。机械合金化过程中，球磨复合粉末中的金属相也会在反复的塑性变形下发生晶粒细化，晶粒达到纳米尺度；另外，粉末中陶瓷硬质粒子与金属相在不断的碾压塑形变形过程中，其两相界面形成了接触充分的良好结合。图 5-52 为采用机械合金化 cBN-NiCrAl 粉末（40% cBN）通过冷喷涂制备的纳米结构复合材料涂层的显微组织[35]。由图 5-52（a）可以发现，在适当的球磨条件下，可以获得粒径符合冷喷涂要求，同时亚微米尺度暗色陶瓷相在金属相中分布均匀的金属陶瓷粉末。冷喷涂后，如图 5-52（b）、（c）所示，涂层组织致密，界面结合良好，硬质相均匀分布；TEM 表征结果显示［图 5-52（e）、（f）］，cBN 陶瓷粒子的粒径为亚微米、纳米双尺度分布，NiCrAl 金属相的平均晶粒尺度为 24nm。涂层的硬度达到约 1300HV，尽管陶瓷相体积分数仅为 40%，其硬度甚至高于采用烧结方法制备的 WC-12Co 硬质合金（WC 陶瓷相体积分数 75%以上），耐磨性也高于传统的 WC-12Co 涂层，充分体现涂层的纳米结构优势[35]。

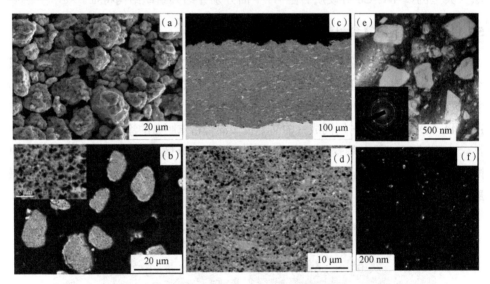

图 5-52　冷喷涂 cBN-NiCrAl 复合涂层

（a）球磨粉末 SEM 形貌；（b）金属陶瓷粉末 SEM 形貌；（c）涂层断面 SEM 形貌；
（d）图（c）的局部放大；（e）涂层的 TEM 明场像；（f）NiCrAl 金属基材的 TEM 暗场像

进一步细致的 TEM 表征结果表明，冷喷涂粒子高速碰撞沉积过程中，由于陶瓷粒子与金属相变形能力的差异，二者界面处的金属会发生应变量超过 10 的剧烈塑性变形。如此大应变的超高应变速率塑性变形会使二者界面处的金属相发生固态条件下的非晶转变，在紧邻区域形成高位错密度区域。如图 5-53（a）、（b）所示，球磨后的 cBN-NiCrAl 界面两侧的晶格条纹明显，因此可判断二者在喷涂之前均为晶态。在进行冷喷涂涂层沉积后，如图 5-53（c）～（e）所示，在二者界面处形成了厚度为 4～10nm 的非晶层，即此处的金属相发生了非晶化转变。如

图 5-53（f）所示，紧邻非晶带的 NiCrAl 内部产生了高密度位错，局部位错密度高达 $3.64 \times 10^{18} m^{-2}$，比退火材料高 6 个数量级。由于理论计算的界面最高温度为 1227℃，低于 NiCrAl 的熔点（约 1400℃），且界面处未发现明显的熔化迹象，因此上述的转变均在固态条件下完成。这主要与界面处的超高应变速率、大应变量塑性变形有关，当材料界面处的 NiCrAl 瞬时快速变形时，常规的位错机制已不能完全释放塑性变形功，因此局部材料晶体结构遭到破坏，转变为能量状态更高的非晶态。由于紧邻非晶带区域应变量与应变速率降低，塑性变形依然为位错机制，在 NiCrAl 内部形成了高密度的位错。

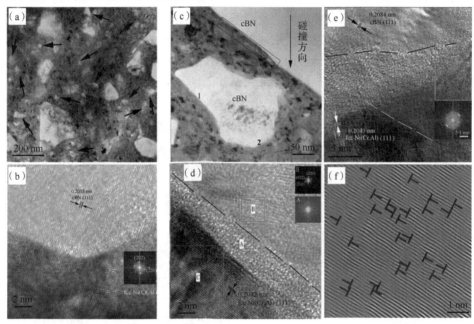

图 5-53　冷喷涂 cBN-NiCrAl 粒子高速撞击过程中的界面非晶化与位错增殖[36]

（a）球磨粉末的 TEM 明场像；（b）cBN-NiCrAl 界面高分辨像；（c）冷喷涂层的 TEM 明场像；
（d）涂层内 cBN-NiCrAl 界面高分辨像 1；（e）涂层内 cBN-NiCrAl 界面高分辨像 2；
（f）紧邻非晶带的 NiCrAl 金属基材内部逆傅里叶转换图像

复合材料内部增强相与基体相之间的结合对复合材料的性能通常起到关键作用，甚至是决定性作用，其决定了两相之间力、电子、声子的传递。通常条件下，对于金属陶瓷复合材料，如果在陶瓷相与金属相界面产生纳米尺度的反应层，则更有利于复合材料整体性能的提高。对于外加陶瓷相的金属陶瓷复合材料，通常采用烧结或者铸造的方法获取，通过施加界面过渡层、高温，促进界面反应可使二者之间产生一定厚度的反应层。但在高温条件下，金属的晶粒会长大，金属与陶瓷反应层的厚度也难以精确控制。特别是对于纳米结构的金属陶瓷材料，由于粒子为比表面积较大的纳米粒子，不恰当的高温烧结会使纳米陶瓷粒子消失殆尽，复合材料的性能将发生严重恶化。因此，金属陶瓷界面反应的有效控制是金属陶瓷复合材料领域的一大难题。以 cBN-NiCrAl 金属陶瓷复合涂层为例，cBN 是除金刚石外硬度最高的材料，同时，其与有色金属的反应活性较差，成为制备切割和机加工有色金属刀具最重要的硬质添加粒子，但 cBN 与 NiCrAl 常规条件下的临界反应温度为 1200℃以上，如此高温条件下界面反应层的厚度极难控制。

　　借助于球磨粉末纳米结构非稳态高活性，冷喷涂粒子高速撞击沉积过程特点又促使 cBN-NiCrAl 界面处组织进一步高能化而形成非晶、高密度位错等高能非稳态组织，可显著降低二者之间的反应温度。如图 5-54 所示，在 825℃，0.5h 的热处理条件下，界面即可发生反应，形成厚度不超过 25nm 的化学反应层。这主要是非稳态界面组织中的储存能可降低界面反应所需的能量门槛，同时，晶体缺陷也可促进界面处的原子扩散，因此可从热力学和动力学两个方面促进界面反应的进行。

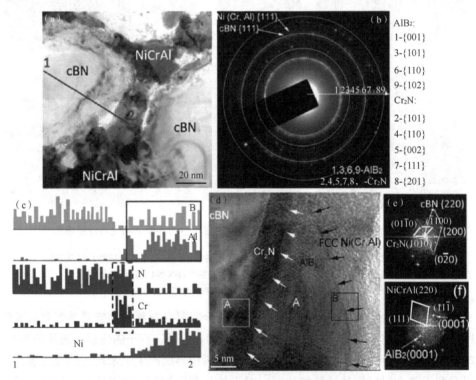

图 5-54　825℃热处理后冷喷涂 cBN-NiCrAl 涂层陶瓷与金属界面的显微组织与化学成分[37]

（a）TEM 明场像；（b）选区电子衍射图谱；（c）能谱线扫描；（d）界面高分辨 TEM 像；
（e）图（d）中 A 区域的傅里叶转换图谱；（f）图（d）中 B 区域的傅里叶转换图谱

　　另外，如图 5-55 所示，即使进一步延长热处理时间，界面反应层厚度也不进一步增加，界面反应层厚度可控制在对复合材料性能有益的范围之内。这主要是因为非稳态界面组织层的厚度为 15～25nm，当高温非稳态组织被界面反应消耗完以后，后续的组织已不满足反应继续进行的热力学条件。低温热处理后，NiCrAl 金属相的晶粒尺寸依然在纳米尺度范围内，涂层的硬度并未因为晶粒长大发生显著的降低。由于陶瓷相与金属相界面得到强化，热处理后涂层的热导率约为喷涂态涂层的 3 倍，如图 5-56 所示，显微硬度未显著变化的同时，涂层的断裂韧性约为超音速火焰喷涂 WC-12Co 硬质合金涂层的 3.2 倍。相同条件的钢球撞击条件下，低温热处理后的 cBN-NiCrAl 复合涂层表面仅形成了塑性变形凹坑（塑性隆起），而 WC-12Co 涂层则发生了明显的环状裂纹（环形开裂）。由此可以发现，通过对冷喷涂过程的深入认识，利用冷喷涂涂层自身独特的显微组织特点，进一步对冷喷涂涂层的性能进行提升，有望解决某些行业难题。

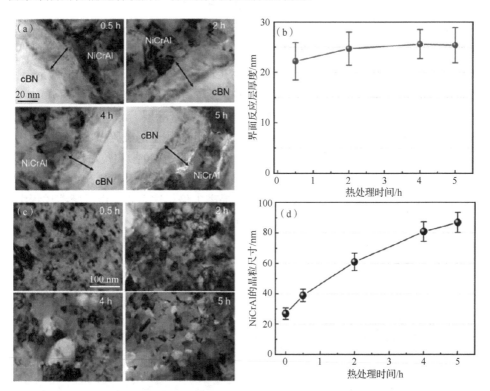

图 5-55　825℃不同热处理时间后冷喷涂 cBN-NiCrAl 涂层陶瓷与金属界面
反应层厚度与金属晶粒尺寸的演变[37]

（a）界面反应层 TEM 明场像；（b）界面反应层厚度变化规律；
（c）NiCrAl 基体相的 TEM 明场像；（d）NiCrAl 的晶粒尺寸变化规律

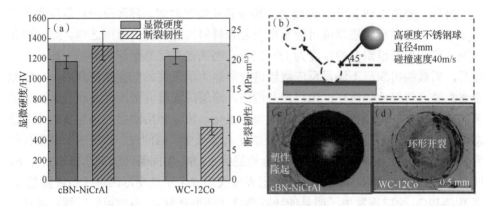

图 5-56　cBN-NiCrAl 涂层与 WC-12Co 涂层力学性能对比与钢球撞击实验结果对比[37]

（a）显微硬度与断裂韧性对比；（b）不锈钢球撞击实验原理；（c）cBN-NiCrAl 涂层测试后表面形貌；
（d）WC-12Co 涂层测试后表面形貌

　　此外，通过将混合粉末法与球磨法结合，还可进一步提高复合材料中的陶瓷相含量，丰富陶瓷相尺度分布范围，提升复合材料的性能。通过将机械合金化、纳米与亚微米 cBN 体积分数为 40% 的 cBN-NiCrAl 复合粉末与粒径为 15～65μm 的大粒径 cBN 粒子混合进行喷涂，如图 5-57 所示，可获得总体 cBN 体积分数达到 60%，包含微米、亚微米、纳米尺度的金属陶瓷复合涂层，涂层内部组织致密、与基材结合良好，在优化的粒子速度下，大粒径陶瓷粒子的破碎概率显著下降[38]。

　　以 400 目的 SiC 砂纸为摩擦副，采用干式销盘摩擦磨损实验对涂层的耐磨损性能进行了考察，如图 5-58 所示，与不加大粒子 cBN 的 cBN-NiCrAl 涂层与WC-12Co 硬质合金涂层相比，其耐磨性可提高 1 倍。这主要是由于摩擦过程中，凸起的大粒径 cBN 粒子对摩擦副的支撑作用避免了周围微米与亚微米尺度 cBN强化的 NiCrAl 与 SiC 砂纸表面砂粒的接触，由于 cBN 硬度显著高于 SiC，因此耐磨损性能显著提高。

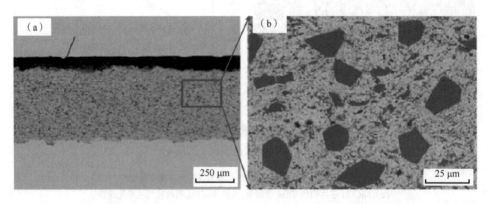

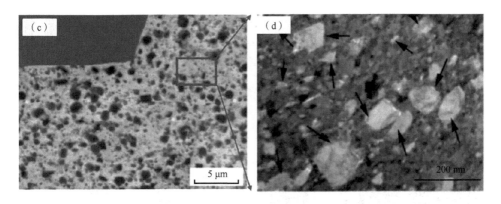

图 5-57　球磨 cBN-NiCrAl 复合粉末与大粒径 cBN 混合制备涂层的显微组织

（a）涂层断面 SEM 形貌；（b）图（a）的局部放大；（c）图（b）的局部放大；（d）TEM 明场像

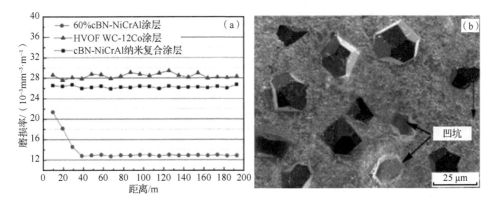

图 5-58　球磨 cBN-NiCrAl 复合粉末与大粒径 cBN 混合制备涂层的磨损行为[38]

（a）耐磨损性能；（b）磨损后涂层的表面形貌

HVOF-超音速火焰喷涂

5.7.2　雾化造粒法制备复合粉末及涂层组织

雾化造粒法分为一次雾化与二次雾化。一次雾化即真空熔化-雾化，造粒过程中通过原位反应或者在熔体中加入细小强化相/硬质相，硬质相通常达到纳米尺度。二次雾化是将金属粉与强化相粉末（通常为细粉或纳米尺度粉末）混合后，加入黏结剂进行二次雾化造粒，获得粒径范围适合喷涂的粉末。图 5-59 与图 5-60 分别为采用雾化法一次雾化原位生成的 TiB_2/AA7075 与 TiB_2/AlSi10Mg 复合粉末，通过在铝熔体中加入 K_2TiF_6 与 KBF_4 发生化学反应，在制造粉末过程中生成细小 TiB_2 相，其随后的冷喷涂过程与普通粉末冷喷涂一样，获得含有 TiB_2 强化相的复

图 5-59　雾化法原位生成 TiB₂/AA7075 复合粉末[39]

（a）粒子表面形貌；（b）粒子表面局部放大可看到细小 TiB₂ 相；（c）粉末断面形貌；
（d）粉末断面 EBSD 分析；（e）晶粒尺寸分布；（f）粉末断面（c）的局部放大

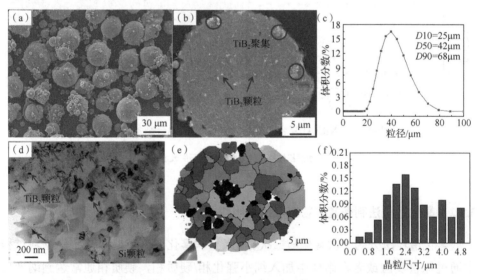

图 5-60　雾化法原位生成 TiB₂/AlSi10Mg 复合粉末[40]

（a）粉末表面形貌；（b）粉末断面形貌；（c）粉末粒径分布；（d）粉末断面高倍 TEM 分析；
（e）粉末断面 EBSD 分析；（f）晶粒尺寸分布
Dx-小于该粒径的粉末体积分数为 x%，x=10,50,90

合涂层。如图 5-61 所示的 TiB_2/AlSi10Mg 复合涂层，在无 TiB_2 的纯 AlSi10Mg 粉末中［图 5-61（a），（c）］，本身就存在 Si 析出相，复合粉末制备的涂层中弥散分布了更多的 TiB_2 强化相［图 5-61（b），（d）］，可显著提升性能。

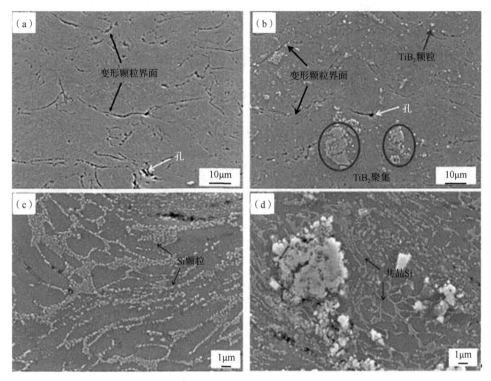

图 5-61　冷喷涂 AlSi10Mg 与 TiB_2/AlSi10Mg 复合涂层[40]

（a）AlSi10Mg；（b）TiB_2/AlSi10Mg；（c）AlSi10Mg 的局部放大；
（d）TiB_2/AlSi10Mg 的局部放大

高模量、高强度的特性使得碳纳米管（CNT）成为复合材料潜在的高性能增强相，但常规铸造、粉末冶金过程中所需要的高温加工环境，使得纳米尺度的 CNT 极易发生分解或与基材发生化学反应，导致难以发挥其优异的强化效应。沉积过程的固态低温特性使冷喷涂成为制备高性能 CNT 强化金属基复合材料的潜在有效方法。为了实现 CNT 在金属相中的均匀分布，采用预混复合粉末是行之有效的方法。图 5-62 为二次雾化造粒形成的碳纳米管（CNT）与 Al-12Si 合金复合粉末、纯 Al 粉末混合后，制备复合涂层的工艺过程与涂层显微结构。通过上述过程，可获得 CNT 无分解与反应的复合材料涂层。

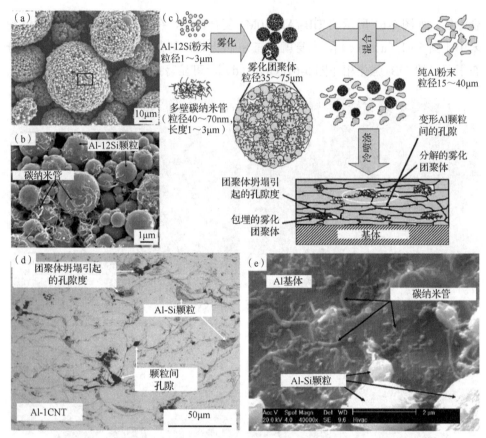

图 5-62　二次雾化制备碳纳米管/Al-12Si 复合粉末及冷喷涂层制备示意图[41]

(a) 二次造粒粉末形貌；(b) 单个复合粉末形貌放大，可看到碳纳米管与铝合金粒子；
(c) 粉末制备及与纯 Al 混合后喷涂示意图；(d) 冷喷涂混合粉末制备涂层断面组织；(e) 表面形貌

5.7.3　包覆法制备复合粉末及涂层组织

包覆法制备复合粉末主要是基于化学镀、气相沉积或水热还原等工艺方法，通常为 Ni 或 Cu 包覆另一种相，用于耐磨、减磨、导电等，比如 Ni 包氧化铝、Ni 包石墨、Cu 包石墨、Cu 包金刚石等，甚至还有一些用于热喷涂陶瓷涂层打底层的 Ni 包 Al、Al 包 Ni 粉等。

采用 Ni 包 Al$_2$O$_3$ 粉末冷喷涂制备的涂层断面金相组织如图 5-63 所示，氧化铝粒子在涂层中分布比较均匀，而且含量较高，虽然喷涂过程中表面 Ni 层破碎导致一部分氧化铝粒子反弹脱落，但是后述的性能测试表明涂层仍具有良好的耐磨性能与抗中温氧化性能。需要说明的是，涂层断面组织中呈黑色的大块区域并非孔隙，而是金相试样制备过程中内部的氧化铝粒子脱落所致。如图 5-64 所示，针对金属石墨复合涂层的制备，当采用简单机械混合粉末时，无法将石墨喷涂到涂层中（密度小，易被气流带走），只有采用包覆结构粉末才可以将大片石墨复合到涂层内部，当采用 Ni 包石墨与纯 Al 粉末复合后，在冷喷涂制备复合涂层中可降低石墨粒子的碰撞破碎程度，因此可通过调整混合粉末中复合粉末的比例，实现涂层中石墨含量的调控。

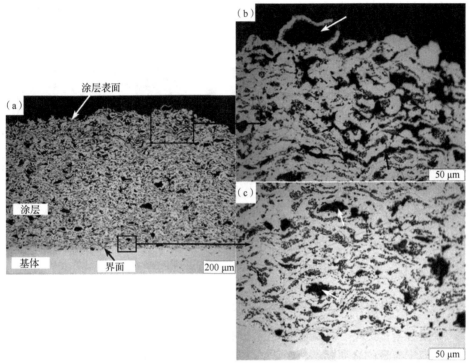

图 5-63　冷喷涂 Ni 包氧化铝粉末制备复合涂层断面金相组织

（a）涂层整体 OM 形貌；（b）涂层表面局部放大；（c）涂层与基体界面局部放大

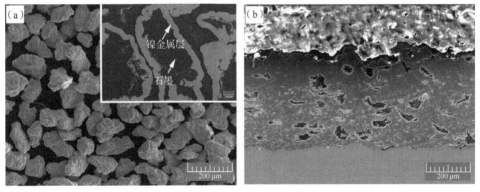

图 5-64　冷喷涂 Ni 包石墨粉与纯 Al 粉末复合制备涂层断面组织

（a）Ni 包石墨粉表面及断面形貌；（b）复合涂层

　　采用 Cu 包金刚石复合粉末与纯 Al 和纯 Cu 粉 1：1 混合后，采用氦气冷喷涂制备的复合涂层断面组织如图 5-65 所示，同样，绝大部分金刚石粒子被保留在涂层中，通过调控复合粉末含量可以获得不同导热/导电性能的涂层。与直接机械混合的方法相比，由于在粒子碰撞沉积过程中金属相可起到变形缓冲作用，因此金属包覆硬质相可显著降低硬质相的破碎概率。同时，金属包覆层在复合材料中作为硬质相与金属基体相的中间过渡层，可显著提升二者之间的结合质量，提高复合材料的导热与力学性能。

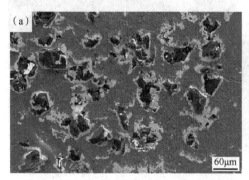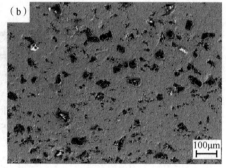

图 5-65　氦气冷喷涂 Cu 包金刚石复合粉末与纯 Al 和纯 Cu 粉 1：1 混合粉末涂层断面组织[42,43]

(a) Al；(b) Cu

5.7.4　烧结法制备硬质合金粉末及涂层组织

　　硬质合金（又叫"金属陶瓷"）是一类超耐磨的材料，由高体积分数的硬质陶瓷相与一定含量的金属黏结相组成。以常见的 WC-12Co 为例，其内部含有质量分数 88% 的 WC 陶瓷粒子与 12% 的金属 Co。由于兼具陶瓷的高硬度、高耐磨性与金属的韧性，因此广泛应用于耐磨、机加工的刀模具。超音速火焰喷涂是制备硬质合金涂层的常用方法，已经被大量应用于耐磨、耐冲击、耐腐蚀工况下的耐磨零部件。然而，热喷涂过程中粉末粒子会发生部分熔化，碳化物会发生一定程度的溶解与分解，因此其性能不如同成分的粉末冶金块体。尽管粉末冶金领域的研究结果表明，采用纳米尺度的硬质粒子作为增强相，制备纳米结构的碳化物基硬质合金可进一步显著提升硬质合金的硬度与耐磨性，但采用超音速火焰喷涂时发现，由于纳米粒子比表面积更大，上述黏结相熔化引起的 WC 及其分解反应更加严重，制备的涂层性能反而不如常规微米结构的金属陶瓷涂层。冷喷涂发展之初，恰逢全球范围内纳米结构材料的开发热潮，因此喷涂领域的研究人员普遍认为，沉积过程的固态低温特性使得冷喷涂成为突破纳米尺度碳化物增强相分解难题的有效方法，是制备高性能纳米结构硬质合金涂层的潜在有效技术。然而，大量初期的尝试均以失败告终，主要是硬质合金粉末的硬度极高（通常硬度>1200HV），塑性变形能力较差。因此，在冷喷涂高速撞击过程中，第一层的硬质合金粉末粒子可以机械咬合镶嵌于软质的金属基材表面,而后续的硬质合金粒子将撞击到同样难以塑性变形的硬质合金镶嵌层表面,难以通过协调变形形成结合而沉积,发生破碎、反弹而难以获得连续涂层,且厚度不超过 10μm,不满足工业需求。进一步研究结果表明,通过将硬质合金的粒子加热到 1000℃以上,并以氦气作为加速气体将粒子加速到极高的速度,可以获得高致密度且具有一定厚度的涂层,涂层的硬度可达 1500HV,达到与相同结构粉末冶金块体相当的硬度水平。然而结果发现,过高的粒子碰撞速度与硬质合金涂层自身塑性变形能力较差的特点,使得涂层极易发生开裂、分层等现象。同时氦气价格极高,难以工业化推广。

　　为了解决上述难题,研究提出了一种通过多孔结构粉末设计,利用粒子撞击过程中孔隙坍塌引起的"伪变形"实现高硬度金属陶瓷涂层高效沉积的方案。西安交通大学李长久教授团队研究发现[44],烧结硬质合金粉末的致密度对粒子沉积影响很大,如图 5-66 所示,适当孔隙率的粉末容易制备涂层,而高致密的粉末很难制备厚涂层。研究单个粒子碰撞行为发现,单个粒子与基体撞击时,粒子下半部分的孔隙会发生坍塌而消失,通过这一"伪变形"特征而实现与基体的有效结合,由于粒子上半部分受到撞击影响较小,依然保持多孔结构,赋予了该粒子上半部分作为基体可"伪变形"的能力。当后续粒子撞击到已沉积粒子的多孔表层时,双方均可通过孔隙坍塌的"伪变形"达到变形协调,从而实现有效沉积,获得较厚的涂层。

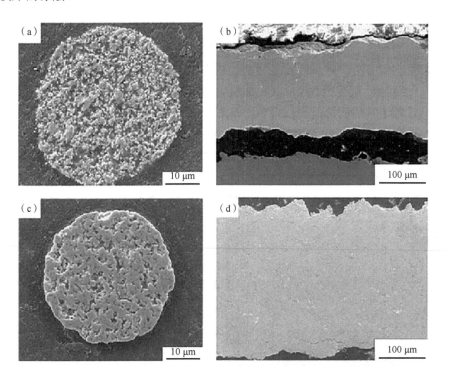

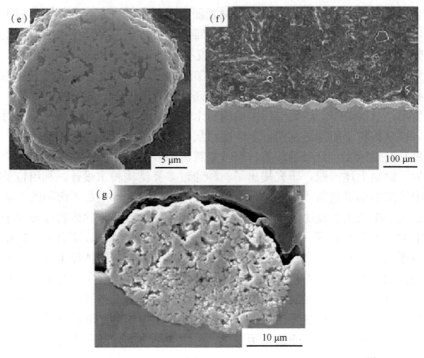

图 5-66　不同致密度 WC-Co 粉末及冷喷涂制备涂层断面形貌[44]

（a）高孔隙率粉末（44%）；（b）高孔隙率粉末的冷喷涂层；（c）中等孔隙率粉末（30%）；（d）中等孔隙率粉末的冷喷涂层；（e）低孔隙率粉末（5%）；（f）低孔隙率的冷喷涂层；（g）单个高孔隙粒子碰撞实验

如图 5-67 所示，进一步可通过初始粉末中 WC 粒子的微纳双尺度调配，获得微纳双尺度 WC 强化的 WC-12Co 涂层，并可通过粉末的球磨时间对纳米、微米尺度 WC 粒子含量的比例进行调节。如图 5-68 所示，力学性能测试结果显示，该涂层的硬度最高可达 1900HV，断裂韧性 K_{IC} 接近 20MPa·m$^{0.5}$，远高于超音速火焰喷涂与温喷涂（warm spray）制备的同成分涂层，甚至高于单一纳米结构的粉末冶金块材。

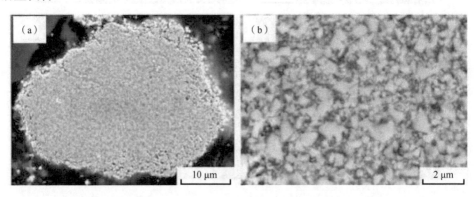

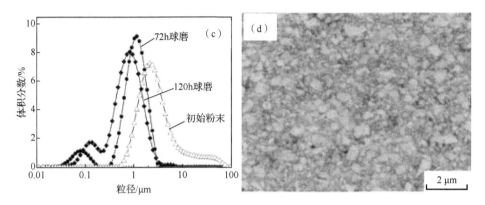

图 5-67　冷喷涂微纳双尺度 WC-12Co 硬质合金涂层[45]

（a）微纳双尺度多孔 WC-12Co 粉末；（b）72h 球磨粉末制备涂层断面；
（c）涂层内 WC 粒子粒径分布；（d）120h 球磨粉末制备涂层断面

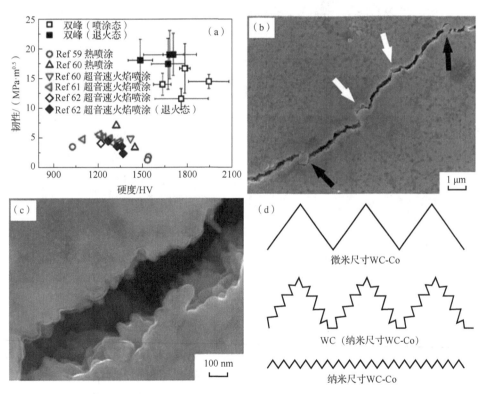

图 5-68　冷喷涂微纳双尺度 WC-12Co 硬质合金涂层的力学性能与强韧化机理[46]

（a）断裂韧性、硬度对比；（b）微米尺度 WC 粒子的裂纹偏转效应；（c）纳米尺寸 WC 粒子的偏转效应；
（d）韧化机理示意图

在摩擦磨损条件下，通常更大尺寸的硬质相可更为有效地阻挡摩擦副对软质基材的刨削作用，因此可获得更优的耐磨损性能。为了实现大粒径强化相的有效沉积，西安交通大学 Luo 等[47]提出了采用软质外壳包覆高硬度硬质合金核壳结构粉末制备双模结构硬质合金涂层的方案。如图 5-69 所示，以低金属含量的高硬度 WC-6Co 粉末与亚微米尺度的 Co 粉末为原料，通过球磨方法，利用类似"滚雪球"的原理，在 WC-6Co 硬质外壳表面包覆一层软质外壳。由于冷喷涂粒子撞击过程中，塑性变形主要发生在粒子表面与近表面，因此软质外壳的存在不仅可实现粉末粒子的有效沉积，还可获得核壳结构的双模结构 WC-Co 硬质合金涂层[47]。

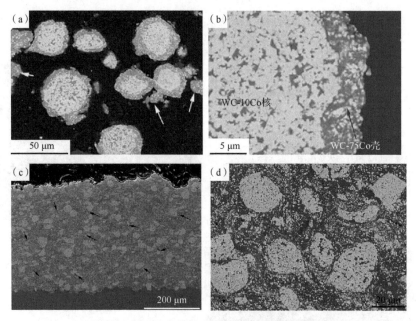

图 5-69　通过球磨工艺制备复合硬质合金粉末及其冷喷涂层断面组织[47]

（a）粉末断面形貌：高 Co 含量粉末包覆低 Co 含量粉末；（b）单个粒子断面局部放大图；
（c）冷喷涂复合涂层；（d）涂层局部放大图

综上所述，利用冷喷涂固态低温沉积的特点，可避免现有涉及高温过程的材料制备工艺对材料显微组织与性能造成的不利影响，还可通过对冷喷涂粒子变形、显微组织演变、沉积行为等的深入认识与理解，进一步利用上述特征获得比现有材料性能更优的材料。

参 考 文 献

[1] YIN S, WANG X F, SUO X K, et al. Deposition behavior of thermally softened particles in cold spraying[J]. Acta Materialia, 2013, 61(14): 5105-5118.

[2] YIN S, WANG X F, XU B P, et al. Examination on the calculation method for modeling the multi-particle impacting process in cold spraying[J]. Journal of Thermal Spray Technology, 2010, 19(5): 1032-1041.

[3] Advanced coating: Thermal spray. [EB/OL]. [2021-01-19]. http: //www. advanced-coating. com/english/spraying. htm.

[4] 李文亚. 粒子参量对纳米结构金属涂层冷喷涂沉积特性影响的研究[D]. 西安: 西安交通大学, 2005.

[5] LI W Y, LI C J, LIAO H. Effect of annealing treatment on the microstructure and properties of cold-sprayed Cu coating[J]. Journal of Thermal Spray Technology, 2006, 15(2): 206-211.

[6] YIN S, JENKINS R, YAN X C, et al. Microstructure and mechanical anisotropy of additively manufactured cold spray copper deposits[J]. Materials Science and Engineering A, 2018, 734: 67-76.

[7] LI W Y, ZHANG C, LIAO H, et al. Effect of heat treatment on microstructure and mechanical properties of cold sprayed Ti coatings with relatively large powder particles[J]. Journal of Coatings Technology and Research, 2009, 6(3): 401-406.

[8] LI W Y, CAO C C, YIN S. Solid-state cold spraying of Ti and its alloys: A literature review[J]. Progress in Materials Science, 2020, 110(5): 440-457.

[9] LI W Y, ZHANG C, WANG H T, et al. Significant influences of metal reactivity and oxide film of powder particles on coating deposition characteristics in cold spraying[J]. Applied Surface Science, 2007, 253(7): 3557-3562.

[10] LI W Y, ZHANG C, GUO X P, et al. Effect of standoff distance on coating deposition characteristics in cold spraying[J]. Materials & Design, 2008, 29(2): 297-304.

[11] FAN N S, CIZEK J, HUANG C J, et al. A new strategy for strengthening additively manufactured cold spray deposits through in-process densification[J]. Additive Manufacturing, 2020, 86(9): 20-55.

[12] 李长久, 雒晓涛, 杨冠军. 一种高致密冷喷涂金属/金属基沉积体的制备方法和应用: ZL201510172327. 1[P]. 2015-09-09[2018-10-30].

[13] LUO X T, WEI Y K, WANG Y, et al. Microstructure and mechanical property of Ti and Ti6Al4V prepared by an in-situ shot peening assisted cold spraying[J]. Materials & Design, 2015, 85(15): 527-533.

[14] WEI Y K, LUO X T, LI C X, et al. Optimization of in-situ shot-peening-assisted cold spraying parameters for full corrosion protection of mg alloy by fully dense Al-based alloy coating[J]. Journal of Thermal Spray Technology, 2017, 26(1-2): 173-183.

[15] LUO X T, YAO M L, MA N, et al. Deposition behavior, microstructure and mechanical properties of an in-situ micro-forging assisted cold spray enabled additively manufactured Inconel 718 alloy[J]. Materials & Design, 2018, 155: 384-395.

[16] ZHOU H X, LI C X, JI G, et al. Local microstructure inhomogeneity and gas temperature effect in in-situ shot-peening assisted cold-sprayed Ti-6Al-4V coating[J]. Journal of Alloys and Compounds, 2018, 766: 694-704.

[17] WEI Y K, LI Y J, ZHANG Y, et al. Corrosion resistant nickel coating with strong adhesion on AZ31B magnesium alloy prepared by an in-situ shot-peening-assisted cold spray[J]. Corrosion Science, 2018, 138: 105-115.

[18] 雒晓涛, 魏瑛康, 张越, 等. 原位微锻造冷喷涂制备高致密铝基涂层及耐腐蚀性能[J]. 表面技术, 2019, 48(4): 34-39.

[19] WEI Y K, LUO X T, CHU X, et al. Deposition of fully dense Al-based coatings via in-situ micro-forging assisted cold spray for excellent corrosion protection of AZ31B magnesium alloy[J]. Journal of Alloys and Compounds, 2019, 806: 1116-1126.

[20] WEI Y K, LUO X T, CHU X, et al. Solid-state additive manufacturing high performance aluminum alloy 6061 enabled by an in-situ micro-forging assisted cold spray[J]. Materials Science and Engineering A, 2020, 776(3): 139024.

[21] 葛益, 雒晓涛, 李长久. 冷喷涂固态粒子沉积中粒子间结合形成机制研究进展[J]. 表面技术, 2020, 49(7): 60-67.

[22] 魏瑛康. 原位微锻造辅助冷喷涂金属的组织形成原理与性能研究[D]. 西安: 西安交通大学, 2021.

[23] LI C J, LI W Y, WANG Y Y, et al. Effect of Spray Angle on Deposition Characteristics in Cold Spraying[C]. Orlando, USA: 2003 International Thermal Spray Conference, 2003.

[24] LUO X T, LI Y J, LI C X, et al. Effect of spray conditions on deposition behavior and microstructure of cold sprayed Ni coatings sprayed with a porous electrolytic Ni powder[J]. Surface and Coatings Technology, 2016, 289: 85-93.

[25] LUO X T, LI C X, SHANG F L, et al. High velocity impact induced microstructure evolution during deposition of cold spray coatings: A review[J]. Surface and Coatings Technology, 2014, 254: 11-20.

[26] WANG Q, LUO X T, TSUTSUMI S, et al. Measurement and analysis of cold spray residual stress using arbitrary Lagrangian-Eulerian method[J]. Additive Manufacturing, 2020, 35: 101296.

[27] FENG Y, LI W Y, GUO C W, et al. Mechanical property improvement induced by nanoscaled deformation twins in cold-sprayed Cu coatings[J]. Materials Science and Engineering A, 2018, 727: 119-122.

[28] YIN S, WANG X F, LI W Y, et al. Deformation behavior of the oxide film on the surface of cold sprayed powder particle[J]. Applied Surface Science, 2012, 259: 294-300.

[29] LI Y J, WEI Y K, LUO X T, et al. Correlating particle impact condition with microstructure and properties of the cold-sprayed metallic deposits[J]. Journal of Materials Science & Technology, 2020, 40: 185-195.

[30] YINS, CIZEK J, YAN X C, et al. Annealing strategies for enhancing mechanical properties of additively manufactured 316L stainless steel deposited by cold spray[J]. Surface and Coatings Technology, 2019, 370: 353-361.

[31] CHEN C Y, XIE Y C, LIU L T, et al. Cold spray additive manufacturing of Invar 36 alloy: Microstructure, thermal expansion and mechanical properties[J]. Journal of Materials Science & Technology, 2021, 72: 39-51.

[32] LI W Y, ASSADI H, GAERTNER F, et al. A review of advanced composite and nanostructured coatings by solid-state cold spraying process[J]. Critical Reviews in Solid State and Materials Sciences, 2019, 44(2): 109-156.

[33] XIE X L, YIN S, RAOELISON R, et al. Al matrix composites fabricated by solid-state cold spray deposition: A critical review[J]. Journal of Materials Science & Technology, 2021, 86: 20-55.

[34] LI W Y, ZHANG G, ZHANG C, et al. Effect of ball milling of feedstock powder on microstructure and properties of TiN particle-reinforced Al alloy-based composites fabricated by cold spraying[J]. Journal of Thermal Spray Technology, 2008, 17(3): 316-322.

[35] LUO X T, YANG G J, LI C J. Multiple strengthening mechanisms of cold-sprayed cBNp/NiCrAl composite coating[J]. Surface and Coatings Technology, 2011, 205: 4808-4813.

[36] LUO X T, YANG G J, LI C J, et al. High strain rate induced localized amorphization in cubic BN/NiCrAl nanocomposite through high velocity impact[J]. Scripta Materialia, 2011, 65: 581-584.

[37] LUO X T, LI C J. Tailoring the composite interface at lower temperature by the nanoscale interfacial active layer formed in cold sprayed cBN/NiCrAl nanocomposite[J]. Materials & Design, 2018, 140: 387-399.

[38] LUO X T, LI C J. Thermal stability of microstructure and hardness of cold-sprayed cBN/NiCrAl nanocomposite coating[J]. Journal of Thermal Spray Technology, 2012, 21: 578-585.

[39] XIE X L, MA Y, CHEN C Y, et al. Cold spray additive manufacturing of metal matrix composites(MMCs) using a novel nano-TiB2-reinforced 7075Al powder[J]. Journal of Alloys and Compounds, 2020, 819(4): 39-51.

[40] XIE X L, CHEN C Y, CHEN Z, et al. Achieving simultaneously improved tensile strength and ductility of a nano-TiB2/AlSi10Mg composite produced by cold spray additive manufacturing[J]. Composites Part B, 2020, 202: 108404.

[41] BAKSHI S R, SINGH V, BALANI K, et al. Carbon nanotube reinforced aluminum composite coating via cold spraying[J]. Surface & Coatings Technology, 2008, 202(21): 5162-5169.

[42] CHEN C Y, XIE Y C, YAN X C, et al. Tribological properties of Al/diamond composites produced by cold spray additive manufacturing[J]. Additive Manufacturing, 2020, 36: 490-494.

[43] YIN S, XIE Y C, CIZEK J, et al. Advanced diamond-reinforced metal matrix composites via cold spray: Properties and deposition mechanism[J]. Composites Part B: Engineering, 2017, 113: 44-54.

[44] GAO P H, LI Y G, LI C J, et al. Influence of powder porous structure on the deposition behavior of cold-sprayed WC-12Co coatings[J]. Journal of Thermal Spray Technology, 2008, 17(5-6): 742-749.

[45] YANG G J, GAO P H, LI C X, et al. Simultaneous strengthening and toughening effects in WC-(nanoWC-Co)[J]. Scripta Materialia, 2012, 66(10): 777-780.

[46] YANG G J, GAO P H, LI C X, et al. Mechanical property and wear performance dependence on processing condition for cold-sprayed WC-(nanoWC-Co)[J]. Applied Surface Science, 2015, 332: 80-88.

[47] LUO X T, LI C X, SHANG F L, et al. WC-Co composite coating deposited by cold spraying of a core-shell-structured WC-Co powder[J]. Journal of Thermal Spray Technology, 2015, 24: 100-107.

第 6 章　冷喷涂层的性能

冷喷涂层材料的化学成分、粒子间的结合质量及组织特征决定涂层性能，而涂层性能是反映涂层质量的重要指标。作为涂层（甚至增材制造部件与修复体），其性能是否满足所处的服役条件要求是其能否被应用的重要前提。另外，不同应用领域（防护涂层、功能涂层、增材制造或修复）及其服役环境，对沉积材料种类、基本性能与使用性能的要求不同。因此，系统理解冷喷涂材料沉积体的各种性能及其变化规律是指导冷喷涂工艺应用的基础。例如，针对增材制造领域，冷喷涂沉积体的强度与塑性等需要通过粉末设计、工艺优化、后处理等手段联合调控，才能满足应用目标。本章主要讨论冷喷涂层的基本性能特征及主要影响因素。

6.1　冷喷涂层性能分类

冷喷涂基于粒子塑性变形实现沉积的工艺特点使其主要用于纯金属或合金涂层、金属基复合涂层、特种新合金材料等具有一定塑性变形能力的材料沉积制备。虽然研究表明，采用亚微米尺度粉末粒子或亚微米、纳米尺寸的团聚粉末，冷喷涂也可以制备陶瓷涂层，但通常需要在真空条件下实现沉积，与常规冷喷涂在大气环境下进行沉积不同，因此本章不做过多描述与讨论。借鉴传统热喷涂涂层性能检测项目[1]，冷喷涂层的基本性能主要包括力学性能与物理性能两大类，以下分别来说明。

1. 硬度

硬度是涂层力学性能的一个基本指标。冷喷涂制备涂层中，粒子经历高速碰撞发生大变形，发生不同程度的加工硬化，相比于原始粉末（甚至同材料块材），硬度显著增加。由于涂层厚度有限，为了满足测试条件，通常采用维氏显微硬度仪进行测量，偶尔采用洛氏硬度表征更宏观的硬度。

2. 结合强度

结合强度通常指涂层与基体之间的界面结合强度（adhesion），是涂层力学性能的重要指标之一，当沉积体作为涂层或者修复层使用时，在具有外力作用的某些工况下决定涂层与基体体系保持完整性的能力，因此是应用的重要前提，也是工艺优化的重要目标之一。在同样制备条件下，结合强度因不同的材料组合而不同，即使涂层与基体是同种材料，膜基结合界面也是相对较弱的部位。结合强度测试时，可以对涂层表面施加拉应力，也可施加切应力，目前国内外最常用的方法是参照 ASTM C633—13（美标）、GB 8642—88（国标）等标准，采用黏结剂黏接拉伸测试获得。基材试样一般为直径 25mm 或 25.4mm（1 英寸）的带内（或外）螺纹的圆棒，在圆棒端面制备一定厚度的涂层，然后用黏结剂将试样与尺寸相同的对偶圆棒试样黏合后进行拉伸实验，具体可参考文献［1］或相关标准，若断裂发生在涂层与基体界面上（真正的结合强度），则可通过拉伸载荷除以试样断面积获得涂层的抗拉结合强度；若断裂发生在涂层内，则可获得涂层沿厚度方面的抗拉内聚结合强度，此时的结合强度大于测试值；如果断裂发生在胶层内，则不能直接获得涂层的结合强度，但表明涂层的结合强度高于测试的断裂强度。

　　由于目前黏接试样通常采用高黏结强度的环氧树脂胶，其自身的抗拉强度通常不高于 70MPa，因此当涂层结合强度超过 70MPa 时，上述方法不能直接获得结合强度。有学者采用钎焊代替胶黏（试样尺寸可以是标准试样，也可以是非标的小断面尺寸），图 6-1 为涂层结合强度拉伸实验原理，钎料熔化的温度相对较高，在钎焊过程中，涂层自身组织或界面结构可能会发生变化，这种趋势对低熔点材料可能影响更大。因此，采用该方法测试时需要根据沉积层材料进行综合考虑。另外，还可将试样设计成拉拔形式。图 6-2 为涂层结合强度拉拔式拉伸实验原理图，如图所示，将涂层喷涂到组合式基体上，不需要胶黏，即可通过拉伸反映涂层与销钉基体的结合强度。也有学者采用剪切实验法测量涂层剪切强度。图 6-3 为剪切实验法测量涂层与基体结合强度原理图，如图所示，在圆棒试样表面喷涂一定厚度涂层，然后加工成规则的环状（可计算结合面面积），用涂层剥离时的最大载荷除以结合面积，即为涂层的剪切结合强度。

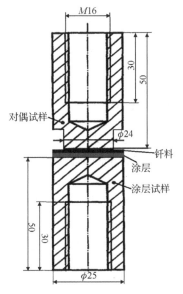

图 6-1　涂层结合强度拉伸实验原理
（单位：mm）

改进型，采用钎焊连接试样，往往用于高温材料、高结合强度涂层，为了更好钎焊边缘，对偶试样直径略小于涂层试样；

M-螺纹直径；ϕ-直径

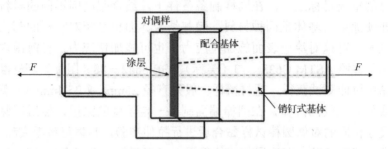

图 6-2　涂层结合强度拉拔式拉伸实验原理

销钉式基体与配合基体尽量光滑配合，有一定锥度，侧壁摩擦尽量少，影响测试结果，
可根据情况做一定修正；对偶样也可通过卡槽等形式与配合基体装配；F-载荷

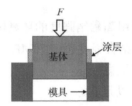

图 6-3　剪切实验法测量涂层与基体结合强度原理图

剪切强度与正结合强度有一定的换算关系

3. 内聚结合强度

内聚结合强度即涂层自身强度（cohesion），也是涂层力学性能的重要指标之一，一般通过拉伸实验获得，但通常需要采用从基体剥离，即去除基体后的涂层进行测试。图 6-4 为涂层自身强度测试平板状拉伸试样示意图，将较厚（一般大于 0.5mm）涂层从基体剥离，制成一定标准或非标的板状拉伸试样（图 6-4）或者圆棒状拉伸试样。由于采用化学腐蚀或者机械去除的方法剥离涂层的过程相对困难，且可能对涂层自身产生不利影响，也有学者采用特殊设计的管状拉伸试样。

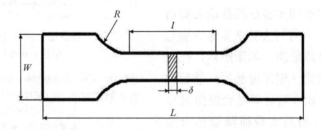

图 6-4　涂层自身强度测试平板状拉伸试样示意图

图 6-5 为涂层自身强度测试圆管状试样示意图,将装配好的两个对偶试样沿轴线对中,端面对齐,在外圆表面喷涂一定厚度的涂层,然后做拉伸实验,涂层的内聚结合强度即为断裂载荷除以涂层的断面积。还可采用压缩实验测量涂层块体的内聚强度。

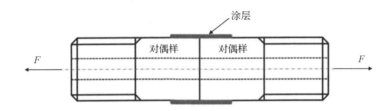

图 6-5 涂层自身强度测试圆管状试样示意图

4. 弯曲强度

在有些情况下或特殊应用场合,喷涂涂层后的工件受到弯曲应力或者涂层内聚结合强度不易测试时,可以考虑弯曲实验法,但弯曲强度属于定性或半定量表征。一般采用三点弯曲法,图 6-6 是涂层三点弯曲及最大拉应力/剪应力求解示意图,如图所示,在一个较薄的基体上喷涂一定厚度的涂层,涂层向下,进行三点弯曲压入,涂层弯曲一定角度,如 90°,甚至 180°,类似热喷涂的评价方法,被弯曲涂层有轻微裂纹为合格,涂层龟裂为合格下限,涂层有明显大片脱落为不合格。图 6-7 为 TC4 钛合金基体上冷喷涂 TC4 涂层后弯曲 90°实验后的表面形貌,为合格产品。此外,根据材料力学与实验力-位移曲线,通过适当的估算,可以获得涂层的强度,根据图 6-6 应力分析可得,最大正应力 $\sigma_{\max}$ 与剪切力 $\tau_{\max}$ 分别如式(6-1)与式(6-2)所示:

$$\sigma_{\max} = \frac{3FL}{2bh^2} \tag{6-1}$$

$$\tau_{\max} = \frac{3F}{4bh} \tag{6-2}$$

式中,F 为最大载荷(N);L 为支点间距(mm);b 为试样宽度(mm);h 为试样总高度。最大正应力可以表征涂层的抗拉强度,最大剪切力可以表征涂层与基体的结合强度。

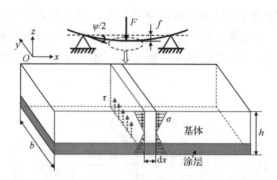

图 6-6　涂层三点弯曲及最大拉应力/剪应力求解示意图

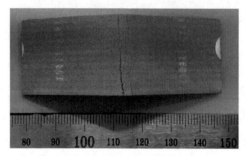

图 6-7　TC4 钛合金基体上冷喷涂 TC4 涂层后弯曲 90°实验后的表面形貌

有裂纹，无脱落，合格

5. 抗冲击性能

抗冲击性能是指涂层（或者连同基体）作为结构材料使用时，在冲击载荷下的抗破碎、断裂或剥落性能。例如，采用落球式冲击实验进行定性表征涂层是否耐冲击。还可以采用《金属材料　夏比摆锤冲击试验方法》（GB/T 229—2020），试样设计可以包括基体，也可以不包括基体，定量研究涂层的断裂韧性、裂纹扩展行为等。

6. 疲劳性能

疲劳性能是涂层的重要服役性能指标之一，指涂层连同基体在一定循环载荷或振动载荷作用下，涂层疲劳失效剥离的特性。当冷喷涂用于防护涂层、构件修复或增材制造时，如果构件受到周期性载荷，则必须对构件的疲劳性能加以考虑。在防护涂层与构件修复过程中，由于涂层材料、组织与残余应力状态的影响，均有可能对原始基材的疲劳寿命产生正面或者负面的影响。因此，可按照标准的疲劳实验准备试样,然后在试样表面喷涂一定厚度的涂层,测试涂层/基体体系的疲劳性能。加载形式可以是拉压交变载荷、压应力交变载荷、拉应力交变载荷、三点弯曲交变载荷、旋转弯曲交变载荷,具体的加载方式需要根据构件的实际服役工况进行选择,如果构件受到多种复合载荷的作用,则需参考构件的主要破坏失效加载形式。

周期性作用于构件的高低温热循环载荷,也可被认为是疲劳的一种形式。周期高低温作用时,涂层与基体存在温度差异、弹性模量差异、热膨胀系数差异,会在涂层与基体体系内产生应力,此应力可能导致涂层的开裂、剥落等失效情况。另外,高低温热循环过程本身还会引入材料组织演变、氧化等现象,情况比单纯加载更为复杂。因此,在做高低温疲劳实验时,需要参考构件实际的服役条件与失效形式,设定具体的峰值温度(又称"最高温度")、加热时间、加热方式、冷却方式、冷却时间、失效判据等。

7. 耐摩擦磨损性能

耐摩擦磨损性能是涂层的重要服役性能指标之一,指工业部件表面涂层与它相接触的物体/部件在相对运动的条件下抵抗磨损的能力。一般采用摩擦磨损实验进行评定,并取一定的参照物进行比较(如基材)。涂层的耐摩擦磨损性能取决于涂层材料种类,涂层组织,孔隙率,环境工况介质(摩擦副类型、有无润滑条件),接触条件(接触力、相对运动速度、温度等)等。主要实验方法有:一定条件下的摩擦系数测定与磨损率测定,磨粒磨损实验(如销盘式磨料磨损实验、橡胶轮磨料磨损实验),滑动摩擦磨损实验,滚-滑动摩擦磨损实验,砂粒冲蚀实验。当然也可以设计其他更接近具体工况的摩擦磨损实验,如微动磨损,在微小位移载荷下的往复摩擦微动磨损,常见于发动机叶盘-叶片间榫槽连接部位、机械固定的振动部件等。

8. 耐腐蚀性能

耐腐蚀性能是涂层的重要服役性能指标之一,指涂层在一定腐蚀介质条件下的可能失效形式。常有自然环境腐蚀(如水、大气、海水),化学介质腐蚀,高温(氧化)腐蚀,熔融金属/炉渣腐蚀等。当然,也有其他复合形式的腐蚀,如应力腐蚀、腐蚀磨损等。如同耐摩擦磨损性能一样,耐腐蚀性能的评价方法也很多,如采用电化学测试系统评价涂层与基体体系的阻抗谱、腐蚀电位、腐蚀电流、钝化电流等,也可以通过标准的(或特定的)腐蚀实验来评价。腐蚀实验包括实验室和现场实验。实验室腐蚀实验最常用,又可分为室温或加热的液态浸渍腐蚀(包括静态全浸式、部分浸渍式、气腐蚀等流液浸渍等），气体腐蚀（包括高温氧化硫化腐蚀），电化学腐蚀，盐雾腐蚀，熔盐腐蚀等。现场腐蚀实验直接将样品置于相应的工作环境中进行。冷喷涂层是由单个粒子高速碰撞、逐渐堆叠形成的，涂层组织类似砖墙结构，变形沉积的单个粒子可比作砖块，而粒子间结合界面类似砖缝。"砖墙-涂层"的性能不仅与"砖块-粒子"的自身材料成分有关，还显著依赖于"砖缝-粒子间界面"。对于特定服役环境下的耐腐蚀涂层设计，不仅涂层材料自身必须耐腐蚀，同时需要粒子间结合质量完好，否则腐蚀介质可通过未结合粒子界面渗入涂层内部，达到涂层与基材界面，在基材表面迅速产生腐蚀产物，腐蚀产物的快速生长膨胀导致涂层鼓包、开裂，最终使涂层失效。

9. 残余应力

残余应力是涂层应用时重要的参考指标之一。残余应力是涂层制备过程中必然引入的一个现象，有时是有益的（如压应力），大部分情况是有害的（如变形、裂纹等），因此在工艺评定时需要对残余应力进行评价。目前，残余应力的评价方法主要有破坏性方法和非破坏性的无损检测方法，破坏性方法主要有盲孔法、轮廓法；非破坏性方法主要有 X 射线衍射法与中子衍射法。盲孔法需要在试样表面打孔，属于破坏性的，同时必须满足涂层厚度较大；轮廓法需要对样品进行切割，且需要通过特殊装备测试最终断面轮廓，操作复杂。X 射线或中子不需要接触，属于非破坏性测量方法，X 射线衍射方法测试过程简单、快速，但精度较低，且由于 X 射线穿透深度极低（通常<10μm），仅能测试涂层表面的残余应力。中子衍射法测试精度高、穿透深度大，但测量成本极高，且可用的测试装备极其有限。

10. 力学性能各向异性

第 5 章讨论了冷喷涂层的非均匀（各向异性）组织，必然导致性能各向异性。对于构件需要关注的力学性能，一般呈现三维的各向异性（面内平行于喷涂方向、垂直于喷涂方向、涂层厚度方向），需要设计不同的试样来表征。表征方法参见抗拉强度。

11. 导电性

导电性是除密度与孔隙率之外的涂层重要物理性能之一。在电力电子应用场合需要考虑涂层的导电性。通过测量涂层的电阻率/电导率来表征。

12. 导热性

导热性是除密度与孔隙率之外的涂层重要物理性能之一。在散热、热沉、隔热或电路等应用场合的热管理部件表面涂层，需要考虑涂层导热性。通过测量涂层的热导率（或导热系数）来表征。由于金属的导电与导热都是通过电子传递来实现的，因此对于金属材料涂层，热导率与电导率的变化规律是一致的，可以通过经典的维德曼-弗兰兹定律（Wiedemann-Franz law），由电导率求出热导率[2]，如式（6-3）所示：

$$\frac{\lambda}{T\sigma} = L \tag{6-3}$$

式中，λ 是热导率 [W/（m·K）]；T 是开尔文温度（K）；σ 是电导率，为电阻率的倒数 [1/（m·Ω）]；L 是 Lorentz 数，一定条件下为常数，室温下 L 的理论值约 2.45×10^{-8} W·Ω/K^2[3]。

13. 生物特性

对于一些可用于生物材料的涂层，如 Ti、Ta、钛合金及它们与羟基磷灰石（HA）的复合涂层，其生物相容性需要表征。主要表征方法为细胞培养。

14. 其他性能

因特殊的应用需要测试的其他特殊性能，如磁学特性、光学特性、光催化特性等。

6.2　冷喷涂 Cu 涂层的性能

由于纯 Cu 具有极高的塑性变形能力，冷喷涂沉积相对容易，因此是最早用于冷喷涂研究的材料之一，也是目前学者研究最多的一种材料。本小节以 Cu 为例，详细介绍冷喷涂层性能的一般特征。

6.2.1　冷喷涂 Cu 涂层显微硬度

冷喷涂过程中，当粒子速度超过临界速度后，粒子碰撞基体或已沉积涂层将发生较大的塑性变形而沉积形成涂层。即使速度小于临界速度的粒子也会对已沉积涂层产生一定的喷丸强化作用。因此，冷喷涂层内将存在明显的变形硬化效应。本小节采用三种 Cu 粉，P-1：粒径小于 48μm，含氧量（质量分数）为 0.041%；P-2：粒径小于 38μm，含氧量为 0.044%；P-3：与 P-2 粉末粒径完全相同，但进行了预氧化处理，含氧量为 0.38%，可探讨粉末氧化对涂层性能的影响。

图 6-8 为气体条件对冷喷涂 Cu 涂层显微硬度的影响[2]，冷喷涂 Cu 涂层的显微硬度明显高于冷轧 Cu 板，表明冷喷涂 Cu 涂层中存在明显的变形硬化。由于

P-1 与 P-2 粉末基本相同，从图中还可发现，在氮气条件下，随着气体预热温度的增加，冷喷涂 Cu 涂层的显微硬度有增加的趋势。随着气体预热温度的升高，粒子的速度增加，因此粒子的变形将更剧烈，从而使涂层中的变形硬化效果更强，但与 Cu 本身的硬化能力有关，显微硬度不会随粒子速度增加无限制增加，基本在 150~160HV 达到饱和。但是采用氦气作为加速气体时，在较低的气体预热温度下所制备 Cu 涂层的显微硬度较高，这主要是因为粒子在氦气条件下得到的速度要比氮气条件下高得多，本研究中氦气条件下的粒子速度与氮气条件下预热约 610℃时相当。氦气条件下制备 Cu 涂层的显微硬度恰好与较高预热温度的氮气条件下制备涂层的相当。上述讨论结果表明，粒子速度对冷喷涂 Cu 涂层的显微硬度影响较大，而粒子温度对显微硬度的影响较小。因此，如果改变气体压力，也有类似的规律。

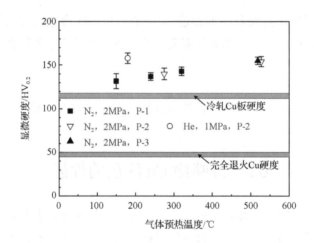

图 6-8　气体条件对冷喷涂 Cu 涂层显微硬度影响[2]

另外，从图 6-8 所示的气体条件对冷喷涂 Cu 涂层显微硬度影响规律中还发现，原始喷涂 Cu 粉末的含氧量在当前取值范围内对所制备涂层的硬度基本没有影响。这种现象说明，粒子沉积效率高，沉积粒子有冲击夯实效应，沉积效率低时，反弹粒子的冲击夯实产生了硬化涂层的作用。这一结果进一步表明，粒子速度是影响冷喷涂层显微硬度的主要因素。

6.2.2　冷喷涂 Cu 涂层结合性能

作为涂层，结合性能是影响涂层使用的关键指标之一。根据第 5 章的讨论，冷喷涂工艺条件影响涂层的组织结构，而涂层的组织结构又决定涂层的性能。因此，冷喷涂工艺条件必将对所制备涂层的结合性能产生影响。

图 6-9 为气体条件对冷喷涂 Cu 涂层与 Cu 基体之间的结合强度及 Cu 涂层内聚结合强度的影响[2]。选用胶黏拉伸法进行了测试，当断裂发生在涂层/基体界面上时最大强度为沉积体的结合强度；当断裂发生在沉积体内（基体上黏附了大量涂层）时测试结果为内聚结合强度（涂层自身强度）。采用三种喷涂条件，C1 为采用氮气、2MPa 及预热温度 275℃，目的是得到速度、温度都较低的粒子流；C2 为采用氮气、2MPa 及预热温度 525℃，目的是得到速度、温度都较高的粒子流；C3 为采用氦气、1MPa 及预热温度 180℃，目的是得到速度较高而温度较低的粒子流。从图 6-9 中可以发现，随着氮气预热温度的增加（C1、C2 条件），冷喷涂制备的 Cu 涂层与 Cu 基体结合强度及涂层内聚结合强度都增加。根据前面的研究结果，氮气预热温度的增加，导致 Cu 粒子的速度与温度增加，从而更有利于粒子的结合，因此所制备涂层的结合强度增加。另外，采用氦气制备的 Cu 涂层结合强度比采用氮气预热温度 525℃时稍高。分析其原因认为，当采用 C3 条件制备 Cu 涂层时，尽管粒子的温度较低，但粒子的速度较高，与采用氮气、2MPa 及预热约 525℃时相当，因此所制备的 Cu 涂层结合强度较高。上述讨论结果表明，粒子速度对冷喷涂制备的 Cu 涂层的结合强度影响较大。图 6-9 所示结果反映了气体条件对冷喷涂 Cu 涂层与 Cu 基体结合强度及 Cu 涂层内聚结合强度影响，从图中还可以发现，冷喷涂 Cu 涂层的内聚结合强度稍高于 Cu 涂层与 Cu 基体的结合强度。冷喷涂层与基体的结合强度决定了沉积过程中喷涂材料与基体材料碰撞时的结合状况，而涂层的内聚结合强度反映的是喷涂材料本身碰撞时的结合状况。理论上，当喷涂材料与基体材料不同时，两种材料力学性能（弹性模量、硬度等）的匹配将会影响结合。因此，同样的喷涂材料，在不同基体上制备涂层时，涂层与基体的结合强度不同。例如，如果基体是碳钢/不锈钢，Cu 涂层与基体的强度

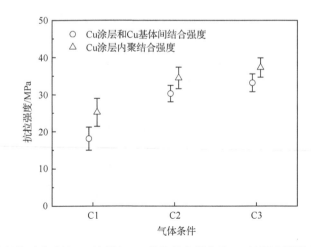

图 6-9　气体条件对冷喷涂 Cu 涂层与 Cu 基体结合强度及 Cu 涂层内聚结合强度影响[2]

将进一步降低。当喷涂材料与基体材料相同时，两种结合强度应该相当，但本研究条件下两种结合强度稍有不同。上述讨论结果说明，不仅基体材料的种类对涂层与基体的结合强度有影响，可能基体材料的表面状态（如粗糙度）与组织状态（基体晶粒大小、硬度，粉末的晶粒尺寸、硬度）对冷喷涂层的结合强度也有重要的影响。

　　粉末氧化对 Cu 涂层结合强度影响也非常显著，图 6-10 反映了采用氮气，气体压力为 2MPa，预热温度 525℃条件下粉末氧化对冷喷涂 Cu 涂层结合强度的影响，如图所示，同样气体喷涂条件下，除了明显降低的沉积效率，氧化粉末制备的涂层结合强度仅约为无氧化粉末的 54%。

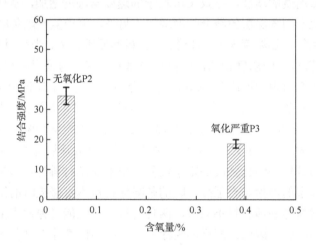

图 6-10　粉末氧化对冷喷涂 Cu 涂层结合强度的影响

采用氮气，气体压力为 2MPa，气体温度为 525℃

　　在上述研究条件下（主要是冷喷涂设备能力低，无法提供更高的粒子速度），冷喷涂 Cu 涂层的结合强度在 15～50MPa，基本与传统热喷涂层的结合强度相当。对上述冷喷涂 Cu 涂层拉伸断口两侧的形貌进行分析，典型结果分别如图 6-11～图 6-13 所示。图 6-11 为采用氮气在 2MPa、525℃冷喷涂 Cu 涂层拉伸断口形貌，图 6-12 为采用氦气在 1MPa、180℃制备 Cu 涂层拉伸断口形貌，图 6-13 为采用 P-3 粉末在氮气 2MPa、520℃冷喷涂 Cu 涂层拉伸断口形貌。在三种条件下，不管原始粉末是否氧化严重，两侧断口的形貌基本类似，断裂基本发生在粒子间界面上，基体上仍然黏附了大量的 Cu 粒子，而且断裂界面比较光滑，表明三种条件下粒子间结合以较弱的物理结合/机械结合为主，涂层中还存在粒子间未结合界面及粒子变形能力不足造成的较大间隙（气孔）。因此，整体涂层的拉伸结合强度要远低于相应块材（强度超过 200MPa）。

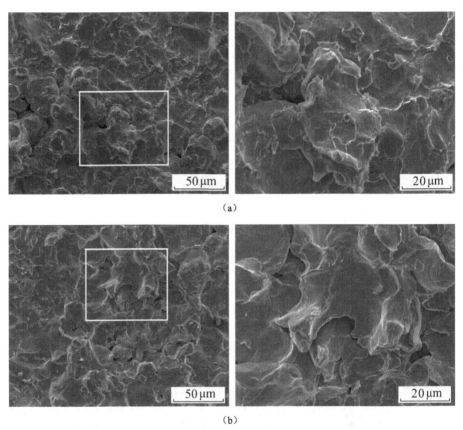

（a）

（b）

图 6-11　采用氮气在 2MPa、525℃冷喷涂 Cu 涂层拉伸断口形貌

（a）基体侧；（b）涂层侧

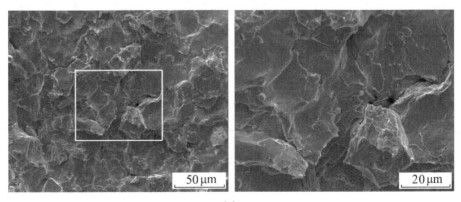

（a）

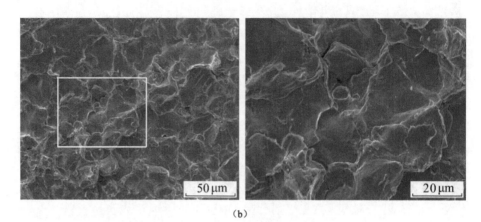

（b）

图 6-12　采用氦气在 1MPa、180℃制备 Cu 涂层拉伸断口形貌

（a）基体侧；（b）涂层侧

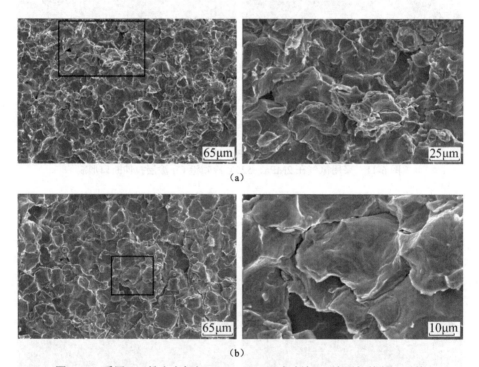

（a）

（b）

图 6-13　采用 P-3 粉末在氮气 2MPa、520℃冷喷涂 Cu 涂层拉伸断口形貌

（a）基体侧；（b）涂层侧

　　上述较低的涂层强度主要是因为冷喷涂设备参数指标较低，无法提供较高的粒子碰撞速度；随着冷喷涂设备水平的提升，根据不同学者的报道[4-16]，图 6-14

为不同气体条件下冷喷涂 Cu 涂层结合强度与断面组织。同样是冷喷涂 Cu 涂层，其结合强度与自身强度均明显增加，如图 6-14（a）所示，可以超过 200MPa，甚至 300MPa，Cu 涂层致密度也显著提升［图 6-14（b）］[5]，达到 Cu 块材的强度，但是涂层的塑性仍然极低（基本无塑性/无韧性），这也是后续处理提升性能的主要目标（增塑/增韧）。

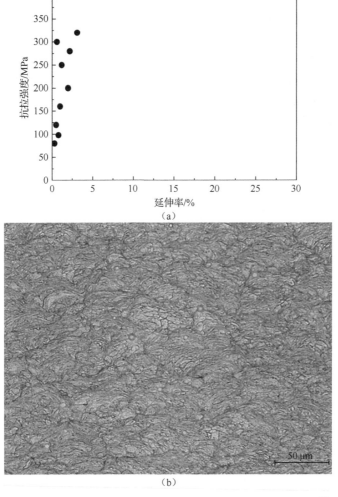

（a）

（b）

图 6-14　不同气体条件下冷喷涂 Cu 涂层结合强度与断面组织[5]

（a）抗拉强度数据汇总；（b）典型致密 Cu 涂层断面组织（腐蚀）

近年来，日本等离子技研工业株式会社报道了最典型的高强度、无塑性冷喷涂 Cu 涂层的结果，图 6-15 显示了不同基体上不同气体条件下冷喷涂 Cu 涂层结合性能[5]，如图所示，他们采用自行设计的拉伸样品实现了高质量结合界面的结合强度定量测试。图 6-16 为冷喷涂高强涂层结合性能测试方法原理图。各基体种类，随着工作气体温度增加，Cu 涂层结合强度均增加，气体预热温度超过某一值时，结合强度可以超过 100MPa。当采用氦气作为工作气体时，Cu 涂层结合强度可超过 200MPa。当改变基体类型，如采用不锈钢时，同样气体条件下结合强度偏低，进一步提高气体参数（如增加氦气压力），Cu 涂层结合强度进一步增加，也可超过 200MPa。据相关研究数据，如果在 Cu 基体上冷喷涂 Cu 涂层，结合强度可达 360MPa，断裂发生在涂层/基体界面。如果考察 Cu 涂层结合强度与粒子速度的关系，图 6-17 为高性能冷喷涂设备冷喷涂 Cu 涂层结合强度，如图所示，三种基体条件下 Cu 涂层结合强度均随粒子速度增加而增加，尤其是超过 200MPa 的结合强度时，断裂基本发生在涂层内部，如图 6-18 中不同基体上不同气体条件下冷喷涂 Cu 涂层结合性能测试断裂样品所示，只有不锈钢作为基体时，断裂发生在涂层与基体界面。

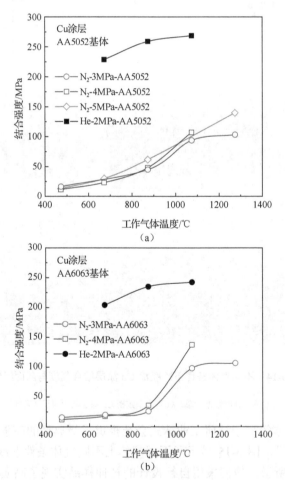

（a）

（b）

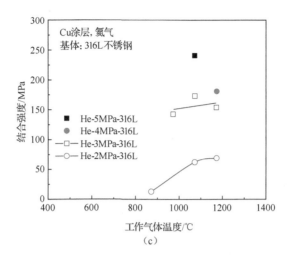

图 6-15　不同基体上不同气体条件下冷喷涂 Cu 涂层结合性能[5]

（a）Cu 涂层，AA5052 基体；（b）Cu 涂层，AA6063 基体；
（c）Cu 涂层，氮气，316L 不锈钢基体

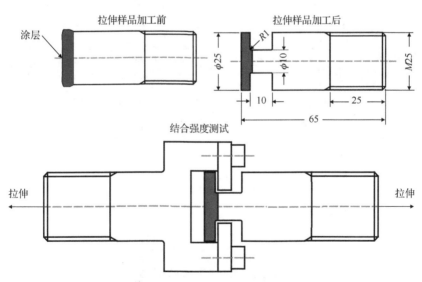

图 6-16　冷喷涂高强涂层结合性能测试方法[17]（单位：mm）

　　当观察以上高强 Cu 涂层断面与断口组织时，发现涂层致密度极高，无明显孔隙存在，典型氮气冷喷涂高强 Cu 涂层拉伸断口 SEM 形貌如图 6-19 所示，断口表面不再是光滑粒子界面特征，已经可以明显观察到韧窝，表明断面产生了很强的结合，由此可知断裂也发生在粒子内部。

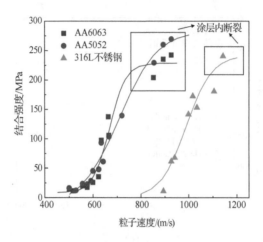

图 6-17　高性能冷喷涂设备冷喷涂 Cu 涂层结合强度[5]

图 6-18　不同基体上不同气体条件下冷喷涂 Cu 涂层结合性能测试断裂试样照片[5]

图 6-19　典型氮气冷喷涂高强 Cu 涂层拉伸断口 SEM 形貌

(a) 低倍；(b) 高倍

6.2.3　冷喷涂 Cu 涂层导电导热性能

作为良好的导电导热材料，目前冷喷涂 Cu 的主要应用是电力电子行业的导电导热涂层。根据以前的研究（图 5-8），在冷喷设备能力较低时获得的 Cu 涂层的面内电阻率约为 80%IACS，这里 IACS 为国际退火铜标准（international annealed copper standard），数值为 $1.7\mu\Omega\cdot cm$，而涂层厚度方向的电阻率约为 50%IACS，呈现明显的各向异性。在冷喷涂设备性能较高时，如采用高压高温氮气，甚至氦气，冷喷涂 Cu 涂层的电阻率完全可以达到 90%IACS 以上，典型冷喷涂 Cu 涂层电导率如表 6-1 所示。一般来说，粒子速度越高，所获得 Cu 涂层的导电导热性越好（与结合强度类似的规律）。

表 6-1　典型冷喷涂 Cu 涂层电导率

冷喷涂参数	电导率/%IACS	文献
氮气（150℃，2MPa）	80.0	[2]、[18]
氮气（800℃，3MPa）	90.7±5.0	[19]
氮气（600℃，3MPa）	96.9	[7]

6.2.4　冷喷涂 Cu 涂层各向异性

第 5 章已经详细讨论了冷喷涂层的各向异性组织特征，必然会造成涂层性能的各向异性。对于冷喷涂 Cu 涂层来说，显微硬度、拉伸性能、导电导热性均呈现明显各向异性。本小节以图 5-10 所示的喷涂路径规划及图 5-11 所制备的 Cu 块体为例，介绍其各向异性性能特征[9]。

图 6-20 为传统喷涂路径（往返逐层沉积法，每层相同路径）与层间垂直喷涂法冷喷涂 Cu 涂层三个正交平面的显微硬度。无论选择哪种喷涂路径，平行于涂层表面的（XY 面）显微硬度明显偏低，而另外两个断面的显微硬度相当，这与粒子扁平方向有关，也与单位面积的大变形区所占比例不同有关，显然 XZ 与 YZ 平面的大变形区比例比 XY 平面要高。

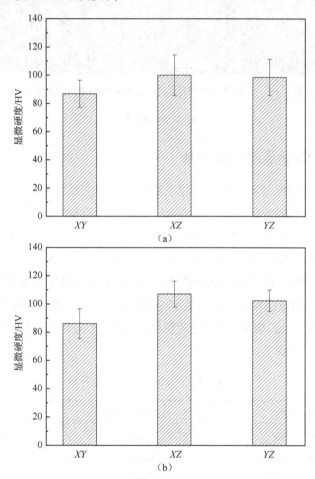

图 6-20　两种喷涂路径规划下冷喷涂 Cu 涂层三个正交平面的显微硬度

（a）每层相同路径的传统方法；（b）层间垂直喷涂的改进方法

图 6-21 为两种喷涂路径规划下冷喷涂 Cu 涂层拉伸力学性能。三个方向的抗拉强度（UTS）与断裂应变（延伸率 EL）呈现各向异性，且均低于冷轧 Cu 板强度，尤其是延伸率非常低。仔细观察三个正交方向的数据，传统路径喷涂时，厚度方向（Y）最低，面内平行于喷涂方向（X）最高，垂直于喷涂方向（Z）较低。当采用改进的层间垂直法喷涂时，抗拉强度各向异性程度变小。

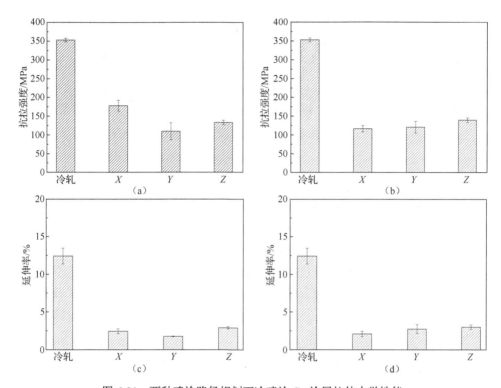

图 6-21　两种喷涂路径规划下冷喷涂 Cu 涂层拉伸力学性能

（a）传统方法制备样品的抗拉强度；（b）改进方法制备样品的抗拉强度；
（c）传统方法制备样品的断后延伸率；（d）改进方法制备样品的断后延伸率

图 6-22 与图 6-23 分别为传统喷涂路径下三个正交方向拉伸试样断口形貌和层间垂直喷涂法下三个正交方向拉伸试样断口形貌。如果观察断口形貌，如图所示，均为粒子间断裂，传统喷涂方法时厚度方向的断口与另外两个方向不同，层间垂直喷涂法时几个断口形貌差别较小。

图 6-22　传统喷涂路径下三个正交方向拉伸试样断口形貌

（a）XY；（b）YZ；（c）XZ

图 6-23　层间垂直喷涂法下三个正交方向拉伸试样断口形貌

(a) XY；(b) YZ；(c) XZ

西安交通大学李玉娟也对冷喷涂 Cu 涂层三个正交方向的各向异性拉伸性能与导热导电性能进行了表征[20]，同样呈现出厚度方向最差的力学性能与导电导热性能，而且随粒子碰撞速度增加（改变喷涂条件），粒子扁平化程度增加，面内力学性能各向异性仍然存在，厚度方向各向异性有所缓解。

上述明显的各向异性会导致冷喷涂层性能的非均匀性，比如微观上不同组织特征区的显微硬度不同，宏观上较厚涂层的厚度方向上、中、下不同区域的力学性能存在一定差异[4]，今后需要更深入的研究来揭示及控制涂层非均匀性（包括各向异性）。

6.2.5　冷喷涂 Cu 涂层其他性能

除了以上主要性能外，冷喷涂 Cu 涂层还有一些其他性能，如防止海洋生物污损、生物杀毒等。中国船舶重工集团公司第七二五研究所（青岛）丁锐等[21]冷喷涂制备了 $Cu-Cu_2O$ 复合涂层，研究了其在不同海水环境下的极化行为，结果表明，Cu_2O 促进了涂层局部腐蚀，随着浸泡时间的增加，局部腐蚀的产物又促进了表面氧化膜的形成，预计起到海洋结构防污的作用。

澳大利亚斯威本科技大学与 SPEE3D 金属 3D 打印公司合作研究了冷喷涂 Cu 涂层抗新冠（SARS-CoV-2）病毒的作用[22]，图 6-24 为在不锈钢推门板上冷喷涂 Cu 照片，用于研究对潜伏期新冠病毒的杀灭作用，有无冷喷涂 Cu 涂层的不锈钢推门板的杀 SARS-CoV-2 病毒作用结果如图 6-25 所示，不管 Cu 涂层是否热处理，均比不锈钢本身有更好的病毒杀灭作用，在 2h 与 5h 潜伏时间内的杀灭效率分别达到 96% 与 99.2%，而且喷涂过程时间短（几分钟就可以完成），表明冷喷涂 Cu 涂层在公共接触区有很好的杀毒应用前景。

雒晓涛等利用冷喷涂固态沉积特点可部分保留粉末形貌的特征，以具有珊瑚礁状微结构的电解 Cu 粉末冷喷涂制备了仿生柔性结构的表面涂层，基于 Cu 粉末的柔性弹性结构，解决了长期困扰超疏水涂层领域的表面微纳尺度粗糙结构强度极低、抗机械损伤能力极差的问题[23]。

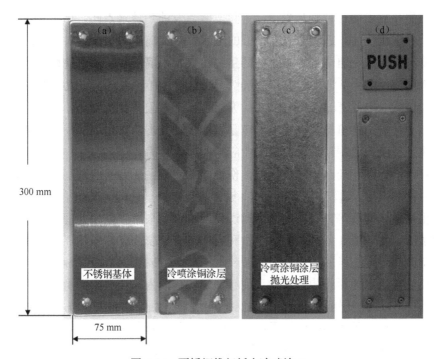

图 6-24　不锈钢推门板上冷喷涂 Cu

（a）喷涂前推门板；（b）喷涂 Cu 后推门板；（c）抛光 Cu 涂层表面；（d）安装推门板到门上进行实验

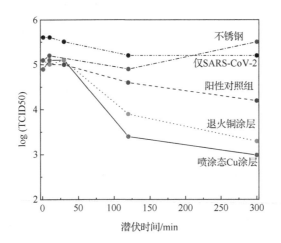

图 6-25　有无冷喷涂 Cu 涂层的不锈钢推门板杀灭 SARS-CoV-2 病毒的作用

TCID50 为病毒滴度的测量值，表示 50% 暴露细胞中产生感染的病毒量

　　仿生功能表面，特别是受荷叶、鱼皮等启发的超疏水表面，由于其广泛的应用前景被广泛关注。超疏水表面极强的疏水性使水滴呈珠状突起（接触角>150°）并容易滚落，其在自清洁、减阻、防生物污染、水腐蚀保护和水滴操纵等方面具有巨大的应用潜力。为了实现超疏水性，表面应具有低表面能的微/纳米级粗糙结构，以在液/固界面形成稳定的气垫，从而减少其相互作用。然而，此类微纳双尺度的细小粗糙结构机械强度较差，容易因磨损、冲击等作用而受损，这使得抗机械损伤性能成为限制超疏水涂层工业应用的最大障碍。

　　目前，提高超疏水涂层抗机械损伤性能的方法主要有构建表层与内部具有自相似特征的微/纳米级表面粗糙结构；设计具有自修复性能的表面结构；使用陶瓷提升粗糙结构硬度等方式。因此，通过使用黏合剂来增强氟化处理后的纳米氧化物粒子附着力，或在各种材料上喷涂和固化具有低表面能的多氟环氧树脂，已经可获得具有一定抗机械损伤能力的超疏水涂层。在高机械强度超疏水涂层制备中，应避免使用亲水性材料构筑微纳尺度粗糙结构，因为只要低表面能的有机表层破损，暴露出来的里层亲水区域将会使水滴钉扎在表面，从而失去疏水特性。对此，雒晓涛等提出一种珊瑚礁状的柔性微纳分级粗糙结构[23]，结果表明：氟化后的疏水金属涂层在循环砂纸磨损、砂粒冲蚀磨损、人工酸雨冲击、反复弯曲和锤击后依旧能维持其超疏水性，结合铜固有导热性高的特点，该涂层在室外热交换器的自清洁及金属构件的腐蚀防护方面具有重要的应用前景。

　　制备超疏水涂层的步骤如下：第一步，以珊瑚礁结构（粒径 10～65μm）的商用电解铜粉为原料，采用冷喷涂工艺在相对较低的碰撞速度下沉积到基材表面，由于冷喷涂粒子为固态沉积，因此电解铜粉中的分级珊瑚礁结构可保留到涂层表面。图 6-26 为冷喷涂电解 Cu 粉末制备的仿珊瑚礁状柔性超疏水涂层的显微结构与化学成分。对于单个沉积粒子，高速冲击引起的塑性应变主要集中在粒子/基体界面，而粒子表面的塑性变形则非常有限。剧烈的界面塑性变形确保了铜粒子与基体的强力黏附，上表面的轻微应变有助于保持原料粒子进入涂层的珊瑚礁结构。三维剖面测量显示，单个珊瑚礁的平均高度为20～45μm［图 6-26（a）2］。单个"珊瑚礁"由许多直径在 0.4～1.2μm 的"触手"组成［图 6-26（a）4］。需要说明的是，珊瑚礁结构的形态也取决于冷喷涂条件，显著依赖于粒子撞击速度。较高的冲击速度会导致原始松散的珊瑚礁状结构发生紧密堆积，从而破坏原始的双级结构。第二步，使用氧乙炔火焰［图 6-26（b）1］在大气氛条件下扫描涂层表面，通过 Cu 的氧化，在微型"触手"表面生成高硬度的纳米氧化物。中性火焰氧化一次后，微米尺度的珊瑚礁状结构不受影响［图 6-26（b）2］。由于火焰氧化过程中加热时间有限，未观察到烧结导致的亚微米"触手"粗化。但是在"触手"表面形成了一层由球状纳米级氧化物（粒径 50～120nm）组成的亚微米厚的氧化层 [图 6-26（b）3、（b）4]。通过 X 射线衍射（XRD）和 X 射线光电子能谱（XPS）对火焰氧化涂层的化学分析表明，球状的纳米氧化物主要由 Cu_2O 组成。第三步，在涂层表面喷涂 1.5mol/L 氟烷基硅烷异丙醇溶液，以赋予珊瑚礁状层次结构低表面能，从而实现高疏水性。

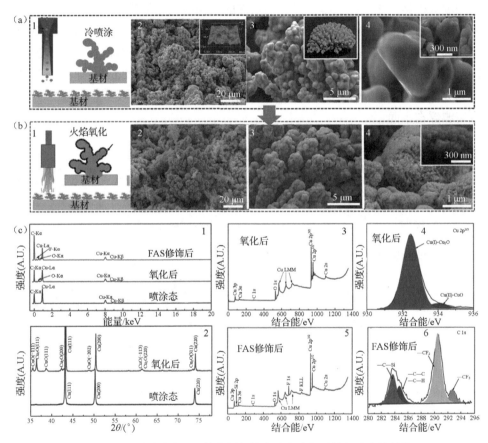

图 6-26　冷喷涂电解 Cu 粉末制备的仿珊瑚礁状柔性超疏水涂层的
显微结构与化学成分[23]

（a）冷喷涂涂层表面形貌；（b）火焰氧化涂层表面形貌；（c）火焰氧化涂层的 XRD 和 XPS 图谱

图 6-27 为冷喷涂电解 Cu 粉末制备仿珊瑚礁状柔性表面涂层的润湿性能。该方法可在包括金属、玻璃甚至硬质陶瓷等多种材料表面制备涂层。图 6-27（a）分别在铝合金 [图 6-27（a）1]、镁合金 [图 6-27（a）2]、氧化铝 [图 6-27（a）3] 和玻璃 [图 6-27（a）4] 上验证了该方法的材料适用性。通过将涂层浸入各种腐蚀性水溶液（包括质量浓度为 3.5% 的 NaCl 水溶液、浓度为 1mol/L 的 HCl 溶液和

浓度为 1mol/L 的 NaOH 溶液）中 15～30d，进一步验证了当前涂层的化学稳定性。如图 6-27（b）所示，所有基材上涂层的接触角 CA>152°且滚动角 SA<1°。极低的 SA 可归因于珊瑚礁状的多层次粗糙度，以及由单个"触手"的帽状形态产生的局部再进入表面曲率的独特组合［图 6-26（a）4］。由于水滴（直径>5mm）远大于单个珊瑚礁结构（横向尺寸<0.1mm）。当水滴与超疏水涂层接触时，水滴下不同珊瑚礁结构之间的振幅差异将为水滴的不同区域提供额外的重力势能。这使得液滴不稳定，有利于液滴滚动，并产生非常低的滚动角。如图 6-27（d）所示，密度高于水的各种基材的增强漂浮进一步证实了涂层优异的疏水性。由于超疏水涂层提供的额外排水体积，即使在表面存在液滴的情况下，0.6mm 厚的铜箔（密度为 8.9g/cm³）、3mm 厚的镁合金板（密度为 1.8g/cm³）和铝板（密度为 2.7g/cm³）也可漂浮在水面。

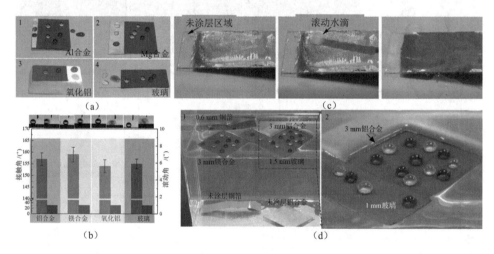

图 6-27　冷喷涂电解 Cu 粉末制备仿珊瑚礁状柔性表面涂层的润湿性能[23]

（a）不同材质基材适用性；（b）接触角与滚动角；（c）自清洁效应；（d）漂浮效应

图 6-28 反映了冷喷涂电解 Cu 粉末制备仿珊瑚礁状柔性超疏水涂层的抗机械损伤性能。如图 6-28（a）所示，对于所有类型的四种基材，涂层结合强度均高于 10MPa，表明其附着力远强于商用有机涂料。磨损测试过程中，一个摩擦周期为将一块面积为 25cm²、重量为 400g 的涂层钢板正面朝下放置在一张 400 目的绿色碳化硅砂纸上，并将其直线移动 220mm，然后返回原始位置。每 5 次磨损周期后测量 CA 和 SA 值。上述研究结果表明，50 周次磨损后，静态水接触角在 152°～157°，水滚动角不大于 2°，表明超疏水性仍然存在。当超疏水涂料在露天使用时，会不可避免地受到雨滴的撞击和小粒子/粉尘的冲蚀磨损。因此，对超疏水涂层

表面进行了如图 6-28（c）、（d）中所示的砂粒冲蚀磨损和模拟酸雨冲击实验。在 4000g SiO_2 砂粒自由落体冲蚀与热带雨林地区 2 年降水当量的酸雨冲击后，涂层的超疏水特性依然保留。如图 6-28（e）所示，即使施加不同程度的机械弯曲，涂层的超疏水特性依然保持，所有情况下，均未观察到涂层的分层或剥落，弯曲区域依然具有超疏水性能。进一步采用刀片划、刮、榔头锤击等形式的抗机械损伤性能检测后，涂层均能保持其超疏水性能。这主要与涂层的柔性金属表面结构有关。图 6-29 为冷喷涂珊瑚礁状柔性仿生结构的高机械损伤抗力的机理，如图所示，当柔性结构受到冲击、摩擦等外力作用时，表面柔性结构会通过弹性变形吸收外部能量，当外力去除后，柔性结构的弹性变形回复，从而保证超疏水涂层所需的微纳双尺度表面粗糙结构的完整性，因此具有极高的抗机械损伤性能。常规的表面粗糙结构为金字塔结构，当表面受到剪切应力作用时，其刚度极大，进而发生表面材料断裂，表面粗糙结构破坏，超疏水性能丧失。

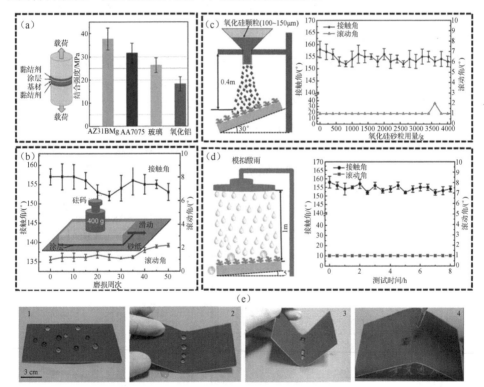

图 6-28　冷喷涂电解 Cu 粉末制备仿珊瑚礁状柔性超疏水涂层的抗机械损伤性能[23]

（a）涂层结合强度；（b）耐磨粒磨损性能；（c）抗砂粒冲蚀性能；（d）抗酸雨腐蚀与冲击能力；
（e）不同程度机械弯曲时涂层超疏水特性

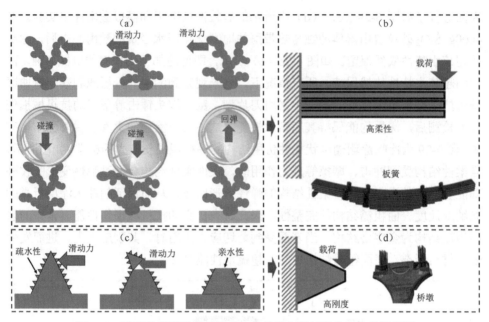

图 6-29　冷喷涂珊瑚礁状柔性仿生结构的高机械损伤抗力的机理[23]

（a）珊瑚礁状柔性仿生结构示意图；（b）多层悬臂梁力学模型；（c）常规金字塔表面粗糙度结构；
（d）变径悬臂梁力学模型

由于超疏水涂层在腐蚀防护方面具有重要的应用前景，因此在镁合金表面制备超疏水涂层，并且通过电化学测试与大气环境长期曝晒实验对涂层在防腐领域的应用进行了验证。图 6-30 反映了镁合金表面冷喷涂超疏水仿生结构 Cu 涂层的腐蚀防护作用。如图所示，相比于无涂层镁合金基材，制备涂层后，开路电位显著提高到接近 $0V_{SCE}$（SCE 表示饱和甘汞电极）水平，自腐蚀电流密度降低两个数量级以上，腐蚀速率大幅度下降，耐腐蚀性能显著提高。图 6-31 为 AZ31B

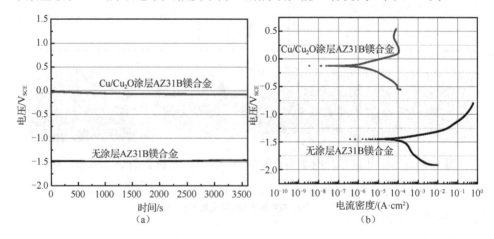

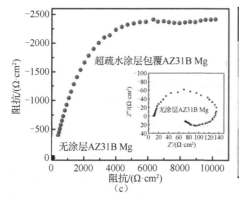

项目	AZ31B 镁合金	涂层包覆后镁合金
开路电位/ (V_{SCE})	-1.50	-0.08
自腐蚀电位/ (V_{SCE})	-1.46	-0.17
电流密度/ ($\mu A/cm^2$)	50.8	0.65

(c) 　　　　　　　　　　　　　　　　(d)

图 6-30　镁合金表面冷喷涂超疏水仿生结构 Cu 涂层的腐蚀防护作用[23]

(a) 开路电位；(b) 极化曲线；(c) 阻抗曲线；(d) 自腐蚀电位与腐蚀电流密度

Z'、Z'' 为阻抗

图 6-31　AZ31B 镁合金表面冷喷涂仿生超疏水 Cu 涂层 2 年后的照片

(a) 无涂层面；(b) 涂层面[23]

镁合金表面冷喷涂仿生超疏水 Cu 涂层 2 年后的照片，镁合金样块曝晒 2 年后的无涂层面（反面）产生了明显的白锈，而涂层面依然保持优异的疏水性能，表明其具有优异的长期耐久性。

6.3　冷喷涂 Zn 涂层性能

对于低熔点材料（如 Sn、Pb、Zn 及其合金等），其沉积临界速度较低[24]，喷涂工艺窗口较窄，尤其温度不能太高。如第 2 章介绍的，在冷喷涂气体预热条件下，更容易发生局部熔化[2, 25]，将影响界面组织与结合，最终影响性能。下面以 Zn 为例，介绍冷喷涂低熔点材料的主要性能。

6.3.1　冷喷涂 Zn 涂层硬度

图 6-32 为气体预热温度对冷喷涂 Zn 涂层显微硬度的影响。冷喷涂所制备 Zn 涂层的显微硬度高于一般 Zn 块材的显微硬度，表明 Zn 涂层中存在明显的加工硬化效应。但是，与冷喷涂 Cu 涂层的显微硬度不同的是，随着氮气预热温度的增加，冷喷涂 Zn 涂层的显微硬度有降低的趋势。采用氦气冷喷涂制备的 Zn 涂层显微硬度比氮气制的 Zn 涂层更高。分析其原因，尽管在较高的气体预热温度下，粒子的速度较高，从而变形硬化效果更强，但是对于冷喷涂 Zn 涂层来说，Zn 的熔点及再结晶温度较低，在涂层制备过程中就易发生再结晶，降低涂层的硬化效果。另外，根据第 5 章的结果，冷喷涂 Zn 时，粒子发生明显的局部熔化，粒子界面在较高温度作用下变形硬化效应会显著降低。随着气体预热温度的升高，粒子温度增加，同时粒子碰撞界面的温度也增加，使粒子的再结晶过程更容易进行，从而降低粒子碰撞时的变形硬化效果。在采用氦气条件下，粒子的温度较低，速度较高，速度与氮气预热 320℃相当。因此，两者综合起来就更有利于增强变形硬化效应，从而使氦气制备 Zn 涂层的显微硬度明显较高。

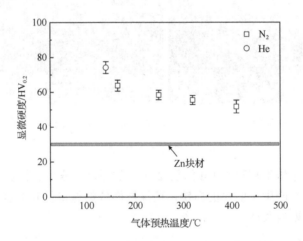

图 6-32　气体预热温度对冷喷涂 Zn 涂层显微硬度的影响

上述结果说明，对于冷喷涂低熔点材料来说，粒子速度对所制备涂层的显微硬度有一定的影响，而粒子温度对所制备涂层显微硬度的影响较大，温度的增强显著减弱涂层内变形硬化效果的作用。

6.3.2 冷喷涂 Zn 涂层结合性能

图 6-33 为气体条件对冷喷涂 Zn 涂层与低碳钢基体结合强度及 Zn 涂层内聚结合强度的影响，采用胶黏拉伸实验法，当断裂发生在涂层内时，所测结果即涂层的内聚结合强度（涂层自身强度）。采用两种气体条件进行了沉积实验，一是采用氦气在 0.5MPa、预热温度约 140℃下沉积涂层，目的是得到温度较低的粒子流；二是采用氮气在 2MPa、预热温度约 320℃下沉积涂层，目的是得到温度较高的粒子流，两种条件下粒子流的速度相当[2,25]，因此上述实验设计可以探讨粒子沉积温度对冷喷涂 Zn 涂层结合性能的影响。从图 6-33 可以发现，采用氮气在较高的粒子温度下制备的 Zn 涂层与基体的结合强度及涂层内聚结合强度均比采用氦气在较低温度下制备涂层的结合强度高一倍多。其中，由于部分试样断裂发生在用于黏接的胶内，用氮气在较高温度下制备的 Zn 涂层内聚结合强度要比实验得到的抗拉强度高，所以图中用向上的箭头表示实际值高于该实验值。

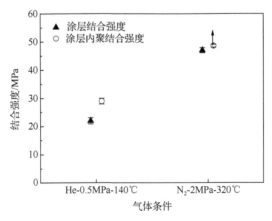

图 6-33 气体条件对冷喷涂 Zn 涂层与低碳钢基体结合强度
及 Zn 涂层内聚结合强度的影响

上述讨论结果说明，冷喷涂 Zn 粒子过程中，发生了碰撞界面的局部熔化，而且随着预热温度的增加，粒子速度与温度均增加，碰撞界面的熔化部分增加。从而可能在碰撞界面的局部形成强的冶金结合。根据本章的喷涂条件及第 5 章的组织分析结果，采用氮气预热 320℃制备涂层，粒子碰撞界面发生了明显较多的熔化。对于采用氦气在预热 140℃制备的 Zn 涂层来说，由于粒子的速度较高，碰撞界面也发生了少量的熔化[2]。观察两种条件下 Zn 涂层拉伸断口两侧的形貌，图 6-34

和图 6-35 分别为采用氮气在 0.5MPa、140℃制备 Zn 涂层拉伸断口形貌和采用氮气在 2MPa、320℃制备 Zn 涂层拉伸断口形貌图像，在较高的制备温度下，断口表面上部分区域表现出韧性断裂，如图 6-35 中箭头所示，表明由于碰撞界面发生了较明显的熔化，粒子间产生了冶金结合，从而使涂层的整体结合强度有较大幅度的提高。

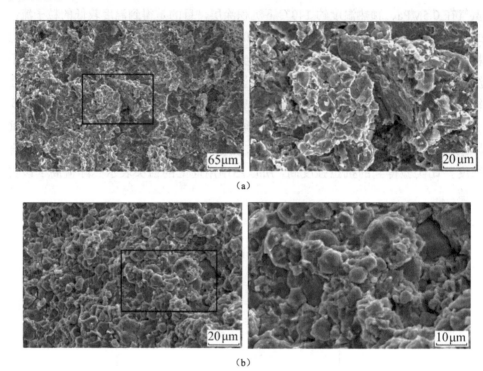

（a）

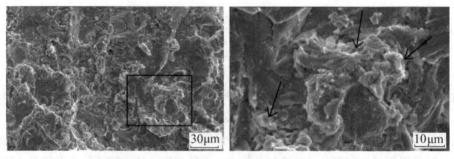

（b）

图 6-34　采用氮气在 0.5MPa、140℃制备 Zn 涂层拉伸断口形貌

（a）基体侧；（b）涂层侧

（a）

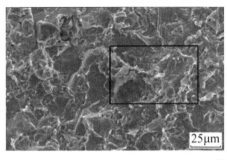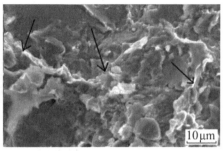

(b)

图 6-35　采用氮气在 2MPa、320℃制备 Zn 涂层拉伸断口形貌

(a) 基体侧；(b) 涂层侧

上述讨论结果说明，在冷喷涂制备低熔点材料时，由于碰撞界面的熔化，粒子间除了机械与物理结合外，还存在部分强的冶金结合，从而提高涂层的结合强度。但是后续的研究也表明，如果熔化太多，反而不利于沉积，因此低熔点材料的冷喷涂工艺窗口较窄。

6.3.3　冷喷涂 Zn 涂层耐腐蚀性能

低熔点金属主要是指熔点在 300℃以下的金属及其合金，通常由 Bi、Sn、Pb、In 等低熔点金属元素组成，这里把 Zn 及其合金也列入低熔点材料。这些合金常用来制造塑料模、拉丝模和成形模。因此，冷喷涂这些低熔点材料可以实现大型模具修复。冷喷涂 Zn 及其合金主要用于牺牲阳极的阴极腐蚀防护，在海洋或海岸线钢结构防腐蚀方面具有重要的应用。

例如，雒晓涛等与中国船舶重工集团公司第七二五研究所（青岛）王洪仁等采用冷喷涂制备不同比例的 Zn-Al 复合涂层，并测试其耐海水腐蚀性能[26]，还与冷喷涂 Zn 和纯 Al 涂层做了对比，图 6-36 为冷喷涂层在海水中腐蚀电位随时间的变化曲线，图 6-37 为冷喷涂 Zn-50Al 复合涂层在海水中浸泡 4 天后动电位极化曲线。如图所示，冷喷涂 Zn-50Al 复合涂层的腐蚀电位比较稳定，100h 后腐蚀电位在-0.990V 左右波动，可以为钢基体提供良好的保护；极化曲线测试表明复合涂层自腐蚀速率远小于冷喷涂 Zn 涂层，使用寿命提高；涂层的高致密度及表面形成的腐蚀产物膜，均能有效地降低腐蚀介质的渗入速度，提高涂层的耐蚀性。

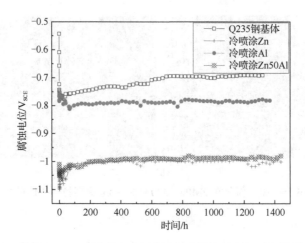

图 6-36　冷喷涂层在海水中腐蚀电位随时间的变化曲线

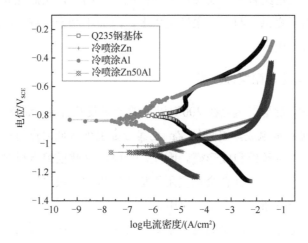

图 6-37　冷喷涂 Zn-50Al 复合涂层在海水中浸泡 4 天后动电位极化曲线

6.4　冷喷涂 Al 或 Al 合金涂层性能

　　Al 及 Al 合金也是一类重要的且比较容易冷喷涂的材料，熔点较低，在腐蚀防护涂层、失效构件修复等方面具有重要的应用前景，下面主要介绍冷喷涂 Al、Al 合金以及 Al 基复合材料的性能特征。

6.4.1　冷喷涂 Al 或 Al 合金涂层硬度

　　纯 Al 是一种很软的金属材料，硬度约 30HV；铝合金因成分不同、强化或热处理状态不同，其硬度差别比较大。表 6-2 为 1～7 系列铝合金冷喷涂层的硬度范围（1 系列为工业纯铝）[27-37]。依据喷涂条件以及粉末本身的硬度与变形能力，冷喷涂 Al 与 Al 合金涂层显微硬度均有不同程度的增加，表现出明显的形变/加工硬化行为，对于 2 系列与 7 系列高强铝合金，其热处理状态影响涂层与相应块材硬度，表中数值仅作为参考，如文献[37]中报道的 AA7075 合金涂层硬度明显高于AA7075 粉末。

表 6-2　典型冷喷涂 Al 及 Al 合金涂层硬度

铝合金种类	块材硬度/HV	冷喷涂涂层硬度/HV	冷喷涂参数	文献
1 系列（工业纯 Al）	25～35	40～55	压缩空气/氮气/氦气	[27]～[29]
2 系列（Al-Cu）	95～135	100～120	压缩空气、AA2319	[30]
3 系列（Al-Mn）	45～70	—	—	—
4 系列（Al-Si）	50～130	90～110	压缩空气、Al-12Si	[31]
5 系列（Al-Mg）	50～90	70～120	压缩空气/氮气、AA5056、AA5356、AA5083	[32]～[35]
6 系列（Al-Mg-Si）	60～100	60～140	氮气/氦气、AA6061	[36]
7 系列（Al-Zn）	130～150	120～130	氦气、AA7075	[37]

通常，Al 与 Al 合金涂层的显微硬度与粒子的碰撞速度成正比。当然也与所采用的粒径分布及喷涂过程中的冲击夯实效应及反弹粒子的冲击作用有较大的关系。例如，Fan 等[29]发现采用 10～160μm 大粒径范围的纯 Al 粉末在低的平均粒子速度下制备涂层，虽然沉积效率处于较低水平，但如图 6-38 所示的不同粒子速度下冷喷涂 Al 涂层显微硬度可知，Al 涂层显微硬度更高，这主要是因为沉积效率的降低会使反弹粒子的数量增多，反弹粒子的喷丸强化效应会使涂层致密度提高。

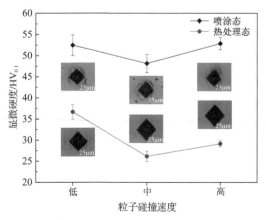

图 6-38　不同粒子速度下冷喷涂 Al 涂层显微硬度[29]

图 6-39 为喷涂距离对冷喷涂 AA2319 铝合金显微硬度的影响，在不同的喷涂距离下，冷喷涂粒径小于 63μm 的 AA2319 铝合金粉末制备的涂层显微硬度呈现随喷涂距离增加稍有下降的趋势，主要与粒子速度变化有关[30]。

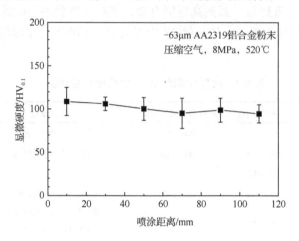

图 6-39　喷涂距离对冷喷涂 AA2319 铝合金显微硬度的影响

对于纯 Al 或 Al 合金涂层，目前主要用于腐蚀防护，进一步通过 Al 与陶瓷粒子的复合可制备 Al 基复合材料涂层用于磨损防护，图 6-40 反映了涂层中陶瓷相含量（体积分数）对冷喷涂 Al 基复合材料涂层显微硬度影响。铝合金复合涂层比纯 Al 复合涂层硬度高，复合涂层的显微硬度随陶瓷含量的增加而增加，采用氦气比压缩空气制备的涂层硬度高。但是研究也发现，由于陶瓷沉积特性不同，涂层中陶瓷相含量很难超过 50%，如果能通过粉末设计进一步引入更多陶瓷相，涂层

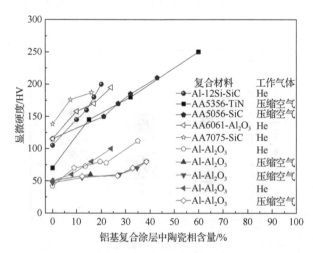

图 6-40　涂层中陶瓷相含量对冷喷涂 Al 基复合材料涂层显微硬度影响[38,39]

显微硬度预计还可以增加。对于复合材料涂层，其强化机制主要有金属相的应变强化与陶瓷相的粒子强化，图 6-41 显示了涂层后热处理分离出冷喷涂复合材料涂层的强化机制，通过对冷喷涂 Al5356/TiN 复合涂层进行热处理，可以分离出应变强化与陶瓷粒子强化效果，随着陶瓷相含量增加，两种强化（硬化）机制都得到显著增强。

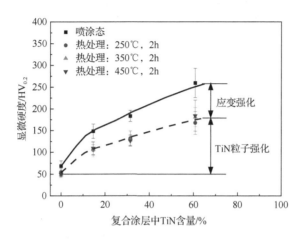

图 6-41　涂层后热处理分离出冷喷涂复合材料涂层的强化机制[32]

AA5356 粒径小于 63μm，TiN 粒径为 10～45μm

6.4.2　冷喷涂 Al 或 Al 合金涂层结合性能

由于 Al 或 Al 合金熔点较低，冷喷涂工艺的气体预热温度范围较窄，因此其粒子速度提高受到一定限制，采用氮气或压缩空气作为工作气体时，Al 或 Al 合金涂层与 Al 基体的结合强度相对较低，一般不超过 50MPa；采用较高的气体温度时，如采用 2.8MPa、560℃压缩气体冷喷涂 Al-12Si 涂层，由于产生局部熔化，涂层与基体结合强度可超过 50MPa（拉伸时断裂发生在黏结剂层内部）[31]。除非采用加速效果好的氦气作为工作气体，才可能获得尽量高的涂层与基体结合强度。当然，根据前面粒子变形沉积结合机理，铝合金材料强度不同，结合性能也有差别，纯 Al 或不可热处理强化铝合金沉积相对容易一些，而高强铝合金（尤其 2 系列与 7 系列）相对较难沉积，因此结合性能相对较差。

另外，基体材料强度不同对冷喷涂 Al 或 Al 合金涂层的结合强度影响较大，基体为较软的材料（如 Al、Cu 等）时，涂层材料粒子与基材表面可形成一定程度的机械锁合，因此结合强度相对较高；相反，在较硬的材料（如高强铝合金、钢等）表面制备 Al 或 Al 合金涂层时，仅有 Al 或 Al 合金粒子自身发生显著变形，基材表面变形量较小，因此难以形成有效的机械锁合，涂层的结合强度相对较低。

Mg 或 Mg 合金虽然相对较软，但 Al 与 Mg 的结合性相对差（在焊接领域是很难焊接的一对组合），结合强度也相对较低，图 6-42 为 AZ91D 镁合金基体上冷喷涂 Al 与 Al/Al$_2$O$_3$ 复合涂层的结合强度[40]，即使加入强化相，涂层与基体的结合强度也只有 32MPa。另外一个非常有意义的结果是，Drehmann 等[41]在不同陶瓷基体上采用氮气在不同基体预热温度下冷喷涂不同粒径范围的纯 Al 涂层，不同陶瓷基体预热条件下冷喷涂 Al 涂层结合强度如图 6-43 所示。陶瓷种类不同，结合强度

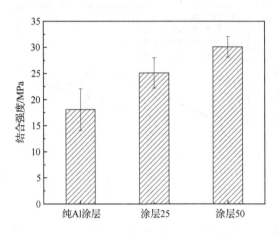

图 6-42　AZ91D 镁合金基材表面冷喷涂 Al 与 Al/Al$_2$O$_3$ 复合涂层的结合强度[40]

涂层 25 与涂层 50 分别代表喷涂粉末中混入质量分数为 25% 与 50% 的 Al$_2$O$_3$

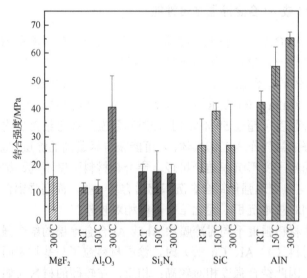

图 6-43　不同陶瓷基体预热条件下冷喷涂 Al 涂层结合强度[41]

粉末粒径为 25～45μm，氮气，气体压力为 2.8MPa，气体温度为 350℃；RT 表示室温

不同，根据文献说明，几种陶瓷的热导率逐渐增加，尤其 SiC 与 AlN 的导热良好，涂层与基体结合强度较高，但其相关性需要深入研究；且通过基体的预热可以使涂层与基体的结合强度明显提高，对于 AlN 基体，结合强度可以超过 50～60MPa，对于室温无法沉积涂层的 MgF_2 基体，预热 300℃后也可以制备一定的涂层。

与 Cu 涂层类似，涂层自身强度高于涂层与基体的结合强度。图 6-44 为不同粒子碰撞速度下冷喷涂 Al 涂层自身抗拉强度与延伸率[29]，不管是氮气还是氦气用作加速气体，纯 Al 涂层的自身强度均较高，尤其是在低沉积效率的喷涂条件下，涂层强度超过 250MPa，产生明显的应变强化效果，从图 6-45 所示不同粒子速度下冷喷涂 Al 沉积层的拉伸断口形貌也可以发现这一点。在喷涂态涂层的断口上发现，扁平化程度高的粒子处出现一定数量的"韧窝"，推测是部分区域断裂发生在粒子内部。但同时也能发现，沉积层的塑性很差，延伸率不超过 3%。

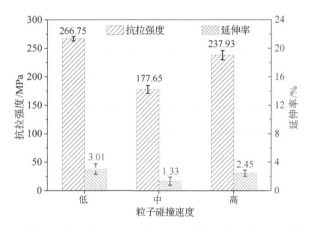

图 6-44　不同粒子碰撞速度下冷喷涂 Al 涂层自身抗拉强度与延伸率[29]

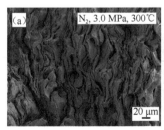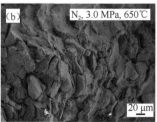

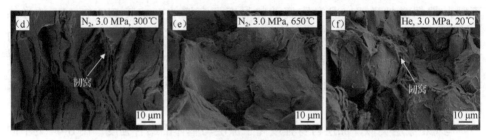

图 6-45　不同粒子速度下冷喷涂 Al 沉积层的拉伸断口形貌[29]

（a）氮气加速，300℃；（b）氮气加速，650℃；（c）氢气加速，20℃；
（d）图（a）的局部放大；（e）图（b）的局部放大；（f）图（c）的局部放大

通过加入陶瓷强化相,冷喷涂 Al 基复合材料涂层自身的抗拉强度也有显著增加，图 6-46 显示了 SiC 含量（体积分数）对冷喷涂 AA5056/SiC 复合涂层自身抗拉强度的影响，虽然陶瓷相加入可以继续增加显微硬度，但复合涂层的抗拉强度反而降低，主要是过多陶瓷的加入，形成更多的"裂纹源"，因此需要调控陶瓷粒子的大小与分布，才能获得较好的硬度与强度组合。

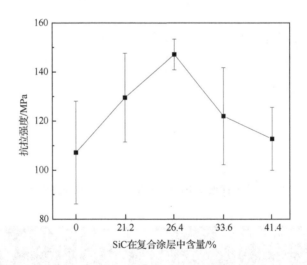

图 6-46　SiC 含量对冷喷涂 AA5056/SiC 复合涂层自身抗拉强度的影响[42]

6.4.3　冷喷涂 Al 基复合材料涂层耐磨损性能

纯 Al 或 Al 合金的耐磨损性能（简称"耐磨性"）较差，所以一般采用 Al 基复合材料来提高耐磨性。冷喷涂 Al 基复合材料涂层表现出良好的耐磨性，尽管其摩擦系数并没有明显改变，甚至有些时候摩擦系数有一定的增加[38,39]。

例如，冷喷涂 AA5056 涂层与 AA5056/41.4%SiC（体积分数）复合涂层摩擦磨损实验后[42]，由于磨球材料为 WC-6Co 硬质合金，肉眼无法观察到磨球接触表面的变化，但涂层表面却可发现明显的磨痕。图 6-47 为不同摩擦载荷下冷喷涂纯 AA5056 与 AA5056/41.4%SiC 复合涂层的摩擦系数演变，载荷较小（2N）时，复合涂层的稳态摩擦系数（约 0.77）与纯 AA5056 涂层（约 0.72）相当；当载荷变大（10N）时，纯 AA5056 涂层摩擦系数降低到 0.52，而复合涂层略降低为 0.73；这主要与不同载荷下不同材料的磨损机制不同有关。

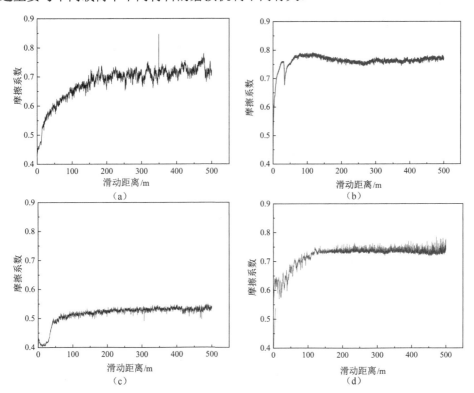

图 6-47　不同摩擦载荷下冷喷涂纯 AA5056 与 AA5056/41.4%SiC（体积分数）
复合涂层的摩擦系数演变

（a）2N，纯 AA5056；（b）2N，AA5056/41.4%SiC（体积分数）复合涂层；（c）10N，纯 AA5056；
（d）10N，AA5056/41.4%SiC（体积分数）复合涂层[42]

图 6-48 为不同摩擦载荷下 SiC 含量对冷喷涂 AA5056/SiC 复合涂层摩擦磨损行为影响。当载荷较小（2N）时，随着复合涂层中 SiC 含量升高到 26.4%，稳态摩擦系数显著增加到最大值 0.96；随着复合涂层中 SiC 含量进一步提高到 41.4%时，摩擦系数随 SiC 含量的提高而降低，但磨损率在整个 SiC 含量提升过程中均

呈现逐渐下降的趋势。当载荷较大（10N）时，随复合涂层中 SiC 含量升高，稳态摩擦系数和磨损率开始基本不变；当 SiC 含量高于 33.6%时，摩擦系数逐渐增加，但磨损率逐渐降低，这与不同条件的摩擦磨损机制不同有关。对不同摩擦磨损实验后的涂层表面进行形貌观察，图 6-49 为不同载荷摩擦磨损实验后不同涂层表面形貌，纯 AA5056 涂层表面磨坑较宽较深，是典型的黏着磨损行为；SiC 粒子加入后，涂层表面磨坑较窄较浅，一方面由于硬度的增加，SiC 的载荷传递作用增强，产生硬质粒子的三体磨损行为，尤其 SiC 含量较高时，SiC 的抗磨作用更加明显。载荷的增加影响了接触界面的接触状态，对摩擦磨损机制的转变产生影响，即使有少量 SiC 在涂层中也与 AA5056 行为类似，但 SiC 含量足够大时，SiC 的抗磨作用还是会凸显出来。

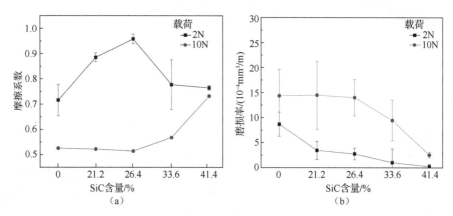

图 6-48　不同摩擦载荷下 SiC 含量对冷喷涂 AA5056/SiC 复合涂层摩擦磨损行为影响

（a）摩擦系数变化；（b）磨损率变化[42]

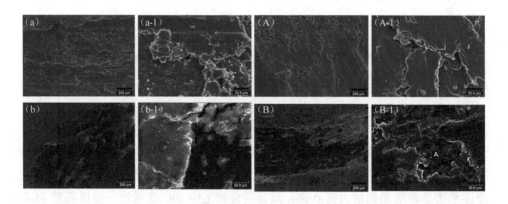

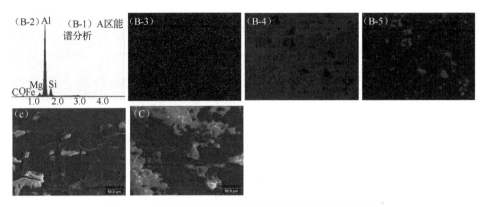

图 6-49　不同载荷摩擦磨损实验后不同涂层表面形貌

（a）2N，纯 AA5056 涂层；（b）2N，AA5056/26.4%SiC（体积分数）复合涂层；（c）2N，AA5056/41.4%SiC
（体积分数）复合涂层；（A）10N，纯 AA5056 涂层；（B）10N，AA5056/26.4%SiC（体积分数）复合涂层；
（C）10N，AA5056/41.4%SiC（体积分数）复合涂层[42]；（a-1）为（a）局部放大图；（b-1）为（b）局部放大图；
（B-1）为（B）局部放大图；（B-2）为（B-1）A 区域能谱分析结果；（B-3）C 元素；（B-4）Al 元素；（B-5）Si 元素

　　当改变陶瓷相材料时，如 TiN，摩擦磨损行为也发生一定变化[33,43]，图 6-50
为不同 TiN 含量的冷喷涂 AA5356/TiN 复合涂层的摩擦系数演变（磨球为 GCr15
钢球，载荷 2N）。对于纯 AA5356 涂层，与前面 AA5056 类似，稳态摩擦系数
较高（约 0.75），但不同 TiN 含量的复合涂层的摩擦系数显著降低到 0.40～0.45。
图 6-51 为 TiN 含量对冷喷涂 AA5356/TiN 涂层摩擦磨损行为影响，稳态摩擦系数
与 TiN 含量的关系如图 6-51（a）所示，随着 TiN 含量增加，摩擦系数逐渐降低，
而磨损率的降低幅度更加明显［图 6-51（b）］，与纯 AA5356 相比，当涂层中 TiN
体积分数超过 30%时，磨损率降低一个数量级。AA2319/TiN 也表现出类似的摩
擦系数与磨损行为[43]。观察摩擦磨损实验后 AA5356 与 AA5356/TiN 复合涂层表

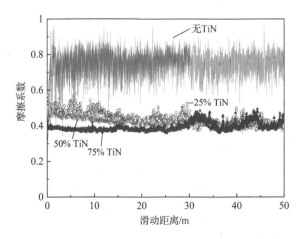

图 6-50　TiN 含量对冷喷涂 AA5356/TiN 涂层摩擦系数演变的影响[43]

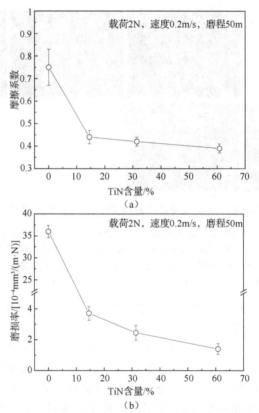

图 6-51　TiN 含量对冷喷涂 AA5356/TiN 涂层摩擦磨损行为的影响[43]

（a）摩擦系数；（b）磨损率

面形貌，如图 6-52 所示，纯 AA5356 上磨痕较深，也是典型的黏着磨损行为，而复合涂层表面磨痕较浅，尤其高 TiN 含量涂层，磨痕比较微小，但表面发现很多磨屑，认为是高的 TiN 含量使细小硬质粒子的三体磨损效用增加并降低摩擦系数，降低磨损率，显著增加复合涂层的耐磨性。

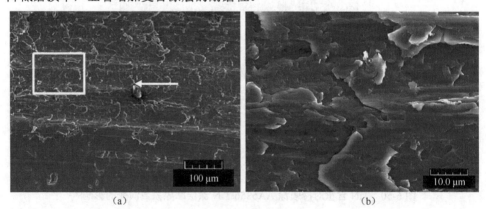

（a）　　　　　　　　　　　　　　　　　　（b）

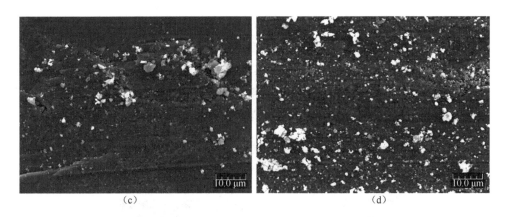

图 6-52　摩擦磨损实验后 AA5356 与 AA5356/TiN 复合涂层表面形貌

（a）纯 AA5356；（b）图（a）的局部放大；（c）AA5356/25%TiN（质量分数）；

（d）AA5356/75%TiN（质量分数）[43]

6.4.4　冷喷涂 Al 或 Al 合金涂层耐腐蚀性能

冷喷涂 Al 涂层或 5 系列与 6 系列铝合金具有较好的耐腐蚀性能，通常以涂层的形式用于钢结构、高强铝合金、镁合金等材料的腐蚀防护。与铝合金相比，纯 Al 涂层的腐蚀防护效果最好，但其硬度较低，耐磨性差。6.3.3 小节简单提及了冷喷涂 Al 涂层的腐蚀电位与极化行为。实际上冷喷涂层的腐蚀行为与块材存在差异，即使涂层致密度极高，涂层粒子间的局部弱结合界面与高密度晶体缺陷区域会成为腐蚀优先发生的地方。下面举几个典型的腐蚀防护例子。

1. 钢结构表面长效腐蚀防护

2003 年，李文亚等采用不同粒径的纯 Al 粉末在低碳钢表面冷喷涂制备了涂层（氮气，2MPa，300℃），在大气环境下（全周期曝晒）放置了 11 年后于 2014 年进行表征，结果参见文献 [44]。图 6-53 为在大气中放置 11 年的冷喷涂不同粒径粉末制备 Al 涂层照片，低碳钢基体已经严重锈蚀，但 Al 涂层表面完好。由于当时设备条件所限，粒子速度与温度低，大粒径 85～100μm 与 100～150μm 粉末制备涂层的表面粗糙度高，75μm 以下粉末制备涂层表面比较平整致密。大气暴露 11 年后低碳钢基体上冷喷涂 Al 涂层断面 OM 或 SEM 形貌断面如图 6-54 所示，可以发现大粒径铝粉（100～150μm）制备的涂层与低碳钢基体界面出现一层锈斑 [图 6-54（a）]，即随着涂层在大气中暴露时间的增加，腐蚀介质（空气和水分）

通过涂层之间连通的孔隙通道到达基体表面，使低碳钢发生腐蚀，腐蚀更严重的部分腐蚀产物将涂层顶起。较细铝粉（60～75μm）涂层和基体结合良好，界面结合处并未出现锈斑［图 6-54（b）、（d）］。通常情况下，在相同工作条件下，铝粉尺寸越细，冷喷涂制备的涂层结合越致密，形成贯通孔隙的可能性越小，甚至不存在贯通孔隙，因此可以有效阻隔腐蚀介质到达涂层与基体界面处。

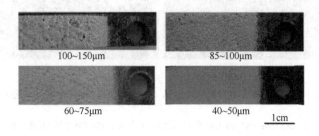

图 6-53　在大气中放置 11 年的冷喷涂不同粒径粉末制备 Al 涂层照片[44]

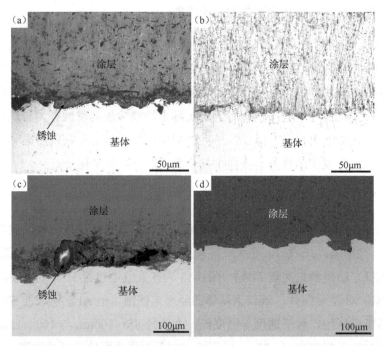

图 6-54　大气暴露 11 年后低碳钢基体上冷喷涂 Al 涂层断面 OM 与 SEM 形貌（上部为涂层）

（a）100～150μm 涂层断面 OM 形貌；（b）60～75μm 涂层断面 OM 形貌；
（c）100～150μm 涂层断面 SEM 形貌；（d）60～75μm 涂层断面 SEM 形貌[44]

将上述放置 11 年的 Al 涂层及低碳钢基体浸泡于质量浓度为 3.5%的 NaCl 溶

液中 72h 后，测量其与表面磨光冷喷涂 Al 涂层的开路电位变化，如图 6-55 所示，低碳钢基体稳定开路电位为-0.63V，三种冷喷涂 Al 涂层的稳定开路电位分别为-0.72V、-0.74V、-0.76V，均低于低碳钢的电位，可为低碳钢基体提供牺牲阳极的阴极保护作用。

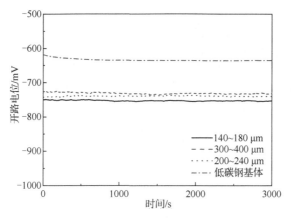

图 6-55 表面磨光冷喷涂 Al 涂层与低碳钢基体放置在 3.5%NaCl 中 72h 的
开路电位变化[44]

图 6-56 为表面磨光冷喷涂 Al 涂层放置在 3.5%NaCl 中 72h 前后形貌，浸泡72h 后，观察样品表面形貌，低碳钢表面浸泡初期就出现严重锈斑，如图所示，100~150μm 铝粉涂层表面出现大量白色产物，呈现剥离腐蚀的现象，而 60~75μm铝粉涂层表面仅有局部出现白色腐蚀点，属于坑蚀。上述讨论结果说明，采用合理粒径的 Al 粉末获得致密度较高的涂层，可以对低碳钢基体提供长期可靠的腐蚀防护。

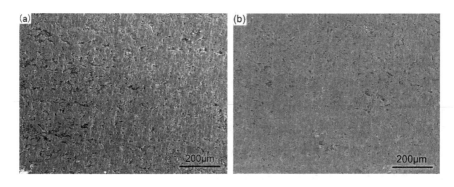

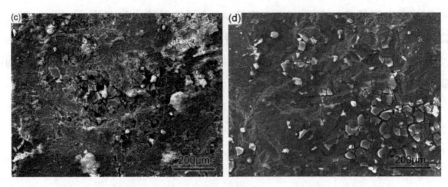

图 6-56　表面磨光冷喷涂 Al 涂层放置在 3.5%NaCl 中 72h 前后形貌

（a）100～150μm，放置前形貌；（b）60～75μm，放置前形貌；（c）100～150μm，放置后形貌；
（d）60～75μm，放置后形貌[44]

2. 高强铝合金焊缝区表面腐蚀防护

对于高强铝合金，一般情况下表面会制备一层包铝层，用于腐蚀防护，但由于焊接、机械加工等，包铝层受到破坏，在残余应力作用下容易产生局部应力腐蚀，需要再次防护。例如，对于搅拌摩擦焊接头，焊接过程破坏了焊缝区表面包铝层，需要制备额外的防护涂层，李文亚等研究了冷喷涂 Al、AA6061 与 Al/Al$_2$O$_3$ 复合涂层对搅拌摩擦焊接 AA2024-T3 接头腐蚀防护[45,46]，三种致密涂层均起到很好的腐蚀防护作用，而且还通过冷喷涂的热-力作用提高搅拌摩擦焊接头的力学性能[45]。

图 6-57 为在不同腐蚀环境浸泡后的搅拌摩擦焊接 AA2024-T3 铝合金接头表面形貌[45]。图 6-57（c）条件腐蚀最严重，其次是图 6-57（e）条件，其他三个条件腐蚀较轻。EXCO 溶液是 2 系列和 7 系列铝合金剥落腐蚀敏感性的实验溶液，溶液具体配方为 4.0mol/L NaCl+0.5mol/L KNO$_3$+0.1mol/L HNO$_3$。当冷喷涂层后，致密的涂层为下面的铝合金接头起到了良好的保护作用，后续的腐蚀测试其实是涂层本身的腐蚀行为。

图 6-58 为冷喷涂 Al 涂层和 Al/Al$_2$O$_3$ 复合涂层在 3.5% NaCl 溶液中的开路电位随时间变化，开路电位指在无外部电流的情况下，被测金属达到稳定的腐蚀状态时的电位，开路电位越低，金属越易被腐蚀，在本实验条件下，纯 Al 涂层和 Al/Al$_2$O$_3$ 复合涂层的开路电位均小于 AA2024 基材焊缝，尤其是复合涂层。因此，它们可为 AA2024 基材焊缝提供有效腐蚀防护。

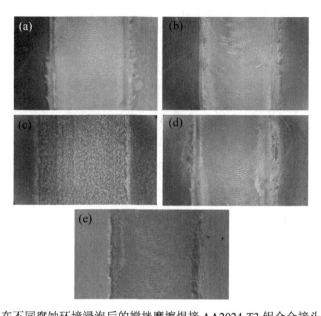

图 6-57　在不同腐蚀环境浸泡后的搅拌摩擦焊接 AA2024-T3 铝合金接头表面形貌

（a）3.5% NaCl，室温，72h；（b）3.5% NaCl，40℃，72h；（c）3.5% NaCl+1%HCl，40℃，72h；
（d）饱和 NaCl，40℃，72h；（e）EXCO，室温，5h[45]

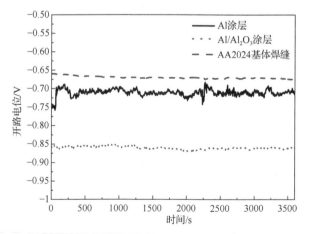

图 6-58　冷喷涂 Al 涂层和 Al/Al$_2$O$_3$ 复合涂层在 3.5%NaCl 溶液中的开路电位

　　图 6-59 为冷喷涂纯 Al 涂层和 Al/Al$_2$O$_3$ 复合涂层在 3.5% NaCl 溶液中浸泡后表面形貌。纯 Al 涂层出现明显的坑蚀，部分粒子界面成为腐蚀优先发生区域，而复合涂层由于陶瓷粒子的存在，陶瓷与金属界面附近容易被腐蚀，表观腐蚀更为严重。当然，也有研究表明，加入一定陶瓷相的复合涂层综合防腐蚀能力更强。

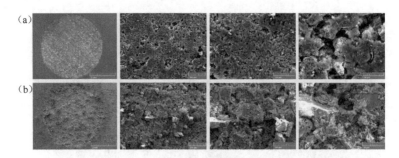

图 6-59　冷喷涂纯 Al 涂层和 Al/Al₂O₃ 复合涂层在 3.5%NaCl 溶液中浸泡后表面形貌

(a) 纯 Al 涂层；(b) Al/Al₂O₃ 复合涂层

3. 镁合金表面腐蚀防护

镁合金构件表面往往需要同时满足耐腐蚀性与耐磨性，因此李文亚等研究了 ZM5 镁合金基体上冷喷涂 AA5083 及 AA5083/Al₂O₃ 复合涂层，在室温质量含量为 3.5% 的 NaCl 水溶液中浸泡，对比分析了其耐腐蚀性。AA5083 粉末中混入体积分数为 20% 的 Al₂O₃ 复合涂层比较致密，综合耐腐蚀性最好。图 6-60 与图 6-61

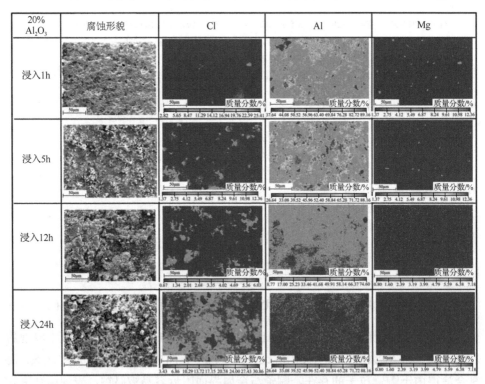

图 6-60　AA5083/20%Al₂O₃（体积分数）复合涂层浸泡不同时间的
表面形貌及元素能谱面分布[47]

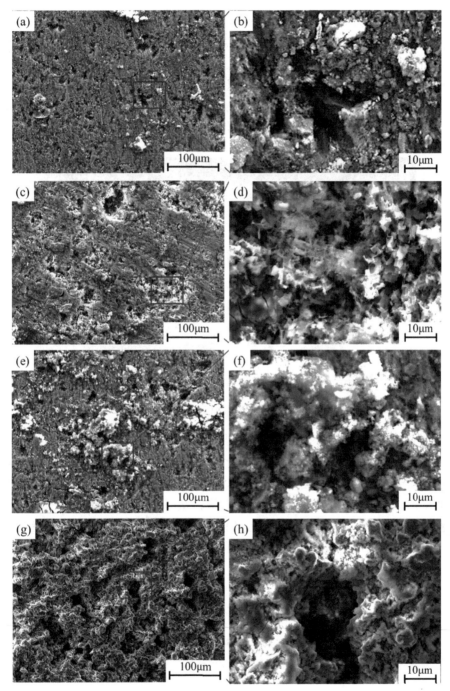

图 6-61 AA5083/20%Al₂O₃（体积分数）复合涂层浸泡不同时间的腐蚀区形貌分析[47]

（a）1h；（b）图（a）局部放大；（c）5h；（d）图（c）局部放大；（e）12h；（f）图（e）局部放大；
（g）24h；（h）图（g）局部放大

分别为 AA5083/20% Al$_2$O$_3$（体积分数）复合涂层不同浸泡时间的表面形貌与元素能谱面分析结果及腐蚀区形貌。随着腐蚀时间的增加，表面腐蚀程度加剧，主要是 Al、Mg 的溶解，腐蚀产物 Cl 元素逐渐增多，而且先是腐蚀坑，后连成片；同时围绕着陶瓷粒子，也发生了类似的过程。图 6-62 为浸泡腐蚀 24h 后 AA5083/20%Al$_2$O$_3$（体积分数）复合涂层断面形貌，如果观察浸泡腐蚀后涂层的断面，能更清晰地观察到涂层从点蚀到小块剥离的过程，以及氧化铝所起的作用。

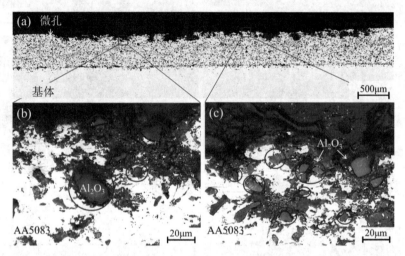

图 6-62　浸泡腐蚀 24h 后 AA5083/20%Al$_2$O$_3$（体积分数）复合涂层断面形貌

（a）低倍宏观照片；（b）（c）为（a）的局部放大图

基于文献及不同复合涂层试样的腐蚀实验形貌分析，氧化铝的加入对涂层腐蚀的作用有好有坏，适当加入氧化铝可以显著改善涂层致密度，提高耐腐蚀性，但加入量多到一定程度，又会成为腐蚀源区，从而降低耐腐蚀性，当然取决于喷涂条件与粉末特性，较优的陶瓷相比例不是一个固定值。例如，图 6-63 为冷喷涂 Al 基复合材料涂层中 Al$_2$O$_3$ 陶瓷相作用区的腐蚀过程示意图，陶瓷周围多少存在一定微孔/未结合区，促进腐蚀液进入。

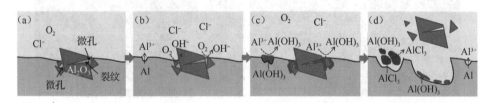

图 6-63　冷喷涂 Al 基复合材料涂层中 Al$_2$O$_3$ 陶瓷相作用区的腐蚀过程示意图

（a）未腐蚀；（b）Al 溶解；（c）形成局部腐蚀坑/区；（d）陶瓷剥离/部分涂层剥离，暴露更大的金属表面积鉴于镁合金的广泛应用前景与其耐腐蚀性能极差的短板，西安交通大学团队采用原位喷丸辅助冷喷涂技术在镁合金表面制备了高致密度的 Al、AA2219 合金、AA6061 合金涂层，并系统研究了冷喷涂铝基涂层对镁合金的腐蚀防护作用与腐蚀机理[48,49]。图 6-64 为粉末断面组织与原位喷丸辅助冷喷涂涂层的断面组织及 XRD 衍射图谱。采用如图 6-64（a）～（c）所示的气雾化铝基粉末，通过原位喷丸辅助冷喷涂技术在 AZ31B 镁合金表面制备了厚度约为 330μm 的纯 Al、AA2219 与 AA6061 合金涂层。如图 6-64（b）～（d）所示，在优化的参数条件下所有涂层内部均未发现孔隙，同时，如箭头所示，涂层材料与基材表面形成了良好的机械锁合，图像法孔隙率测试结果显示，纯 Al、AA2219 和 AA6061 合金涂层的孔隙率分别为 0.34%±0.11%、0.23%±0.09% 和 0.24%±0.08%，均处于极低的水平。XRD 测试结果表明，AA2219 合金粉末与涂层中均存在 Al_2Cu 金属间化合物第二相，而其他两种涂层均未发现第二相。结合强度对涂层的完整性具有重要影响，因此依照 ASTM C633-13 胶黏拉伸结合强度进行了结合强度测试，结果发现所有断裂均出现在胶层内。由于涂层结合强度高于环氧树脂胶的自身强度，因此难以获得涂层本身的结合强度。为了克服上述问题，又沉积了厚度超过 15mm 的厚涂层，采用电火花加工的方式制作了如图 6-65（a）所示的板状拉伸试样，其中涂层与基体界面位于拉伸试样的标距段，如果涂层的膜基结合强度低于涂层的内聚结合强度，则断裂将发生于涂层与基材界面，即可获得涂层的膜基结合强度。测试结果显示，三种涂层的结合强度均高于 80MPa，远高于图 6-59（a）所示的常规冷喷涂铝基涂层，这主要是因为原位喷涂粒子显著促进了粒子与基材界面的塑性变形，产生了如图 6-64 中箭头所示的有效机械锁合。图 6-65（b）、（c）所示的涂层断口的粗糙度远大于初始喷砂表面，进一步表明原位喷丸效应对界面塑性变形的促进作用。同时，如图 6-65（d）所示，所有条件下，涂层的显微硬度远高于初始粉末的硬度，这主要是冷喷涂过程中剧烈塑性变形导致的加工硬化作用。

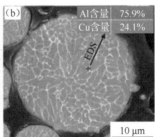

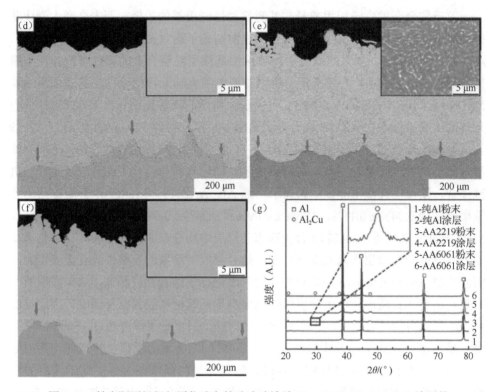

图 6-64　粉末断面组织与原位喷丸辅助冷喷涂纯 Al、AA2219、AA6061 涂层的
断面组织与 XRD 衍射图谱[8]

（a）纯 Al 粉末断面组织；（b）AA2219 粉末断面组织；（c）AA6061 粉末断面组织；
（d）纯 Al 涂层断面组织；（e）AA2219 涂层断面组织；
（f）AA6061 涂层断面组织；（g）各种粉末与涂层的 XRD 衍射图谱

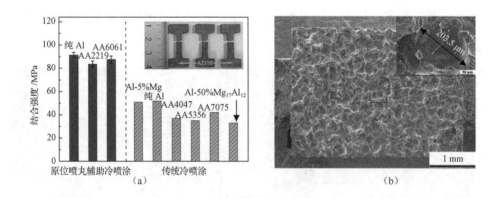

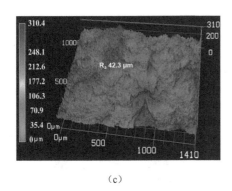

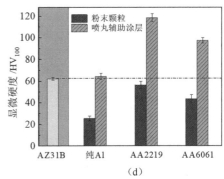

（c）　　　　　　　　　　　　　　　　　　　（d）

图 6-65　AZ31B 镁合金表面原位喷丸辅助冷喷涂纯 Al、AA2219、AA6061 涂层

（a）结合强度；（b）断口 SEM 形貌；（c）断口激光共聚焦三维形貌；（d）涂层显微硬度 [48]

　　进一步采用电化学测试通过开路电位、极化曲线对喷涂有涂层的 AZ31B 镁合金的电化学特性进行了表征，电化学测试之前将试样在 3.5% 的 NaCl 溶液（质量分数）中浸泡 12h 进行稳定化处理。进一步通过 1000h NaCl 溶液浸泡实验与1000h NaCl 中性盐雾腐蚀实验对涂层的长期耐腐蚀性能进行了测试。如图 6-66（a）所示，铝基涂层的开路电位均远高于镁合金基材，腐蚀趋势显著降低。开路电位从高到低依次为 AA2219 涂层、AA6061 涂层、纯 Al 涂层。如图 6-66（b）所示，喷丸辅助冷喷涂铝基涂层的腐蚀电位显著高于镁合金基材，同时腐蚀电流密度也显著低于镁合金基材。定量测试结果表明，镁合金基材的自腐蚀电流密度为 312.8μA/cm²，而制备 Al、AA2219、AA6061 涂层后，自腐蚀电流密度依次为 1.9μA/cm²、5.8μA/cm²、3.9μA/cm²，降低幅度达两个数量级，表明制备高致密铝基合金涂层后涂覆涂层中镁合金的腐蚀速率可降低两个数量级以上。长期腐蚀测试结果进一步确认了原位喷丸辅助冷喷涂高致密铝基涂层的耐腐蚀性能提升效果，制备涂层后镁合金基材的析氢量（V_{H_2}）与无涂层镁合金相比，降低两个数量级以上，样品的失重量也降低两个数量级以上，耐腐蚀性能显著提高。

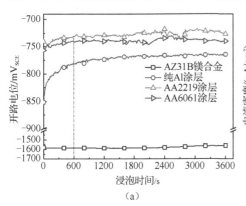

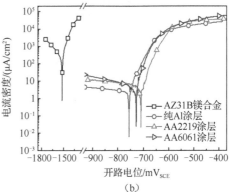

（a）　　　　　　　　　　　　　　　　　　　（b）

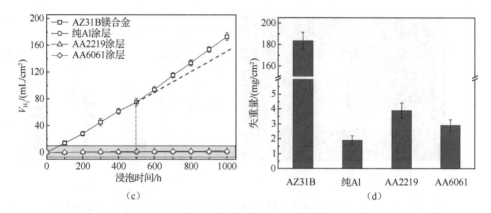

图 6-66 AZ31B 镁合金表面原位喷丸辅助冷喷涂纯 Al、AA2219、AA6061 涂层[49]

（a）开路电位；（b）极化曲线；（c）NaCl 溶液浸泡腐蚀析氢量；（d）样品失重量

1000h 浸泡腐蚀实验后原位喷丸辅助冷喷涂纯 Al、AA2219、AA6061 涂层的表面形貌与断面组织如图 6-67 所示。所有涂层表面均形成了布满网状裂纹的钝化层，如断面组织照片所示，所有条件下涂层结构完整，涂层内部与涂层/基材界面均未发现腐蚀产物，表明通过喷丸辅助冷喷涂可获得液体介质不能渗入的完全致密涂层，达到对液态腐蚀介质的长期有效物理屏蔽。进一步对比研究了 1h 和 1000h 浸泡腐蚀介质的阻抗特性，AZ31B 镁合金表面原位喷丸辅助冷喷涂 Al、AA2219、AA6061 涂层的能斯特图与阻抗对比如图 6-68 所示，1000h 浸泡后涂层体系的阻

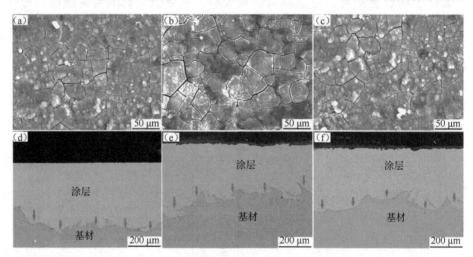

图 6-67 1000h 浸泡腐蚀实验后原位喷丸辅助冷喷涂纯 Al、AA2219、AA6061 涂层的表面形貌与断面组织[49]

（a）Al 涂层表面形貌；（b）AA2219 涂层表面形貌；（c）AA6061 涂层表面形貌；（d）Al 涂层断面组织；
（e）AA2219 涂层断面组织；（f）AA6061 涂层断面组织

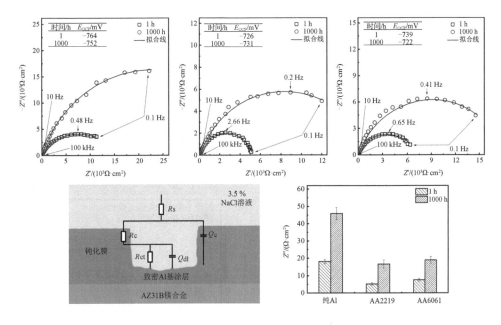

图 6-68　AZ31B 镁合金表面原位喷丸辅助冷喷涂 Al、AA2219、AA6061 涂层的
能斯特图与阻抗对比[48]

E_{OCP}-开路电位

抗显著提升，有利于腐蚀电流密度，即腐蚀速率的降低，这主要是因为涂层表面
的钝化膜对腐蚀介质可起到一定程度的物理屏蔽作用，降低了腐蚀介质直接与铝
基涂层的接触面积。

　　为了进一步揭示喷丸辅助冷喷涂制备的高致密铝基合金涂层的腐蚀原理，对
短期腐蚀后的抛光涂层表面进行了 SEM 表征，短期浸泡腐蚀 AZ31B 镁合金表面
原位喷丸辅助冷喷涂纯 Al、AA2219、AA6061 涂层表面形貌如图 6-69 所示。对于
所有涂层，少部分结合质量有限的原始粒子界面均为腐蚀发生的优先位置。同时在单
个粒子内部，三叉晶界则成为腐蚀优先发生的位置。与纯 Al 涂层相比，AA2219 合金
涂层粒子内部出现了更多的点蚀位置，其次为 AA6061 合金涂层。图 6-69（d）所示
的涂层表面点蚀坑面积比统计结果与涂层的总体耐腐蚀性能一致。此外，图 6-70
总结出了高致密冷喷涂铝基合金涂层的腐蚀原理，在腐蚀发展的初级阶段，结合
质量较差的粒子间界面、相界面、三叉晶界为腐蚀发生的优先位置，导致腐蚀前
沿面积高于名义表面积。在腐蚀稳定阶段，由于钝化膜的产生，腐蚀介质进入内
部的难度增大，同时腐蚀介质与金属涂层表面直接接触的面积减少，涂层缺陷与
晶体缺陷造成的腐蚀差异逐渐降低[50]。

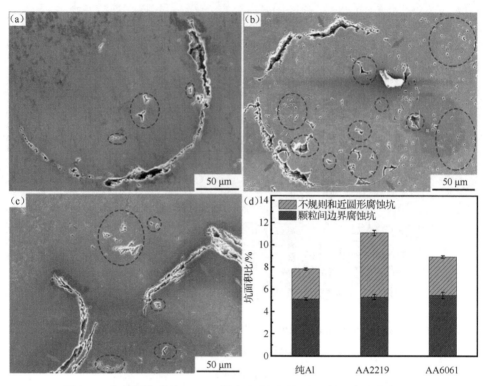

图 6-69　短期浸泡腐蚀 AZ31B 镁合金表面原位喷丸辅助冷喷涂纯 Al、
AA2219、AA6061 涂层表面形貌[48]

（a）纯 Al；（b）AA2219；（c）AA6061；（d）三种涂层表面点蚀坑面积比

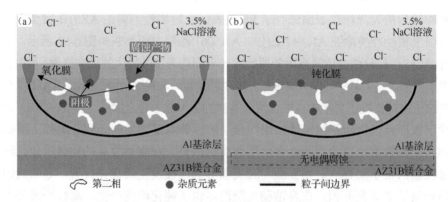

图 6-70　高致密冷喷涂铝基合金涂层的腐蚀原理[48]

6.5　冷喷涂 Mg 或 Mg 合金涂层性能

目前，对冷喷涂 Mg 及 Mg 合金的研究很少，但作为一类重要的轻质结构材料，其耐腐蚀性与耐磨性差，往往需要高质量表面防护与修复。虽然与 Al 具有相近的熔点，但由于 Mg 具有密排六方晶体结构，不易发生塑性变形，而且密度更低，其冷喷涂沉积特性相对较差。此外，由于 Mg 活性极高，不易获取粒径较小的粉末，其粉末生产、存储、冷喷涂过程中需要特别注意可能会发生的 Mg 燃烧事故。

6.5.1　冷喷涂 Mg 涂层性能

所新坤等[51,52]最早详细报道了冷喷涂 Mg 沉积特性，采用较大粒径的纯 Mg 粉末（30～120μm）在 Al 基体上进行喷涂（这也是一个挑战，焊接领域 Al-Mg 是一对技术难度很大的材料组合），工作气体为压缩空气（压力 2.5MPa、预热温度 500℃），送粉气体为氩气，并对 Al 基体进行不同温度的预热。

图 6-71 为不同 Al 基体预热下冷喷涂 Mg 涂层断面光镜组织，可以发现不同基体预热条件下涂层组织相对不是特别致密，主要是粉末粒径大，粒子碰撞速度相对较低，而且可以看到涂层与基体界面附近有一定的裂纹，这在其他涂层中很少见到，尤其是在基体没有预热条件下［图 6-71（a）］，表明涂层与基体结合不好。

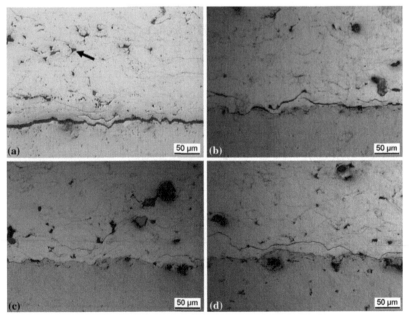

图 6-71　不同 Al 基体预热下冷喷涂 Mg 涂层断面光镜组织[52]

（a）室温；（b）100℃；（c）200℃；（d）300℃

Al 基体预热温度对冷喷涂 Mg 涂层孔隙率影响如图 6-72 所示，孔隙率在 1.5%～2.1%。测量不同涂层的显微硬度，图 6-73 为 Al 基体预热温度对冷喷涂 Mg 涂层显微硬度影响，基体预热温度影响较小，显微硬度在 35～40HV$_{0.3}$。采用胶黏拉伸法测量结合强度，图 6-74 为 Al 基体预热温度对冷喷涂 Mg 涂层结合强度影响，涂层与基体结合强度较低，最高约 12MPa，尤其是基体没有预热时仅 3MPa 左右。因此，冷喷涂 Mg 涂层性能还有很大的提升空间。

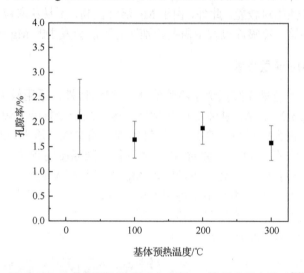

图 6-72　Al 基体预热温度对冷喷涂 Mg 涂层孔隙率影响[52]

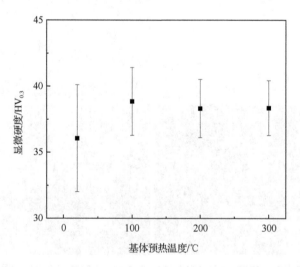

图 6-73　Al 基体预热温度对冷喷涂 Mg 涂层显微硬度影响[52]

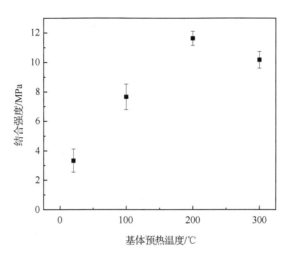

图 6-74　Al 基体预热温度对冷喷涂 Mg 涂层结合强度影响[52]

6.5.2　冷喷涂 Mg 合金及其复合涂层性能

所新坤等最早详细报道了冷喷涂 AZ91D 镁合金沉积特性，以及添加不同粒径、不同比例 SiC 强化相的复合涂层制备特性[53]，同样采用较大粒径的 AZ91D 粉末（34~81μm）在 AZ31B 镁合金基体上进行喷涂，工作气体为压缩空气（压力 2.5MPa、预热温度 600℃），送粉气体为氩气。上述喷涂条件下可以在镁合金基体表面有效获得镁合金涂层。

图 6-75 为冷喷涂 AZ91D 镁合金+体积分数 15%不同平均粒径 SiC 的涂层断面组织。涂层致密度明显提高，但 SiC 粒径较小，并不好制备高含量 SiC 的复合涂层，仅有少量 SiC 粒子嵌入。

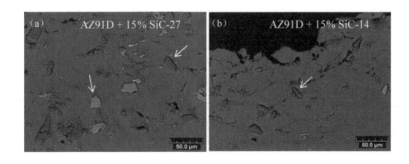

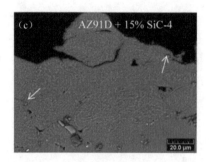

图 6-75　冷喷涂 AZ91D 镁合金+体积分数 15%不同平均粒径 SiC 涂层断面组织

（a）SiC 平均粒径 27μm；（b）SiC 平均粒径 14μm；（c）SiC 平均粒径 4μm[53]

图 6-76 反映了冷喷涂 AZ91D 镁合金+体积分数为 15%不同平均粒径 SiC 涂层的显微硬度，冷喷涂 AZ91D 涂层硬度约为 100HV$_{0.3}$，而 SiC 平均粒径 27μm 的复合涂层硬度最高，为 150HV$_{0.3}$，这主要与复合涂层中 SiC 含量较多有关。图 6-77 为 AZ31B 镁合金基体上冷喷涂 AZ91D 镁合金+体积分数 15%不同平均粒径 SiC 涂层的结合强度，纯 AZ91D 涂层结合强度相对较低（约 12MPa），复合涂层结合强度显著提高（约 23MPa），与 SiC 粒子尺度大小关系不大，这说明粉末中陶瓷粒子混入对第一层金属沉积层的结合质量具有重要的提升作用。

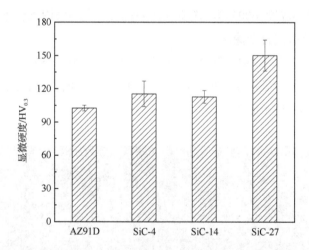

图 6-76　冷喷涂 AZ91D 镁合金+体积分数为 15%不同平均粒径 SiC 涂层的
显微硬度[53]

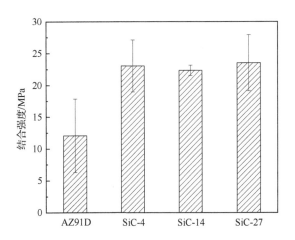

图 6-77　AZ31B 镁合金基体上冷喷涂 AZ91D 镁合金+体积分数 15%
不同平均粒径 SiC 涂层的结合强度[53]

　　此外，混合粉末中，平均粒径 27μm 的 SiC 粒子含量对冷喷涂 AZ91D 镁合金
涂层厚度的影响如图 6-78 所示，混入体积分数为 30%时涂层沉积效率最高，继续
增加 SiC 含量，整体沉积效率反而出现下降的趋势。冷喷涂 AZ91D/SiC 复合涂层
中 SiC 含量对涂层显微硬度影响如图 6-79 所示，显微硬度随涂层中 SiC 含量的增
加整体提高，但 SiC 含量较低时，对显微硬度的影响不大，可能与涂层的综合沉
积效率及原位喷丸效应协调有关。

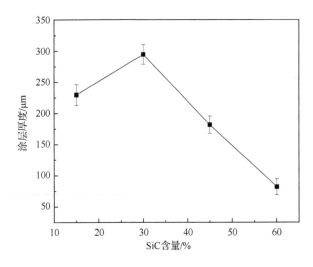

图 6-78　平均粒径 27μm SiC 粒子含量对冷喷涂 AZ91D 镁合金涂层厚度的影响[53]

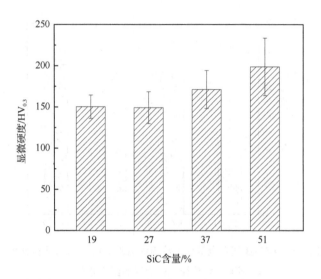

图 6-79　冷喷涂 AZ91D/SiC 复合涂层中 SiC 含量对涂层显微硬度影响[53]

6.6　冷喷涂 Cu 合金涂层性能

Cu 合金按合金成分分为黄铜、青铜和白铜三大类。

黄铜是以锌作为主要添加元素的铜合金，具有美观的黄色，统称黄铜。铜锌二元合金通常被称为普通黄铜或简单黄铜。三元以上的黄铜称特殊黄铜或复杂黄铜。锌含量低于 36% 的黄铜合金由固溶体组成，具有良好的冷加工性能，如锌含量 30% 的黄铜常用来制作弹壳，俗称弹壳黄铜或七三黄铜。锌含量在 36%～42% 的黄铜合金由 β 相和固溶体组成，其中最常用的是锌含量 40% 的六四黄铜。为了改善普通黄铜的性能，常添加其他元素，如铝、镍、锰、锡、硅、铅等。铝能提高黄铜的强度、硬度和耐蚀性，但使材料塑性降低，适合作冷凝管及其他耐蚀零件。锡能提高黄铜的强度和对海水的耐腐蚀性，故称海军黄铜，用作船舶热工设备和螺旋桨等。铅能改善黄铜的切削性能，这种易切削黄铜常用作钟表零件。黄铜铸件常用来制作阀门和管道配件等。

白铜是以镍为主要添加元素的铜合金。铜镍二元合金通常被称为普通白铜；加有锰、铁、锌、铝等元素的白铜合金称复杂白铜。工业用白铜分为结构白铜和电工白铜两大类。结构白铜的特点是机械性能和耐蚀性好，色泽美观。这种白铜广泛用于制造精密机械、化工机械和船舶构件。电工白铜一般具有良好的热电性能。锰铜、康铜、考铜是含锰量不同的锰白铜，是制造精密电工仪器、变阻器、精密电阻、应变片、热电偶等常用的材料。

青铜原指铜锡合金，后除黄铜、白铜以外的铜合金均称青铜，并常在青铜名字前冠以第一主要添加元素的名称。锡青铜的铸造性能、减摩性能和机械性能良好，适合制造轴承、蜗轮、齿轮等。铅青铜是现代发动机和磨床广泛使用的轴承材料。铝青铜强度高，耐磨性和耐蚀性好，用于铸造高载荷的齿轮、轴套、船用螺旋桨等。铍青铜和磷青铜的弹性极限高，导电性好，适于制造精密弹簧和电接触元件，铍青铜还用来制造煤矿、油库等使用的无火花工具。

Cu 合金还可以按照功能划分，有导电导热用铜合金（主要有纯铜和微合金化铜），结构用铜合金（几乎包括所有铜合金），耐蚀铜合金（主要有锡黄铜、铝黄铜、各种白铜、铝青铜、钛青铜等），耐磨铜合金（主要有含铅、锡、铝、锰等元素的复杂黄铜、铝青铜等），易切削铜合金（铜-铅、铜-碲、铜-锑等合金），弹性铜合金（主要有锑青铜、铝青铜、铍青铜、钛青铜等），阻尼铜合金（高锰铜合金等），艺术铜合金（纯铜、锡青铜、铝青铜、白铜等），显然，许多铜合金都具有多种功能。

铜合金是一类比较适合冷喷涂的材料，具有重要的应用前景，但合金化显著增加了 Cu 的强度，与纯 Cu 粉末相比，冷喷涂 Cu 合金相对较难，需要更高的气体参数来制备高质量涂层。目前，针对 Cu 合金冷喷涂的研究较少。

6.6.1　冷喷涂黄铜涂层性能

黄春杰等以如图 6-80 所示的粒径为 15～69μm 的 Cu60Zn40 黄铜粉末作为原料，通过冷喷涂制备了涂层[54,55]，采用压缩空气作为工作气体（2.8MPa，400℃～450℃），氦气为送粉气体，所得冷喷涂 Cu60Zn40 黄铜涂层断面 SEM 形貌如图 6-81 所示。从图中可以观察到，冷喷涂涂层相对致密，存在少量微孔，粒子发生了明显变形。涂层硬度达到 212HV，比同种粉末真空等离子喷涂的涂层硬度高约一倍（119HV）。涂层自身抗拉强度约 80MPa，相对较低，而且基本无塑性，观察冷喷涂 Cu60Zn40 黄铜涂层拉伸断口 SEM 形貌如图 6-82 所示，断裂发生在粒子界面之间，反映了弱的界面结合。图 6-83 为冷喷涂与真空等离子喷涂 Cu60Zn40 黄铜涂层摩擦磨损性能对比，冷喷涂 Cu60Zn40 涂层具有明显低的摩擦系数及磨损率。此外，图 6-84 为冷喷涂与真空等离子喷涂 Cu60Zn40 黄铜涂层在质量浓度为 3.5% 的 NaCl 水溶液中的腐蚀极化曲线，如图所示，在质量分数为 3.5%的 NaCl 溶液中测试了涂层的腐蚀极化曲线，冷喷涂黄铜涂层的开路电位与自腐蚀电位低于真空等离子喷涂涂层，腐蚀电流密度即腐蚀速率与真空等离子喷涂涂层相近。冷喷涂更低的自腐蚀电位主要是其内部具有更高密度的晶体缺陷所致。

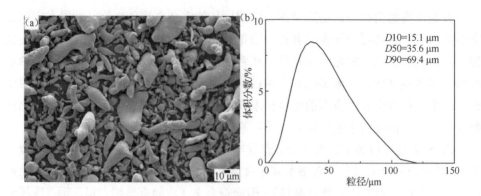

图 6-80　Cu60Zn40 黄铜粉末形貌及粒径分布

（a）SEM 形貌；（b）粒径分布

Dx-小于该粒径的粉末体积分数为 x%，x=10,50,90

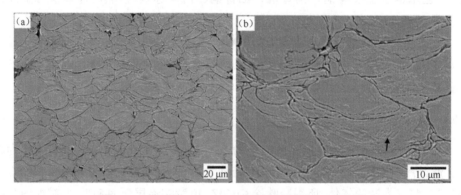

图 6-81　冷喷涂 Cu60Zn40 黄铜涂层断面 SEM 形貌

（a）低倍；（b）高倍

图 6-82　冷喷涂 Cu60Zn40 黄铜涂层拉伸断口 SEM 形貌

（a）低倍；（b）高倍

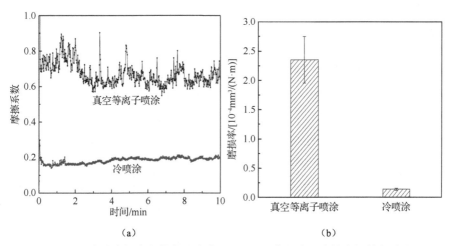

（a）

（b）

图 6-83　冷喷涂与真空等离子喷涂 Cu60Zn40 黄铜涂层摩擦磨损性能对比

（a）摩擦系数；（b）磨损率

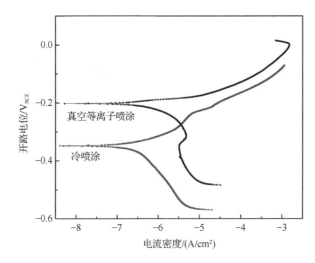

图 6-84　冷喷涂与真空等离子喷涂 Cu60Zn40 黄铜涂层在质量浓度为 3.5% NaCl 溶液中的
腐蚀极化曲线

此外，李文亚采用压缩空气（3MPa, 600℃）冷喷涂制备了 15～80μm 的 CuZnAl
合金涂层[56]，由于这类粉末具有高弹性与高强度，对送粉气体进行了一定预热，以
使粒子的温度更高。图 6-85 是冷喷涂 CuZnAl 合金涂层断面组织，如图所示，涂
层组织相对致密，由于这种粉末的特殊性，粉末本身呈马氏体组织，所以涂层中
也存在大量马氏体组织［见图 6-85（b）所示高倍组织］，涂层显微硬度明显增加。

测量涂层的自身抗拉强度，平行于喷涂方向为 115MPa，垂直于喷涂方向为 66MPa，同样存在明显面内各向异性，也同样几乎没有塑性。

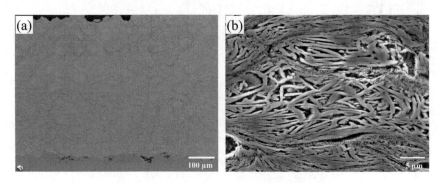

图 6-85　冷喷涂 CuZnAl 合金涂层断面组织

（a）低倍；（b）高倍（腐蚀）

6.6.2　冷喷涂青铜涂层性能

　　针对强度比较高的青铜，研究采用氦气（2MPa，520℃）在不锈钢基体上冷喷涂锡青铜（粒径小于 48μm，QSn10-1）[57]，图 6-86 为该锡青铜涂层断面组织，厚度约 600μm 的涂层，内孔隙较少，致密度>99%，测试表明锡青铜的显微硬度为 200~250HV，图 6-87 为不锈钢基体上氦气（2MPa，520℃）冷喷涂锡青铜涂层断面硬度厚度方向分布。

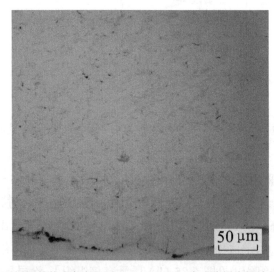

图 6-86　不锈钢基体上氦气（2MPa，520℃）冷喷涂锡青铜涂层断面组织

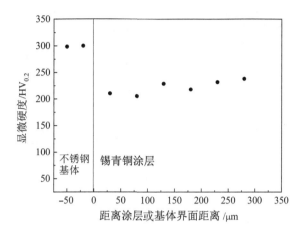

图 6-87　不锈钢基体表面氦气冷喷涂锡青铜涂层断面硬度厚度方向分布

气体压力为 2MPa，气体温度为 520℃

法国贝尔福-蒙贝利亚技术大学（UTBM）LERMPS 实验室采用压缩空气（3MPa，500℃）在碳钢基体上冷喷涂了 CuSn6（平均粒径为 27.9μm）与 CuSn8（平均粒径为 17.1μm）锡青铜涂层[58]，图 6-88 为冷喷涂锡青铜涂层断面组织图，可以制备较厚涂层，但涂层孔隙率较高，为 4%～5%。测试表明 CuSn6 涂层的显微硬度为 $135HV_{0.2}$，而 CuSn8 涂层为 $168HV_{0.2}$，主要是因为 CuSn8 本身硬度较高，其次粉末粒径小，粒子速度高，产生的加工硬化效果更强。图 6-89 为压缩空气冷喷涂锡青铜涂层显微硬度。

压缩空气冷喷涂锡青铜涂层摩擦磨损性能如图 6-90 所示，摩擦系数为 0.62～0.74，CuSn8 的摩擦系数偏高一点，但其磨损率显著低于 CuSn6 涂层，主要与 CuSn8 的硬度高有关，磨损主要通过黏着磨损与粒子剥离发生。

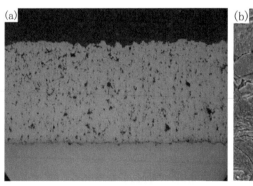
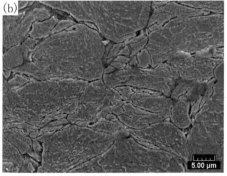

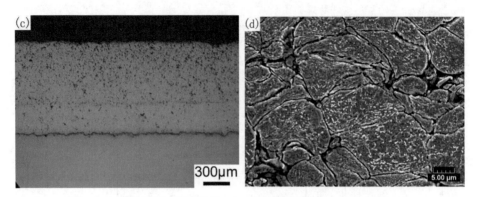

图 6-88　压缩空气（3MPa，500℃）冷喷涂锡青铜涂层的断面组织

（a）、（b）CuSn6 涂层；（c）、（d）CuSn8 涂层

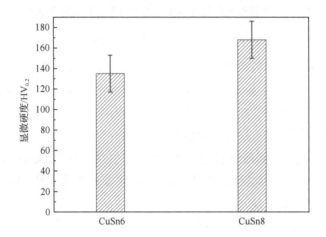

图 6-89　压缩空气（3MPa，500℃）冷喷涂锡青铜涂层的显微硬度

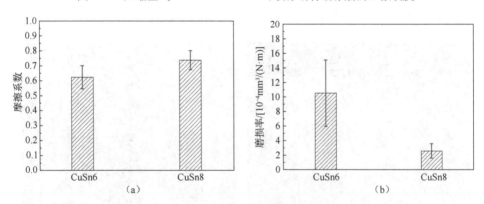

图 6-90　压缩空气（3MPa，500℃）冷喷涂锡青铜涂层的摩擦磨损性能

（a）摩擦系数；（b）磨损率

为了进一步提升冷喷涂锡青铜涂层的耐磨损性能，采用同样的压缩气体参数冷喷涂 CuSn8/AlCuFeB 准晶复合涂层[59]，准晶成分为 Al59.1Cu25.6Fe12.1B3.2，强化相在粉末中的体积分数为 50%，复合涂层断面 OM 组织如图 6-91 所示，涂层组织变得更加致密，孔隙率<1%。复合涂层的平均显微硬度进一步增加到 230HV。测试复合涂层的摩擦磨损性能，摩擦系数降低到 0.56 左右，磨损率从 CuSn 涂层的 $2.5×10^{-4}mm^3/$（N·m）降低到 $1.5×10^{-4}mm^3/$（N·m）。磨损机制由于准晶粒子的存在也发生了变化，出现了三体磨损。

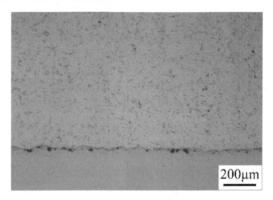

图 6-91　压缩空气（3MPa，500℃）冷喷涂锡青铜 CuSn8/Al59.1Cu25.6Fe12.1B3.2
准晶复合涂层断面组织

此外，李文亚等还采用压缩空气（3MPa，415℃）与细粉（-25μm），以 Cu 板为基体，冷喷涂高温用铜合金 Cu-4Cr-2Nb（4%Cr，2%Nb，4%与 2%为原子百分比）[60,61]，冷喷涂与热喷涂 Cu-4Cr-2Nb 涂层断面组织如图 6-92（a）与（c）所示，粒子变形程度较高，涂层组织致密，同时含有大量的细小析出强化相 Cr_2Nb，与真空等离子喷涂涂层相比（已经用于航天发动机线性段喷嘴的喷涂制造），强化相虽然更细，但粒子界面清晰，预测强塑性要差很多。

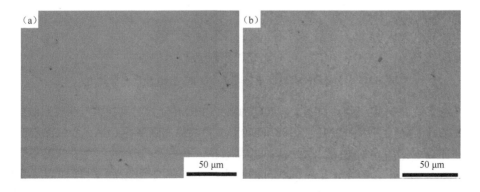

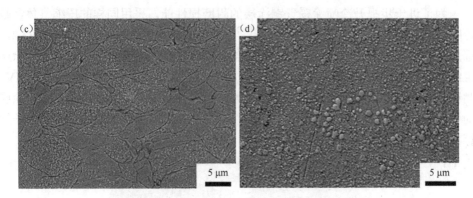

图 6-92　冷喷涂与热喷涂 Cu-4Cr-2Nb 涂层断面组织

（a）低倍冷喷涂层；（b）低倍真空等离子喷涂涂层；（c）高倍冷喷涂层；（d）高倍真空等离子喷涂涂层
（c）、（d）经过金相腐蚀可明显观察到 Cr_2Nb 强化析出相

　　冷喷涂与真空等离子喷涂 Cu-4Cr-2Nb 涂层显微硬度测量结果如图 6-93 所示，冷喷涂 Cu-4Cr-2Nb 涂层硬度为 $179HV_{0.1}$，比真空等离子喷涂涂层的硬度 $116HV_{0.1}$ 高约 54%。后热处理调控结果表明，800℃下的真空热处理可以获得与真空等离子喷涂涂层相当的硬度，可以替代真空等离子喷涂。

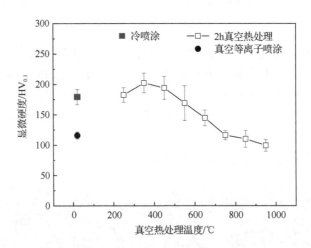

图 6-93　冷喷涂与真空等离子喷涂 Cu-4Cr-2Nb 涂层显微硬度

　　法国贝尔福-蒙贝利亚技术大学（UTBM）LERMPS 实验室在氦气回收系统的腔室内，采用氦气（1.6～3MPa，488～540℃）冷喷涂高强高导 CuAg 合金涂层的典型断面组织如图 6-94 所示[7, 62]，组织非常致密（孔隙率<0.1%）。为了获得不同的电导率与强度组合，设计了不同成分的粉末，所制备的合金涂层性能如表 6-3 所示，涂层含氧量极低，抗拉强度 450MPa 以上，甚至可达 700MPa，从导电性上讲，

含 Ag 量为 0.1%时，强度与导电性综合较好，但涂层塑性差，需要退火处理进一步调控组织与性能。

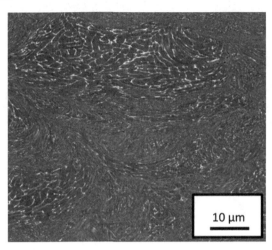

图 6-94　冷喷涂 CuAg 合金的典型断面组织（5.7%Ag）[62]

表 6-3　氦气冷喷涂制备 CuAg 与 CuAgZr 合金涂层的性能[62]

铜合金质量组成/ %	含氧量/ppm	抗拉强度/MPa	延伸率/%	电导率/ %IACS
纯 Cu	<200	320±5	3.0±0.5	96.9±0.5
Cu-0.1Ag	<200	466±5	4.0±0.5	95.4±0.5
Cu-5.7Ag	<200	701±5	1.2±0.5	74.3±0.5
Cu-23.7Ag	<200	646±5	0.0±0.5	62.4±0.5
Cu-0.1Ag-0.1Zr	<200	483±5	7.0±0.5	87.8±0.5
Cu-3Ag-0.5Zr	<200	576±5	0.0±0.5	64.4±0.5

注：ppm 为百万分之一。

6.6.3　冷喷涂白铜涂层性能

对于白铜冷喷涂的研究很少，有代表性的为冷喷涂 CuNiIn 涂层的报道[63]。采用压缩空气（2.9MPa，550℃）冷喷涂了 Cu36Ni5In（Amdry 500F，5～45μm）粉末，证实了冷喷涂制备抗微动磨损涂层的可行性，图 6-95 为冷喷涂 Cu36Ni5In 涂层的断面组织，涂层组织比较致密，显微硬度为 240HV$_{0.2}$±20HV$_{0.2}$，涂层弯曲断口上可以发现少量韧窝，分析认为可能是碰撞过程中发生了少量局部熔化。最新研究结果表明，采用氦气冷喷涂 25～50μm CuNiIn 粉末，涂层显微硬度更高，约为 294HV$_{0.2}$±11HV$_{0.2}$。

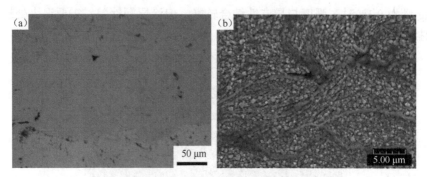

图 6-95　冷喷涂 Cu36Ni5In 涂层断面组织

（a）光镜照片；（b）金相腐蚀后扫描电镜照片

6.7　冷喷涂不锈钢涂层性能

不锈钢耐腐蚀性与抗氧化性较好，尤其奥氏体不锈钢还可用作耐热钢，作为常用喷涂材料之一，冷喷涂不锈钢涂层附加值高，其制备也得到国内外学者的关注，而对于其他钢铁材料的冷喷涂研究很少，只有少量文献报道涉及冷喷涂 Fe[27,64]、Fe-Ni 合金（如 INVAR 合金钢[65]，Ni 质量分数约 36%）等。不锈钢是一类比较难冷喷涂的材料，需要在比较苛刻的冷喷涂参数（高粒子速度）下才能制备致密涂层。

李文亚等采用压缩空气研究了 316L 涂层的冷喷涂制备[66]，粉末粒径为 4.4～14.8μm，采用两种喷嘴进行了实验。其一是商用喷嘴（气体参数：3MPa，575℃），其二是自行优化的喷嘴（气体参数：3MPa，470℃），压缩空气冷喷涂 316L 不锈钢涂层断面显微组织如图 6-96 所示，采用自行优化的喷嘴获得的涂层比较致密，主要是由于粒子速度高于商用喷嘴，所得涂层的显微硬度分别为 299HV ±34HV 与 320HV ±32HV。

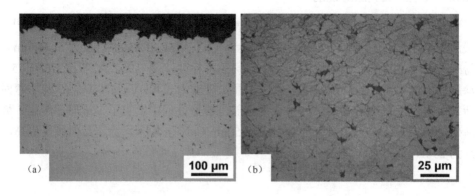

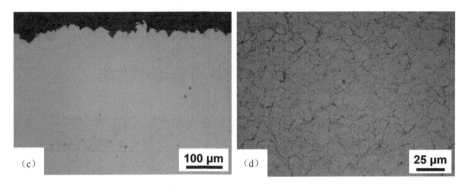

图 6-96　压缩空气冷喷涂 316L 不锈钢涂层断面显微组织

（a）商用喷嘴制备涂层；（b）商用喷嘴制备涂层局部放大；
（c）自行优化喷嘴制备涂层；（d）自行优化喷嘴制备涂层局部放大

殷硕等采用氮气（3MPa、1000℃）冷喷涂 15～45μm 粒径的球形 316L 不锈钢粉[67]，该粉末为增材制造用粉末，虽然采用了较高的喷涂参数，粒子也发生了明显大变形，图 6-97 为氮气冷喷涂 316L 不锈钢涂层断面 SEM 组织，喷涂态涂层孔隙率 3.3%（图像法测量）或 1.0%（微 CT 测量），存在少量微裂纹，喷涂态涂层的显微硬度为 255HV，抗拉强度仅 45MPa，无塑性。由于氮气冷喷涂不锈钢涂层的强度相对较低，一般需要采用热处理来提高其性能。

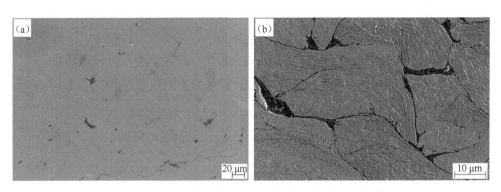

图 6-97　氮气冷喷涂 316L 不锈钢涂层断面 SEM 组织

（a）未金相腐蚀；（b）金相腐蚀后

法国贝尔福-蒙贝利亚技术大学 LERMPS 实验室采用氮气循环冷喷涂系统与粒径为 10～40μm 的粉末，在氮气参数为 2.8MPa、550℃ 的条件下制备了 304L 不锈钢涂层[68]。因粒子速度较高，涂层比较致密，孔隙率为 1.1%～1.5%，显微硬度为 440HV±9HV，抗拉强度为 629MPa，但几乎无塑性。但当气体压力降为 2.3MPa

时，涂层抗拉强度降至 228MPa，硬度与孔隙率变化则不大。尽管文献中对这一结果没有给出合理解释，但强度的变化可能源于粒子间结合质量的显著降低。

6.8　冷喷涂 Ti 及 Ti 合金涂层性能

钛及钛合金是一类比较容易沉积但难以获得致密涂层的冷喷涂材料，主要是因为其沉积行为的特殊性（参见第 2 章与第 5 章），尤其是强度更高的钛合金，其高强高韧涂层的制备是冷喷涂领域的一大挑战。由于冷喷涂钛及钛合金具有重要的应用前景，因此国内外对其研究报道比较多[69]。下面介绍冷喷涂钛及钛合金典型的性能特征，更详细的介绍请参考李文亚等在 *Progress in Materials Science*（2020 年）期刊发表的关于冷喷涂钛及钛合金特性的综述论文[69]。

图 6-98 为球形与不规则 Ti 粉末所制备涂层的孔隙率及显微硬度随粒子速度变化的规律。随着粒子速度增加，涂层显微硬度增大，说明粒子碰撞时变形引起的应变硬化效应随之增强，而且显微硬度与孔隙率基本成反比。图 6-99 为不同表面处理状态 Ti6Al4V 基体上通过氦气冷喷涂 Ti 涂层的结合强度，在钛合金基体上氦气冷喷涂 Ti 涂层的结合强度约 22MPa，相对较低，如果对基体进行喷砂处理，结合强度反而更低（小于 10MPa）。图 6-100 为不同气体条件下冷喷涂 Ti 及 Ti6Al4V 涂层结合强度，结果表明，即使采用氦气，Ti 涂层结合强度也很难超过 40MPa。对于 Ti 涂层自身抗拉强度来说，如图 6-101 所示，采用氮气冷喷涂，Ti 涂层自身抗拉强度达 50MPa，虽然通过增加加速气体温度，抗拉强度还可以再增加一些，但也很难超过 100MPa；采用氦气冷喷涂 Ti 涂层自身抗拉强度可以超过 100MPa。

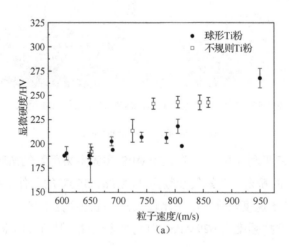

(a)

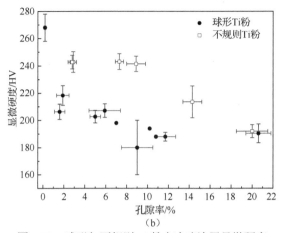

图 6-98　球形与不规则 Ti 粉末冷喷涂层显微硬度

（a）显微硬度与粒子平均碰撞速度关系；（b）显微硬度与孔隙率关系

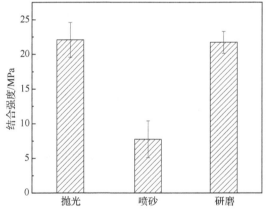

图 6-99　不同表面处理状态 Ti6Al4V 基体上氦气冷喷涂 Ti 涂层结合强度[70]

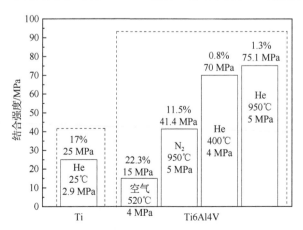

图 6-100　不同气体条件下冷喷涂 Ti 及 Ti6Al4V 涂层结合强度

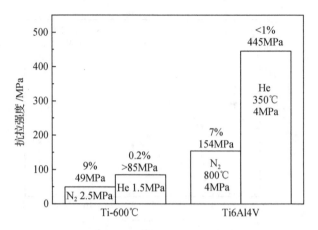

图 6-101　不同气体条件下冷喷涂 Ti 及 Ti6Al4V 涂层自身抗拉强度

冷喷涂 Ti6Al4V 涂层的显微硬度在 300~420HV，结合强度相对较低（图 6-100），即使采用氦气作为工作气体，喷涂态涂层结合强度也很难超过 70MPa。另外，涂层自身抗拉强度也比较低，图 6-101 为不同气体条件下冷喷涂 Ti 及 Ti6Al4V 涂层自身抗拉强度，氮气冷喷涂 Ti 涂层一般很难超过 154MPa，氦气冷喷涂 Ti 涂层则很难超过 500MPa。

对于高气体温度冷喷涂的 Ti 或 Ti 合金涂层，其残余应力分布与常规认识的压应力不同，图 6-102 反映了 Ti6Al4V 基体上冷喷涂 Ti6Al4V 涂层厚度方向残余应力分布，如图所示，涂层较厚时，残余应力较大，而且是拉应力，非常不利于涂层结合，这与实验观察到的厚涂层容易开裂剥离的现象一致。

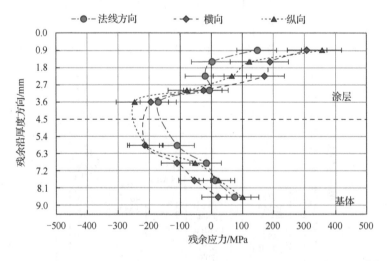

图 6-102　Ti6Al4V 基体上冷喷涂 Ti6Al4V 涂层厚度方向残余应力分布[71]

中子衍射法测量

　　此外，Ti 或 Ti 合金涂层作为耐腐蚀涂层，虽然其腐蚀电位高[72]，但一般条件下制备的涂层呈现多孔特征，存在贯通气孔，不能屏蔽腐蚀介质而对基体进行完全腐蚀防护。利用这一特点可将其作为生物涂层，但其结合强度、生物活性等尚需深入研究。

6.9　冷喷涂高温合金涂层性能

　　高温合金是指 Ni 基与钴基合金，如 NiCr、NiCrAl、MCrAlY、In718、In625 等。高温合金也是一类冷喷涂非常难实现的涂层材料，如何获得致密沉积层是冷喷涂领域的一个巨大挑战，但因其具有重要的应用前景，受到国内外学者的关注较多。

　　雒晓涛等采用氮气（2.5MPa，700℃）冷喷涂 5～33μm Inconel 718 粉末（平均粒径 13.5μm）[73]，其涂层断面微观组织如图 6-103 所示，涂层孔隙率较高（5.7%），显微硬度410HV，涂层自身抗拉强度约96MPa，无塑性，充分表明了这类材料难以冷喷涂沉积的特性。借助原位喷丸（原位微锻造）技术实现了涂层致密化及涂层强度的显著提高，通过高温热处理可获得力学性能与锻造块体相当的沉积体。

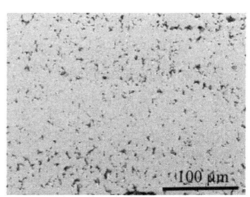

图 6-103　氮气（2.5MPa、700℃）冷喷涂 Inconel 718 涂层断面微观组织[73]

　　随着近年来冷喷涂设备参数的提升（详见第 8 章），有学者采用高喷涂参数（更高压、高温，采用氦气）冷喷涂制备高温合金涂层[74,75]，涂层性能获得进一步提升。1000℃预热不同气体条件下冷喷涂 8～50μm Inconel 718 粉末制备涂层断面微观组织如图 6-104 所示[74]，随着氮气压力增加，涂层孔隙率从 3MPa 的 5.35%下降到 7MPa 的 1.82%，显微硬度从 380HV 增加到 550HV；采用 3MPa、1000℃的氦气时涂层孔隙率下降到 0.21%，非常致密，显微硬度增加到近 600HV。Pérez-Andrade 等[75]采用 5MPa 氮气喷涂 17～45μm Inconel 718 粉末，随着气体预热温度从 800℃升高到 1000℃，涂层孔隙率从 1.8%下降到 1.3%，显微硬度也从 434HV 增加到 465HV。

　　冷喷涂高温合金涂层的结合强度一般相对较低（往往在高温合金基体上喷涂），如 Ma 等[74]采用高冷喷涂参数在 Inconel 718 基体上制备 Inconel 718 涂层，采用图 6-16 所示的拉伸实验法测试涂层与基体的结合性能，图 6-105 为 1000℃预

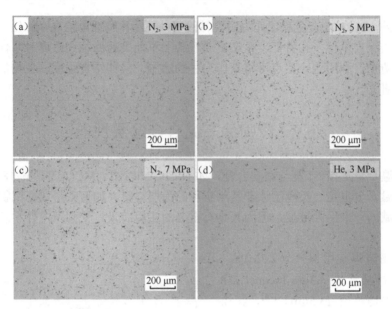

图 6-104　1000℃预热不同气体条件下冷喷涂 8～50μm Inconel 718 粉末制备涂层断面微观组织[74]

(a) N₂，3MPa；(b) N₂，5MPa；(c) N₂，7MPa；(d) He，3MPa

热不同气体条件下 Inconel 718 基体上冷喷涂 Inconel 718 涂层结合强度，采用氮气喷涂的涂层结合强度一般小于 80MPa，很难超过 100MPa，采用氦气可显著提高到 420MPa，通过热处理可进一步提升性能。图 6-106 为冷喷涂 Inconel 718 沉积体自身拉伸性能，对于涂层自身抗拉强度，氮气喷涂态可超过 600MPa，氦气喷涂态可超过 1100MPa，但无塑性，同样需要热处理进行强塑性调整。

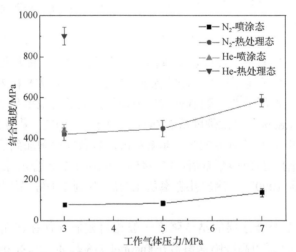

图 6-105　1000℃预热不同气体条件下 Inconel 718 基体上冷喷涂
Inconel 718 涂层结合强度[74]

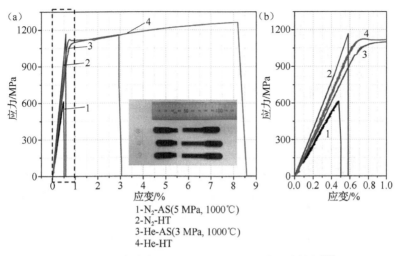

图 6-106　冷喷涂 Inconel 718 沉积体自身拉伸性能[74]

（a）拉伸性能；（b）为（a）中低应变选定区域放大图

AS-喷涂态；HT-热处理态

　　由上述结果可知，由于 Inconel 718 镍基高温合金的硬度相对较高，变形能力较弱，制备高致密度的沉积体需要以氦气作为加速气体，或在极高的气体温度及气体压力条件下，使得粒子处于极高的温度与撞击速度，进而获得高致密度沉积体。因此，雒晓涛等在相对较低的气体温度和气体压力条件下（700℃，2.5MPa），对比研究了常规冷喷涂方法与原位喷丸辅助冷喷涂方法制备 Inconel 718 沉积体的显微组织与力学性能差异，旨在为此类高硬度金属沉积体的制备提供一种低成本的新方法。图 6-107 为喷丸粒子含量对原位喷丸辅助冷喷涂制备 Inconel 718 沉积显微组织的影响，随着混合粉末中的喷丸粒子含量（体积分数）增加，沉积体的

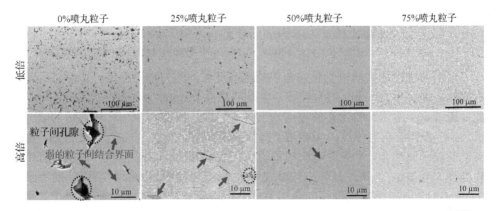

图 6-107　喷丸粒子含量对原位喷丸辅助冷喷涂制备 Inconel 718 沉积显微组织的影响[73]

致密度逐渐增加，当喷丸粒子含量达到50%以上时，沉积体的孔隙率降至0.5%以下。由于制备态的冷喷涂沉积体不具有塑性，因此在1200℃的高温条件下对沉积体进行了2h的热处理，热处理后常规冷喷涂与50%喷丸粒子原位喷丸辅助冷喷涂Inconel 718沉积体显微组织如图6-108所示，可以发现两种沉积体的孔隙率在热处理后均有增加，但喷丸辅助冷喷涂Inconel沉积体内部仅在三叉粒子界面出现少量小尺度孔隙。

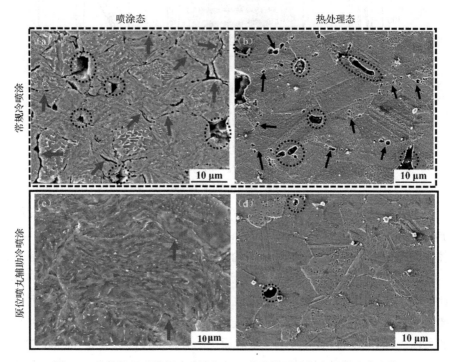

图6-108　热处理对常规冷喷涂与50%喷丸粒子原位喷丸辅助冷喷涂
Inconel 718沉积体显微组织的影响[73]

（a）常规冷喷涂方法喷涂态显微组织；（b）常规冷喷涂方法热处理态显微组织；
（c）原位喷丸辅助冷喷涂方法喷涂态显微组织；（d）原位喷丸辅助冷喷涂方法热处理态显微组织

采用单轴拉伸实验对制备态与热处理态沉积体的力学性能进行了测试，常规冷喷涂与原位喷丸（50%喷丸粒子）辅助冷喷涂Inconel 718沉积体的拉伸力学性能如图6-109所示。喷涂态的涂层均不具有塑性，但加入50%体积含量的喷丸粒子后，沉积体的抗拉强度由100MPa提高到500MPa。进一步进行热处理后，由于有限的粒子间结合，常规冷喷涂制备的高孔隙率Inconel 718沉积体的抗拉强度仅提高到570MPa，但塑性延伸率依然仅为0.5%，热处理后的原位喷丸辅助冷喷涂Inconel 718沉积体的抗拉强度高达1087MPa，同时延伸率也达到6%以上。进一步对拉伸失效后沉积体的断口形貌进行表征，图6-110为常规冷喷涂与50%喷丸粒子原位喷丸辅助冷喷涂 Inconel 718 沉积体的拉伸断口形貌。制备态沉积体的断裂均发生在粒子界面，但原位喷丸辅助冷喷涂制备的 Inconel 718 沉积体中的粒子变形量更大，嵌合作用更强。热处理后，尽管两种沉积体均有韧窝出现，但由于常规冷喷涂制备的 Inconel 718 沉积体具有较低水平的粒子间结合面积，原始粒子轮廓依然可见，而原位喷丸辅助冷喷涂沉积体中原始粒子均被韧窝覆盖，表现出明显的塑性断裂特征。

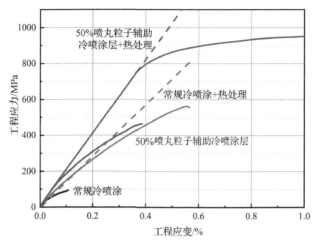

图 6-109　常规冷喷涂与原位喷丸辅助冷喷涂 Inconel 718 沉积体的拉伸力学性能[73]

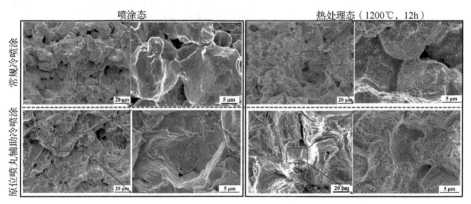

图 6-110　常规冷喷涂与 50%喷丸粒子原位喷丸辅助冷喷涂 Inconel 718 沉积体的
拉伸断口形貌[73]

6.10　冷喷涂新型金属材料涂层

6.10.1　冷喷涂高熵合金

高熵合金（high entropy alloys）是一种新型的多元合金，由 5 种或 5 种以上等量或接近等量的主元素组成。元素种类增加，多元合金的混合熵随之增加，因此被称为高熵合金。与传统合金（一种元素作为主元素，其他元素为合金元素）相比，高熵合金各元素成分相当，具有更加优异的力学性能、耐腐蚀性能和抗氧化性能等。传统制造高熵合金的方法包括真空电弧熔炼法和粉末冶金法等，其中主要的合金元素需要经过重熔才能获得具有均匀微观结构的高熵合金。

目前，冷喷涂制备高熵合金块体和涂层的研究报道尚比较少，殷硕等报道证实了冷喷涂制备高熵合金涂层的可行性[76]。图 6-111 为氦气冷喷涂 FeCoNiCrMn 高熵合金涂层断面形貌及元素能谱，冷喷涂 FeCoNiCrMn 涂层组织致密，没有可见的孔隙和裂纹，主要元素分布均匀。根据图 6-112 中 FeCoNiCrMn 粉末及其氦气冷喷涂层 EBSD 与 XRD 分析结果，与原料粉末相比，涂层中晶粒得到细化，这是沉积过程中大变形引起位错密度显著增加而发生动态再结晶的结果。XRD 结果显示，冷喷涂高熵合金涂层中的相结构与粉末相同。涂层显微硬度为 333HV ± 35HV。

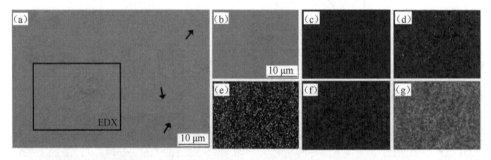

图 6-111　氦气冷喷涂 FeCoNiCrMn 高熵合金涂层断面形貌及元素能谱

（a）断面形貌；（b）EDX 元素能谱[76]；（c）Fe；（d）Co；（e）Ni；（f）Cr；（g）Mn

图 6-112　FeCoNiCrMn 粉末及其氦气冷喷涂层 EBSD 与 XRD 分析

（a）单个 FeCoNiCrMn 粒子反极图；（b）FeCoNiCrMn 涂层 EBSD 反极图；（c）XRD 图谱[76]

FCC-面心立方结构

6.10.2　冷喷涂金属玻璃

金属玻璃（metallic glass），也称非晶合金，具有长程无序、短程有序的原子排布特点，可以将其视为具有高抗结晶性的"冷冻液体"，与传统的晶体材料相比，金属玻璃中不存在晶界、位错和层错等结构缺陷，从而使其具有优异的力学性能（高强度、高弹性极限和高硬度等），良好的软磁性能（饱和磁化强度高、磁导率高等），以及室温下优异的耐磨损性能和耐腐蚀性能。1960 年，美国加州理工学院 Klement 等[77]采用快速冷却技术制备出 $Au_{75}Si_{25}$ 非晶。此后，射流成形法、铜模吸铸法和压力模型铸造法等制造技术的出现，大大丰富了金属玻璃体系[78]。目前，金属玻璃的应用主要面临两大挑战：尺寸限制和室温脆性，该特点极大地限制了金属玻璃的尺寸，限制了其成形应用。

实践证明，在非常窄的工艺区间（一定气体预热温度范围）可以冷喷涂制备非晶涂层。当粉末撞击基体时的温度低于玻璃化转变温度（T_g）时，金属玻璃粉末难以发生塑性变形，难以沉积。过冷液相区（supercooled liquid region）是指介于玻璃化转变温度（T_g）和晶化温度（T_x）之间的区域，当温度升高至过冷液相区时，金属玻璃粒子发生热软化，在撞击时更容易发生塑性变形[79]，可以沉积，但涂层质量的提升仍然面临很大挑战。图 6-113 为不同粉末预热温度下冷喷涂 Ni 基金属玻璃涂层的断面形貌。对于未预热的金属玻璃粉末，撞击时温度较低，导致其缺乏足够的塑性变形，冷喷涂层中可看到大量的孔隙和裂纹。随着预热温度的升高，由于热软化和塑性变形的作用增强，涂层的致密度明显提高。此外，随着粉末预热温度的提高，粒子之间的结合作用增强，沉积效率也显著提升。同时，粉末预热温度的提升会给涂层的质量带来负面影响，当粉末预热温度较高时，容易发生氧化和结晶。图 6-114 为粉末预热温度对冷喷涂 Ni 基金属玻璃涂层非晶含量和含氧量的影响，随着粉末预热温度提高，涂层中非晶含量下降，含氧量升高。

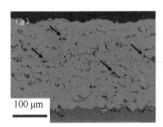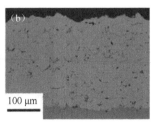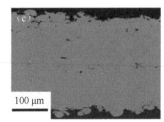

图 6-113　不同粉末预热温度下冷喷涂 Ni 基金属玻璃涂层的断面形貌[80]

(a) 室温；(b) 450℃；(c) 550℃

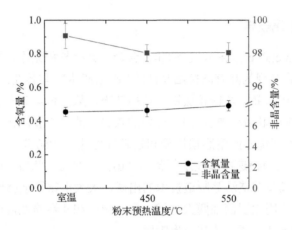

图 6-114　粉末预热温度对冷喷涂 Ni 基金属玻璃涂层非晶含量和含氧量的影响[80]

　　金属玻璃的塑性变形主要取决于温度和应变速率，按照变形模式可分为非均匀变形和均匀变形。图 6-115 为冷喷涂过程中金属玻璃粒子的变形示意图[81]，由图可知，当温度低于玻璃化转变温度 T_g 时，金属玻璃通常表现为非均匀变形，变形区域高度集中在很小的区域（纳米尺度），这种变形区域被称为剪切带，剪切带形成之后会快速扩展，最终导致脆性断裂。图 6-116 为未经预热的单个 Zr 基金属玻璃粒子沉积在冷喷涂 Zr 基金属玻璃涂层上的形貌。不难发现，未经预热的粒子仍保持固态，并且呈现出明显的脆性破裂特征。这是冷喷涂金属玻璃粒子沉积过程中典型的非均匀变形。

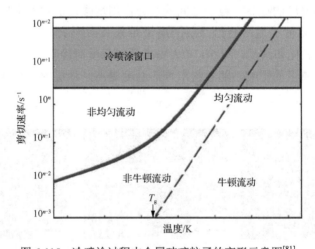

图 6-115　冷喷涂过程中金属玻璃粒子的变形示意图[81]

剪切速率取决于喷涂条件，如喷涂距离、基体硬度、气体压力和气体温度等

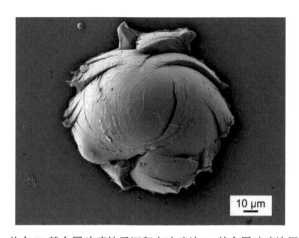

图 6-116　单个 Zr 基金属玻璃粒子沉积在冷喷涂 Zr 基金属玻璃涂层上的形貌

实验在爱尔兰都柏林圣三一大学冷喷涂实验室进行，加速气体为氮气，气体压力为 3MPa，气体温度为 800℃

6.10.3　冷喷涂纳米晶金属

纳米晶金属是指晶粒尺寸为纳米尺度（通常小于 100nm）的多晶金属。与传统的多晶金属相比，纳米晶金属通常具有更高的强度和硬度、更好的韧性、更低的弹性模量和延展性、更高的扩散率、更高的比热容、更高的热膨胀系数和更优异的软磁性能[82]。由于纳米尺度下金属的高活性，很难成形制备大尺寸块体。冷喷涂沉积过程中温度较低，涂层可以保留纳米晶结构，故冷喷涂是一种制备大体积纳米晶金属涂层/块体的有效方法。图 6-117 为冷喷涂纳米晶 AA2018 铝合金涂层的 TEM 图像[83]，可明显观察到纳米晶。纳米晶粉末的硬度通常远高于传统粉末，与传统的涂层相比，纳米晶涂层的硬度更高，孔隙率也有所增加，而且加工硬化效果不如传统涂层硬化显著[84]。由于硬度较高，冷喷涂纳米晶涂层的耐磨性比常规涂层更加优异[85]。然而，由于孔隙率较高，涂层的疲劳强度并未显著改善[86]。目前，对于冷喷涂纳米晶涂层性能的研究还十分有限，今后可以对涂层的力学性能展开进一步研究。

纳米晶粉末的制备在涂层制备过程中是非常重要的步骤之一。机械球磨法是一种简单、高效的制备粒径小于 100nm 粉末的方法。截至目前，通过机械球磨法（通常在低温液氮环境下）已经制备出多种用于冷喷涂的纳米晶粉末。图 6-118 为用于冷喷涂的球磨 Fe 粉的 EBSD 分析[84]。在球磨 20h 后，Fe 粉的晶粒尺寸细化为纳米尺度，此外，球磨后粉末的形状由球形变为不规则形状。

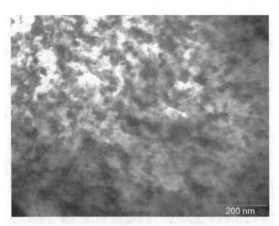

图 6-117　冷喷涂纳米晶 AA2018 铝合金涂层 TEM 图像[83]

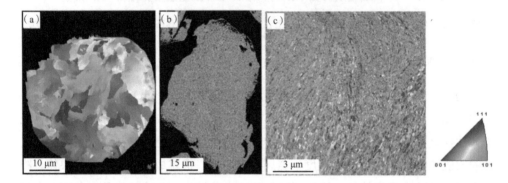

图 6-118　用于冷喷涂的球磨 Fe 粉的 EBSD 分析

（a）球磨前的 Fe 粉；（b）球磨 20h 后粉末的低倍图像；（c）球磨 20h 后粉末的高倍图像[85]

6.10.4　冷喷涂生物涂层

　　目前，生物植入体的生物相容性表征可以分为两种：一种是生物材料特性的表征，如化学成分、表面条件和机械特性等；另一种是对细胞和材料相互作用的研究。体外测试是针对后者的一种广泛适用方法，因为它易于在实验室环境中进行仿生测试。首先，将生物材料浸泡在模拟体液（SBF）中形成活性骨层，从而精确地表明其生物活性和骨诱导作用。其次，对培养的细胞与材料接触后进行细胞活性测试，一种是在光学和荧光显微镜下观察细胞的质量、大小、形态和黏附性；另一种是通过研究基因和蛋白表达以获取细胞迁移和分化的信息，从而预测细胞在所测试材料上的长期活性。最后，还可以通过计算菌落形成单位（CFU）和测试光催化能力来表征生物相容性涂层的抗菌性能。

　　近年来，由于冷喷涂的多孔材料结构有益于骨组织在孔内生长，取得了一些研究进展。比如，Qiu 等[87]利用冷喷涂沉积羟基磷灰石（HA）和纯 Ti 的复合涂层（HA-Ti），其具有 50～150μm 的孔径和 60%～65%的大孔隙率，以增强 SBF 矿化能力，并显示无细胞毒性。Noorakma 等[88]利用冷喷涂沉积了 HA-Mg 涂层，且其中的 Mg 粒子大大地改善了 Mg 合金的生物降解性。此外，Tlotleng 等[89]使用激光辅助冷喷涂技术在 Ti-6Al-4V 基板上沉积质量分数为 20%HA 和 80%HA 的生物复合涂层，相较于纯 Ti 而言，含有 HA 的涂层更具有生物活性。同时，通过对 Ti-6Al-4V 基底上冷喷涂 Ti 涂层与仅进行喷砂的 Ti-6Al-4V 基底进行了体外生物相容性测试，前者的细胞活力与增殖能力明显优于后者，且碱性磷酸酶活性和矿化水平均有显著提高[90]。值得注意的是，Zeng 等[91]开发了在 3D 打印（电子束沉积）的 Ti-6Al-4V 基底上冷喷涂 Ti-Ta 复合材料涂层，图 6-119 为 GPE86 细胞与冷喷涂 Ti-Ta 复合材料的生物相容性，研究表明，与经锻造获得的 CP Ti 相比，冷喷涂 Ti-Ta 复合材料涂层上的细胞黏附性和生长率明显提高，其原因很可能是

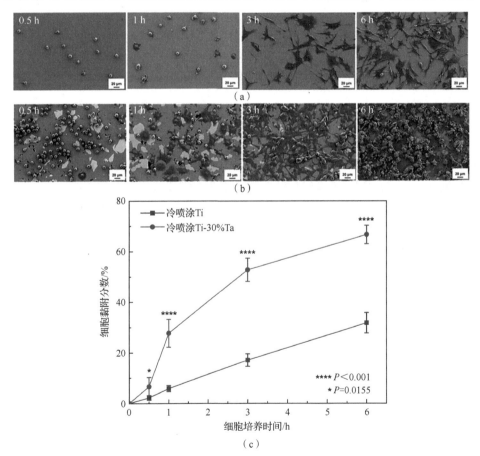

图 6-119　GPE86 细胞与冷喷涂 Ti-Ta 复合材料的生物相容性

（a）细胞分别在 0.5h、1h、3h 和 6h 下与 CP Ti（锻材，对照材料）的黏附形貌；
（b）细胞分别在 0.5h、1h、3h 和 6h 下与冷喷涂 Ti-30%Ta 复合材料的黏附形貌；
（c）细胞黏附分数随细胞培养时间的变化规律[92]

在冷喷涂过程中的高速碰撞下，Ti 与 Ta 之间形成了紧密的接触，且 Ti 和 Ta 紧密接触的界面呈现出明显的电势变化，从而有益于细胞的黏附和生长，图 6-120 为扫描开尔文探针显微镜（SKPM）对冷喷涂 Ti-Ta 复合材料的显微研究。

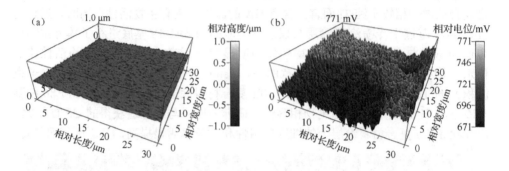

图 6-120　扫描开尔文探针显微镜（SKPM）对冷喷涂 Ti-Ta 复合材料的显微研究[91]

(a) 冷喷涂 Ti-Ta 复合材料的表面形态；(b) 冷喷涂 Ti-Ta 之间的相对电位

6.10.5　冷喷涂新型耐高温腐蚀/氧化合金

对于一些特殊的高温腐蚀工况，除了制备普通高温合金涂层外，还可以通过材料/成分设计制备耐高温腐蚀复合涂层。Xu 等研究了冷喷涂耐高温腐蚀 Nb-Ni-Si 金属间化合物涂层[92]，该涂层是针对玻璃工业中制造玻璃纤维的高温合金离心器部件所设计的抗熔融玻璃腐蚀/抗高温氧化涂层[93]，研究涉及 Nb-Ni-Si 涂层的组织结构、涂层耐高温腐蚀/氧化性能，为了改善性能，还初步探索了搅拌摩擦加工（FSP）处理对涂层性能的影响。下面分别从涂层组织结构、涂层高温氧化性能和熔融玻璃腐蚀行为这三个方面概述相关研究内容。

1. Nb-Ni-Si 涂层的组织结构

前期研究发现，$Nb_6Ni_{16}Si_7$ 化合物具有良好的抗玻璃腐蚀性能[93]，因此选用适当配比的单质 Nb、Ni 和 Si 粉作为冷喷涂原始粉末，先利用冷喷涂沉积 Nb-Ni-Si 复合涂层，再对喷涂态涂层进行热处理（900℃×10h），优化后的冷喷涂参数为喷涂气体压力 2.5MPa，气体温度 700℃，喷涂距离 15mm。图 6-121 为喷涂态 Nb-Ni-Si 涂层断面形貌照片，喷涂态涂层由 Nb、Ni 和 Si 的单相物质组成，该喷涂参数下获得的涂层沉积效率较高，结构致密均匀，其平均厚度可达 2mm。涂层中黑色、灰色和白色对比度区域粒子分别对应 Si、Ni 和 Nb [图 6-121 (b)]。热处理过程中元素发生互扩散，并通过化学反应生成二元金属间化合物 Nb_xNi_y 和少量的三元化合物 Nb_3Ni_2Si，热处理后 Nb-Ni-Si 涂层的显微形貌照片如图 6-122 所示，能谱分析表明位置 1 亮白色区域及位置 2 浅灰色区域均为富 Nb 相，但亮白色区域 Nb 元素含量更高；位置 3 深灰色区域则为富 Ni 相。

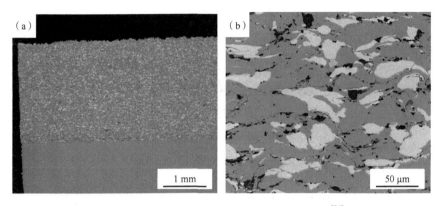

图 6-121 喷涂态 Nb-Ni-Si 涂层断面形貌照片[94]

（a）宏观图；（b）局部放大图

图 6-122 热处理后 Nb-Ni-Si 涂层的显微形貌照片[94]

（a）宏观图；（b）局部放大图

为了进一步改善 Nb-Ni-Si 涂层的组织均匀性和耐高温腐蚀性能，对涂层进行了搅拌摩擦加工处理。图 6-123 为搅拌摩擦加工后涂层形貌，采用转速 500r/min、行进速度 30mm/min 的工艺参数处理后涂层的宏观照片和显微组织结构。处理后的涂层表面光洁，搅拌区成形良好，呈现出均匀平滑的波纹特征 [图 6-123（a）]。由图 6-123（b）中的断面形貌可知，搅拌摩擦加工试样横断面整体呈倒三角形，包含搅拌摩擦轴肩作用区（A 区）、搅拌摩擦中心区（B 区）和搅拌摩擦边界区（C 区）三部分。FSP 处理后涂层由单一的金属间化合物 $Nb_{0.1}Ni_{0.9}$ 构成，证实了 FSP 处理可提高涂层成分、组织均匀性。

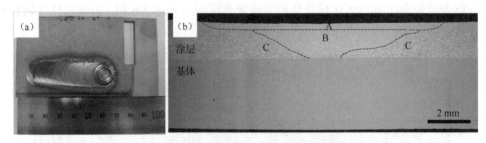

图 6-123　搅拌摩擦加工后涂层形貌[94]

（a）表面宏观形貌；（b）断面微观形貌

2. Nb-Ni-Si 涂层的高温氧化性能

分别对热处理态和 FSP 处理态的 Nb-Ni-Si 涂层在大气环境中进行了高温氧化实验，氧化温度为 1050℃。图 6-124 是热处理态 Nb-Ni-Si 涂层氧化 50h 的断面形貌，涂层表面氧化产物主要成分是 NiO 和少量 $NiNb_2O_6$，NiO 氧化膜一定程度上阻止了氧元素向涂层内部扩散，Nb 优先氧化后在涂层中形成如图 6-124（c）中位置 1 处的富 Ni 区。

图 6-124　热处理态 Nb-Ni-Si 涂层氧化 50h 的断面形貌[94]

（a）宏观图；（b）、（c）为（a）的局部放大图

对搅拌摩擦加工后的 Nb-Ni-Si 涂层在同样的实验条件下进行了高温氧化实验，以氧化 48h 后的 FSP 涂层为例进行研究。图 6-125 为 FSP 涂层氧化 48h 后的断面形貌，可以将氧化后的 FSP 涂层表面分为 4 个区域：Ⅰ区，NiO 薄膜区；Ⅱ区，涂层断裂区；Ⅲ区，内氧化区；Ⅳ区，无氧化区。Ⅰ区由一层 30μm 左右厚度的 NiO 组成，呈现典型的柱状晶组织，结构致密，无明显孔洞缺陷；Ⅱ区存在明显的裂纹及孔洞，这是 NiO 氧化膜增厚过程中累积的氧化膜内应力造成的；Ⅲ区由纯金属 Ni 及 Nb 元素占较大比例的 Ni 与 Nb 元素的氧化物组成；Ⅳ区内氧元素含量显著降低。以涂层/基体界面为基准，如图 6-126 所示，通过测量未被氧化涂层的厚度获得了涂层厚度损失随氧化时间的变化规律。由图可知，涂层在 36h 之内

氧化较快，厚度损失约为 203.4μm；随后氧化进程变缓，在 48～60h 达到稳定状态，这表明 FSP 涂层能有效阻止氧元素向基体扩散，避免进一步发生氧化。

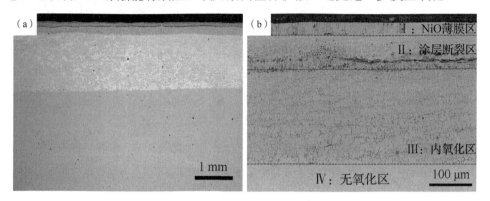

图 6-125　FSP 涂层氧化 48h 后的断面形貌[94]

（a）低倍照片；（b）高倍照片

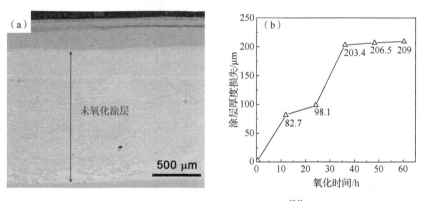

图 6-126　FSP 涂层氧化厚度损失[94]

（a）测量方法示意图；（b）厚度损失随时间变化曲线

3. Nb-Ni-Si 涂层的熔融玻璃腐蚀行为

对热处理后的涂层样品在 1050℃进行静态熔融玻璃腐蚀实验 50h，图 6-127 是热处理涂层在熔融玻璃中腐蚀 50h 后的断面形貌与元素分布结果，可以发现涂层已基本被熔融玻璃贯穿腐蚀。对比图 6-128 的 FSP 涂层在熔融玻璃中腐蚀 60h 后的断面形貌与元素分布结果，在涂层内未观察到 Si 和 Na 元素，表明熔融玻璃未侵入涂层内部。此外，在涂层表面生成了 Nb 氧化物薄膜，并部分溶解脱落在熔融玻璃中。总的来说，经 FSP 处理的复合涂层具有较优的抗氧化和耐熔融玻璃腐蚀性能。

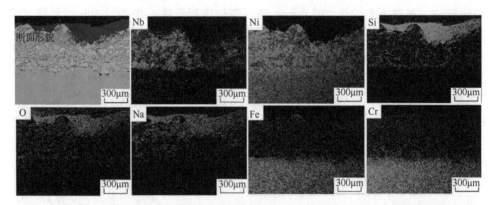

图 6-127　热处理涂层在熔融玻璃中腐蚀 50h 后的断面形貌与元素分布结果[94]

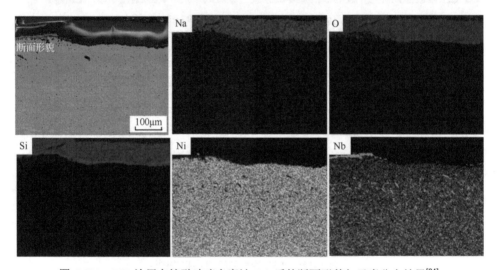

图 6-128　FSP 涂层在熔融玻璃中腐蚀 60h 后的断面形貌与元素分布结果[94]

6.10.6　冷喷涂功能梯度复合材料

　　SiC/Al 功能梯度复合材料（SiC/Al functionally gradient composite materials，SiC/Al-FGM）是国家重大战略与国民经济建设迫切需求的一种工程材料。作为一种先进的结构与功能一体化材料，可缓和材料热膨胀不匹配引起的内部热应力等缺陷，对航天航空、电子汽车等尖端设备精密装配与服役具有重要意义。然而，在传统高温制造工艺下，SiC/Al 梯度复合材料往往存在有害的界面化学反应等冶金缺陷，即使制备过程在真空中进行，所制备材料的致密度和可能的界面反应也是重要的挑战。因此，亟须探求一种新型的制备方法，旨在满足工业领域日益发展的需求。

冷喷涂概念提出至今，冷喷涂梯度复合材料鲜有国内外的文献报道。德国汉堡联邦国防军大学材料技术研究所的黄春杰等采用双送粉器进行了梯度复合材料 SiC/Al-FGM 的冷喷涂制备[95]，图 6-129 为冷喷涂 SiC/Al 功能梯度复合材料的断面形貌及 Si 元素分布，通过分别控制每个送粉器的送粉速率，可灵活改变沉积涂层中两相的比例。因此，通过利用双送粉器协调成分组配，开展粉末粒径设计、梯度结构组织构建和性能调控，实现高性能功能梯度材料的冷喷涂制备。

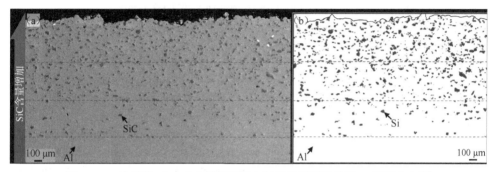

图 6-129　冷喷涂 SiC/Al 功能梯度复合材料的断面形貌及 Si 元素分布[95]

（a）SEM 图；（b）Si 元素分布

参 考 文 献

[1] 王海军. 热喷涂实用技术[M]. 北京: 国防工业出版社, 2006.

[2] 李文亚. 粒子参量对纳米结构金属涂层冷喷涂沉积特性影响的研究[D]. 西安: 西安交通大学, 2005.

[3] 田莳. 材料物理性能[M]. 北京: 北京航空航天大学出版社, 2001.

[4] GARTNER F, STOLTENHOFF T, VOYER J, et al. Mechanical properties of cold-sprayed and thermally sprayed copper coatings[J]. Surface & Coatings Technology, 2006, 200: 6770-6782.

[5] HUANG R Z, MA W H, FUKANUMA H. Development of ultra-strong adhesive strength coatings using cold spray[J]. Surface & Coatings Technology, 2014, 258: 832-841.

[6] HUANG R Z, SONE M, MA W, et al. The effects of heat treatment on the mechanical properties of cold-sprayed coatings[J]. Surface & Coatings Technology, 2015, 261: 278-288.

[7] CODDET P, VERDY C, CODDET C, et al. On the mechanical and electrical properties of copper-silver and copper-silver-zirconium alloys deposits manufactured by cold spray[J]. Materials Science & Engineering A, 2016, 662: 72-79.

[8] LI Y J, LUO X T, LI C J. Dependency of deposition behavior, microstructure and properties of cold sprayed Cu on morphology and porosity of the powder[J]. Surface & Coatings Technology, 2017, 328: 304-312.

[9] YIN S, JENKINS R, YAN X C, et al. Microstructure and mechanical anisotropy of additively manufactured cold spray copper deposits[J]. Materials Science and Engineering A, 2018, 734: 67-76.

[10] YANG K, LI W Y, YANG X W, et al. Anisotropic response of cold sprayed copper deposits[J]. Surface & Coatings Technology, 2018, 335: 219-227.

[11] YANG K, LI W Y, GUO X P, et al. Characterizations and anisotropy of cold-spraying additive-manufactured copper bulk[J]. Journal of Materials Science & Technology, 2018, 34(9): 1570-1579.

[12] YANG K, LI W Y, YANG X W, et al. Effect of heat treatment on the inherent anisotropy of cold sprayed copper deposits[J]. Surface & Coatings Technology, 2018, 350: 519-530.

[13] LI Y J, WEI Y K, LUO X T, et al. Correlating particle impact condition with microstructure and properties of the cold-sprayed metallic deposits[J]. Journal of Materials Science & Technology, 2020, 40: 185-195.

[14] SINGH S, SINGH H, CHAUDHARY S, et al. Effect of substrate surface roughness on properties of cold-sprayed copper coatings on SS316L steel[J]. Surface & Coatings Technology, 2020, 389: 125619.

[15] HUANG J, YAN X C, CHANG C, et al. Pure copper components fabricated by cold spray(CS) and selective laser melting(SLM) technology[J]. Surface & Coatings Technology, 2020, 395: 125936.

[16] LI Y J, LUO X T, LI C J. Improving deposition efficiency and inter-particle bonding of cold sprayed Cu through removing the surficial oxide scale of the feedstock powder[J]. Surface & Coatings Technology, 2021, 407: 126709.

[17] HUANG R, FUKANUMA H. Study of the influence of particle velocity on adhesive strength of cold spray deposits[J]. Journal of Thermal Spray Technology, 2012, 21(3-4): 541-549.

[18] LI W Y, LI C J, LIAO H. Effect of annealing treatment on the microstructure and properties of cold-sprayed Cu coating[J]. Journal of Thermal Spray Technology, 2006, 15(2): 206-211.

[19] WATANABE Y, ICHIKAWA Y, NONAKA I, et al. Micro-texture and Physical Properties of the Cold-sprayed Copper Deposit[C]. Hong Kong, China: 2012 14th International Conference on Electronic Materials and Packaging(EMAP), Lantau Island, 2012.

[20] 李玉娟. 冷喷涂高速粒子的碰撞变形行为与界面结合的控制[D]. 西安: 西安交通大学, 2019.

[21] 丁锐, 李相波, 王佳, 等. 冷喷涂 Cu-Cu₂O 涂层在海水中的电化学行为[J]. 材料研究学报, 2013, 27(2): 212-218.

[22] HUTASOIT N, KENNEDY B, HAMILTON S, et al. Sars-CoV-2(COVID-19) inactivation capability of copper-coated touch surface fabricated by cold-spray technology[J]. Manufacturing Letters, 2020, 25: 93-97.

[23] LUO X T, LI C J. Bioinspired mechanically robust metal-based water repellent surface enabled by scalable construction of a flexible coral-reef-like architecture[J]. Small, 2019, 15(39): 1901919.

[24] SCHMIDT T, GÄRTNER F, ASSADI H, et al. Development of a generalized parameter window for cold spray deposition[J]. Acta Materialia, 2006, 54(3): 729-742.

[25] LI W Y, LI C J, YANG G J. Effect of impact-induced melting on interface microstructure and bonding of cold sprayed zinc coating[J]. Applied Surface Science, 2010, 257(5): 1516-1523.

[26] 李海祥, 李相波, 孙明先, 等. 冷喷涂 Zn-50Al 复合涂层在海水中的耐蚀性能[J]. 中国腐蚀与防护学报, 2010, 30(1): 62-66.

[27] VAN STEENKISTE T H, SMITH J R, TEETS R E, et al. Kinetic spray coatings[J]. Surface and Coatings Technology, 1999, 111(1): 62-71.

[28] LEE H, SHIN H, LEE S, et al. Effect of gas pressure on Al coatings by cold gas dynamic spray[J]. Materials Letters, 2008, 62(10-11): 1579-1581.

[29] FAN N S, CIZEK J, HUANG C J, et al. A new strategy for strengthening additively manufactured cold spray deposits through in-process densification[J]. Additive Manufacturing, 2020, 36: 101626.

[30] LI W Y, ZHANG C, GUO X P, et al. Effect of standoff distance on coating deposition characteristics in cold spraying[J]. Materials & Design, 2008, 29(2): 297-304.

[31] LI W Y, ZHANG C, GUO X P, et al. Deposition characteristics of Al-12Si alloy coating fabricated by cold spraying with relatively large powder particles[J]. Applied Surface Science, 2007, 253(17): 7124-7130.

[32] LI W Y, YANG C L, LIAO H. Effect of vacuum heat treatment on microstructure and microhardness of cold-sprayed TiN particle-reinforced Al alloy-based composites[J]. Materials & Design, 2011, 32(1): 388-394.

[33] LI W Y, ZHANG G, GUO X P, et al. Characterizations of cold-sprayed TiN particle-reinforced Al alloy-based composites - from structures to tribological behaviour[J]. Advanced Engineering Materials, 2007, 9(7): 577-583.

[34] YU M, LI W Y, SUO X K, et al. Effects of gas temperature and ceramic particle content on microstructure and microhardness of cold sprayed SiCp/Al5056 composite coatings[J]. Surface & Coatings Technology, 2013, 220: 102-106.

[35] 虞思琦. ZM5 镁合金表面冷喷涂 Al$_2$O$_3$/AA5083 复合涂层腐蚀性能研究[D]. 西安: 西北工业大学, 2019.

[36] ROKNI M R, WIDENER C A, OZDEMIR O C, et al. Microstructure and mechanical properties of cold sprayed 6061 Al in as-sprayed and heat treated condition[J]. Surface & Coatings Technology, 2017, 309: 641-650.

[37] ROKNI M R, WIDENER C A, CRAWFORD G A, et al. An investigation into microstructure and mechanical properties of cold sprayed 7075 Al deposition[J]. Materials Science & Engineering A, 2015, 625: 19-27.

[38] LI W Y, ASSADI H, GAERTNER F, et al. A review of advanced composite and nanostructured coatings by solid-state cold spraying process[J]. Critical Reviews in Solid State and Materials Sciences, 2019, 44(2): 109-156.

[39] XIE X, YIN S, RAOELISON R N, et al. Al matrix composites fabricated by solid-state cold spray deposition: A critical review[J]. Journal of Materials Science & Technology, 2021, 86(30): 20-55.

[40] TAO Y, XIONG T, SUN C, et al. Effect of α-Al$_2$O$_3$ on the properties of cold sprayed Al/α-Al$_2$O$_3$ composite coatings on AZ91D magnesium alloy[J]. Applied Surface Science, 2009, 256(1): 261-266.

[41] DREHMANN R, GRUND T, LAMPKE T, et al. Essential factors influencing the bonding strength of cold-sprayed aluminum coatings on ceramic substrates[J]. Journal of Thermal Spray Technology, 2018, 27(3): 446-455.

[42] YU M, SUO X K, LI W Y, et al. Microstructure, mechanical property and wear performance of cold sprayed Al5056/SiCp composite coatings: Effect of reinforcement content[J]. Applied Surface Science, 2014, 289: 188-196.

[43] LI W Y, ZHANG G, LIAO H L, et al. Characterizations of cold sprayed TiN particle reinforced Al2319 composite coating[J]. Journal of Materials Processing Technology, 2008, 202(1-3): 508-513.

[44] LI N, LI W Y, YANG X W, et al. Effect of powder size on the long-term corrosion performance of pure aluminium coatings on mild steel by cold spraying[J]. Materials and Corrosion, 2017, 68(5): 546-551.

[45] 蒋若蓉. 2024-T3 铝合金搅拌摩擦焊接头冷喷涂腐蚀防护研究[D]. 西安: 西北工业大学, 2015.

[46] LI N, LI W Y, YANG X W, et al. Corrosion characteristics and wear performance of cold sprayed coatings of reinforced Al deposited onto friction stir welded AA2024-T3 joints[J]. Surface & Coatings Technology, 2018, 349: 1069-1076.

[47] YANG X W, LI W Y, YU S Q, et al. Electrochemical characterization and microstructure of cold sprayed AA5083/Al$_2$O$_3$ composite coatings[J]. Journal of Materials Science & Technology, 2020, 59: 117-128.

[48] WEI Y K, LUO X T, GE Y, et al. Deposition of fully dense Al-based coatings via in-situ micro-forging assisted cold spray for excellent corrosion protection of AZ31B magnesium alloy[J]. Journal of Alloys and Compounds, 2019, 806: 1116-1126.

[49] WEI Y K, LUO X T, LI C X, et al. Optimization of in-situ shot-peening-assisted cold spraying parameters for full corrosion protection of Mg alloy by fully dense Al-based alloy coating[J]. Journal of Thermal Spray Technology, 2017, 26(1-2): 173-183.

[50] 魏瑛康. 原位微锻造辅助冷喷涂金属的组织形成原理与性能研究[D]. 西安: 西安交通大学, 2020.

[51] SUO X K, GUO X P, LI W Y, et al. Investigation of deposition behaviour of cold-sprayed magnesium coating[J]. Journal of Thermal Spray Technology, 2012, 21(5): 831-837.

[52] SUO X K, YU M, LI W Y, et al. Effect of substrate preheating on bonding strength of cold-sprayed Mg coatings[J]. Journal of Thermal Spray Technology, 2012, 21(5): 1091-1098.

[53] SUO X K, SUO Q L, LI W Y, et al. Effects of SiC volume fraction and particle size on the deposition behavior and mechanical Properties of cold-sprayed AZ91D/SiCp composite coatings[J]. Journal of Thermal Spray Technology, 2014, 23(1-2): 91-97.

[54] HUANG C J, LI W Y, FENG Y, et al. Microstructural evolution and mechanical properties enhancement of a cold-sprayed Cu-Zn alloy coating with friction stir processing[J]. Materials Characterization, 2017, 125: 76-82.

[55] HUANG C J, YANG K, LI N, et al. Microstructures and wear-corrosion performance of vacuum plasma sprayed and cold gas dynamic sprayed Muntz alloy coatings[J]. Surface & Coatings Technology, 2019, 371: 172-184.

[56] LI W Y, LI N, HUANG C J, et al. Cold Spraying + Friction Stir Welding/Processing Hybrid Process: A New Method to Improve the Mechanical Properties of Components[C]. Louvain-la-Neuve, Belgium: 6th International Conference on Scientific and Technical Advances on Friction Stir Welding & Processing, 2019.

[57] LI W Y, LI C J, LIAO H L, et al. Effect of heat treatment on the microstructure and microhardness of cold-sprayed tin bronze coating[J]. Applied Surface Science, 2007, 253(14): 5967-5971.

[58] GUO X P, ZHANG G, LI W Y, et al. Microstructure, microhardness and dry friction behavior of cold-sprayed tin bronze coatings[J]. Applied Surface Science, 2007, 254(5): 1482-1488.

[59] GUO X P, ZHANG G, LI W Y, et al. Investigation of the microstructure and tribological behavior of cold sprayed tin-bronze based composite coatings[J]. Applied Surface Science, 2009, 255(6): 3822-3828.

[60] LI W Y, GUO X P, DEMBINSKI L, et al. Effect of vacuum heat treatment on microstructure and microhardness of cold sprayed Cu-4Cr-2Nb alloy coating[J]. Transactions of Nonferrous Metals Society of China, 2006, 16(1): s203-s208.

[61] LI W Y, GUO X P, VERDY C, et al. Improvement of microstructure and property of cold-sprayed Cu-4at.%Cr-2at.%Nb alloy by heat treatment[J]. Scripta Materialia, 2006, 55(4): 327-330.

[62] CODDET P, VERDY C, CODDET C, et al. Effect of cold work, second phase precipitation and heat treatments on the mechanical properties of copper-silver alloys manufactured by cold spray[J]. Materials Science & Engineering A, 2015, 637: 40-47.

[63] LI W Y, LIAO H L, LI J L, et al. Microstructure and microhardness of cold-sprayed CuNiIn coating[J]. Advanced Engineering Materials, 2008, 10(8): 746-749.

[64] 李文亚, 陈亮, 余敏, 等. 热处理对冷喷涂 Fe 涂层组织与性能影响研究[J]. 中国表面工程, 2010, 23(2): 90-94.

[65] CHEN C Y, XIE Y C, LIU L T, et al. Cold spray additive manufacturing of Invar 36 alloy: Microstructure, thermal expansion and mechanical properties[J]. Journal of Materials Science & Technology, 2021, 72: 39-51.

[66] LI W Y, LIAO H L, DOUCHY G, et al. Optimal design of a cold spray nozzle by numerical analysis of particle velocity and experimental validation with 316L stainless steel powder[J]. Materials & Design, 2007, 28(7): 2129-2137.

[67] YIN S, CIZEK J, YAN X C, et al. Annealing strategies for enhancing mechanical properties of additively manufactured 316L stainless steel deposited by cold spray[J]. Surface and Coatings Technology, 2019, 370: 353-361.

[68] CODDET P, VERDY C, CODDET C, et al. Mechanical properties of thick 304L stainless steel deposits processed by He cold spray[J]. Surface & Coatings Technology, 2015, 277: 74-80.

[69] LI W Y, CAO C C, YIN S. Solid-state cold spraying of Ti and its alloys: A literature review[J]. Progress in Materials Science, 2020, 110: 100633.

[70] MARROCCO T, MCCARTNEY D G, SHIPWAY P H, et al. Production of titanium deposits by cold-gas dynamic spray: Numerical modeling and experimental characterization[J]. Journal of Thermal Spray Technology, 2006, 15(2): 263-272.

[71] BORUAH D, AHMAD B, LEE T L, et al. Evaluation of residual stresses induced by cold spraying of Ti-6Al-4V on Ti-6Al-4V substrates[J]. Surface & Coatings Technology, 2019, 374: 591-602.

[72] WANG H R, HOU B R, WANG J, et al. Effect of process conditions on microstructure and corrosion resistance of cold-sprayed Ti coatings[J]. Journal of Thermal Spray Technology, 2008, 17(5): 736-741.

[73] LUO X T, YAO M L, MA N, et al. Deposition behavior, microstructure and mechanical properties of an in-situ micro-forging assisted cold spray enabled additively manufactured Inconel 718 alloy[J]. Materials & Design, 2018, 155: 384-395.

[74] MA W H, XIE Y C, CHEN C Y, et al. Microstructural and mechanical properties of high-performance Inconel 718 alloy by cold spraying[J]. Journal of Alloys and Compounds, 2019, 792: 456-467.

[75] PÉREZ-ANDRADE L I, GÄRTNER F, VILLA-VIDALLER M, et al. Optimization of Inconel 718 thick deposits by cold spray processing and annealing[J]. Surface and Coatings Technology, 2019, 378: 124997.

[76] YIN S, LI W, SONG B, et al. Deposition of FeCoNiCrMn high entropy alloy(HEA)coating via cold spraying[J]. Journal of Materials Science & Technology, 2019, 35(6): 1003-1007.

[77] KLEMENT W, WILLENS R H, DUWEZ P. Non-crystalline Structure in Solidified Gold-Silicon Alloys[J]. Nature, 1960, 187(4740): 869-870.

[78] BAKKAL M, KARAGUZL U, KUZU A T. Manufacturing Techniques of Bulk Metallic Glasses[M]. Hoboken: John Wiley & Sons, 2019.

[79] CHOI H, YOON S, KIM G, et al. Phase evolutions of bulk amorphous NiTiZrSiSn feedstock during thermal and kinetic spraying processes[J]. Scripta Materialia, 2005, 53(1): 125-130.

[80] YOON S, KIM H J, LEE C. Deposition behavior of bulk amorphous NiTiZrSiSn according to the kinetic and thermal energy levels in the kinetic spraying process[J]. Surface and Coatings Technology, 2006, 200(20-21): 6022-6029.

[81] HENAO J, SHARMA M M. Characterization, Deposition Mechanisms, and Modeling of Metallic Glass Powders for Cold Spray[M]. Cham: Springer International Publishing, 2018.

[82] MEYERS M A, MISHRA A, Benson D J. Mechanical properties of nanocrystalline materials[J]. Progress in Materials Science, 2006, 51(4): 427-556.

[83] AJDELSZTAJN L, ZÚÑIGA A, JODOIN B, et al. Cold-spray processing of a nanocrystalline Al-Cu-Mg-Fe-Ni alloy with Sc[J]. Journal of Thermal Spray Technology, 2006, 15(2): 184-190.

[84] ITO K, ICHIKAWA Y. Microstructure control of cold-sprayed pure iron coatings formed using mechanically milled powder[J]. Surface and Coatings Technology, 2019, 357(15): 129-139.

[85] LIU J, ZHOU X, ZHENG X, et al. Tribological behavior of cold-sprayed nanocrystalline and conventional copper coatings[J]. Applied Surface Science, 2012, 258(19): 7490-7496.

[86] GHELICHI R, BAGHERIFARD S, Donald D M, et al. Fatigue strength of Al alloy cold sprayed with nanocrystalline powders[J]. International Journal of Fatigue, 2014, 65: 51-57.

[87] QIU D, ZHANG M, GRØNDAHL L. A novel composite porous coating approach for bioactive titanium‐based orthopedic implants[J]. Journal of Biomedical Materials Research Part A, 2013, 101(3): 862-872.

[88] NOORAKMA A C, ZUHAILAWATI H, AISHVARYA V, et al. Hydroxyapatite-coated magnesium-based biodegradable alloy: Cold spray deposition and simulated body fluid studies[J]. Journal of Materials Engineering and Performance, 2013, 22(10): 2997-3004.

[89] TLOTLENG M, AKINLABI E, SHUKLA M, et al. Microstructural and mechanical evaluation of laser-assisted cold sprayed bio-ceramic coatings: Potential use for biomedical applications[J]. Journal of Thermal Spray Technology, 2015, 24(3): 423-435.

[90] VILARDELL A, CINCA N, GARCIA-GIRALT N, et al. Osteoblastic cell response on high-rough titanium coatings by cold spray[J]. Journal of Materials Science: Materials in Medicine, 2018, 29(2): 19-27.

[91] ZENG G, ZAHIRI S, GULIZIA S, et al. A comparative study of cell growth on a cold sprayed Ti-Ta composite[J]. Journal of Alloys and Compounds, 2020, 826: 154014.

[92] XU Y, JI B, LI W. Corrosion performance of cold-sprayed Nb-Ni-Si coating in molten glass environment[J]. Journal of Thermal Spray Technology, 2021, 30(4): 907-917.

[93] XU Y X, YAN J B, SUN F, et al. Effect of further alloying additions on the corrosion behavior of Ni-base alloys in molten glass[J]. Corrosion Science, 2016, 112: 647-656.

[94] 纪白金. 冷喷涂 Nb-Ni-Si 涂层结构调控及其熔融玻璃腐蚀行为研究[D]. 西安: 西北工业大学, 2021.

[95] HUANG C, LIST A, WIEHLER L, et al. Cold spray deposition of graded Al-SiC composites[J]. Additive Manufacturing, 2022, 59: 103116.

第7章 冷喷涂层组织与性能改善方法

前面几章对冷喷涂粒子结合机理、喷涂过程中关键参数与影响规律、涂层组织演变及性能特征等进行了详细介绍。尽管粉末低温固态沉积的特性使冷喷涂具有诸多优点，但基于粒子剧烈塑性变形沉积的基本原理使得冷喷涂沉积体的性能并不完美，主要表现为喷涂态沉积体塑性极低；对于钛合金、高温合金等重要结构材料，涂层的孔隙率较高；冷喷涂沉积体内部粒子界面难以达到 100%的冶金结合，因此常规条件下制备的冷喷涂层通常难以满足一些重要应用场合的服役要求。针对上述问题，本章结合已提出的改善冷喷涂层组织与性能的一系列方法/措施，主要讨论改善冷喷涂态涂层组织与提高涂层性能的方法/措施及其影响规律。

7.1 冷喷涂层组织与性能改善方法分类

根据前面章节阐述的关于冷喷涂粒子结合机理及涂层组织演变特征，可以明确涂层内粒子间界面结合相对较弱，涂层无塑性，涂层强度有限，这均与粒子间界面的形成特征有关。要改善冷喷涂层组织与性能，需要改善/改变粒子间的界面形成特征与粒子变形的非均匀特征。通过大量的实践及文献调研[1-4]，基于冷喷涂工艺流程，冷喷涂层组织与性能改善的方法可以分为：

（1）喷涂前粉末设计与基体处理（前处理）。例如，粉末热处理、粉末球磨/复合、粉末微结构与表面化学成分调控、基体表面喷砂/喷丸处理、基体表面激光处理等。基体表面处理的目的主要是提高涂层与基体结合强度。

（2）喷涂过程中工艺参数调整（在线处理）。例如，在线提高基体温度、粉末预热、激光辅助、原位喷丸处理、强磁场辅助等。

（3）喷涂后处理（后处理）。例如，传统热处理（包括真空退火处理）、电脉冲热处理（主要依靠大电流下的电阻热）、热等静压、热轧、搅拌摩擦加工、激光表面熔覆、喷丸强化等。

以上处理方法都会对涂层组织与性能产生影响，虽然喷涂粉末本身的影响、喷涂过程中工艺参数调控在前面章节已经重点介绍，但为了系统说明涂层性能改善方法，本章也给出一些重要的结果，以便比较。重点介绍几种能显著改善涂层韧性的方法。

7.2　冷喷涂粉末设计

在冷喷涂过程中，原料粉末的固有特性，如微观结构和力学性能，会影响粉末在高速碰撞时的塑性变形，进而影响涂层的沉积特性。因此，开发适合于冷喷涂的粉末非常重要。现阶段，惰性气体雾化是最常用的金属粉末制造方法之一，该方法可以制造适合冷喷涂的球形粉末，但气雾化制粉也有不可避免的缺点，粉末制备过程中极高的凝固速率（10^7K/s）在粉末内部产生非平衡微观结构，通常是急冷组织，如细晶、偏析、过饱和固溶、准稳态结构、无析出相等。例如，铝合金气雾化粉末通常呈现蜂窝状/树枝状的微观结构，沿晶界的局部溶质原子偏析；钛合金气雾化粉末通常呈现马氏体组织；从而导致粉末硬度高和延展性低，不利于粉末粒子的冷喷涂变形沉积。

为了消除气雾化粉末中树枝状结构并促进铝合金粉末的冷喷涂沉积，固溶热处理作为一种粉末的预处理方法可用于冷喷涂粉末处理。图 7-1 比较了原始雾化态和固溶热处理状态下 AA6061 粉末的显微组织[5]，雾化态的 AA6061 粉末中可以观察到明显的溶质原子沿晶界偏析的胞状结构，相比之下，经固溶处理的粉末由于形成了固溶体而呈现更均匀的微观结构与等轴晶粒，粉末的硬度降低，更容易变形沉积。因此，沉积效率增加，涂层孔隙率降低。关于粉末热处理对沉积体强度影响的相关数据目前仍然较少。

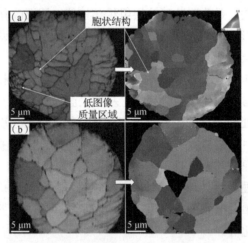

图 7-1　原始雾化态和固溶热处理态的 AA6061 粉末微观结构 EBSD 表征

（a）原始雾化态 AA6061 粉末，显示出具有树枝状的不均匀晶粒；
（b）固溶热处理态的 AA6061 粉末，显示出等轴晶粒[5]

粉末热处理通常对热处理的装备要求较高。一方面，热处理过程中要尽可能避免粉末进一步发生氧化,粉末粒子表面氧化膜的增厚将会导致粒子沉积所需的临界速度增大,沉积难度增加。首先,粉末相对于常规金属零件来说,比表面积更大,更容易发生氧化。对于含 Cr、Al 等氧化物分解临界氧分压极低的合金,不发生氧化所需的真空度极高。因此,通常需要用比常规真空度要求更高的真空炉进行热处理。其次,热处理温度与时间往往要在同成分冶金块材热处理条件的基础上进行改进。当热处理温度较低时,达不到软化或均匀化的目的;当热处理温度过高时,粉末粒子之间会由于烧结发生相互黏连,其塑性较好的特点,使得相互黏连的粉末难以破碎,粉末不再适用于喷涂。最后,对于一些特殊热处理,热处理难度进一步增加。以具有析出强化的铝合金粉末固溶处理为例:将粉末加热至单相固溶区的高温,保温一定时间使析出相完全溶解在 FCC 结构的铝中,需要快速淬冷,将单相组织保留在室温,从而达到软化粉末与化学成分均匀化的目的。对于常规铝合金块材,通常需要通过水淬才能达到快速冷却的目的,因此在真空炉内实现上述过程,挑战极大。相关问题有望通过以下途径解决:①允许的条件下,热处理气氛中加入少量的还原性气氛以避免粉末表面发生进一步氧化;②热处理炉内部结构可参考流化床采用惰性气体将粉末悬浮或者采用机械旋转装置使粉末持续运动,进而防止粉末在热处理过程中的相互烧结黏连现象;③由于粉末粒子比热容较低且比表面积较大,因此可采用惰性常温气体吹拂的方式实现粉末的快速淬冷。

　　根据第 5 章讨论结果,复合粉末设计改善了涂层组织结构,不仅有利于提高涂层的物理性能,如加入金刚石等提高导热性,也有利于提升涂层力学性能,如采用球磨方法制备金属/陶瓷复合粉末,使得冷喷涂复合涂层硬度、耐磨性显著提高[6,7],甚至断裂韧性[7]、结合强度[8]也得到提升。当然,以上粉末处理对涂层塑性的贡献相对较小,冷喷涂过程中粉末粒子的大变形特征是一种不利于塑性的因素。因此,喷涂后处理才是强塑性调控的重要方法。

　　由第 2 章的研究结果可知,金属粉末粒子表面的氧化膜会在高速碰撞过程中约束粒子的塑性变形,制约界面两侧新鲜金属的有效结合,因此粉末含氧量越高、表面氧化膜越厚,沉积所需的临界速度越大、沉积难度越大,同时沉积体的结合强度与自身性能越低。因此,通常情况下,仅能通过高质量的低含氧量粉末获得高质量的沉积体。对于 Ni、Cu 等粉末通过真空雾化法可使粉末的含氧量控制在800ppm 以下,但对于 Al、Ti 等易氧化金属,将粉末含氧量控制在 1000ppm 以下时相对困难,且粉末的成本将会显著增加。为了尝试解决上述矛盾,雒晓涛等以低成本的水雾化 Cu 粉末作为原料,采用酸洗方法去除粉末粒子表面的氧化膜,对比研究了未处理和处理后粉末粒子的沉积行为与涂层的强化、导电及导热性能[9]。实验过程中采用稀盐酸酒精溶液作为腐蚀剂,将粉末置于腐蚀剂中,超声振动清洗 5min,采用酒精对粉末进行 2 次冲洗,去除表面残余盐酸。为了避免干燥过程中粉末的氧化,采用真空常温干燥 12h 的方法对粉末进行干燥。酸洗前后的粉末

含氧量测试结果显示，上述的酸洗处理可使粉末的含氧量（质量分数）由 0.124%
降低到 0.048%。粉末的颜色变为玫瑰红色，由于处理时间相对较短，粉末的形貌
与粒径分布未发生变化。但高倍下的表面形貌表征结果显示，由于腐蚀作用，粉
末表面变得更加粗糙（图 7-2）。

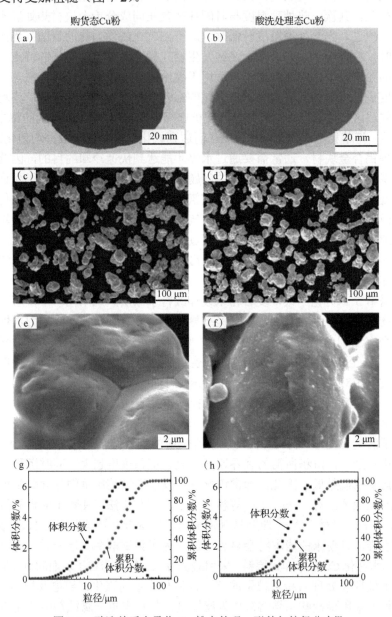

图 7-2　酸洗前后水雾化 Cu 粉末外观、形貌与粒径分布[9]

（a）（b）粉末外观；（c）（d）（e）（f）不同放大倍数形貌；（g）（h）粒径分布

采用上述未酸洗和酸洗后的粉末，在氮气压力为 3MPa，气体温度为 800℃ 的条件下，通过高压冷喷涂系统在 Al 合金基材表面制备了厚度超过 3mm 的涂层。尽管断面组织观察结果显示，酸洗处理对涂层的孔隙率不会产生明显影响，但沉积效率与性能均出现不同程度的有效提升[9]。如图 7-3（a）所示，酸洗后粉末的沉积效率由 74% 提高到了 84%，粉末利用率提高了 13.5%。通过机械去除的方法获得自由涂层后，对涂层的内聚强度进行了测试，由图 7-3（b）可见，尽管两种涂层的塑性均极低，但酸洗后涂层的抗拉强度由 197MPa 提高到了 245MPa，弹性模量也由 80GPa 提高到了 85GPa。力学测试结果表明，酸洗去除粉末表面氧化膜后，涂层内粒子间的结合质量得到了提升，因此涂层的电导率与热导率均会提升[图 7-3（c）、（d）]。另外，粒子间结合质量的提升也有助于涂层物理屏蔽作用的提高，因此如图 7-3（e）、（f）所示，涂层的耐腐蚀性能也显著提升。

上述结果表明，酸洗处理是清除低品质粉末表面氧化膜，进而提高粉末利用率与涂层性能的有效方法。但酸洗后需要特别关注粉末的干燥过程，大气条件下的高温干燥可能重新引入较厚的表面氧化膜。另外，针对不同的金属粉末，需要开发各自适用的酸洗液，同时应避免使用难以实现无害化处理的酸洗液。

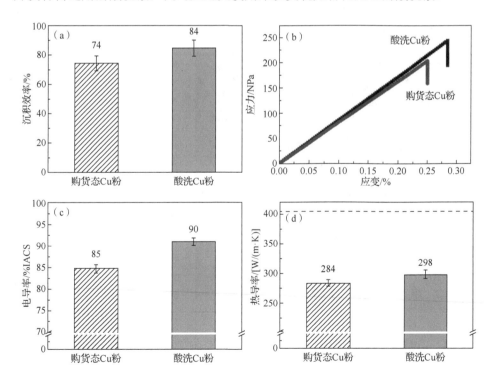

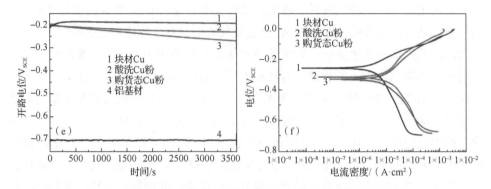

图 7-3　粉末酸洗处理对冷喷涂沉积效率与 Cu 涂层性能的影响

（a）沉积效率；（b）涂层内聚强度；（c）电导率；（d）热导率；（e）开路电位；（f）极化曲线[9]

　　前期研究表明，金属粉末粒子表面的氧化膜对其沉积所需的临界速度及涂层的性能具有显著影响。除粉末含氧量外，粉末的形貌、孔隙率及组织特征也会对沉积行为及涂层性能产生影响。除雾化方法外，金属粉末还可通过电化学方法制备。图 7-4 为粒径相近的气雾化 Cu（GA Cu）粉和电解 Cu（E Cu）粉的形貌、断面与粒径分布对比，与球形、实心结构的气雾化 Cu 粉不同，电解 Cu 粉外观呈现由晶体生长而形成的树枝状，同时粉末内部存在大量孔隙。

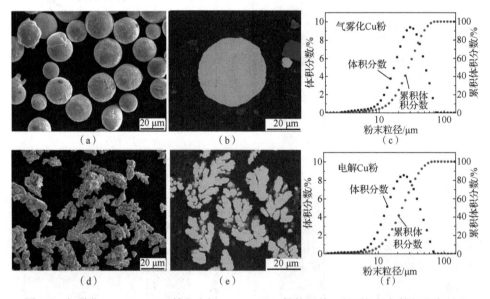

图 7-4　气雾化 Cu（GA Cu）粉与电解 Cu（E Cu）粉的形貌、断面组织与粒径分布对比

（a）GA Cu 粉形貌；（b）GA Cu 涂层断面组织；（c）GA Cu 粉粒径分布对比；（d）E Cu 粉形貌；
（e）E Cu 涂层断面组织；（f）E Cu 粉粒径分布对比[10]

　　采用上述两种粉末在相同的喷涂参数条件下进行了单个粒子沉积并制备了涂层，结果如图 7-5 所示。通过对比可以发现，树枝状多孔 E Cu 粉更容易沉积，粉末的沉积效率更高，同时涂层的孔隙率也更低。数值分析与实验结果表明，E Cu 粉比 GA Cu 粉获得更高沉积效率且涂层更致密的原因主要有以下两个方面：①相同的平均粒径条件下，不规则的外形导致 E Cu 粉可以获得比 GA Cu 粉更高的碰撞速度；②多孔结构使 E Cu 涂层具有更低的硬度和屈服强度，其自身沉积所需的临界速度也更低。进一步表征显微组织表明，GA Cu 粉制备的涂层孔隙均在粒子界面处，主要是粒子塑性变形程度不足以填充粒子堆垛孔隙而形成的；E Cu 粉的孔隙则主要集中在粒子内部，粒子边界区域较大的塑性变形量使得原有的孔隙坍塌，但粒子内部塑性应变较低，粉末粒子内部的部分孔隙得以保留，因此形成了大量亚微米尺度的孔隙。

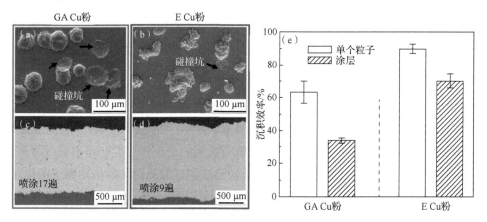

图 7-5　GA Cu 粉与 E Cu 粉的冷喷涂沉积行为 [10]

(a) GA Cu 粉单个沉积粒子形貌；(b) E Cu 粉单个粒子形貌；(c) GA Cu 涂层；
(d) E Cu 涂层；(e) 沉积效率对比

　　相对于球形的 GA Cu 粉，E Cu 粉虽然沉积效率更高，且涂层看似致密度更高，但粉末为树枝状外形，流动性较差，导致工艺稳定性较差，尽管粉末利用率更低且成本更高，工业领域仍多使用球形的雾化粉末。为了将二者的优势结合，雒晓涛等提出了一种将两种粉末混合进行喷涂，以获得比 GA Cu 粉更高的粉末利用率与孔隙率更低的涂层[11]。采用 GA Cu、E Cu、1∶1（质量比）混合 Cu 粉在气体温度为 400℃，气体压力为 3MPa（相对较低的喷涂参数）下进行涂层沉积，涂层的断面组织如图 7-6 所示。

　　采用混合粉末后涂层的孔隙率更低，同时从金相腐蚀后的涂层断面可以发现[图 7-6（f）]，深色 E Cu 粒子的变形程度更大，原始粉末内部的细小孔隙消失，同时三叉粒子界面处也未发现孔隙。

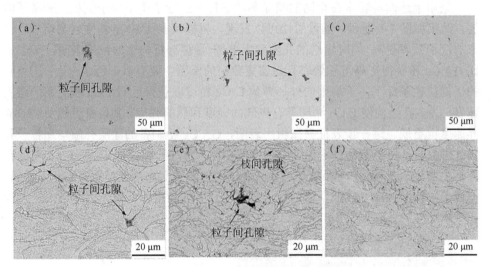

图 7-6　不同粉末制备 Cu 粉冷喷涂层的断面组织[11]

（a）（d）气雾化 Cu 粉；（b）（e）电解 Cu 粉；（c）（f）混合 Cu 粉

　　统计结果表明，如图 7-7 所示，在 GA Cu 粉中加入含量 50%的 E Cu 粉后，粉末的沉积效率由 34%提高到了 49%，粉末利用率提高幅度达 44%，同时孔隙率既低于 E Cu 涂层也低于 GA Cu 涂层。值得说明的是，涂层的孔隙率采用图像法与阿基米德法两种方法进行了测试。阿基米德法测试的孔隙率数值均高于图像法，且 E Cu 涂层的测试结果差异最大。这主要是图像法测试时，难以将一些亚微米尺度的孔隙统计在内，而 E Cu 涂层存在大量在较低倍数下（×1000）难以被发现的亚微米甚至纳米尺度孔隙，因此差异更大。涂层硬度由高到低依次为 GA Cu 涂层、混合 Cu 粉涂层、E Cu 涂层。这主要是因为 GA Cu 粉的沉积效率最低，未沉积粒子造成的夯实与加工硬化效应更为显著，而 E Cu 粉粒子高速撞击的动能部分被用于粉末粒子内部孔隙的坍塌，因此硬度最低。与孔隙率的变化规律一致，如图 7-8 所示，采用混合 Cu 粉制备的 Cu 涂层电导率与热导率也高于单一粉末制备的涂层。

　　为了揭示混合粉末可获得最低孔隙率的原因，通过单个粒子沉积实验对采用混合粉末时粒子的撞击过程进行了模拟，以观察涂层内部的孔隙演变规律。采用混合粉末进行喷涂时，粒子的碰撞可分为 4 种情况，即 GA Cu 粒子 / GA Cu、E Cu 粒子/ E Cu、GA Cu 粒子/ E Cu、E Cu 粒子 / GA Cu。为了分类模拟上述过程，采用抛光后的 GA Cu 与 E Cu 涂层为基材，进行了单个粒子沉积，4 种情况下的单个粒子沉积断面如图 7-9 所示。对比 4 种碰撞体系发现：对于粒子与基体种类

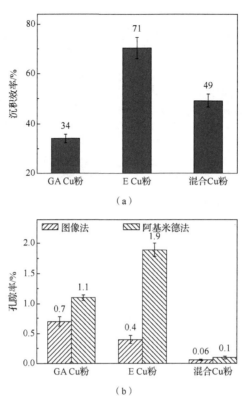

图 7-7　气雾化 Cu 粉、电解 Cu 粉与 1∶1 混合 Cu 粉冷喷涂层沉积效率与孔隙率对比[11]

（a）沉积效率对比；（b）孔隙率对比

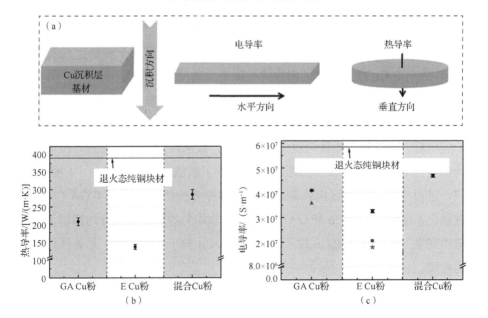

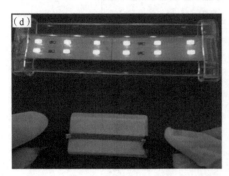

图 7-8　不同 Cu 粉末对沉积体性能的影响

(a) 取样方法；(b) 热导率；(c) 电导率；(d) 氧化铝表面制备 Cu 导线；
(e) 铝合金散热器表面导热 Cu 涂层[11]

相同的碰撞体系，即 GA Cu 粒子/GA Cu 沉积体和 E Cu 粒子/E Cu 沉积体，塑性变形分布在粒子和基体两侧，且在界面边缘出现切向塑性变形导致的粒子射流，如图 7-9（a）和（b）中方框所示。这些射流在扁平粒子和基体之间形成边缘间隙，最终在沉积体中形成粒子之间的孔隙。此外，图 7-9（b）中 E Cu 扁平粒子内部的大量界面表明粒子树枝间相对疏松。对于粒子与基体种类不同的碰撞体系，即 GA Cu 粒子/E Cu 沉积体和 E Cu 粒子/GA Cu 沉积体，碰撞诱发的塑性变形主要集中在 E Cu 一侧。这是因为 E Cu 粒子和 GA Cu 粒子在显微硬度和弹性模量方面的差异使碰撞过程中粒子动能主要消耗在较软的 E Cu 一侧。非均匀的塑性变形行为不利于粒子射流的发生，减少了粒子间的孔隙，同时，E Cu 粒子内部原有的孔隙也完全消失，图 7-9（d）所示扁平粒子的底部几乎观察不到明显的腐蚀界面，表明 E Cu 粒子底部的树枝间孔隙可通过原位致密化效应消除。图 7-9（c）中界面附近 E Cu 粒子明显致密化表明 E Cu 粒子顶部多孔结构可通过较硬的 GA Cu 粒子的喷丸强化作用消除。因此，采用混合粉末制备沉积体时，单个 E Cu 粒子沉积后，原位致密化效应粒子底部致密，顶部保持疏松多孔的树枝状结构。这种梯度的多孔结构为后续的粒子沉积提供了较软的基体，有利于后续粒子的沉积，进而提高粉末的沉积效率。同时，该种多孔结构可被后续 GA Cu 粒子的喷丸强化作用消除。E Cu 和 GA Cu 粒子间非均匀的塑性变形行为抑制了粒子间孔隙的产生，且较软的 E Cu 粒子可填塞 GA Cu 粒子间的孔隙，显著降低了粒子间的孔隙。

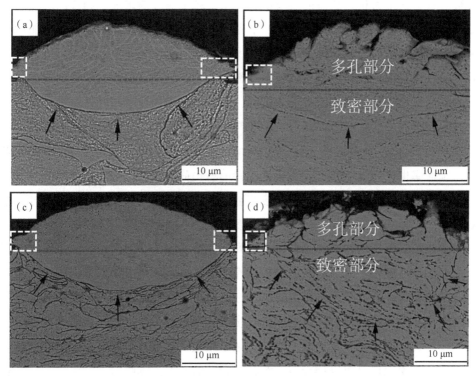

图 7-9　GA Cu 和 E Cu 粒子分别在抛光的 GA Cu 和 E Cu 基体表面制备的
单个粒子断面腐蚀形貌[11]

（a）GA Cu 粒子/GA Cu 沉积体；（b）E Cu 粒子/E Cu 沉积体；
（c）GA Cu 粒子/E Cu 沉积体；（d）E Cu 粒子/GA Cu 沉积体

　　上述讨论说明，该方法的本质在于混合粉末中两种粒子的硬度存在差异，混合粉末获得更致密涂层主要是通过两种粉末粒子在碰撞沉积中的塑性变形协调而实现的。尽管研究只通过使用两种由于孔隙率存在差异而塑性变形能力存在差异的粉末验证了上述原理，对于同成分粉末，还有望通过使用析出相、热处理状态不同使得硬度存在差异的混合粉末实现高致密度金属沉积体的低成本制备。

7.3　冷喷涂过程中工艺调整对涂层组织性能的影响

7.3.1　冷喷涂工艺参数调整

　　第 3 章与第 4 章已经对影响粒子加速加热行为与碰撞变形行为的冷喷涂工艺

参数进行了详细讨论。大量的实验研究表明，粒子速度的增加会导致涂层硬度、结合强度、自身强度等增加，但对涂层塑性基本没有改善；粒子温度的增加将带来软化的负面效应（硬度降低），但同时增加结合强度，对于塑性来说，目前的公开实验报道表明，粒子温度对涂层塑性影响不大。但是根据李文亚等的粒子碰撞行为研究，增加粒子温度或者基体温度，或者同时增加粒子与基体温度，均有利于改善粒子间界面结合特性[12,13]。近期的实验研究表明，采用适当的 Cu 粉，当氮气压力 5MPa，预热温度 800℃时，喷涂态 Cu 涂层的自身强度可达 200MPa 以上，延伸率也可超过 30%。塑性极大改善的机理尚不清晰，推断为使用低含氧量粉末，粒子高速、高温条件下塑性应变量极大，同时粒子处于较高温度的时间相对较长。原始粉末表面的氧化膜分散程度极高，不会影响沉积体的塑性。同时，大应变与较高温度的协同作用使得涂层内部完全实现了动态再结晶，由于塑性变形引起的高密度位错等显著影响材料塑性的晶体缺陷大幅度降低。由此，粒子间结合质量极佳，并且粒子自身具有高塑性，获得了在喷涂态就具有高断后延伸率的 Cu 沉积体。尽管具体原因还需进一步深入研究和分析，但以上结果至少给后续的塑性调控提供了非常重要的方向。通过改变工艺参数调整粒子碰撞的速度与温度，从理论上讲是可以调控粒子结合强塑性的，但实际喷涂过程中粒子表面氧化的耦合影响给强塑性的调控带来了巨大挑战。

7.3.2 原位喷丸技术

根据第 5 章组织特征的介绍，西安交通大学雒晓涛等近年来开发了一种新的冷喷涂层致密化技术[14-21]，即原位喷丸强化（也称"原位喷丸"或"原位微锻造"），显著提升了组织致密度。例如，冷喷涂 Ti 或 Ti6Al4V 涂层，随着喷丸在原始粉末中配比含量增加，涂层孔隙率显著降低，而涂层显微硬度显著增加[14,15]。表 7-1 总结了详细的原位喷丸辅助冷喷涂技术制备的不同涂层的工艺参数及相应的涂层组织性能特征。图 7-10 为通过原位喷丸冷喷涂工艺制备的 Inconel 718 涂层的应力-应变曲线和显微硬度。由于喷丸辅助技术提高了相邻粒子界面处的冶金结合，使用 50%喷丸处理的涂层比不使用喷丸处理的涂层具有更高的强度，但喷丸处理增强了涂层内部的加工硬化效应，因而涂层具有较低的塑性。同时，热处理后材料强度和塑性都得到了进一步显著提高。

表 7-1 原位喷丸辅助冷喷涂技术制备不同涂层的工艺参数及组织性能特征

涂层材料及粉末粒径/μm	基体材料	工作气体条件			原位喷丸条件			后热处理	孔隙率/%	沉积效率/%	涂层力学性能					参考文献
		种类	压力/MPa	温度/°C	喷丸及粒径/μm	体积分数/%					结合强度/MPa	显微硬度	抗拉强度/MPa	延伸率/%		
CP Ti 10~50	1Cr18Ni9	N$_2$	2.8	550	1Cr13 120~180	0	无	约 13.8	85	—	约 125HV$_{0.3}$	—	—	—	
						10		约 4.1	—	—	约 140HV$_{0.3}$	—	—		
						30		约 2.3	—	—	约 190HV$_{0.3}$	—	—		
						50		约 1	—	—	约 200HV$_{0.3}$	—	—		
						70		0.3	73	—	约 210HV$_{0.3}$	—	—		
		He	2.8	550		0	无	1.3	89.6	—	192HV$_{0.3}$	—	—	—	[11]
Ti6Al4V 10~50	1Cr18Ni9	N$_2$	2.8	550	1Cr13 120~180	0	无	约 15.5	81	—	约 210HV$_{0.3}$	—	—	—	
						10		约 11.6	—	—	约 235HV$_{0.3}$	—	—		
						30		约 5.2	—	—	约 325HV$_{0.3}$	—	—		
						50		约 2.5	—	—	约 380HV$_{0.3}$	—	—		
						70		0.7	67	—	约 415HV$_{0.3}$	—	—		
		He	2.8	550		—	无	2.7	83.7	—	363HV$_{0.3}$	—	—	—	
Ti6Al4V 15~30	Ti6Al4V	N$_2$	3.0	550~750	1Cr18 125~300	70	无	—	64.1~74.8	26.6~36.5	—	—	—	—	[12]
Ni 10~50	AZ31B	N$_2$	2.5	400	1Cr13 150~200	40	无	—	—	>65.4	—	—	—	—	[15]
Al 10~50		N$_2$	2.0	200		50	无	0.34±0.11	—	91.5±2.3	64.2HV$_{0.1}$±2.8HV$_{0.1}$	—	—	—	
AA2219 10~50	AZ31B	N$_2$	2.5	300	1Cr13 200~300	50	无	0.23±0.09	—	83.6±2.8	118.5HV$_{0.1}$±3.6HV$_{0.1}$	—	—	—	[16]
AA6061 10~50								0.24±0.08	—	87.5±2.3	97.4HV$_{0.1}$±3.8HV$_{0.1}$	—	—	—	

续表

涂层材料及粉末粒径/μm	基体材料	工作气体条件			原位喷丸条件		后热处理	孔隙率/%	沉积效率/%	结合强度/MPa	涂层力学性能			参考文献
		种类	压力/MPa	温度/℃	喷丸及粒径/μm	体积分数/%					显微硬度	抗拉强度/MPa	延伸率/%	
AA6061 10~60	工业纯铝	N_2	2.5	300	1Cr13 200~300	70	喷涂态	0.12				277.6±7.1	0.56±0.1	[17]
							去应力	0.14				298.1±9.0	约0.9	
							再结晶	0.37				210.8±5.9	约9.5	
							T6	0.35				314.3±7.9	约7.5	
IN718 5~33	316不锈钢	N_2	2.5	700	1Cr13 150	0	喷涂态	5.7	23		约405HV$_{0.3}$	96.4	0.12	[13]
							1200℃，6 h	约7.1			约380HV$_{0.3}$	566.1	0.56	
						25	无	1.5	34		—	—	—	
						50	无	0.27	29.5		507HV$_{0.3}$	463	0.48	
							1200℃，6 h	约0.4			约403HV$_{0.3}$	1088.7	6.17	
						70	无	0.17	15.1		—	—	—	
Ti6Al4V 15~30	Ti6Al4V	N_2	2.5	680	1Cr13 125~300	70	无	7.10		约30		约95	约0.29	[18]
							600℃，2h	6.80		约34		约115	约0.35	
							800℃，2h	3.17		约54		316.46	0.54	
							1000℃，2h	2.83		约58		—	—	

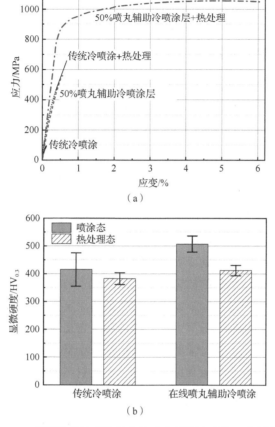

图 7-10　采用传统冷喷涂及在线喷丸辅助冷喷涂工艺制备的
Inconel 718 涂层性能（含热处理影响）

（a）应力-应变曲线；（b）显微硬度[16]

7.3.3　原位致密化工艺

原位喷丸辅助冷喷涂可以显著提高冷喷涂层的性能，但该方法引入了第三方喷丸粒子，容易对涂层产生污染，特别是当喷丸粒子的粒径未进行严格控制时，会导致部分粒径较小的喷丸粒子速度高于其沉积所需的临界速度，最终造成沉积污染。为了克服这些潜在缺点，雒晓涛等提出了一种新的强化策略，即原位致密化，该工艺是基于冷喷涂过程中粒子冲击夯实效应，使用粒径分布较宽的原料粉末（最好采用双模粒径分布的粉末，有明显大粒径粉末，也有正常喷涂需要的粒径），保证了同种材料，不存在污染问题。在低气体参数下（低沉积效率）沉积粉末效果更佳[22,23]。上述方法显著增加了涂层硬度与强度（图 6-32 与

图 6-38），但牺牲了沉积效率，并且没有对塑性产生改善，需进一步研究其应用适应性。

7.3.4　激光辅助冷喷涂工艺

当冷喷涂高硬度或高强度的材料（如 Stellite-6、钨等）时，粒子的塑性变形不足导致涂层的沉积效率非常低，力学性能差，甚至无法沉积。为了促进此类材料的沉积，芬兰 Temper 技术大学 Vuoristo 等提出了一种激光辅助冷喷涂工艺，也称超音速激光沉积/喷涂[24]。这是一种复合制造工艺，同时具有冷喷涂和激光处理的优点。涂层的强化是通过激光对沉积点进行加热，进而促进冷喷涂粒子与涂层的软化及冶金结合。图 7-11 为激光辅助冷喷涂系统照片，该系统包括一个常规的冷喷涂设备，一个激光头和一个红外测温仪。在喷涂过程中，激光与拉瓦尔喷嘴同步移动并加热粒子沉积部位，将粒子温度提高到 $0.3T_m \sim 0.8T_m$（T_m 表示熔点），沉积斑点的温度通过激光辅助冷喷涂系统上配备的红外测温仪实时测量，激光产生的热量会导致粒子和基材的软化，从而降低粒子的临界速度，使得粒子在较低的速度下实现沉积。通过激光辅助冷喷涂制备的涂层具有更强的粒子间结合力，以及更高的沉积效率和低孔隙率[25,26]。通过对激光功率进行控制，能够确保粒子温度不超过其熔点。采用激光辅助冷喷涂制备的涂层，如钨沉积层[27]和 316L 不锈钢沉积层[28]的抗拉强度接近传统加工工艺制造材料的抗拉强度。

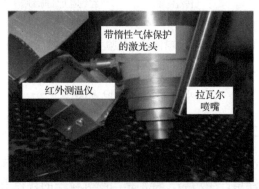

图 7-11　激光辅助冷喷涂系统[25]

尽管激光辅助冷喷涂在沉积某些高强度材料时具有独特的优势，但与传统的冷喷涂工艺相比，较高的沉积温度下，激光辅助冷喷涂会导致涂层软化、涂层氧化现象发生。另外，当施加的激光功率过高，激光辅助冷喷涂也会引起涂层的热变形。

7.4　后处理对涂层组织性能的影响

后处理是常用的涂层组织性能改善方法，对于冷喷涂层来说，这里主要包括热处理、热力耦合处理和其他多场复合处理方法，而热处理是最常用的有效后处理强化方法。

7.4.1　喷涂后热处理

喷涂后热处理可以显著改善/调控冷喷涂金属涂层的微观组织及力学性能，不同的金属材料涂层，热处理温度不同，根据需要设置不同的热处理制度，用以改善涂层组织，消除残余应力，最终改善涂层性能。下面详细讨论热处理对涂层组织性能的影响，首先以纯 Cu 涂层为例[4, 9-10, 29-43]，再介绍其他几类典型涂层的热处理效果。

1）组织变化

根据喷涂工艺不同，冷喷涂 Cu 涂层的抗拉强度可以从几十兆帕到 300MPa 变动，但是目前涂层的塑性依然是个挑战，需要后处理调控。下面以抗拉强度不超过 100MPa、无塑性 Cu 涂层的热处理为例讨论热处理对涂层组织与性能的影响。图 7-12 与图 7-13 分别为在 350℃与 650℃热处理后冷喷涂 Cu 涂层的典型断面 SEM 组织[4,29]。

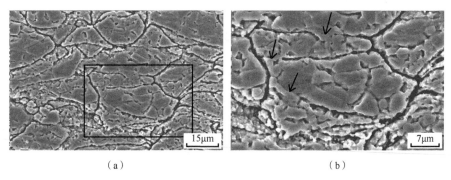

（a）　　　　　　　　　　　　　　（b）

图 7-12　冷喷涂 Cu 涂层 350℃热处理后断面 SEM 组织

（a）SEM；（b）图（a）局部放大图

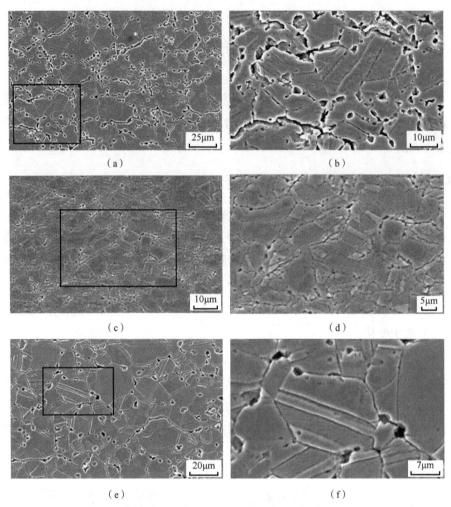

图 7-13　冷喷涂 Cu 涂层 650℃ 热处理后断面 SEM 组织

(a)(b) 1h；(c)(d) 6h；(e)(f) 12h

　　与喷涂态粒子界面存在大量的拉长晶粒相比，热处理后粒子内发生了明显的完全再结晶及部分晶粒长大；粒子间部分界面的晶粒已经长到一起，表明发生了明显局部扩散而形成冶金结合；随着保温时间的延长，原子间扩散增强，从而使这种局部扩散冶金结合的面积增加；在较高的温度下热处理后，冷喷涂 Cu 涂层中粒子发生明显的再结晶，而且晶粒已经发生明显的长大，原始的粒子界面已经被新晶粒替代；同时，界面上也出现了近似球形的孔洞，可以推断这些孔洞是涂层内未结合界面间孔隙的聚合，这一聚合或愈合现象在较高温度的热处理条件下将会更明显。以上过程类似于金属的固态扩散焊接过程，不同之处在于，冷喷涂层热处理过程中没有施加压力用以破碎界面氧化物及增加新鲜金属的接触面积，这些过程在冷喷涂沉积过程中已经完成，即使有一定的残余氧化物和未结合界面，类似材料内部微裂纹的愈合，完全可以通过后热处理进行。因此，对冷喷涂层进行热处理类似于压力焊（冷压焊）与固态扩散焊的综合过程。由于冷喷涂 Cu 涂层粒子间存在大量的纳米晶粒或粒子，从而可在较低的热处理温度下促进原子间扩散的进行，有利于粒子间冶金结合的形成，进而提高涂层的结合性能。另外，从图 7-13 所示的 650℃热处理结果还可以推测，冷喷涂 Cu 涂层在较高温度、较长时间的热处理后，其组织各向异性基本消除，预期达到与 Cu 块材相当的组织与性能。

2）显微硬度变化

热处理后冷喷涂层通常会发生软化，同时其他力学性能也会显著改善。图 7-14 为采用氮气预热 150℃制备的喷涂态及不同条件热处理后的 Cu 涂层显微硬度。热处理后冷喷涂 Cu 涂层的显微硬度明显比喷涂态降低，表明热处理消除了涂层中的加工硬化效应。在 350℃热处理时保温 4h，显微硬度就比喷涂态降低了 32%，但随着保温时间的增加，直至保温 36h，涂层的显微硬度降低幅度明显减小。根据前面对涂层组织结构变化的研究，这主要与在 350℃热处理时涂层的组织变化有关，虽然涂层内的大变形晶粒已经发生了完全再结晶，但较低的热处理温度下，原子间扩散速度较慢，晶粒的长大不明显，所以涂层的显微硬度长时间仍变化不大。在 650℃热处理时保温 1h，显微硬度比喷涂态降低 42%，且随着保温时间的增加，涂层的显微硬度继续降低，到保温 12h 时，涂层的显微硬度已经基本与热处理 Cu 块材的显微硬度相当[40]。根据涂层组织的观察结果，在 650℃热处理时，涂层内不仅发生了完全再结晶，涂层内晶粒发生了明显的长大，当保温 12h 时，晶粒大小已经与原始粉末粒子大小相当，而且涂层内粒子间的界面基本消失，涂层基本表现出热处理 Cu 块材的组织结构与硬度。

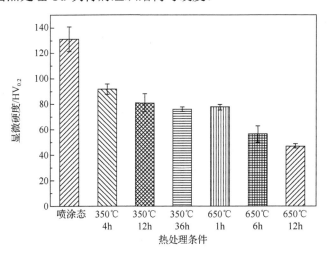

图 7-14　热处理对冷喷涂 Cu 涂层显微硬度的影响

3）涂层结合性能变化

对 Cu 粉末采用氮气在气体压力为 2MPa、气体预热温度为 275℃（条件 C1）及 525℃（条件 C2）的条件下冷喷涂制备的 Cu 涂层进行了 650℃、保温时间为 6h 的热处理，然后测试涂层的结合强度，结果如图 7-15 所示。热处理后两种气体条件冷喷涂 Cu 涂层的结合强度均明显提高一倍或更高，但由于热处理后拉伸试样全部断在胶内，所以图 7-15 中用向上的箭头表示实际值高于该测试值。由于采用的是 Cu 基体，图中喷涂态的强度值采用涂层与基体的结合强度来表征。从图 7-15 还可以发现，尽管两种条件下喷涂态 Cu 涂层结合强度有较大的差别，但由于后热处理对涂层内粒子间未结合界面的愈合作用及对微孔或氧化膜的球化聚合作用，热处理后两种涂层的强度无法直接比较，断口形貌分别如图 7-16 与图 7-17 所示，高温热处理后两种条件下的涂层断口上均有较多的韧窝，表明涂层内形成冶金结合，但 C2 条件的涂层断口中微孔明显少于 C1 条件，意味着涂层具有更高的强度。

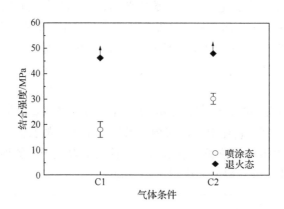

图 7-15　热处理对冷喷涂 Cu 涂层结合强度的影响

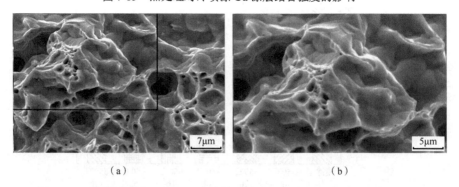

(a)　　　　　　　　　　　　　　　　　　　(b)

图 7-16　采用氮气在 2MPa、275℃制备涂层于 650℃、6h 热处理后断口形貌

(a) 断口 SEM；(b) 图 (a) 局部放大图

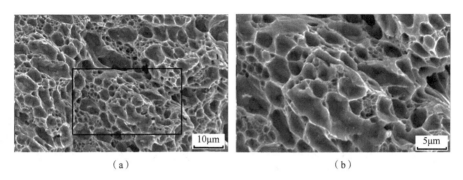

（a）　　　　　　　　　　　　　　（b）

图 7-17　采用氮气在 2MPa、525℃制备涂层于 650℃、6h 热处理后断口形貌

（a）断口 SEM；（b）图（a）局部放大图

4）涂层各向异性演变

第 5 章结果表明，在适当的热处理条件下，Cu 涂层组织各向异性基本消除，其性能的各向异性将会得到改善。图 5-8 的 Cu 涂层电阻率测试结果已经表明各向异性基本消失。以图 5-10 所示的喷涂路线及图 5-11 所示的 Cu 块体为例介绍其各向异性力学性能特征[30]。图 7-18 为热处理后两种喷涂路径规划条件下冷喷涂 Cu 涂层三个方向显微硬度变化，热处理后差别变小。图 7-19 为热处理后两种喷涂路径规划条件下冷喷涂 Cu 涂层三个方向抗拉强度变化，取决于喷涂路径规划，常规喷涂路线下涂层热处理后的抗拉强度还存在一定各向异性，层间垂直喷涂法下的各向异性较小。但根据李玉娟[31]的研究结果，Cu 涂层热处理后除了涂层厚度方向的性能仍然较低外，面内性能差别较小。

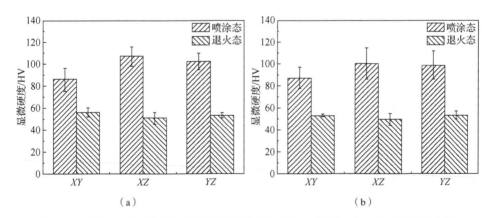

（a）　　　　　　　　　　　　　　（b）

图 7-18　热处理后两种喷涂路径规划条件下冷喷涂 Cu 涂层三个方向显微硬度变化

（a）传统方法每层相同路径；（b）层间垂直喷涂的改进方法

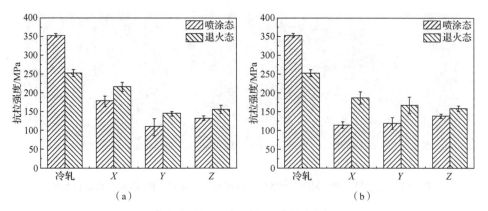

图 7-19　热处理后两种喷涂路径规划条件下冷喷涂 Cu 涂层三个方向抗拉强度变化

（a）传统方法每层相同路径；（b）层间垂直喷涂的改进方法

　　上述结果说明，冷喷涂后热处理条件对冷喷涂层的组织结构与性能均有较大的影响。因此，通过改变热处理条件可以调节大部分冷喷涂金属涂层或金属基复合材料涂层的组织及相应的性能。原子间扩散与热处理温度及保温时间有关系，所以要使涂层内的未结合界面完全愈合，需要较高的热处理温度及一定的保温时间，从而大幅度提高涂层的结合性能。

　　但是对于一些高强金属材料的涂层，由于喷涂态性能相对较低，在涂层热处理后，虽然加工硬化可以消除，结合强度却很难达到相应块材的强度。例如，冷喷涂 TC4 钛合金涂层，如图 7-20 所示，多孔的涂层中结合界面区域明显再结晶，尽管热处理显著改善了接触区强度（提高结合强度），但由于涂层孔隙率高，强度和塑性与块材比均相差较大。再比如 IN718 高温合金涂层（图 7-10），常规冷喷涂后热处理也很难将涂层抗拉强度提高到块材水平。

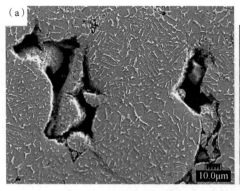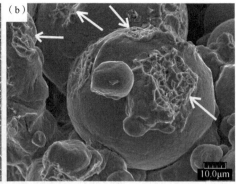

图 7-20　热处理后冷喷涂 TC4 钛合金显微结构

（a）断面组织；（b）断口形貌

　　此外，对于陶瓷基体上喷涂金属涂层的组合，一般情况下喷涂态界面结合弱，通过热处理也能提高结合强度，如图 7-21 所示[44]，在不同陶瓷基体上冷喷涂 Al 涂层，然后通过不同温度热处理来改善金属/陶瓷界面结合强度，除了 Si₃N₄ 基体外，其余基体上涂层结合强度均获得改善，但改善的机理尚需进一步研究。

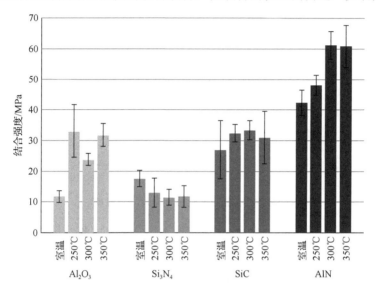

图 7-21　热处理温度（保温 1h）对不同陶瓷基体上冷喷涂 Al 涂层结合强度的影响[44]

7.4.2　直接大电流快速热处理

　　以上传统热处理方法通常需要较长的时间，当应用在防护涂层与修复再制造领域时，较高温度下较长的热处理时间可能会引起基体材料性能的退化、涂层与基体材料扩散，或者界面反应的发生，因此常规条件下的热处理在某些场景下并不允许。开发在更短时间或更低温度条件下可实现涂层性能显著提升的热处理方法具有重要的工程应用价值。本小节主要介绍一种快速加热的热处理方法。该方法是直接给涂层施加大电流，利于涂层的电阻热加热。电流可以是直流，也可以是交流；可以是连续加载，也可以是脉冲电流；从产生尽量少的热影响角度来说，可施加快速脉冲大电流。

　　1.　电脉冲热处理对冷喷涂 Cu 组织与性能的影响

　　李文亚等尝试了冷喷涂层脉冲交流电流热处理，取得了满意的效果[32,45]。图 7-22 为脉冲电流热处理过程示意图，包括沿喷涂方向切取矩形涂层样品、施加脉冲大电流方式及电流参数。在电脉冲热处理中，分析认为影响材料组织性能的主要因素有脉冲电流密度（i）、脉冲处理时间（t）和脉冲周期等。

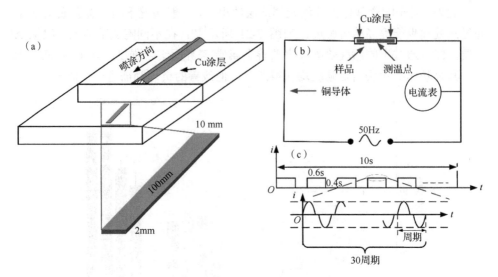

图 7-22　脉冲电流热处理过程示意图

（a）沿喷涂方向取样；（b）施加脉冲大电流；（c）所施加脉冲交流电周期及特征[45]

　　基于初步的实验，电脉冲热处理工艺参数如表 7-2 所示，拟采用电流大小表征脉冲电流密度影响，脉冲处理次数表征脉冲处理时间，在一个脉冲周期内，通电 0.6s 后断电 0.4s；针对部分参数进行重复实验，即电脉冲热处理后冷却至室温，再按照上一次的脉冲处理参数进行电脉冲实验。

表 7-2　电脉冲热处理工艺参数[32]

试样编号	脉冲电流/A	脉冲次数	重复次数
EPT-1	2000	10	2
EPT-2	2070	10	1
EPT-3	1200	10	1
EPT-4	1200	20	1
EPT-5	2000	10	2
EPT-6	2600	6	1
EPT-7	1500	10	5

　　1）处理过程中温度变化

　　实验过程中，采用交流电流表测量脉冲电流大小，用 K 型热电偶测量试样表面温度变化并记录，得到部分试样的温度变化曲线如图 7-23 所示，试样最高温度汇总如表 7-3 所示。脉冲电流极大地影响着产热效率，大的脉冲电流可以使材料迅速升温，最高温升速度可以超过 100℃/s。

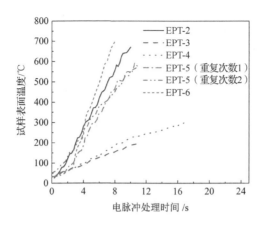

图 7-23　电脉冲热处理时不同 Cu 涂层试样表面温度曲线

表 7-3　不同电脉冲热处理参数下 Cu 涂层处理时的最高温度

试样	EPT-2	EPT-3	EPT-4	EPT-5	EPT-6	EPT-7
最高温度/℃	671	195	306	592	700	300

2）宏微观形貌变化

图 7-24 为电脉冲热处理后 Cu 试样的宏观照片。脉冲电流的大小对试样有明显的影响。EPT-3 号试样施加的脉冲电流最小，测得的温度较低，表面基本无氧化痕迹。与之相对应的，同等大小的脉冲电流条件下，提高脉冲次数的 EPT-4 号试样，试样最高温度提高到 300℃以上，试样表面也出现了轻微的氧化颜色。EPT-2、EPT-5、EPT-6 试样表面均出现了比较严重的紫红色氧化现象，且对比单次电脉冲热处理的 EPT-2 试样，在相同参数下重复脉冲实验的 EPT-5 号试样的颜色有所加深。由于夹具夹持不恰当，电脉冲热处理时 EPT-1 试样出现了明显的变形现象，从侧面反映了喷涂态 Cu 经过电脉冲热处理后塑性得到了提高。

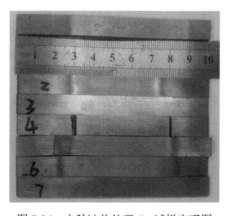

图 7-24　电脉冲热处理 Cu 试样宏观图

脉冲电流的大小决定着热输入的大小，从而直接影响被处理涂层的组织形貌。图 7-25 为不同电脉冲热处理条件下的 Cu 试样的光学显微镜照片。

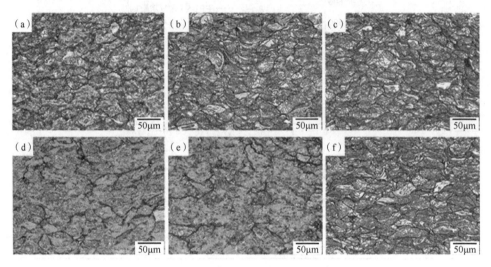

图 7-25　电脉冲热处理试样光学显微镜照片

(a) EPT-2 试样；(b) EPT-3 试样；(c) EPT-4 试样；(d) EPT-5 试样；
(e) EPT-6 试样；(f) EPT-7 试样

当脉冲电流较小时，沉积体的组织未发生明显变化。由焦耳定律可知，材料的热输入与电流的平方呈线性关系，所以当电流增大后，Cu 涂层的显微组织发生了剧烈变化，产生明显的回复再结晶，部分晶粒甚至发生了长大，粒子边界也出现融合。大的脉冲电流作用于 Cu 涂层时，是一个快速非平衡的过程，在这个过程中，大量具有高漂移速度的电子与原子发生碰撞，这种电子流动产生的焦耳热会被材料吸收，使得材料迅速升温。Cu 涂层中存在大量缺陷，包括粒子之间的孔洞和微孔等，这些缺陷区域的电阻也较大，导致这些区域往往应力比较集中，当电流通过这些缺陷区域时，温升大于粒子内部正常组织，形成了不均匀的温度场，为再结晶提供了驱动力。另外，由于脉冲电流作用于试样的时间非常短，再结晶的晶粒没有足够时间来长大，于是在应力集中区域会形成细小的再结晶晶粒，提高材料的塑性。

图 7-26 为 Cu 涂层电脉冲热处理前后的 SEM 断面组织。粒子边界发生了愈合，一方面，当脉冲电流作用于 Cu 涂层内部的粒子边界时，由于粒子边界处与粒子内部的温差会产生一种相互挤压的力，这种力与细小再结晶晶粒的相互配合，能够使粒子边界融合，达到粒子边界消失的效果；另一方面，粒子之间的孔隙造成了

电阻的增加，电脉冲热处理时会产生局部高温，可能导致材料发生熔化，填充了粒子之间的孔隙，表现为粒子界面的融合。

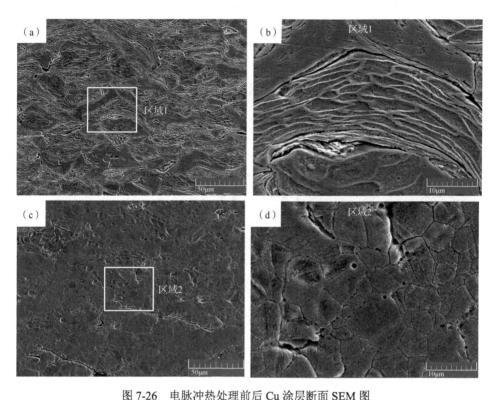

图 7-26　电脉冲热处理前后 Cu 涂层断面 SEM 图

(a) 喷涂态；(b) 区域 1 放大；(c) EPT-6；(d) 区域 2 放大

　　采用 EBSD 对显微组织有明显变化的 EPT-2、EPT-5、EPT-6 试样进行分析，研究电脉冲热处理对于 Cu 涂层显微组织的影响，图 7-27 为电脉冲热处理后 Cu 试样的 EBSD 和晶粒尺寸分布图，相较于喷涂态沉积体，电脉冲热处理后的晶粒发生了明显的长大，尤其以 EPT-6 试样最为明显，表明大的热输入明显促进了晶粒的长大。图 7-27 (d) 和 (e) 所示的晶粒尺寸分布图也表明了 EPT-2 和 EPT-5 晶粒大小分布相近，表明冷却后再次进行电脉冲热处理不会导致晶粒的再次长大，热输入是促使晶粒回复再结晶后长大的主要原因。图 7-27 中存在大量的小晶粒区域，可能为原始的粒子边界区域。图 7-27 中 3 个试样均可以看到大量孪晶的生成，孪晶是一种低能态的大角度晶界，相比传统的非共格界面有着明显的优势：孪晶可以同时阻碍位错的移动和提供位错储存的空间，同时提高材料的强度和塑性。从衬度图也可以发现电脉冲热处理可以改善粒子界面的结合。

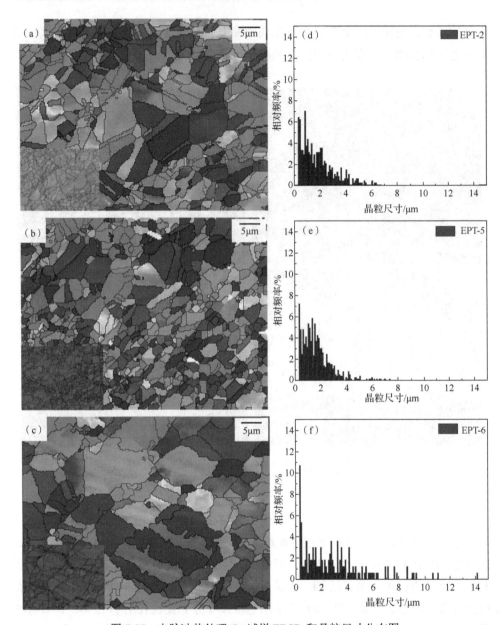

图 7-27　电脉冲热处理 Cu 试样 EBSD 和晶粒尺寸分布图

（a）EPT-2 试样 EBSD 图；（b）EPT-5 试样 EBSD 图；（c）EPT-6 试样 EBSD 图；
（d）EPT-2 试样晶粒尺寸分布图；（e）EPT-5 试样晶粒尺寸分布图；（f）EPT-6 试样晶粒尺寸分布图

3）显微硬度变化

图 7-28 为不同电脉冲热处理下 Cu 涂层的显微硬度与峰值温度的对应关系，从图中可知，EPT-3、EPT-4、EPT-7 试样的显微硬度与喷涂态的显微硬度（$150HV_{0.2}$）

相差不大，表明较低电流的电脉冲热处理对冷喷涂沉积体中加工硬化的消除效果不明显，此时沉积体内尚未发生明显再结晶现象。在较低电脉冲热处理电流下，延长脉冲时间和重复脉冲实验对 Cu 涂层的硬度影响也较小。相应地，EPT-2、EPT-5、EPT-6 试样的硬度则出现了较大幅度的下降。在冷喷涂过程中，粒子的剧烈塑性变形产生了大量变形能，储存在沉积体内。在电脉冲热处理时，这些储存的能量将作为驱动力，使变形的晶体发生回复和再结晶，加工硬化阶段产生的剧烈弹性畸变的晶格恢复为正常晶格，位错密度下降，加工硬化现象消失，显微硬度降低。

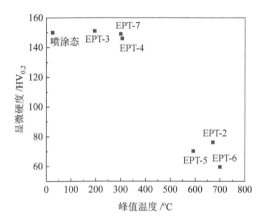

图 7-28　电脉冲热处理参数下 Cu 涂层试样显微硬度与峰值温度的对应关系

4）拉伸力学性能变化

从以上数据也可以推测出涂层强度的相对高低，如图 7-29 所示，较低脉冲电流处理（EPT-3 试样）对 Cu 涂层拉伸性能的影响不是很大，强度有所提高，延伸率几乎没变化。当提高脉冲次数后，强度将会继续提高，但是这种提高也是有限度的。

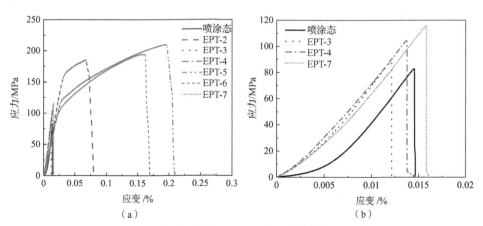

图 7-29　电脉冲热处理对 Cu 涂层拉伸性能的影响

（a）拉伸应力-应变曲线；（b）低塑性样品局部放大图

相比于 300℃退火热处理，电脉冲热处理得到的样品强度和延伸率都较低，但是两种处理方法下，Cu 涂层都呈脆性断裂的特征[32]。提高脉冲电流后，Cu 涂层的强度和延伸率都得到了较大幅度的提高，涂层的拉伸曲线出现了明显的塑性阶段。相比于传统的热处理，EPT-5 试样与 500℃退火热处理有着相似的屈服强度，但抗拉强度和延伸率均更低。继续提高脉冲电流后，Cu 涂层的屈服强度下降，抗拉强度几乎保持不变，但延伸率得到了较大的提高，出现了类似退火热处理时退火温度从 500℃升至 600℃时强塑性变化规律。当进行了重复电脉冲热处理后，Cu 沉积层的屈服强度下降，抗拉强度略有下降，但延伸率得到大幅度的提高。

观察几种电脉冲热处理参数下涂层的拉伸断口，如图 7-30 和图 7-31 所示，从韧窝的数量与分布也可以发现涂层塑性的差异。当脉冲电流较小时（图 7-30），拉伸断口与喷涂态 Cu 涂层的断口类似：沿着粒子边界断裂，表面无韧窝产生，为典型的脆性断裂断口。当脉冲次数增加时，整个断口表面仍呈脆性断口特征，但在断口表面的局部区域已经出现了韧窝特征，表明此时少量粒子间的界面已经发生了融合，达到了良好的冶金结合。总体而言，整个 Cu 涂层内产生韧窝的区域较少，且韧窝较小较浅，故铜沉积体呈脆性断裂特征。EPT-7 试样内韧窝比 EPT-4 试样更多，表现出更大的抗拉强度。通过图 7-30（h）可以观察到 Cu 涂层内的韧窝特征多分布于粒子的边界，表明在电脉冲热处理时，沉积体首先在粒子接触区的边缘发生了融合。冷喷涂过程中，最大变形往往出现在粒子接触的边缘，这些区域有着严重的加工硬化现象，所以进行电脉冲热处理时，这些区域储存的能量被释放，原子进行扩散。当脉冲电流提高（图 7-31），Cu 涂层的拉伸曲线达到塑性阶段时，断口形貌类似于 400℃退火热处理时的断口，粒子在拉伸应力的作用下呈应力拉紧状态，表面部分区域出现了韧窝特征，Cu 涂层内出现了二次裂纹。通过对比 3 种不同参数下的韧窝形貌可以发现，抗拉强度较低的 EPT-2 号试样的韧窝最小，温度最高的 EPT-6 号试样韧窝最大。重复电脉冲热处理的 EPT-5 试样的韧窝相比 EPT-2 试样略有增大。

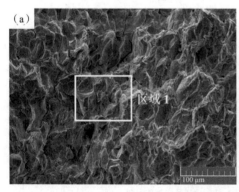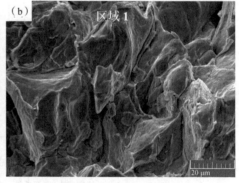

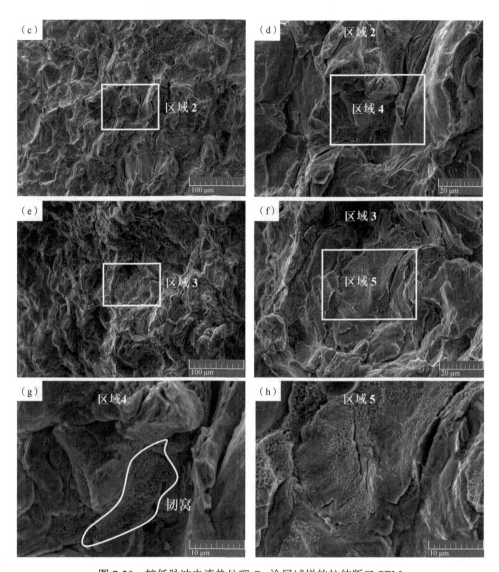

图 7-30 较低脉冲电流热处理 Cu 涂层试样的拉伸断口 SEM

(a) EPT-3; (c) EPT-4; (e) EPT-7; (b) (d) (f) 分别是 (a) (c) (e) 的局部放大图;
(g) (h) 分别是 (d) (f) 的局部放大图

电脉冲热处理时,脉冲电流一方面通过焦耳热效应带来温升效应,直观地影响沉积体内部的组织性能;另外,通过一系列非热效应对沉积体的显微组织会产生一定的影响。相关研究表明,采用电脉冲热处理,热效应带来的塑性恢复提高可占 50%～70%。

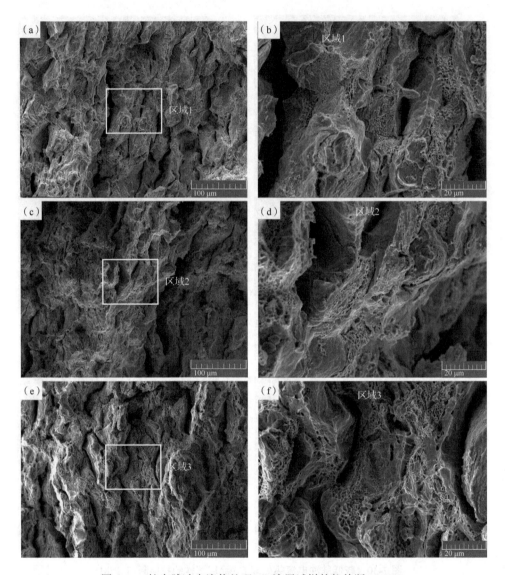

图 7-31　较大脉冲电流热处理 Cu 涂层试样的拉伸断口 SEM

（a）EPT-2；（c）EPT-5；（e）EPT-6；（b）（d）（f）分别是（a）（c）（e）的局部放大图

2. 感应热处理对冷喷涂 Cu 组织与性能的影响

采用非接触式的感应加热方式进行局部热处理，通过设计感应圈的形状与涂层构件形状相配合，利用涂层自身的感应电流快速加热涂层，也可对涂层进行局部快速加热。如图 7-32 所示，冷喷涂 Cu 涂层通过快速感应热处理，粒子界面发生了明显的变化，冶金结合显著增加，显微硬度也从喷涂态的 140HV 降低到 74HV，表明该方法也可用于冷喷涂涂层的处理。

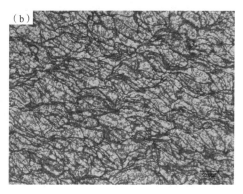

图 7-32　感应热处理对冷喷涂纯 Cu 断面组织的影响

（a）喷涂态；（b）感应热处理后

7.4.3　搅拌摩擦加工处理

　　如 6.10.5 小节所述，采用搅拌摩擦加工（friction stir processing, FSP）可显著改善冷喷涂耐高温腐蚀/氧化 Nb-Ni-Si 复合涂层的组织性能。搅拌摩擦加工是从搅拌摩擦焊接（friction stir welding, FSW）演变而来的一种金属或金属基复合材料加工方法，如图 7-33 所示，通过搅拌头的强烈搅拌作用使被加工涂层发生剧烈塑性变形、

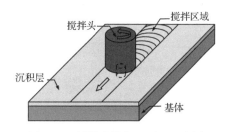

图 7-33　搅拌摩擦加工原理示意图

再结晶、材料混合等，实现微观结构的致密化、均匀化和细晶化。基本的工作过程是：一个由轴肩和搅拌针构成的搅拌头高速旋转将搅拌针挤入待处理的样品中，当搅拌头的轴肩与待处理工件紧密接触后，搅拌头沿一定方向边旋转边移动；搅拌头与工件间的剧烈摩擦使工件温度迅速升高（仍为固相，无熔化），导致材料塑化，搅拌针的搅拌区域材料产生塑性流变和充分混合，从而在搅拌区域实现涂层的固相改性处理，改变冷喷涂层的微观结构，实现涂层组织结构的均质化和晶粒细化。

　　基于上述原理，李文亚等近年来开展了 Cu、Ti、Al、CuZn 合金、CuZnAl 合金、AA2024 铝合金、AA2024/Al_2O_3 复合涂层、AA5056/SiC 复合涂层、Ni-Ti 复合涂层、TC4 钛合金等冷喷涂层的改性研究[1-3, 32, 45-51]。下面介绍典型的搅拌摩擦改性冷喷涂 Cu 的结果，还给出了冷喷涂态、典型热处理态、电脉冲热处理态的结果[45]。

1. FSP 对冷喷涂 Cu 组织与性能的影响

1）宏微观组织变化

搅拌摩擦加工后的冷喷涂 Cu 表面宏观形貌如图 7-34 所示,断面形貌如图 7-35 所示。在搅拌摩擦加工后,加工区表面发生了明显的氧化,并且出现了表面沟槽与内部隧道缺陷,但是隧道缺陷是因为焊接时相对较高的温度使铝合金基体显著软化（部分熔化）而发生变形,正常情况下可获得无内部缺陷的组织。最高温度约 300℃的 4 号试样（FSP-4）表面与内部缺陷都得到较好抑制,图 7-36 为搅拌摩擦加工后冷喷涂 Cu 涂层的金相组织,相比于未处理的 Cu 涂层（母材区）,搅拌区及附近组织发生了显著变化,由于搅拌针与轴肩的剧烈搅拌作用,完全改变了冷喷涂粒子间的拓扑关系,在母材区与焊合区之间出现一个明显的剪切带,定义为热力影响区,组织呈流线型,焊合区组织则发生了最为剧烈的变化:粒子完全被细化并成一体,晶粒发生了完全再结晶,全部转变为细小的等轴晶,如图 7-37 所示,与退火热处理方法及电脉冲热处理方法相比,晶粒也明显得到细化。

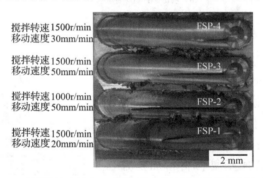

图 7-34　不同搅拌摩擦加工参数下冷喷涂 Cu 涂层表面宏观照片

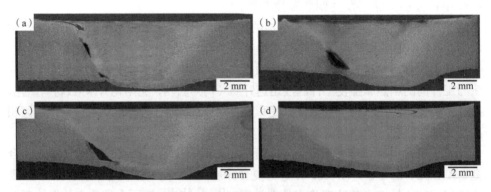

图 7-35　不同搅拌摩擦加工参数下的冷喷涂 Cu 涂层断面 OM

（a）搅拌转速 1500r/min、移动速度 20mm/min；（b）搅拌转速 1000r/min、移动速度 50mm/min；
（c）搅拌转速 1500r/min、移动速度 50mm/min；（d）搅拌转速 1500r/min、移动速度 30mm/min

图 7-36　搅拌摩擦加工后冷喷涂 Cu 涂层的金相 OM

（a）FSP-4 试样母材区；（b）FSP-4 试样前进侧；（c）FSP-4 试样搅拌区；（d）FSP-4 试样后退侧

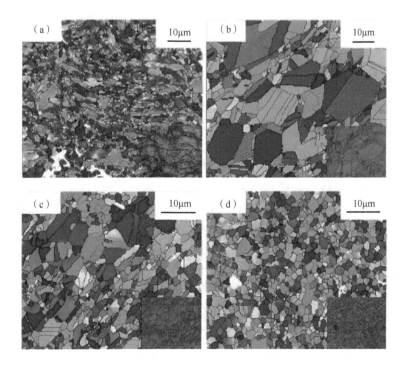

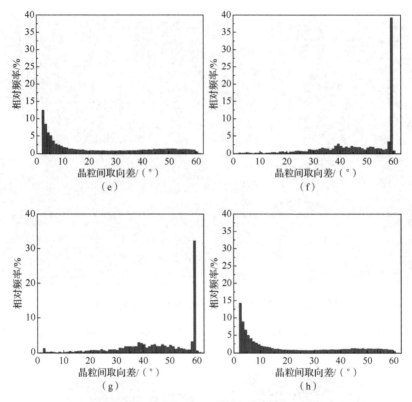

图 7-37　搅拌摩擦加工对冷喷涂 Cu 涂层组织再结晶影响

（a）（e）喷涂态；（b）（f）退火热处理（500℃，4h）；

（c）（g）电脉冲热处理；（d）（h）搅拌摩擦加工处理（FSP-4）

2）显微硬度变化

表 7-4 为 FSP 处理后冷喷涂 Cu 涂层搅拌区中心处的显微硬度。搅拌摩擦加工后，冷喷涂 Cu 涂层显微硬度明显降低，但明显高于退火热处理后的 Cu 涂层硬度，主要是因为一定程度的热力耦合作用，Cu 涂层内的晶粒发生了动态再结晶，消除了加工硬化现象，但细晶粒又起到一定的强化作用，涂层仍保持较高的显微硬度。

表 7-4　搅拌摩擦加工对冷喷涂 Cu 涂层显微硬度影响

试样	喷涂态	FSP-2	FSP-3	FSP-4
显微硬度/HV$_{0.2}$	150	101	96.4	94.3

3）拉伸性能变化

图 7-38 为搅拌摩擦加工处理后冷喷涂 Cu 涂层的拉伸应力-应变曲线,试样均取搅拌摩擦加工的焊合区。从图中可以发现,搅拌摩擦加工是一种极为有效的强塑化方法,能够极大幅度地提高喷涂态 Cu 涂层的拉伸性能。在较大搅拌转速与较低的移动速度下,即 1500r/min 搅拌转速和 30mm/min 的移动速度下,涂层抗拉强度最大,为 310.9MPa,延伸率可达到 20%。断口上出现大量细小韧窝。FSP 改善冷喷涂层强塑性的原因可以主要归结于粒子间结合质量的改善、界面氧化膜分散程度的增加与细晶强化效应。

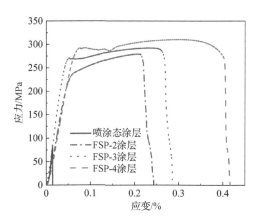

图 7-38　搅拌摩擦加工冷喷涂 Cu 涂层拉伸应力-应变曲线

图 7-39 比较了经几种不同后处理方法下冷喷涂 Cu 涂层抗拉强度与应变关系,图 7-40 对比了不同后处理条件下冷喷涂 Cu 涂层拉伸断口形貌。三种后处理均能显著改善涂层强塑性,尤其以搅拌摩擦加工处理最优,从断口形貌上也可以发现,喷涂态粒子间相对较弱的结合导致涂层断口无"韧窝"特征(强结合的表现),经后处理后,出现了不同程度的韧窝,尤其搅拌摩擦加工处理后,出现了大量细小韧窝。对比三种后处理方法的优缺点,如表 7-5 所示,退火热处理作为冷喷涂层的主要后处理方法,其优势在于处理方法简单,对试样要求低,但是不能彻底消除因粒子之间的弱结合聚集形成孔隙的问题,同时,当热处理温度过高时,晶粒容易发生过度长大;电脉冲热处理优势在于处理时间极短,可以在数秒内迅速提高沉积体的强塑性,但是电脉冲热处理后强塑性提高幅度较热处理低,并且需购买专用的脉冲电源设备;搅拌摩擦加工作为一种可以同时大幅度提高沉积体强度和塑性的方法,其优势在于能彻底解决粒子之间的弱结合,消除孔隙并细化晶

粒，但是这种方法也存在一定的不足：对搅拌头性能要求较高，强塑化范围较小，仅处于搅拌区的沉积体性能才能获得改善，对于大面积涂层需要进行多道次处理。

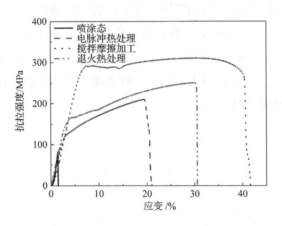

图 7-39　不同后处理方法下冷喷涂 Cu 涂层抗拉强度与应变关系

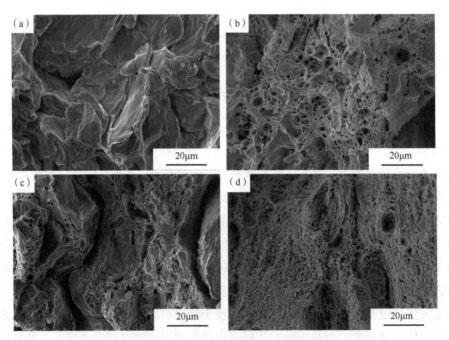

图 7-40　不同后处理方法下冷喷涂 Cu 涂层拉伸断口形貌

（a）喷涂态；（b）退火热处理；（c）电脉冲热处理；（d）搅拌摩擦加工

表 7-5 三种后处理方法的比较

参量	退火热处理	电脉冲热处理	搅拌摩擦加工
作用机理	热作用	热作用	强烈热力耦合
处理时间	1~4h	10~30s	2~5min
设备耗能	较高	低	低
试样要求	无	电极接触面平整	要求表面比较平整
试样尺寸	无要求	无要求	厚度大于搅拌针长度
强塑化效果	300%	254%	374%

2. FSP 对冷喷涂其他涂层组织与性能的影响

上述搅拌摩擦加工处理冷喷涂 Cu 涂层的结果表明，该方法可有效改善涂层的强塑性，为此也对其他涂层进行了处理以明确其适用性，下面结合典型涂层的处理结果进行阐述。

1）Cu60Zn40 合金涂层

如图 7-41 所示，冷喷涂 Cu60Zn40 涂层搅拌摩擦加工后，与纯 Cu 类似，粒子间界面消失，搅拌区出现了完全超细晶组织，但不同的是该合金发生了明显的固态相变，除了原始的 α 相（Cu_3Zn），搅拌区出现了大量的 β' 相（CuZn）与少量 γ 相（Cu_5Zn_8），同时出现了孪晶界。搅拌摩擦加工处理后，涂层的最大抗拉强度明显提高（图 7-42），最大抗拉强度和延伸率分别提高了 195.3% 和 376.5%。

2）CuZnAl 合金涂层

CuZnAl 是一种形状记忆合金，在抗空蚀方面有一定的优势。涂层的组织变化特征与 CuZn 合金类似，下面重点介绍搅拌摩擦加工对其力学性能及各向异性的影响。如图 7-43 所示，搅拌摩擦加工在两个垂直方向进行，一个平行于喷枪移动方向，另一个垂直于喷枪移动方向，FSP 后取两个方向的试样制备成拉伸试样，每种取 3 个样品，一个在中间（代表搅拌区），一个在 FSP 的前进侧（AS），一个在后退侧（RS）。拉伸测试结果如图 7-44 与图 7-45 所示，喷涂态涂层呈现明显各向异性，且抗拉强度偏低（约 100MPa），而搅拌摩擦加工处理后，涂层抗拉强度增加到 600MPa 以上，各向异性基本消除，这同样与 FSP 完全打乱粒子间拓扑关系，形成细晶组织及引发相变有关。

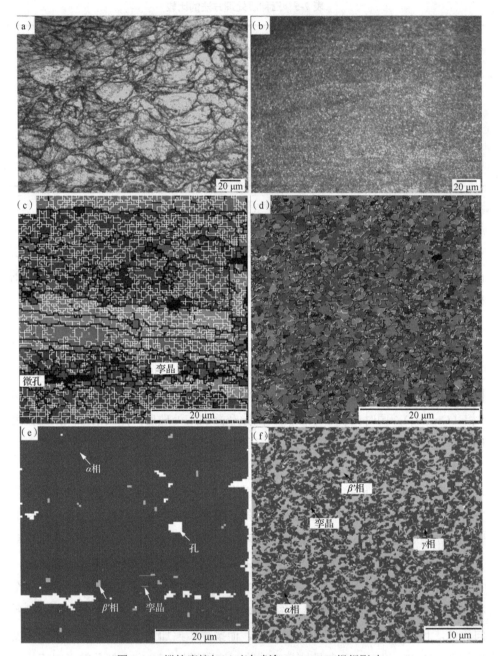

图 7-41　搅拌摩擦加工对冷喷涂 Cu60Zn40 组织影响

（a）喷涂态 OM；（b）FSP 后搅拌区 OM；（c）喷涂态 EBSD 反极图；（d）FSP 后 EBSD 反极图；
（e）喷涂态相分布；（f）FSP 后相分布

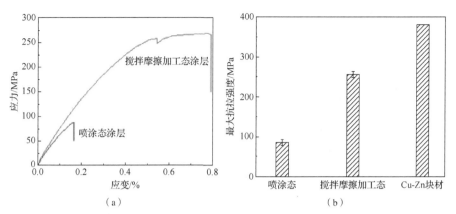

图 7-42　搅拌摩擦加工前后冷喷涂 Cu60Zn40 涂层力学性能对比

（a）应力-应变曲线；（b）最大抗拉强度

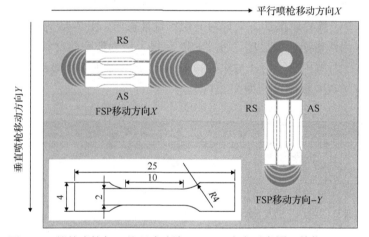

图 7-43　搅拌摩擦加工处理冷喷涂 CuZnAl 合金示意图（单位：mm）

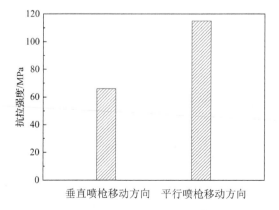

图 7-44　冷喷涂 CuZnAl 合金喷涂态抗拉强度

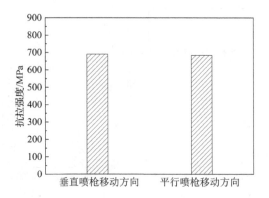

图 7-45　冷喷涂 CuZnAl 合金搅拌摩擦加工处理后搅拌区抗拉强度

3）TC4 钛合金涂层

TC4 合金作为一类特殊的冷喷涂材料，很难通过冷喷涂制备致密涂层，因此李文亚等考查了搅拌摩擦加工处理对其组织性能影响。图 7-46 为搅拌摩擦加工对冷喷涂 TC4 组织影响，很显然，通过 FSP 获得了极为致密的材料，而且也发生了明显再结晶行为与相变行为（与原始粉末相比），显微硬度由喷涂态的 171HV 增加到 363HV（TC4 板硬度约为 332HV）。

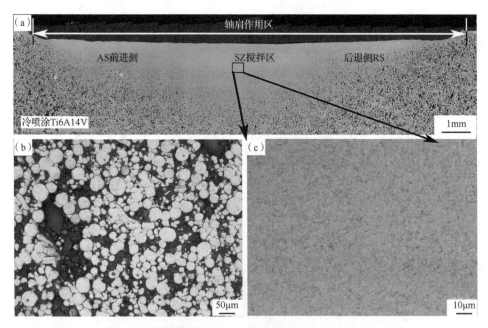

图 7-46　搅拌摩擦加工对冷喷涂 TC4 钛合金组织影响

（a）搅拌区组织宏观形貌；（b）喷涂态涂层多孔形貌；（c）搅拌区中心致密组织

4）粒子增强金属基复合材料涂层

根据前面的介绍，冷喷涂在制备高质量金属基复合材料（涂层）方面表现出显著的优势，但是所制备复合材料的性能仍有提升的空间，因此需要采用后处理进行性能改善。目前，李文亚等已经采用搅拌摩擦加工对多种冷喷涂粒子增强金属基复合材料涂层进行了改性。下面以冷喷涂 AA2024/Al$_2$O$_3$ 复合涂层改性为例进行介绍。

图 7-47 为不同搅拌摩擦加工参数处理后 AA2024/Al$_2$O$_3$ 复合涂层宏观照片，搅拌头移动速度为 100mm/min。虽然涂层的脆性大，但在合理的 FSP 参数下可以获得良好的搅拌区。

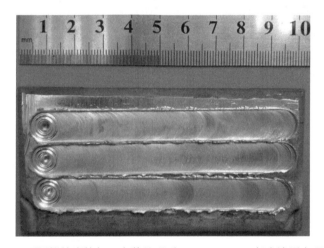

图 7-47　不同搅拌摩擦加工参数处理后 AA2024/Al$_2$O$_3$ 复合涂层宏观照片

图中样品对应搅拌转速自上而下依次为 900r/min、1200r/min、1500r/min

搅拌加工后复合涂层断面组织如图 7-48 所示，与喷涂态相比，Al$_2$O$_3$ 粒子被破碎细化且分布更加均匀，由于彻底改变了铝合金粒子间的拓扑关系，主要分布在金属粒子界面的陶瓷粒子更加弥散地分布在涂层中，陶瓷粒子的平均间距下降，同时，金属基体也发生了明显的再结晶细化。因此，复合涂层性能得到显著改善，如图 7-49 所示，复合涂层的显微硬度与喷涂态相比显著增加，涂层表面附近显微硬度增加更加明显。如图 7-50 所示，复合涂层的拉伸性能也得到明显改善，抗拉强度增加，虽然复合涂层延伸率的绝对值仍然较低，但复合涂层的强塑性得到了协同改善。

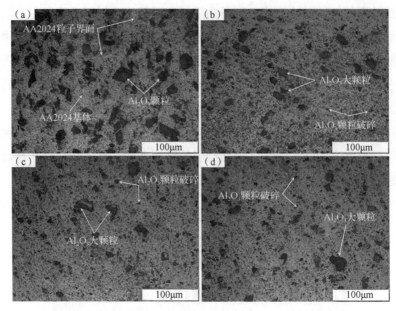

图 7-48　喷涂态及不同搅拌摩擦加工参数下 AA2024/Al₂O₃ 复合涂层

处理后断面组织

（a）喷涂态；（b）搅拌转速 900r/min；（c）搅拌转速 1200r/min；

（d）搅拌转速 1500r/min

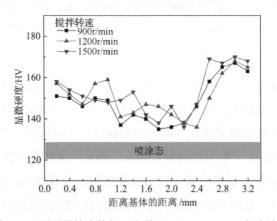

图 7-49　不同搅拌摩擦加工参数下 AA2024/Al₂O₃ 复合涂层

处理后显微硬度

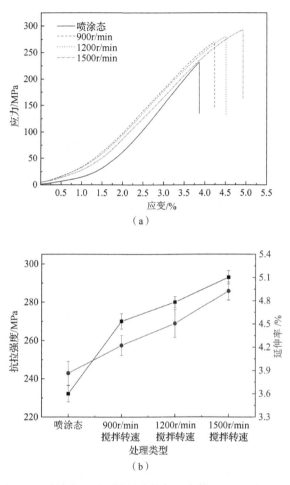

图 7-50　喷涂态及不同搅拌摩擦加工参数下 AA2024/Al₂O₃
复合涂层处理后拉伸性能

（a）应力-应变曲线；（b）抗拉强度与延伸率

5）Ni-Ti 复合涂层改性与合金化

　　研究结果表明，通过搅拌摩擦加工处理产生合金化效用。主要是基于一些特殊的材料（如 NiTi、FeAl 等金属间化合物），如果直接喷涂，无法获得涂层，可以先冷喷涂单质元素的复合涂层，再通过后处理获得金属间化合物。图 7-51 为冷喷涂态 Ni-Ti 复合涂层断面组织及 FSP 后的组织分析。喷涂态 Ni 与 Ti 元素相对独立，孤立分布，但是 FSP 后，呈现出充分混合，弥散分布的特征。图 7-52 的 XRD 分析表明，FSP 后涂层中出现了金属间化合物相，但由于过程的复杂性，金属间化合物不均匀也没有得到有效控制。虽然没有复合涂层强度数据，复合涂层的硬度从喷涂态的 222.5HV 增加到 1003.5HV，测试复合涂层的摩擦磨损性能（图 7-53）表明，FSP 后涂层的耐磨性提高。

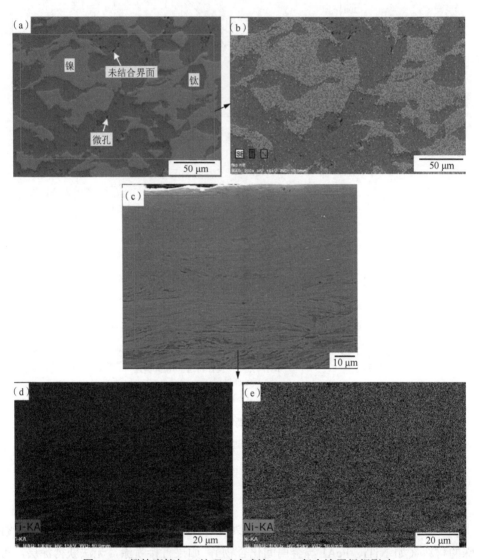

图 7-51　搅拌摩擦加工处理对冷喷涂 Ni-Ti 复合涂层组织影响

（a）喷涂态断面组织；（b）喷涂态能谱分析；（c）FSP 后涂层断面组织；
（d）FSP 后能谱分析 Ti 分布；（e）FSP 后能谱分析 Ni 分布

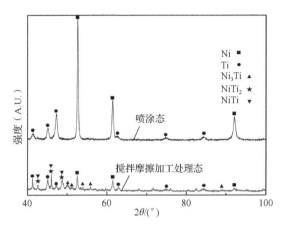

图 7-52　搅拌摩擦加工前后冷喷涂 Ni-Ti 复合涂层 XRD 分析

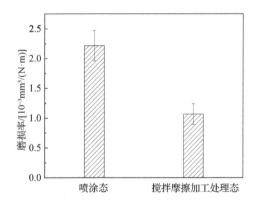

图 7-53　搅拌摩擦加工处理对冷喷涂 Ni-Ti 复合涂层摩擦磨损性能影响

7.4.4　热等静压后处理

　　热等静压（HIP）是一种旨在通过减少或消除孔隙率来增加粉末冶金零件力学性能的工艺，目前已被广泛用于高能束增材制造构件的后处理。它的工作原理是：在充满惰性气体的压力容器中，将高压（可达 200MPa）和高温（可达 2000℃）同时施加到材料上，在极端热力弱耦合条件下，即屈服强度极低状态下，孔隙被外部的压力压溃而闭合，长时间保温使原子充分扩散，闭合界面实现冶金结合，从而提高材料的密度，实现了粉末粒子间的冶金结合。热等静压技术作为一种先进的后处理工艺，也被应用于冷喷涂钛或钛合金涂层的致密化及强韧化[52-54]。

　　Blose[52]研究发现，采用 103MPa、900℃±15℃、2h 热等静压处理氩气冷喷涂 TC4 涂层，孔隙率从喷涂态的 18%下降到几乎为 0。Petrovskiy 等[53]研究发现，经过 HIP 处理后，冷喷涂 Ti 的抗拉强度与延伸率可以从喷涂态的 90～110MPa、2%～3%分别增加到 480MPa、8%。Chen 等[54]研究发现，冷喷涂 TC4 涂层经过

HIP 处理，不仅孔隙率显著下降，涂层的抗拉强度显著增加，可达 963MPa，但塑性改善不是很高，大约从 0.5%到 1.8%，如图 7-54 所示。

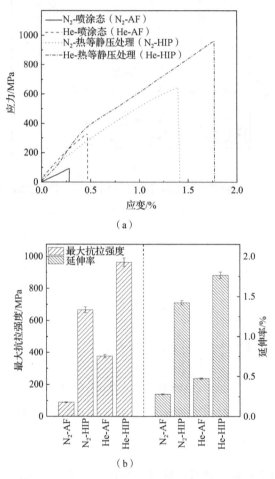

（a）

（b）

图 7-54　热等静压处理对冷喷涂 TC4 涂层拉伸性能影响（分别采用氮气与氦气喷涂）[54]

（a）应力-应变曲线；（b）最大抗拉强度与延伸率
AF-沉积态

尽管热等静压在提高冷喷涂层致密度与强化冷喷涂层性能的作用明显，但高昂的使用成本可能会限制其在一般冷喷涂产品中的广泛应用。另外，就改善抗拉强度和延展性而言，与常规退火工艺相比，热等静压几乎没有表现出优势。

7.4.5　热轧后处理

热轧也是一种强烈热力耦合的热加工工艺，材料首先在高于再结晶的温度下被加热，并在随后的轧制过程中发生强烈的塑性变形与再结晶，进而实现对材料组织及性能的改善。近年来，热轧也被作为一种冷喷涂层的后处理工艺，用于改变显微组织并强韧化冷喷涂层[55-62]。图 7-55 为热轧过程的工作原理示意图，喷涂态的冷喷涂层首先在热处理炉中进行加热，然后送入轧制设备进行加工，以实现强韧化。在热轧后，涂层的厚度通常会显著减薄。

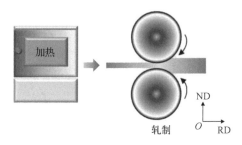

图 7-55　热轧（退火+轧制）过程的示意图

ND-法向；RD-轧向

图 7-56 为喷涂态和热轧处理后的冷喷涂 Al/B$_4$C 复合涂层的微观结构[61]，热轧后，冷喷涂 Al 粒子变形量进一步增加，并且复合材料中增强相的分布密度显著增加，通过显微组织分析发现，热轧对冷喷涂金属基复合材料的强化机制主要是：①金属相的晶粒细化；②金属相内部超细晶粒的均匀分布化及陶瓷增强粒子在复合材料中的重新分布；③原子扩散引起的相邻粒子界面结合的改善；④孔隙率的下降。冷喷涂 Al/B$_4$C 复合涂层的强度和延伸率从沉积态的 37MPa 和 0.3%提高到热轧后的 131MPa 和 5.2%，增长幅度远大于通过常规退火处理得到的冷喷涂层（60MPa 和 1.6%）[61]。

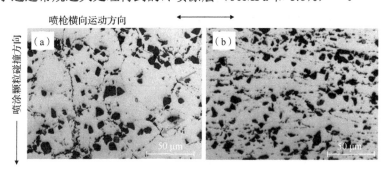

图 7-56　冷喷涂 Al/B$_4$C 复合涂层的断面显微组织

（a）喷涂态；（b）热轧处理后[61]

图 7-57 为冷喷涂沉积态及热轧处理后的 Al380 涂层的拉伸应力-应变曲线，涂层的强度和延伸率在经过热轧处理后提高了 320MPa 和 5%[60]。虽然热轧可以显著改善冷喷涂层强塑性，但热轧后处理会显著减小涂层厚度也是应用中必须考虑的。

也有学者对冷喷涂 Cu 进行热轧[62]，在 500℃、下压量 30%的时候涂层抗拉强度可以增加到 385MPa，延伸率约 8.9%，显微硬度约 120HV，显著改善了涂层强塑性。

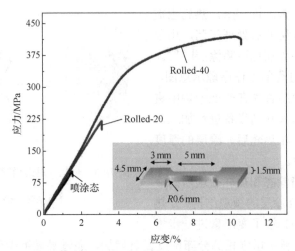

图 7-57　冷喷涂沉积态及热轧处理后的铝合金涂层的拉伸应力–应变曲线[60]

Rolled-20-厚度减少 20%的热轧涂层；Rolled-40-厚度减少 40%的热轧涂层

7.4.6　表面激光处理

在介绍喷涂后激光处理前，首先补充介绍一下基体表面激光处理对涂层结合强度的影响。图 7-58 为陶瓷基体表面激光处理对冷喷涂 Al、Cu、Ti 涂层结合强度影响[63]。在陶瓷基体表面激光刻蚀一定的纹理（这里是微凹坑阵列）有助于提高金属涂层的结合强度。

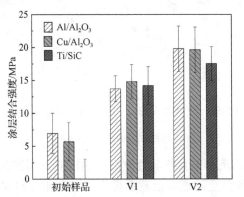

图 7-58　陶瓷基体表面激光处理对冷喷涂 Al、Cu、Ti 涂层结合强度影响[63]

V1 激光处理条件下的表面坑深小于 V2 条件

通过调整激光功率及其他扫描工艺参数，对某些涂层进行热处理也是一种快速的处理方法。类似于传统的激光熔覆或激光表面处理，冷喷涂后对涂层表面进行激光处理也有少量报道。图 7-59 为激光表面处理冷喷涂纯 Ti 涂层结果[64]，处理区分为处理熔化区（TZ）、热影响区（HAZ）、未受热影响区（BM），TZ 中出现大量的氧化钛及表面氧化膜。另一项研究[62]表明，激光表面处理后的 Ti 涂层表面显微硬度显著增加，如图 7-60 所示。

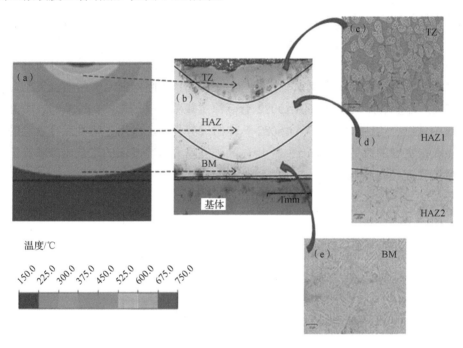

图 7-59　激光表面处理冷喷涂纯 Ti 涂层

（a）激光处理温度场分布计算；（b）处理区宏观分区；（c）处理熔化区高倍组织；
（d）热影响区高倍组织；（e）未受影响 Ti 涂层[64]

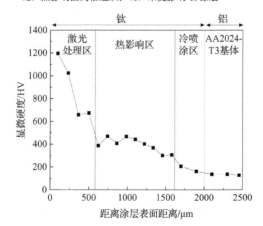

图 7-60　激光表面处理后冷喷涂 Ti 涂层显微硬度沿厚度方向分布[65]

基体为 AA2024 铝合金

7.4.7　喷丸后处理

喷丸工艺是一种常用的表面强化技术，通常被用于齿轮、轴类等承受周期性载荷作用的零件，通过在表面引入残余压应力而显著提高零件的疲劳寿命。由于喷丸过程中，材料表面会发生塑性变形，应用于冷喷涂层时，有望使涂层内部已有的孔隙坍塌消失，涂层内粒子间结合质量提升。因此，目前已被部分研究学者尝试用于改善冷喷涂层的组织与性能[66]。图 7-61 是喷涂前后采用喷丸工艺对在 AA5082 合金基体上冷喷涂 AA5082 合金涂层疲劳强度的影响。冷喷涂、喷丸过程或两种组合均明显增加了 AA5082 基体的疲劳强度，采用先喷丸后冷喷涂的方法能获得更好的疲劳强度，比如采用先高强度喷丸再冷喷涂的工艺比冷喷涂工艺的疲劳强度提高 26%。

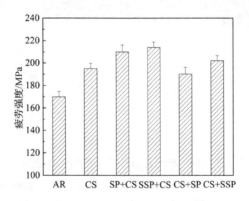

图 7-61　喷丸工艺对 AA5082 基体上冷喷涂 AA5082 涂层疲劳强度影响[66]

AR-基体供货状态；CS-冷喷涂；SP＋CS-先喷丸后冷喷涂；SSP＋CS-先高强度喷丸再冷喷涂；
CS＋SP-先冷喷涂后喷丸；CS＋SSP-先冷喷涂后高强度喷丸

参 考 文 献

[1] LI W Y, CAO C C, YIN S. Solid-state cold spraying of Ti and its alloys: A literature review[J]. Progress in Materials Science, 2020, 110(5): 440-457.

[2] LI W Y, ASSADI H, GAERTNER F, et al. A review of advanced composite and nanostructured coatings by solid-state cold spraying process[J]. Critical Reviews in Solid State and Materials Sciences, 2019, 44(2): 109-156.

[3] LI W Y, CAO C C, WANG G Q, et al. "Cold spray +" as a new hybrid additive manufacturing technology: A literature review[J]. Science and Technology of Welding and Joining, 2019, 24(5): 420-445.

[4] 李文亚. 粒子参量对纳米结构金属涂层冷喷涂沉积特性影响的研究[D]. 西安: 西安交通大学, 2005.

[5] SABARD A, HUSSAIN T. Inter-particle bonding in cold spray deposition of a gas-atomised and a solution heat-treated Al 6061 powder[J]. Journal of Materials Science, 2019, 54: 12061-12078.

[6] LI W Y, ZHANG G, ZHANG C, et al. Effect of ball milling of feedstock powder on microstructure and properties of TiN particle-reinforced Al alloy-based composites fabricated by cold spraying[J]. Journal of Thermal Spray Technology, 2008, 17(3): 316-322.

[7] LUO X T, LI C X, SHANG F L, et al. WC-Co composite coating deposited by cold spraying of a core-shell-structured WC-Co powder[J]. Journal of Thermal Spray Technology, 2015, 24: 100-107.

[8] YU M, LI W Y, SUO X K, et al. Effects of gas temperature and ceramic particle content on microstructure and microhardness of cold sprayed SiCp/Al5056 composite coatings[J]. Surface & Coatings Technology, 2013, 220: 102-106.

[9] LI Y J, LUO X T, LI C J. Improving deposition efficiency and inter-particle bonding of cold sprayed Cu through removing the surficial oxide scale of the feedstock powder[J]. Surface and Coatings Technology, 2021, 407: 126709.

[10] LI Y J, LUO X T, LI C J. Dependency of deposition behavior, microstructure and properties of cold sprayed Cu on morphology and porosity of the powder[J]. Surface and Coatings Technology, 2017, 328: 304-312.

[11] LI Y J, LUO X T, RASHID H, et al. A new approach to prepare fully dense Cu with high conductivities and anti-corrosion performance by cold spray[J]. Journal of Alloys and Compounds, 2018, 740: 406-413.

[12] LI W Y, ZHANG D D, HUANG C J, et al. Modelling of the impact behaviour of cold spray particles: Review[J]. Surface Engineering, 2014, 30(5): 299-308.

[13] YIN S, WANG X F, SUO X K, et al. Deposition behavior of thermally softened particles in cold spraying[J]. Acta Materialia, 2013, 61(14): 5105-5118.

[14] LUO X T, WEI Y K, WANG Y, et al. Microstructure and mechanical property of Ti and Ti6Al4V prepared by an in-situ shot peening assisted cold spraying[J]. Materials & Design, 2015, 85: 527-533.

[15] ZHOU H, LI C C, JI G, et al. Local microstructure inhomogeneity and gas temperature effect in in-situ shot-peening assisted cold-sprayed Ti-6Al-4V coating[J]. Journal of Alloys and Compounds, 2018, 766: 694-704.

[16] LUO X T, YAO M L, MA N, et al. Deposition behavior, microstructure and mechanical properties of an in-situ micro-forging assisted cold spray enabled additively manufactured Inconel 718 alloy[J]. Materials & Design, 2018, 155: 384-395.

[17] WEI Y K, LUO X T, LI C X, et al. Optimization of in-situ shot-peening-assisted cold spraying parameters for full corrosion protection of Mg alloy by fully dense Al-based alloy coating[J]. Journal of Thermal Spray Technology, 2017, 26: 173-183.

[18] WEI Y K, LIY J, ZHANG Y, et al. Corrosion resistant nickel coating with strong adhesion on AZ31B magnesium alloy prepared by an in-situ shot-peening-assisted cold spray[J]. Corrosion Science, 2018, 138: 105-115.

[19] YKW A, XTL A, YI G A, et al. Deposition of fully dense Al-based coatings via in-situ micro-forging assisted cold spray for excellent corrosion protection of AZ31B magnesium alloy[J]. Journal of Alloys and Compounds, 2019, 806: 1116-1126.

[20] WEI Y K, LUO X T, CHU X, et al. Solid-state additive manufacturing high performance aluminum alloy 6061 enabled by an in-situ micro-forging assisted cold spray[J]. Materials Science and Engineering A, 2020, 776: 139024.

[21] ZHOU H, LI C X, LUO X T, et al. Microstructure of cross-linked high densification network and strengthening mechanism in cold-sprayed Ti-6Al-4V coating after heat treatment[J]. Journal of Thermal Spray Technology, 2020, 29: 1054-1069.

[22] FAN N, CIZEK J, HUANG C, et al. A new strategy for strengthening additively manufactured cold spray deposits through in-process densification[J]. Additive manufacturing, 2020, 36: 101626.

[23] JENKINS R, YIN S, ALDWELL B, et al. New insights into the in-process densification mechanism of cold spray Al coatings: Low deposition efficiency induced densification[J]. Journal of Materials Science & Technology, 2019, 35: 427-431.

[24] KULMALA M, VUORISTO P. Influence of process conditions in laser-assisted low-pressure cold spraying[J]. Surface and Coatings Technology, 2008, 202: 4503-4508.

[25] BRAY M, COCKBURN, A, O'NEILL W. The Laser-assisted cold spray process and deposit characterisation[J]. Surface and Coatings Technology, 2009, 203: 2851-2857.

[26] YAO J, LI Z, LI B, et al. Characteristics and bonding behavior of Stellite 6 alloy coating processed with supersonic laser deposition[J]. Journal of Alloys and Compounds, 2016, 661: 526-534.

[27] JONES M, COCKBURN A, LUPOI R, et al. Solid-state manufacturing of tungsten deposits onto molybdenum substrates with supersonic laser deposition[J]. Materials Letters, 2014, 134(1): 295-297.

[28] GORUNOV A I, GILMUTDINOV A K. Investigation of coatings of austenitic steels produced by supersonic laser deposition[J]. Optics & Laser Technology, 2017, 88: 157-165.

[29] LI W Y, LI C J, LIAO H. Effect of annealing treatment on the microstructure and properties of cold-sprayed Cu coating[J]. Journal of Thermal Spray Technology, 2006, 15(2): 206-211.

[30] YIN S, JENKINS R, YAN X C, et al. Microstructure and mechanical anisotropy of additively manufactured cold spray copper deposits[J]. Materials Science and Engineering A, 2018, 734: 67-76.

[31] 李玉娟. 冷喷涂高速粒子的碰撞变形行为与界面结合的控制[D]. 西安: 西安交通大学, 2019.

[32] 胡凯玮. 冷喷涂 Cu 沉积体组织与强塑性改善研究[D]. 西安: 西北工业大学, 2020.

[33] GÄRTNER F, STOLTENHOFF T, VOYER J, et al. Mechanical properties of cold-sprayed and thermally sprayed copper coatings[J]. Surface & Coatings Technology, 2006, 200: 6770-6782.

[34] HUANG R Z, MA W H, FUKANUMA H. Development of ultra-strong adhesive strength coatings using cold spray[J]. Surface & Coatings Technology, 2014, 258: 832-841.

[35] HUANG R Z, SONE M, MA W, et al. The effects of heat treatment on the mechanical properties of cold-sprayed coatings[J]. Surface and Coatings Technology, 2015, 261: 278-288.

[36] CODDET P, VERDY C, CODDET C, et al. On the mechanical and electrical properties of copper-silver and copper-silver-zirconium alloys deposits manufactured by cold spray[J]. Materials Science & Engineering A, 2016, 662: 72-79.

[37] YANG K, LI W Y, YANG X W, et al. Anisotropic response of cold sprayed copper deposits[J]. Surface & Coatings Technology, 2018, 335: 219-227.

[38] YANG K, LI W Y, GUO X P, et al. Characterizations and anisotropy of cold-spraying additive-manufactured copper bulk[J]. Journal of Materials Science & Technology, 2018, 34(9): 1570-1579.

[39] YANG K, LI W Y, YANG X W, et al. Effect of heat treatment on the inherent anisotropy of cold sprayed copper deposits[J]. Surface & Coatings Technology, 2018, 350: 519-530.

[40] LI Y J, WEI Y K, LUO X T, et al. Correlating particle impact condition with microstructure and properties of the cold-sprayed metallic deposits[J]. Journal of Materials Science & Technology, 2020, 40: 185-195.

[41] SINGH S, SINGH H, CHAUDHARY S, et al. Effect of substrate surface roughness on properties of cold-sprayed copper coatings on SS316L steel[J]. Surface & Coatings Technology, 2020, 389: 125689.

[42] HUANG J, YAN X C, CHANG C, et al. Pure copper components fabricated by cold spray(CS) and selective laser melting(SLM) technology[J]. Surface & Coatings Technology, 2020, 395: 125936.

[43] HUANG R, FUKANUMA H. Study of the influence of particle velocity on adhesive strength of cold spray deposits[J]. Journal of Thermal Spray Technology, 2012, 21: 541-549.

[44] DREHMANN R, GRUND T, LAMPKE T, et al. Essential factors influencing the bonding strength of cold-sprayed aluminum coatings on ceramic substrates[J]. Journal of Thermal Spray Technology, 2018, 27: 446-455.

[45] LI W Y, WU D, HU K W, et al. A comparative study on the employment of heat treatment, electric pulse processing and friction stir processing to enhance mechanical properties of cold-spray-additive-manufactured copper[J]. Surface & coatings technology, 2021, 409: 126887.

[46] HUANG C J, LI W Y, ZHANG Z H, et al. Modification of a cold sprayed SiCp/Al5056 composite coating by friction stir processing[J]. Surface & Coatings Technology, 2016, 296: 69-75.

[47] HUANG C J, LI W Y, FENG Y, et al. Microstructural evolution and mechanical properties enhancement of a cold-sprayed Cu-Zn alloy coating with friction stir processing[J]. Materials Characterization, 2017, 125: 76-82.

[48] HUANG C J, YAN X C, LI W Y, et al. Post-spray modification of cold-sprayed Ni-Ti coatings by high-temperature vacuum annealing and friction stir processing[J]. Applied Surface Science, 2018, 451: 56-66.

[49] YANG K, LI W Y, NIU P L, et al. Cold sprayed AA2024/Al$_2$O$_3$ metal matrix composites improved by friction stir processing: Microstructure characterization, mechanical performance and strengthening mechanisms[J]. Journal of Alloys and Compounds, 2018, 736: 115-123.

[50] YANG K, LI W Y, HUANG C J, et al. Optimization of cold-sprayed AA2024/Al$_2$O$_3$ metal matrix composites via friction stir processing: Effect of rotation speeds[J]. Journal of Materials Science & Technology, 2018, 34(11): 2167-2177.

[51] YANG K, LI W Y, XU Y X, et al. Using friction stir processing to augment corrosion resistance of cold sprayed AA2024/Al$_2$O$_3$ composite coatings[J]. Journal of Alloys and Compounds, 2019, 774: 1223-1232.

[52] BLOSE R E. Spray Forming Titanium Alloys Using the Cold Spray Process[C]. Basel, Switzerland: International Thermal Spray Conference, 2005.

[53] PETROVSKIY P, SOVA A, DOUBENSKAIA M, et al. Influence of hot isostatic pressing on structure and properties of titanium cold-spray deposits[J]. International Journal of Advanced Manufacturing Technology, 2019, 102: 819-827.

[54] CHEN C Y, XIE Y C, YAN X C, et al. Effect of hot isostatic pressing(HIP) on microstructure and mechanical properties of Ti6Al4V alloy fabricated by cold spray[J]. Additive Manufacturing, 2019, 27: 595-605.

[55] QIU X, TARIQ N, QI L, et al. A hybrid approach to improve microstructure and mechanical properties of cold spray additively manufactured A380 aluminum composites[J]. Materials Science and Engineering A, 2020, 772: 138828.

[56] ZHAO Z, TARIQ N, TANG J, et al. Influence of annealing on the microstructure and mechanical properties of Ti/steel clad plates fabricated via cold spray additive manufacturing and hot-rolling[J]. Materials Science and Engineering A, 2020, 775: 138968.

[57] ZHAO Z, TARIQ N, TANG J, et al. Microstructural evolutions and mechanical characteristics of Ti/steel clad plates fabricated through cold spray additive manufacturing followed by hot-rolling and annealing[J]. Materials & Design, 2019, 185: 108249.

[58] ZHAO Z, TANG J, TARIQ N, et al. Effect of rolling temperature on microstructure and mechanical properties of Ti/steel clad plates fabricated by cold spraying and hot-rolling[J]. Materials Science and Engineering A, 2020, 795: 139982.

[59] TARIQ N, GYANSAH L, QIU X, et al. Achieving strength-ductility synergy in cold spray additively manufactured Al/B$_4$C composites through a hybrid post-deposition treatment[J]. Journal of Materials Science & Technology, 2019, 35: 1053-1063.

[60] QIU X, TARIQ N, QI L, et al. In-situ Sip/A380 alloy nano/micro composite formation through cold spray additive manufacturing and subsequent hot rolling treatment: Microstructure and mechanical properties[J]. Journal of Alloys and Compounds, 2019, 780: 597-606.

[61] TARIQ N, GYANSAH L, QIU, X, et al. Thermo-mechanical post-treatment: A strategic approach to improve microstructure and mechanical properties of cold spray additively manufactured composites[J]. Materials & Design, 2018, 156: 287-299.

[62] 黄群. 后处理工艺对冷喷涂纯铜涂层微观组织和力学性能的影响[D]. 成都: 西南交通大学. 2021.

[63] KROMER R, DANLOS Y, COSTIL S. Cold gas-sprayed deposition of metallic coatings onto ceramic substrates using laser surface texturing pre-treatment[J]. Journal of Thermal Spray Technology, 2018, 27(5): 809-817.

[64] CARLONE P, ASTARITA A, RUBINO F, et al. Selective laser treatment on cold-sprayed titanium coatings: Numerical modeling and experimental analysis[J]. Metallurgical & Materials Transactions B, 2016, 47(6): 3310-3317.

[65] RUBINO F, ASTARITA A, CARLONE P, et al. Selective laser post-treatment on titanium cold spray coatings[J]. Materials & Manufacturing Processes, 2016, 31(11): 1500-1506.

[66] MORIDI ASM, HASSANI-GANGARAJ S, VEZZU L, et al. Fatigue behavior of cold spray coatings: The effect of conventional and severe shot peening as pre-/post-treatment[J]. Surface and Coatings Technology, 2015, 283: 247-254.

第8章 冷喷涂装备系统

目前，冷喷涂技术研究及其系统开发在俄罗斯、德国、美国、中国、日本等国家受到广泛关注。通过查阅大量的冷喷涂工艺及其系统的相关文献和报道，以及本书作者长期对国内外研究前沿的跟踪，本章对冷喷涂工艺与装备系统地进行了分类和总结，冷喷涂技术研究及其系统开发正逐渐走向成熟，也逐渐从实验室研发阶段向工业应用过渡。此外，新型概念的冷喷涂技术也不断出现，并逐渐被验证。

8.1 冷喷涂装备基本组成及分类

为了实现冷喷涂层的制备，冷喷涂设备的基本组成主要包括以下几部分：喷枪、送粉器、气体加热装置（加热器）、高压气源装置、冷喷涂控制及操作系统、持枪机械臂及其他的辅助装置等[1,2]，如图 8-1 所示。

1. 喷枪

在冷喷涂设备中，喷枪是整套系统的核心部件，粉末粒子与被加速气体在喷枪中混合，并在喷枪的喷嘴中加速到一定速度，撞击基体形成涂层；喷枪要易于实现粉末粒子高速且均匀的射出，同时要加工方便、价格适宜。图 8-1（a）和（b）分别是高压冷喷涂（high-pressure cold spray，HPCS）系统组成示意图[2]和典型的高压固定式冷喷涂设备的实体喷枪结构系统示意图[3]。喷枪中使用可将气体由亚音速加速到超音速的收缩-扩张型喷管，或称为拉瓦尔喷嘴/喷管（有时称"de Laval 喷嘴"）。按下游形状可分为锥形喷嘴和钟形喷嘴。为了获得不同几何轮廓的单道沉积体，喷嘴下游断面可为矩形、圆形或椭圆形等。

2. 送粉器

送粉器是送粉装置的重要组成部分，用来装载粉末并按工艺要求以一定的送粉速率向喷枪输送粉末。送粉器应确保粉末的稳定输送。根据不同的送粉原理可分为自重式送粉器、雾化式送粉器、螺杆式送粉器、转盘式送粉器、刮板式送粉器、毛细管式送粉器及鼓轮式送粉器。目前，商用送粉器主要有美国 1264HP 型高压送粉器、德国易更换式高压送粉器、日本高压送粉器等。

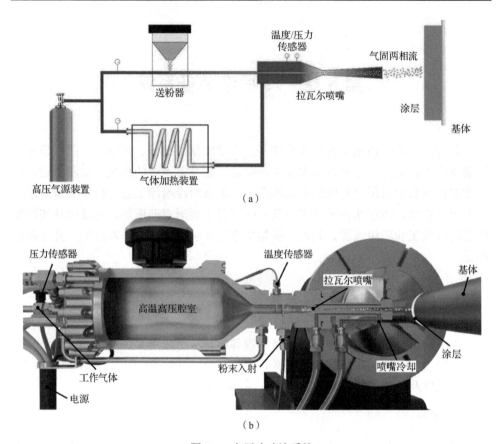

图 8-1　高压冷喷涂系统

（a）系统组成示意图[2]；（b）实体喷枪系统示意图

3. 气体加热装置

从高压气源送出的气体温度不超过室温，加速效果不显著。因此，为了使气体充分膨胀，提高气体的加速效果，且更高的气体温度有利于实现对粉末粒子的加热，起到降低临界速度、提高沉积体致密度的作用，因此需要采用一个安全的加热器对工作气体进行有效的预热。

4. 高压气源装置

气体的选择应该先考虑其加速效果，然后考虑气体的成本、安全性及活性等因素。H_2 加速效果最好，但易燃易爆，严格限制使用；氦气加速效果次之，但其价格极高，在常规工业产品加工中难以获得大规模应用，成本过高；采用高压压缩空气最为经济，但其加速效果一般，且其中的氧气会导致加热管、部分涂层发生氧化；氮气价格比氦气便宜，且加速效果较好，故大多数冷喷涂实验采用氮气作为工作气体。按照气体的用量，可分为单个或多个高压气瓶集装格方式、高压空气压缩装置、液化氮气储存器。

　　冷喷涂工艺对氮气的纯度和压力要求较高，使用低温液体泵的液氮泵系统是一种最优的供应模式。使用这种类型的供气系统之前，液氮从运输卡车转移到低温储罐中。液氮泵设备系统包括如下基本组件[4]：液氮（低温液体）储存罐及其相关控制装置、将液体加压至高压的低温泵、将液体转化为气态氮的蒸发器、高压储气管，以及一个压力调节器，用于调节输送到喷涂工艺室内的压力，具体原理图如图 8-2（a）所示。图 8-2（b）是德国汉堡联邦国防军大学液氮罐，容积是 3000L；图 8-3（c）是日本 Plasma Giken 公司液氮站（18000L 液氮罐），可供 6 台冷喷涂设备用于喷涂生产。

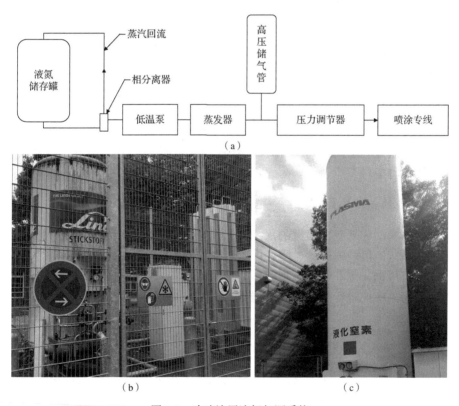

图 8-2　冷喷涂用液氮气源系统

（a）液氮泵系统；（b）德国汉堡联邦国防军大学液氮罐；（c）日本 Plasma Giken 公司液氮站

　　氦气的分子量低，可提供更高的气体喷射速度，进而提高沉积效率和优异的涂层特性。但是，由于氦气属于地下矿产附带产物，我国的产量极低，其来源和生产工艺使得氦气在我国的价格远高于氮气（高达 50 倍），将其用于常规应用场景的冷喷涂是不实际的。法国贝尔福-蒙贝利亚技术大学 LERMPS 实验室已在冷喷涂实验中建立了氦气回收系统，以实现氦气的循环回收、净化和再利用。但是，与封闭环境的系统相比，这种再循环系统安装复杂且喷涂过程需要在密闭的舱体中完成，不适用大多数的涂层制备与再制造需求。因此，冷喷涂技术的发展已集中在氮气系统上，通过增加氮气射流的压力和温度达到氦气射流所能达到的高速度。

5. 冷喷涂控制及操作系统

冷喷涂控制柜由可编程序控制器、控制电路及输送工作气体的控制管路组成。主要控制工作气体压力、温度和流量，同时协调完成触摸屏的操作及控制其他外围设备的工作，从而完成复杂的逻辑控制功能。

冷喷涂的实验操作可通过控制界面来设定、记录、显示并检测冷喷涂系统所有功能单元的参数及设备的运行状况，包括工作气体压力与温度、工作气体流量、送粉气流量、送粉速度、冷却水流量、冷却水温度等。

6. 持枪机械臂

机械臂一般要求为 6 轴，且具有较强的持重能力和较大的覆盖范围。目前，知名商用机械臂制造商，如 KUKA、ABB、FANUC 等，均有可满足冷喷涂喷枪夹持的机械臂型号。

7. 其他的辅助装置

其他的辅助装置包括喷枪的水冷装置、粉末预热装置、工作转台/夹具系统、通风除尘系统，以及喷砂间、隔音间、工具间等。

本章将根据文献和新闻报道等，对冷喷涂设备分类、主要生产厂商，以及工艺参数和相关应用进行分类和总结展望[1]。

8.2　高压冷喷涂装备

根据工作气体的压力，冷喷涂系统可分为高压冷喷涂系统（>1MPa）和低压冷喷涂系统（<1MPa）。图 8-1（a）给出了高压冷喷涂系统的主要构成。进入冷喷涂系统后，压缩气体被分为两路气流，一路压缩气体（工作气体或推进气体）流经气体加热装置被加热至高温，同时，第二路压缩气体（载气或送粉气）通过送粉器，然后这两路气体在喷枪气室内混合并进入 Laval 喷嘴产生超音速的气流，粉末粒子则被加速到超音速水平。

冷喷涂是热喷涂领域的方向之一，但能制造出高性能冷喷涂设备的公司为数不多。目前，在全球商业化并已成功应用的高温高压冷喷涂设备，主要是德国 Impact Innovations、日本 Plasma Giken、美国 VRC Metal Systems 和中国 DWCS-2000 等冷喷涂系统。对于冷喷涂系统发展过程的了解，有利于理解不同时期报道的不同涂层的组织结构特征。因此，以下将围绕主要的商业化冷喷涂系统，介绍其发展过程与现状。

1. 早期商业化冷喷涂系统的演变

1995 年，德国汉堡联邦国防军大学 Kreye 教授与 Papyr 教授在美国休斯敦召开的国际热喷涂会议上确定开展冷喷涂系统研发的合作，并在 Linde AG 公司和 Praxair 公司的支持下，于 1998 年在汉堡联邦国防军大学建立了第一套冷喷涂系统。基于这些研究的结果，2001 年，德国冷气技术（cold gas technology，CGT）公司在国际热喷涂大会上推出了第一个商用 Kinetiks 3000 型冷喷涂系统 [图 8-3（a）]，其工作气体的温度和压力分别可达 550℃和 3 MPa；2006 年，CGT 公司相继推出了改进的三种功率的 Kinetiks 4000 系列[3,5][17kW、34kW 和 47kW，分别如图 8-3（b）、（c）和（d）所示]，最高可将工作气体参数提高至 800℃和 4MPa；该系列不仅可以实现送粉气体不同功率的预热，提高粒子的温度与变形能力，从而提高制备

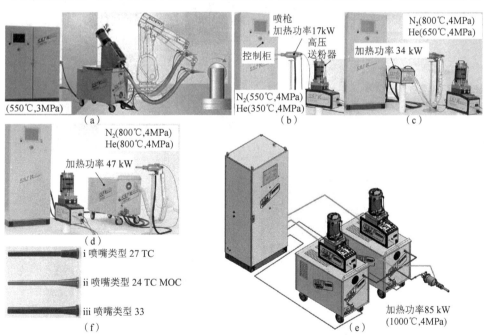

图 8-3　CGT Kinetiks 冷喷涂系统[3,5]

（a）Kinetiks 3000；（b）Kinestiks 4000/17；（c）Kinetiks 4000/34；（d）Kinetiks 4000/47；
（e）Kinetiks 8000；（f）喷嘴类型
括号内数据为温度和压力

涂层的质量，提高沉积效率；还可达到难喷涂材料（如金属陶瓷）涂层的沉积。2009 年开发的 Kinetiks 8000 系统［图 8-3（e）］，总体加热功率可达到 85kW，工作气体（如氮气）的最高温度可达 1000℃，可配有两个送粉器，进一步拓宽了喷涂材料的范围；图 8-3（f）是可支持的不同类型喷嘴。其中，Kinetiks 3000[6,7]和 Kinetiks 4000 系列（如 4000/17[8]、4000/47[9]）仍是众多科研机构目前应用的主要喷涂设备。CGT 公司后来被热喷涂企业苏尔寿美科公司收购。总部位于德国巴伐利亚州的 Impact Innovations 公司成立于 2010 年，其技术源于 CGT[3]。

　　CGT 公司主推的新一代冷喷涂系统是 Impact Innovations 喷涂系统 5/8 EvoCS Ⅱ 和 Impact Innovations 喷涂系统 6/11 EvoCS Ⅱ ［图 8-4（a）］，工作气体的参数（温度和压力）可分别达到 800℃、5MPa 和 1100℃、6MPa。此外，最新的 EvoCS Ⅱ 系统可用于并行操作 2 个喷枪和 4 个送粉器，如图 8-4（b）所示，可大幅度提高

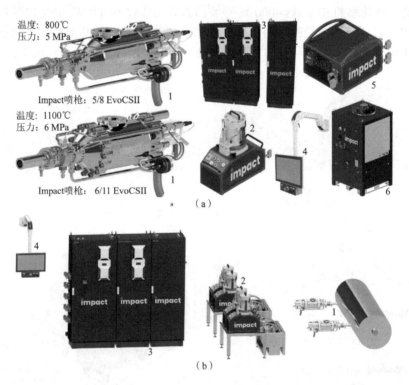

图 8-4　Impact Innovations 公司冷喷涂系统 S Ⅱ 喷枪及相关系统组件[3]

（a）5/8 EvoCS Ⅱ 和 6/11 EvoCS Ⅱ 喷枪及相关系统组件；
（b）具有用于并行操作 2 个喷枪和 4 个送粉器的最新 EVoCS Ⅱ 系统
1-喷枪；2-EvoCS Ⅱ 送粉器；3-控制单元；4-操作系统；5-粉末预热器；6-水冷系统

工作效率。目前，用 Impact Innovations 系统进行冷喷涂研究与应用开发的机构包括中国（625 所、529 厂、北京矿业研究总院等），美国（通用电气、ASB Industries 等），法国（施耐德电气、CEA Le Ripault 研究所、法国 INSA-Lyon 大学），德国（德国汉堡联邦国防军大学），意大利（Flame Spray SPA 公司），英国（TWI 英国焊接研究所）等国家的一些机构。

2. 大功率冷喷涂系统

日本 Plasam Giken 公司成立于 1980 年，主要从事热喷涂设备研发制造、喷涂加工和涂层检测；2002 年，Plasam Giken 公司从西安交通大学李长久教授课题组引进冷喷涂技术，开始从事冷喷涂设备与技术研发，其研发制造的 PCS 系列冷喷涂设备已得到广泛应用。例如，用于科研和小型生产的 PCS-100 系统和大型工业化 PCS-1000、PCS-800 高温高压冷喷涂设备。图 8-5（a）是冷喷涂开放实验室，可供客户亲自进行冷喷涂操作；图 8-5（b）是 PCS-1000 冷喷涂系统的基本组成[10]，其工作气体的温度和压力分别可达 1100℃和 7MPa，高参数下采用大喉部直径的喷嘴设计，显著提升冷喷涂生产效率，送粉速率可达 300～500g/min；图 8-5（c）中给出了 PCS-1000、PCS-100 和手持式喷枪的宏观结构和喷涂参数。适用于不同材料喷嘴的开发，推动了冷喷涂技术的实际应用。

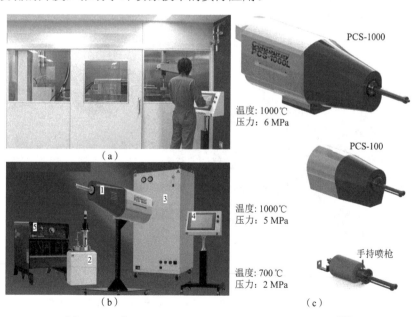

图 8-5　日本 Plasma Giken 公司 PCS-1000 冷喷涂系统[10]

（a）冷喷涂开放实验室；（b）PCS-1000 冷喷涂系统；（c）喷枪
1-喷枪；2-送粉器；3-控制系统；4-操作系统；5-加热器

目前，Plasma Giken 公司 PCS 冷喷涂设备已在工业界广泛应用，主要应用领域包括航空部件的修复及增材制造（如 GE、罗罗公司为代表的镍基高温合金、铝合金等），靶材制造及修复，日用炊具（内胆导磁涂层），以及新能源汽车等。

3. 美国 VRC Metal Systems

2011 年，美国陆军研究实验室（Army Research Laboratory，ARL）与南达科他州矿业理工学院（South Dakota School of Mines and Technology，SDSM&T）合作开发了新型便携式高温高压冷喷涂系统[11]。该系统已向国防部交付，ARL 和 SDSM&T 签订了共同所有权协议，命名为 VRC Gen Ⅲ系统[11, 12]，外观及组成如图 8-6（a）所示，于 2013 年开始商业化推广；该系统的开发旨在为美国军事基地和战斗人员提供国防部武器的高质量维修，因此该系统的手持功能和移动性是重要的设计特征。

VRC Dragonfly 高压系统［图 8-6（b）］也是一种高压喷涂设备，能够产生比常规低压冷喷涂高 2～10 倍的冶金结合性能，其中内置 21kW 加热器在内的模块化组件易于运输，可实现单一或混合金属粉末均匀涂层的制备[11,13]。此外，VRC Raptor 系统是一种便携式的高压冷喷涂装置［图 8-6（c）］，带有 21kW 加热器，可用于手持式或机器人操作，还可以对该系统进行编程用于涂层沉积及金属零部件破损部位的维修[11,13]。

图 8-6　VRC Metal Systems 公司冷喷涂系统[11,13]

（a）VRC Gen Ⅲ系统；（b）VRC Dragonfly 高压系统；（c）VRC Raptor 系统

4. 国产冷喷涂系统

陕西德维自动化有限公司（简称"陕西维德"）是一家创新型科技公司，在西安交通大学李长久教授团队和西北工业大学李文亚教授团队的技术支持下，从事高压冷喷涂装备的研发[14]。图 8-7 是陕西德维 DWCS-2000 冷喷涂系统的组成与外观。该高压冷喷涂系统 2～5min 可达到预设喷涂温度，气体加热最高温度可达 1000℃，最高压力可达 5MPa，配有 0.37 L 或 4.44 L 容积的送粉器，其最高承受压强是 6.2MPa。除此之外，北京廊桥材料技术有限公司也设计并开发了商业化冷喷涂系统。

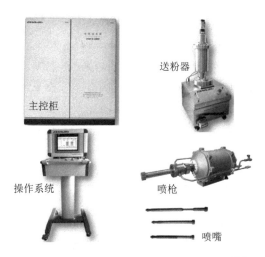

图 8-7　陕西德维 DWCS-2000 冷喷涂系统[14]

表 8-1 为上述商用冷喷涂装备的工艺参数对比，可以看到，目前不同商用高压冷喷涂系统的气体最高温度和最高压力以及送粉速率的核心参数基本相当。

表 8-1　高压冷喷涂工艺参数对比

冷喷涂系统厂商	德国 Impact Innovations	日本 Plasma Giken	美国 VRC Metal Systems	中国陕西德维
系统名称	6/11 EvoCS II[3]	PCS-1000[10]	VRC Gen III[11]	DWSCS-2000[14]
工作气体	氮气、氦气	氮气、氦气	压缩空气、氮气和氦气	氮气（或氦气）
最高工作气体压力/MPa	6	6	7	5
最高工作气体温度/℃	1100	1000	900	1000
送粉速率/（g/min）	10 ～ 100	200 ～ 500	10 ～ 100	20 ～ 250

5. 其他国内外高压冷喷涂系统

冷喷涂技术自 20 世纪 80 年代中期发展至今，不仅在制备涂层种类和应用领域上不断拓宽，也体现在冷喷涂设备的研发制造能力上，除了以上商用的高温高压冷喷涂系统，根据文献报道，表 8-2 不完全统计了国内外学者和研究人员开发和搭建的冷喷涂系统。

表 8-2　其他研究机构自主搭建或开发的高压冷喷涂系统

高压冷喷涂系统	涂层	气体	压力/MPa	温度/℃	文献
中国西安交通大学 CS-2000 系统	Al	氮气	2.5	300	[15]、[16]
中国西北工业大学 CS 高压系统	AA5083/Al$_2$O$_3$	氮气	1.0	400	[17]
爱尔兰都柏林圣三一大学 CS 系统	Cu/diamond	氮气	2.0	RT	[18]
德国汉堡联邦国防军大学 HSU 8000-X 冷喷涂系统	CuAl$_{10}$Fe$_5$Ni$_5$	氮气	4.0	700	[19]
法国 LERMSPS 热喷涂实验室 CS 系统	Cu	空气	2.4	300	[15]、[20]
美国联合技术研究中心 CS 系统	AA6061	氮气	3.0	300	[21]
英国诺丁汉大学 CS 系统	AA6061	氮气	2.9	RT	[22]
印度国际粉末冶金与新材料研究中心 CS 系统	纳米 Ni-20Cr	空气	1.9	450	[23]、[24]
加拿大渥太华大学 CS 系统	纳米 AlCuMgFeNi	氮气	1.7	RT	[25]

注：RT 表示室温；空气指高压压缩空气。

例如，西安交通大学李长久教授课题组于 2000 年底自主研发了国内第一套 CS-2000 型冷喷涂设备[15, 16]；2016 年，西北工业大学李文亚教授课题组设计了拥有自主知识产权的自制高压冷喷涂设备 [图 8-8（a）]，工作气体最高温度和压力能分别达到 4MPa 和 800℃[17]；图 8-8（b）是李文亚教授协助集美大学郭学平教授课题组于 2014 年搭建的高压冷喷涂系统，压力温度可分别达到达 4MPa 和 800℃。爱尔兰都柏林圣三一大学开发的冷喷涂系统的工作气体压力和温度范围分别是 0.5~3.5MPa 和室温至 1000℃[18] [图 8-8（c）]。

（a）

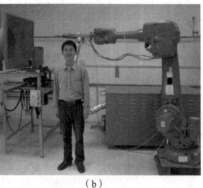
（b）

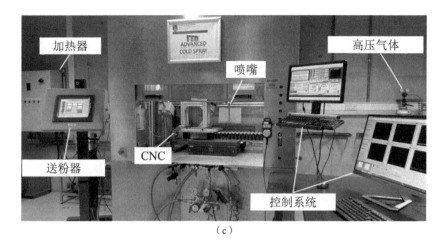

（c）

图 8-8　自制高压冷喷涂系统

（a）西北工业大学[17]；（b）集美大学；（c）爱尔兰都柏林圣三一大学[18]

CNC-计算机数控

6. 高压冷喷涂商业设备增材制造应用实例

目前，Impact Innovations 和 Plasma Giken 等公司已经成功地将冷喷涂技术推广到实际工程应用。图 8-9 是分别采用德国 Impact 6/11 和日本 PCS-1000 冷喷涂

（a）

基材：Cu
粉末：CP Ti
气体温度：1000℃
气体压力：5MPa
气体类型：N_2
送粉率：750g/min

（b）

图 8-9　冷喷涂增材制造

（a）Impact 6/11 设备制备火箭喷嘴[3]；（b）PCS-1000 设备制备 Inconel 625 镍基高温合金[10]

设备增材制造的火箭喷嘴[3]和 Inconel 625 镍基高温合金[10]。增材制造 7kg 的部件共需喷涂 2.25h；后者在 Cu 基体上采用氮气制备 Ti 沉积体，气体的温度和压力分别是 1000℃和 5MPa，送粉速率是 750g/min，可在 17s 内沉积 14mm 厚的沉积层，粉末的沉积效率可达 98%。

表 8-3 总结了其他科研机构采用 Impact Innovations、Plasma Giken，以及 VRC Metal Systems 商业冷喷涂设备在不同的基体材料上制备具有不同功能的涂层材料，如耐高温、耐磨损，以及新型合金材料的设计与增材制造。

表 8-3　关于商业高压冷喷涂设备制备涂层的最新文献报道

高压冷喷涂系统	涂层/基体	气体	压力/MPa	温度/℃	应用	文献
Impact 6/11	MAX 相/Cu	氮气	5.0	1000	MAX 相陶瓷可在 1200℃高温中用作保护层	[19]
	CuCrZr/铝	氮气	5.0	950	双峰结构铜合金的设计与增材制造	[20]
PCS-1000	A380-Al$_2$O$_3$/AA6061	氮气	4.0	500	A380-Al$_2$O$_3$ 在汽车汽缸盖和发动机缸体潜在应用	[21]
PCS-800	Cu$_{65}$Ni$_{20}$Fe$_{15}$/铝青铜	氮气	4.9	800	涂层和基体用在钾冰晶石中制 Al 的阳极材料	[22]
VRC Gen III	Fe$_{91}$Ni$_8$Zr$_1$/AISI 1018 钢	氦气+氮气	4.5	600	制备高强度铁素体氧化物弥散强化合金	[23]
	AA5056/AA5056	氮气	2.8	400	评估 Al 合金粉末预热与组织和力学性能各向异性之间的关系	[12]

8.3　低压冷喷涂装备

图 8-10（a）给出了低压冷喷涂（low-pressure cold spray，LPCS）系统构成示意图[2]。与高压系统相比，低压系统具有两个明显的特征：①一般采用便携式空气压缩机产生的压缩空气代替高压压缩气体，也可以采用氮气或氦气；②喷枪内的送粉位置一般位于喷嘴的扩张段，此处的局部压力较低，可允许粉末粒子在大气压下从送粉器送至喷枪，因此可简化送粉器的设计。大多数情况下，"冷喷涂"一词是通常指"高压冷喷涂"，使用"低压冷喷涂"时通常需要专门说明。

上述特征使得低压冷喷涂系统更加灵活，喷枪尺寸更小，设备及加工成本相对较低，因此特别适合损伤零部件的现场修复。低压冷喷涂系统的缺点是粒子速度相对较低,因此喷涂材料适用范围有限,仅可喷涂有限的软质金属材料,如 Cu、Al、Ni、Ag 及它们的复合材料涂层等。目前,主流的 LPCS 系统主要是加拿大 CenterLine SST™系统［图 8-10（b）］[24]、美国 Inovati KM 系统[25,26]、俄罗斯 OCPS DYMET 设备[27]和瑞士 Medicoat 系统。

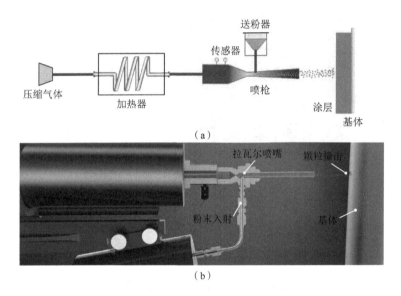

（a）

（b）

图 8-10　低压冷喷涂系统构成示意图

（a）低压冷喷涂系统总图 [2]；（b）低压冷喷涂喷枪结构[24]

1. 加拿大 CenterLine SST™ 系统

2003 年以来,CenterLine （Winsdor）Ltd 的超音速喷涂技术（supersonic spray technologies,SST）部门设计和开发了移动式和固定式的实用型低压冷喷涂系统,可满足手动或机械臂喷涂的不同应用要求[24]。SST 系统结构紧凑,便于运输和现场喷涂操作。最新一代的 SST-PX 和 SST-EPX 系统分别是基于 SST-P 和 SST-EP 系统的升级更新。图 8-11 是最新 SST-PX 系统,首先,UltiLife 和 UltiFlow 两款喷嘴分别具有长寿命和防阻塞功能,工作气体的压力范围是 0.70～1.72MPa,温度范围是室温至 550℃;其次,该系统配备最新的 SST-X 送粉系统,最高送粉速率可达 120g/min（Al 基粉末）;最后,还可分别搭配自动喷枪和手持喷枪使用。为了提升系统的材料使用范围,系统的气体运行压力不断提升,表 8-4 给出了 SST-EPX 系统的工艺参数,由于工作气体的压力上限很大程度上决定了粒子的最高速度，因此目前该装备的工作气体最高压力已经达到 3.5MPa，已经超出了常规定义的低压冷喷涂范畴。

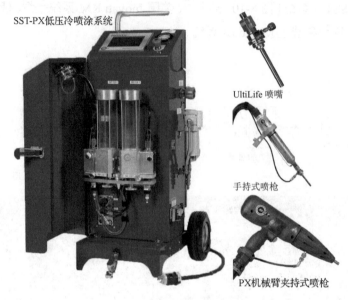

图 8-11　最新 SST-PX 系统[24]

表 8-4　低压冷喷涂设备的工艺参数对比

工艺参数	加拿大 CenterLine SST™	美国 Inovati KM	俄罗斯 OCPS DYMET
系统	EPX 系统[24]	KM-PCS[25]	DYMET423 [27]
工作气体	压缩空气或氮气	低压氮气或氦气	低温压缩空气
工作气体压力范围/MPa	0.7 ～ 3.5	0.3 ～ 0.9	0.6 ～ 1
工作气体温度范围/℃	室温 ～ 550	150 ～ 1000	200 ～ 600
送粉速率/（g/min）	12 ～ 80	1 ～ 100	6 ～ 48
喷枪重量/kg	22.7	2.2	1.7
送粉器容积/L	1	1	—
喷涂材料	铝基、铜基、镍基、锌和氧化铝喷砂等混合物	铌、碳化钨钴等60 多种金属	铝、锌、铜、锡、巴氏合金、镍和其他金属

2. 美国 Inovati KM 系统

美国 Inovati KM 公司是一家位于美国加州的低压冷喷涂设备制造商[25]，该公司提供三种不同配置的冷喷涂设备，即 KM-CDS 系统（KM-coating development system）、KM-PCS 系统（KM-production coating system）和 KM-MCS 系统（KM-moblie coating system），分别可用于实验室研究、自动化生产及现场手动操作等场合，装备外观如图 8-12 所示。目前，该系统是美国海军用于专业维修的主要设备。

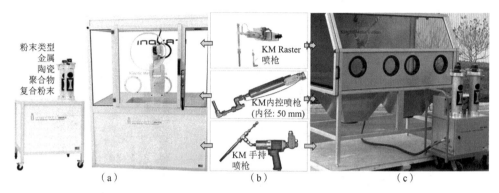

图 8-12　美国 KM 冷喷系统[25]

（a）KM-PCS、KM-CDS 低压冷喷涂系统；（b）KM 喷枪；（c）KM-MCS 低压冷喷涂系统

该系统采用的动力喷涂技术与传统技术不同，主要体现在 Inovati KM 系统喷涂沉积过程中，采用低压的氦气加速，气流在喷嘴内加速粒子的速度为音速而非超音速。目前，3 种喷枪 [图 8-12（b）] 均采用了摩擦补偿型音速喷嘴的专利技术[26]，因此 Inovati KM 系列冷喷设备操作压力比其他设备低得多，均可在 3.8kW 热量调节单元下工作，气体的压力和温度范围分别是 0.3～0.9MPa 和 150～1000℃，可用于喷涂金属陶瓷（如 WC-Co）、铌等硬金属，具体工作参数见表 8-4。此外，Inovati KM 的可移动式 KM-MCS 冷喷涂系统 [图 8-12（c）] 的手持式喷枪具有和其他喷枪相同的气体和粉末控制参数，可用于现场喷涂和设备维修（注：该低压冷喷涂公司受美国商务部监管，不允许销售给中国军工部门）。

3. 俄罗斯 OCPS DYMET 设备

俄罗斯（苏联）是最早提出冷喷涂概念的国家，后续也进行了相关理论和实验研究。俄罗斯奥布宁斯克粉末喷涂中心（Obninsk Center for Powder Spraying，OCPS）1992 年以来长期从事低压冷喷涂设备的研发[27]。目前，DYMET 423 设备 [图 8-13（a）] 可用沉积 Al、Zn、Ni 等不同金属涂层，具体工作参数见表 8-4。该设备可手持操作，也可安装在自动化和机器人系统中使用，还可用于金属基体表面的喷砂处理。输入压缩空气压力为 1.2MPa，在 DYMET 425 喷枪内部工作气体的压力和温度范围分别为 0.5～0.8MPa 和 200～600℃，最大功率 3.3kW，送粉速率为 6～48g/min。此外，DYMET 425［图 8-13（b）］设备送粉速率为 1～7g/min，喷枪内部工作气体的压力范围分别为 0.5～1MPa，供应电压 220V。

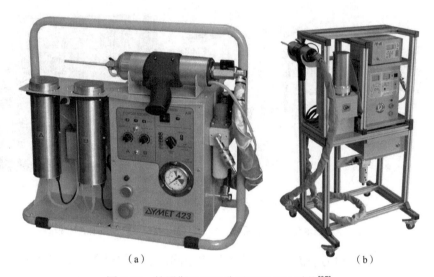

（a）　　　　　　　　　　　　　　　　　（b）

图 8-13　俄罗斯 OCPS 公司 DYMET 系统[27]

（a）DYMET 423 低压冷喷涂系统；（b）DYMET 425 低压冷喷涂系统

4. 低压冷喷涂商业设备修复的应用实例

低压冷喷涂技术在腐蚀缓解与防护、尺寸修复、铸造件维修和模具维修与再造等工业领域可发挥重要作用[28]。例如，KM 系统已用于修复 F/A-18 大黄蜂系列飞机大量的零部件，如图 8-14（a）所示，结果表明用 WC-Co 维修过的液压泵齿轮轴比原来的钢轴耐磨性更佳[29]；图 8-14（b）是 SST 系统用于修复加拿大皇家空军 deHavilland DHC-1 # 054 飞机上发动机盖的裂纹法兰部件[30]；此外，便携式的 DYMET 成功用于雕塑上剥离的电镀铜涂层修复[31]，如图 8-14（c）所示。

表 8-5 总结了其他科研机构采用 CenterLine SST、Inovati KM，以及 OCPS DYMET 低压商业冷喷涂设备的应用，所制备的涂层包括不同类型的金属和复合材料，满足各类不同应用领域的技术需求。

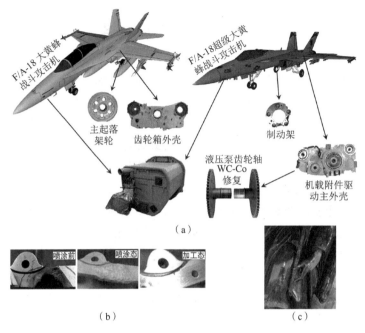

（a）

（b）　　　　　　　　　　　　　　　　　（c）

图 8-14　低压冷喷涂设备修复实例

（a）Inovati KM 系统修复 F/A-18 大黄蜂系列飞机部件[29]；（b）SST 系统修复
deHavilland DHC-1#054 飞机部件[30]；（c）OCPS DYMET 恢复雕塑剥离的电镀铜涂层[31]

表 8-5　关于商业低压冷喷涂设备制备涂层的文献报道

低压冷喷涂系统	涂层/基体	气体	压力/MPa	温度/℃	应用	文献
Centerline SST-C Series	Al-Cu/AA2024	氮气	1.21	275	位错密度量化 Al-Cu 合金涂层的塑性变形程度	[32]
Centerline SST-P Series	Ni-Ni$_3$Al/AA6061	氮气	1.75	350	制备高温镍基复合材料	[33]
Inovati KM-CDS 3.2	Ni-Al-CuO/AA6061	氮气	0.60	150	三元高能结构复合材料的能量释放性能研究	[34]
Inovati KM-CDS 2.2	Cu/CFRP	氮气	0.48	482	碳纤维强化聚合物材料的金属化应用	[35]
OCPS DYMET 423	AA2024-Al$_2$O$_3$/AA2024	空气	0.90	600	AA2024-Al$_2$O$_3$复合涂层腐蚀机理的研究	[36]
OCPS DYMET 412-K	CNT-Ni/Al	空气	0.60	600	高碳纳米管含量金属基复合材料在锂离子电池和超级电容器中的应用	[37]

8.4　内孔冷喷涂装备

由于工业领域很多重要零部件的内壁往往面临磨损、腐蚀、冲蚀或高温等苛刻工况，必须进行表面防护或修复再制造，如铝合金发动机气缸体、航空发动机喷管、液压油缸、石油管道、阀门等。同时，由于磨损或腐蚀造成的零件内壁尺寸超差也需要修复。例如，汽车发动机的气缸套是磨损最为严重的零部件，因此在气缸套的内壁上喷涂涂层代替原有的铸钢套具有重要意义。

2005 年，西安交通大学/法国贝尔福-蒙贝利亚技术大学（UTBM）的李文亚等提出了内孔冷喷涂的概念，并开发设计了相关的喷嘴[38]，于 2005～2007 年受到 PSA 标致公司支持，在法国 UTBM 开发了 70mm 内径的冷喷涂系统，成功实现了 Cu、Al、Fe 等材料涂层在内壁的制备（图 8-15）。目前，李文亚教授团队已设计并制造出适用于内径小于 50mm 的冷喷涂喷嘴，如 2019 年设计了一个内径约 30mm 的喷嘴，可用于制备如图 8-15（c）和（d）所示的较致密的 Cu 涂层[39]。

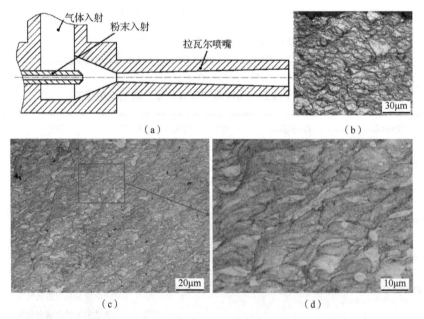

（a）　　　　　　　　　　　　　　（b）

（c）　　　　　　　　　　　　　　（d）

图 8-15　基于模拟结果的 70 mm 内径的内孔喷嘴及所沉积的 Cu 涂层
（氮气，压力 2MPa，温度 300℃）[38,39]

（a）喷嘴截面结构；（b）涂层断面组织；（c）涂层高倍断面组织 1；（d）涂层高倍断面组织 2

CenterLine（Winsdor）Ltd 的 SST 推出的两种喷嘴 UltiLife 和 UltiFlow（长度分别是 70mm 和 120mm），均可连接至 90°支架用于内孔涂层的制备[24]，如图 8-16（a）所示；Inovati KM 公司开发了内孔喷枪，能用于 50mm 的内孔壁涂层制备[25]。日本 Plasma Giken，2019 年也报道了内孔冷喷枪 PCS-E50（内径≥80mm），如图 8-16（b）所示，其 Laval 喷嘴收缩段的材料是 WC，扩张段材料可以是 WC、SiC 或玻璃[40]。图 8-16（c）是 Impact Innovations 公司研发内孔喷枪，可用于 84 mm 管径内壁的涂层制备[3]。

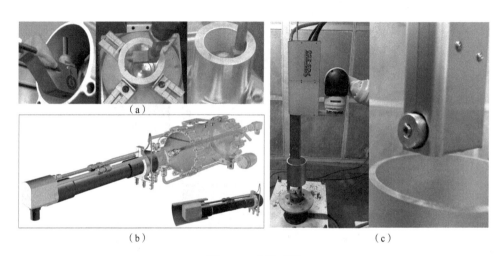

图 8-16　内孔喷嘴

（a）SST 喷嘴[24]；（b）Plasma Giken 内孔冷喷枪[40]；（c）Impact Innovations 内孔喷枪[3]

8.5　真空冷喷涂装备

2008 年，日本国家先进工业科学技术研究所（AIST）的 Akedo 等报道了开发出一种利用亚微米尺度陶瓷粉末原料在室温真空环境下沉积陶瓷涂层的工艺，称为粉末气浮沉积（powder aerosol deposition，PAD 或 AD）[41-43]，因亚微米固态粒子需要在真空环境下实现沉积，李长久等将该工艺称为真空冷喷涂（vacuum cold spray，VCS）[41-43]。作为一种新兴的陶瓷涂层制备工艺，与其他涂层制备技术相比，具有沉积温度低、材料无相变、粒子沉积速度低及沉积效率较高（与气相沉积工艺相比）等优点，可以在较低的温度及较低的粒子速度下实现不同类型材料的高效率致密薄膜制备，如陶瓷、金属、玻璃、硅或塑料等[44-53]。

1. 真空冷喷涂沉积机理

喷涂"沉积窗口"是指给定粒子温度和粒径的金属材料只有在一定速度范围内才能实现有效沉积。粒子速度过低，涂层沉积效率和粒子结合率低，而速度过高将造成明显的冲蚀。由图 8-17 可见，与常规冷喷涂（见 8.2 节和 8.3 节）相比[52]，真空冷喷涂具有小的沉积窗口，低的沉积温度（室温）和临界速度[53]。真空冷喷涂沉积能否成功的决定性参数是载气种类、气体流量、喷涂距离及扫描速度；通常，涂层的厚度和面积可根据基体上的扫描次数和长度来调整[53]。

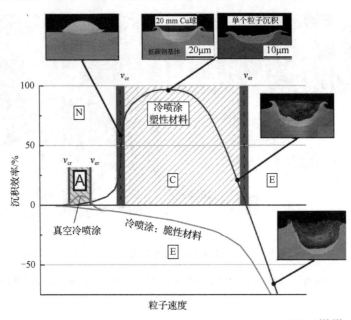

图 8-17　　冷喷涂和真空冷喷涂粒子速度与沉积效率关系曲线[52,53]

v_{cr}-粒子临界沉积速度；　v_{er}-粒子侵蚀速度；A-真空冷喷涂陶瓷沉积窗口；

C-冷喷涂金属沉积窗口；E-冷喷涂高速颗粒的冲蚀和冷喷涂脆性材料的冲蚀；N-材料无法沉积

与冷喷涂塑性金属材料相对明确的结合机制，即高速碰撞的金属粒子发生大尺度塑性变形引起的机械嵌合和以绝热剪切失稳引起的局部冶金结合不同[1,2]，对真空冷喷涂的沉积机制的了解尚不完全，比较认可的结合机理有晶粒细化、塑性变形和后续粒子夯实作用等[41,46,50,51,54]。图 8-18（a）为粒径 50nm 的 TiO_2 粒子在 300m/s、500m/s 和 600m/s 沉积速度的 MD 模拟碰撞行为：①回弹；②没有通过裂纹抑制产生断裂的完全结合；③破碎具有断裂的部分键合。图 8-18（b）描述了 Al_2O_3 粒子在玻璃基体上的沉积过程。首先，粒子以 139～395m/s 速度撞击基体；其次，粒子经历了显著的塑性变形和动态破碎的过程；再次，后续粒子的连续撞击和夯实作用增加了碎裂粒子的纳米结晶度和粒子间结合，从而诱发破碎粒子之间产生较强的固结力；最后，该薄膜由致密的纳米晶粒子组成，表面形成一定数量的冲蚀坑。图 8-18（c）是初始 Al_2O_3 粉末和室温沉积薄膜的 TEM 照片，结果表明涂层具有高的致密度和随机取向的纳米多晶结构，且晶粒尺寸小于 20nm，TEM 和电子衍射结果在晶界处未发现明显的非晶区域[41,42]。

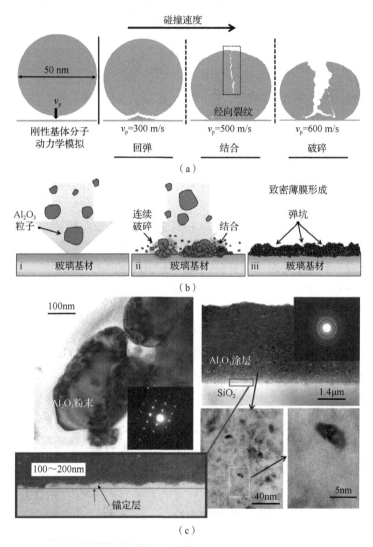

图 8-18　真空冷喷涂沉积机制模拟与沉积过程实例

（a）粒径 50nm 的 TiO_2 粒子在 300m/s、500m/s 和 600m/s 沉积速度的 MD 模拟[54]；（b）Al_2O_3 粒子在玻璃基体的沉积示意图：i 粒子射向基板，ii 连续的粒子撞击导致动态碎裂和室温固结，iii 在玻璃基体上形成了细坑的致密薄膜[50]；（c）初始 Al_2O_3 粉末和室温沉积薄膜的 TEM 照片[41,42]

基于室温制备致密薄膜的优势，真空冷喷涂技术已经在微电子、新能源、生物医护及金属防护领域表现出了良好的应用前景[41-51,53]。至今，VCS 已用来制备各类陶瓷涂层。例如，α-Al_2O_3 涂层，纳米 TiO_2 涂层，光电催化涂层（$BiVO_4$、Fe_2O_3 等），陶瓷 MAX 相（包括 Ti_3SiC_2、Cr_2AlC 和 Ti_2AlC），储能材料 Li（$Ni_xMn_yCo_z$）O_2，防腐蚀钇稳定氧化锆薄膜，压电陶瓷涂层，热敏电阻 $NiMn_2O_4$ 材料，固体氧化物燃料电池（La,Sr）（Ga,Mg）$O_{3-\delta}$ 薄膜和全固态锂电池 $Li_7La_3Zr_2O_{12}$ 薄膜等[41-51,53]。VCS 也用于制备金属薄膜，如 $Cu^{[49]}$、$Ti^{[55]}$、CuAlMn 等。

2. 真空冷喷涂设备

根据文献报道（不完全统计），国内外主要从事 VCS 技术研究和设备开发的单位如下：日本 AIST[41-43]，德国汉堡联邦国防军大学表面技术实验室[44,45]和德国拜罗伊特大学 Moos 教授功能材料课题组[35,45,53]，西安交通大学热喷涂实验室[46,47,49]，韩国材料科学研究所（KIMS）[48,50]和汉阳大学动力喷涂实验室[57,58]，美国 Fuierer 教授课题组［德国拜罗伊特大学（UBT）合作者之一］[56]和桑迪亚国家实验室[57]，法国利摩日大学欧洲陶瓷中心[58]。

图 8-19 为上述部分机构中开发的两种真空冷喷涂系统结构示意图。通过对比发现，共同之处是 VCS 系统主要由气源系统、送粉系统、真空沉积室、喷嘴、移动平台等部分组成。不同之处在于，图 8-19（a）是 UBT 的 VCS 系统[45]，与 AIST[41,42]、汉堡联邦国防军大学[44]及 KIMS[48,50]提供的结构图类似，亚微米级粉末粒子在气浮腔室直接与气源系统提供的载气混合，通过振动形成气溶胶，然后进入真空沉积室，通过喷嘴加速并撞击基体表面形成涂层；图 8-19（b）（西安交通大学[46,47,49]）的 VCS-2003 系统中，来自气源系统的气体分为两股，一股气体直接进入喷嘴，同时，第二股气体（称为"送粉气体"）通过送粉器，然后这两股气体在真空沉积室内混合，再经过喷嘴的进一步加速撞击基体表面形成涂层。

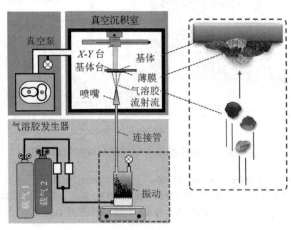

（a）

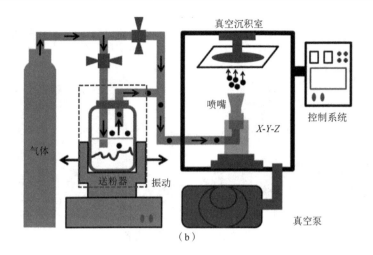

（b）

图 8-19　真空冷喷涂系统结构示意图

（a）UBT 大学 Moos 教授功能材料课题组[45]；
（b）西安交通大学热喷涂实验室自主研发的 VCS-2003 系统[46,47,49]

　　由于 AD 原理相对 CS 更为简单，因此 AD 方法具有将设备的尺寸规模从大的固定装置改造成紧凑型台式设备的潜力。图 8-20（a）是 AIST 不同规格的 AD 设备，最大尺寸的设备可沉积面积为 50cm^2 的涂层，而最小的尺寸是 1cm^2，其中小型 AD 设备已经成功在零重力飞机中进行喷涂实验，具有在太空站应用的潜力[59]。图 8-20（b）为 UBT 的 AD 设备真空腔室和气浮发生装置。图 8-20（c）为 2018 年 AIST 中心 AD 设备外观图片，图 8-20（d）为真空腔室内部的喷枪和基体夹具的图片。AD 技术于 2011 年被 TOTO 公司投入半导体陶瓷结构零部件防刻蚀涂层的制造，高性能的 AD 涂层技术极大地提高了半导体的生产效率。

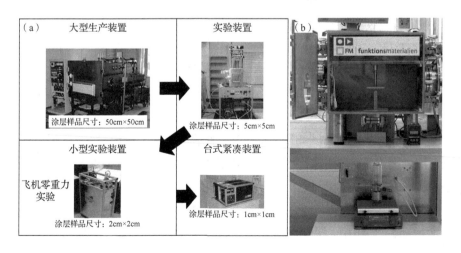

图 8-20　真空冷喷涂设备

（a）AIST 不同规格的 AD 设备[59]；（b）UBT 的 AD 设备真空腔室和气浮发生装置[53]；
（c）AIST 中心 AD 设备；（d）真空腔室内部的喷枪和基体夹具图片[60]

8.6　其他类型的冷喷涂系统与设计理念

随着冷喷涂技术不断得到热喷涂领域的认可，为实现高速固态粒子而派生的基于加速系统设计的各种冷喷涂系统不断涌现，以下介绍文献报道的几种冷喷涂系统，以便读者更全面地了解冷喷涂的关键问题。

1. 脉冲式冷喷涂技术

2005 年，加拿大 Ottawa 大学及合作者基于喷嘴设计开发了脉冲气体动力喷涂（pulsed gas dynamic spray，PGDS）系统，又称冲击波推进喷涂工艺（shockwave-induced spraying process，SISP）。2007 年，一篇文献报道全面介绍了该工艺[61]，2008 年获得专利后[62]，其作者与 CenterLine Ltd 建立了合作伙伴关系[63]，推出了第一代 PGDS 商业设备，名为 Waverider，如图 8-21（a）所示。

PGDS 系统结构示意图如图 8-21（b）所示，其基本原理与 CS 类似，粒子均达到高速，撞击基体发生塑性变形而沉积形成涂层。在传统 HPCS 中，推动粒子前进的气流是连续的，而 PGDS 使用一系列的高压脉冲气流来推动粉末粒子，可节省气体用量（表 8-6）。通过高频截止阀门非同步的开启/关闭而产生一定频率的脉冲震动，该冲击波能够加速和加热喷枪中的粉末，使其达到高的冲击速度

（类似于 HPCS，表 8-6），撞击基体形成涂层。在常规连续冷喷涂过程中，气体在 Laval 喷嘴中会将热量转换成动能，使得加速气体温度降低，粒子降温。在 PGDS 中，由于不需要拉瓦尔喷嘴，粉末粒子没有经历冷却，在加速的同时可能被加热到更高的温度，与常规连续冷喷涂技术相比，可获得更低的临界速度[64,65]。

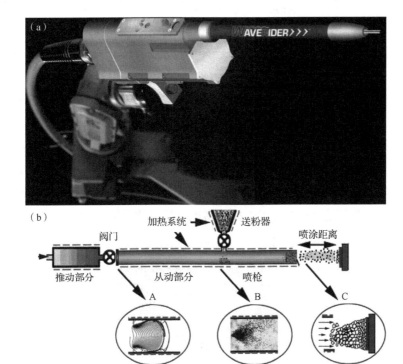

图 8-21　PDGS 系统外观与系统结构

（a）PGDS 设备，命名为 "Waverider"[63]；（b）PGDS 系统结构示意图
A-一个脉冲冲击波产生；B-冲击波产生高压气体推动粉末前进；C-粒子沉积[64]

表 8-6　PGDS、LPCS 和 HPCS 工艺对比[63]

冷喷涂工艺	PGDS	LPCS	HPCS
气体压力/MPa	1.0～4.8	0.5～1.0	1.0～4.2
送粉是否加压	否	否	是
气体温度/℃	200～900	≤600	≤800
加热功率/kW	8～10	3.3～4.5	17～47
气体速度/（m/s）	400～900	700～900	700～1200

续表

冷喷涂工艺		PGDS	LPCS	HPCS
氮气消耗/ (m³/h)	PGDS：温度 600℃ LPCS：压力 0.7MPa/温度 500℃ HPCS：压力 3.5MPa/温度 600℃	40.8	17	76.5
氦气消耗/ (m³/h)	PGDS：温度 600℃ LPCS：压力 0.7MPa/温度 500℃ HPCS：压力 3.5MPa/温度 600℃	59.5	52.7	130.9
粒子速度/ (m/s)		250～700	300～550	600～900
最大沉积效率/%		85	45	90

图 8-22 是 Ottawa 冷喷涂实验室开发的，由 Centerline Ltd 制造的商用 PGDS 系统，包括 PGDS 系统整体图、PGDS 喷枪、喷涂室内部[62]。整体设备由驱动气体系统、气体加热装置、旋转阀、喷枪、喷涂室和 PGDS 控制系统等组成。PGDS 喷枪固定安装在喷涂室顶部 [图 8-22（b）]。两轴（X-Y）移动系统安装在喷涂室内部，直线精度可达 0.01%，用于移动喷枪下的基体 [图 8-22（c）]。详细的过程图和设备参数可参考文献[62]。

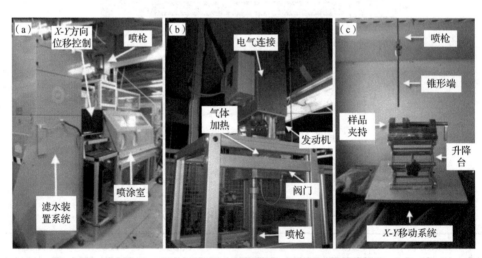

图 8-22　商用 PGDS 系统

(a) PGDS 系统整体图；(b) PGDS 喷枪；(c) 喷涂室内部[62]

据文献报道，采用该工艺可有效地沉积铜、锌、铝及铝合金、钛、不锈钢（300 和 400 系列）、铁基非晶、镍合金和 WC-Co/WC-Co-Cr 等一系列材料[62-64]，如图 8-23 所示，显微组织图片表明所制备的涂层较为致密。

图 8-23　PGDS 制备的涂层

（a）铝硅合金；（b）不锈钢；（c）WC-Co/WC-Co-Cr；（d）CoNiCrAlY；（e）纯铜；（f）钛

2. 激光辅助冷喷涂技术

当通过冷喷涂沉积 Stellite-6、镍基高温合金、钛合金之类的高硬度或高强度材料时，粒子塑性变形困难导致沉积物具有非常低的沉积效率、高孔隙率和机械性能差等缺点[66-68]。为了提高此类材料的沉积效率和沉积体质量，芬兰 Temple 技术大学的 Vuoristo 等报道了激光辅助冷喷涂（laser-assisted cold spray，LACS）技术，英国剑桥大学的 O'Neill 等于 2009 年报道了激光原位辅助冷喷涂复合技术，也称作超音速激光沉积（supersonic laser deposition，SLD）[68]。图 8-24 给出了 LACS 系统的工作示意图[68]，其主要由传统 CS 系统、激光器（Laserlines LDL-80：功率 1kW，波长为 980nm）和用于测量实时温度并控制沉积区域温度的高速红外高温计（Kleiber KMGA 740-LO：温度 300～2500℃）等组成。LACS 制备的 Ti 涂层孔隙率（0.3%～0.6%）远低于 CS（2%～4%），且两种涂层的含氧量相当[68]。

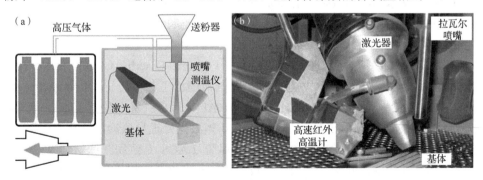

图 8-24　LACS 系统工作示意图

（a）原理示意图；（b）设备图[68]

随后，O'Neill 课题组又从事了一系列高强度材料的 LACS 研究，包括 Ti、Ni60-WC、W 和 Stellite-6 等[66,67,69]。我国浙江工业大学率先与剑桥大学展开合作[70]，开始了 LACS 的研究和实验[71,72]；同时，美国 ARL 实验室和俄罗斯也开展了一些工作，表 8-7 总结了激光加热原位辅助冷喷涂的研究工作。

表 8-7　激光加热原位辅助冷喷涂的文献报道

涂层/基体	气体	压力/MPa	温度/℃	激光系统	激光工作功率	文献
Ti/低碳钢	He	3	室温	YLS 光纤激光（IPG）	1 kW	剑桥大学[69]
Ni60-WC/碳钢	N_2	3	450	Laserlines LDL-80	2~4 kW	浙江工业大学/剑桥大学[70]
Stellite-6/中碳钢	N_2	3	500	Laserline LDF 400-1000	1.5 kW	浙江工业大学[72]
Ti6Al4V/Ti6Al4V	N_2	3	550	Visotek DLF-1000	50~1000 W	美国伍斯特理工学院和 ARL[73]
ODS $Fe_{91}Ni_8Zr_1$/碳钢	He+N_2	4.48	600	LDM-4000-100 二氧化碳激光	464~2688W	美国阿拉巴马大学和 ARL[23]
316L 不锈钢/碳钢	N_2	1		光纤激光（波长 1070nm，功率 6kW）	700~1300W	俄罗斯 Kazan 大学[74]
Ti-HAP/ Ti6Al4V	N_2	1.65		钕-钇铝石榴石激光 ROFIN DY 044	2.5 kW	南非国家激光中心[75]

激光增材制造与激光加热原位辅助冷喷涂的区别在于激光增材制造过程中温度高于材料的熔点，材料发生了熔化。然而 LACS 过程中，激光喷枪同步移动，喷涂粒子经过喷嘴加速后，利用激光辐照对高速的金属粒子流和基体进行加热，将粒子温度提高至其熔点的 30%~80%。沉积区域的温度可通过高温计实时测量，并可通过激光功率来控制涂层表面温度；激光辐照产生的热输入可显著软化粒子和基体，并降低粒子的临界速度，从而使粒子以较低的速度沉积。因此，LACS 有助于提高粉末的沉积效率，增强涂层内部粒子间的结合并降低孔隙率[66-68,70,72]。同时，通过控制激光辐照的强度来确保粒子温度不超过其熔化温度，防止材料发生相变或氧化。

此外，Perton 等[76]将脉冲 Nd: YAG 激光（Quantel Laserblast 1000）和 Nd-YAG 连续加热激光（Rofin Sinar CW 020），分别与冷喷涂工艺（氮气，压力 4MPa，温度 800℃）结合，应用于基体表面处理和 Ti6Al4V 涂层制备，激光（加热+烧蚀）辅助冷喷涂装置如图 8-25 所示。喷涂前的基体激光处理导致涂层结合强度增加；喷涂中激光照射降低了涂层的结合强度。尽管 LACS 是沉积某些材料有前景的工艺，但与传统的冷喷涂工艺相比，较高的沉积温度下，对于易氧化金属材料，LACS 会导致沉积层更严重的氧化[77]。另外，对于易于通过常规冷喷涂沉积的材料（如铜和不锈钢），由于附加的激光设备和能量，从加工成本的角度来看，LACS

的竞争力较弱。如果所施加的激光功率过高，LACS 会引入沉积体的热变形。目前，LACS 主要应用于沉积材料，如 Ti 及 Ti 合金[68,69,73,75,76]、W[73,74]、Ni60[70]、ODS $Fe_{91}Ni_8Zr_1$ 钢[23]、Stellite-6[72]。

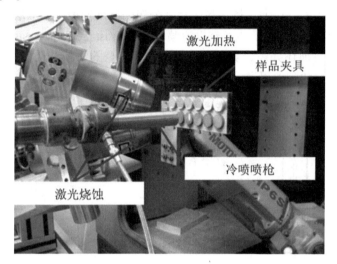

图 8-25　激光辅助冷喷涂装置[76]

3. 静电场辅助冷喷涂技术

冷喷涂过程中，气流在喷嘴外部，基体附近会产生弓形冲击波，这会导致基体表面附近气体边界层的整个冲击压力急剧上升；当粒子穿透弓形激波并接近基体时，将被高密度气体边界层减速。粒径较小而惯性小的粒子受减速效应的影响，其碰撞速度将被降至临界速度以下。因此，对于常规的冷喷涂工艺而言，粒径的选择是一个重要的参数。

Jen 等[78]从理论上研究了静电场对冷喷涂的作用，目的是通过静电场进一步加速粉末粒子，从而提高粒子的撞击速度。如图 8-26（a）静电冷气动态喷涂所示，介绍了一种创新的纳米级粒子沉积方法的数值分析，模拟了超音速气流中纳米级带电粒子与静电场的传输特性。模拟结果表明，静电力用于辅助带电粒子向基体撞击时达到高速，还研究了静电场对带电粒子速度分布的影响；发现较小的粒子具有较高的飞行速度，较高的粒子电荷密度可以形成较高的粒子撞击速度，且粒子越接近基体表面，静电力作用于粒子的力越强。对于纳米级粒子，粒子密度（即不同的材料）对速度分布几乎没有影响。

此外，Takana 等[79]建立了用于冷喷涂工艺的可压缩热流体、单个粒子碰撞和涂层生成的计算模型，如图 8-26（b）所示。模拟仿真的结果揭示了纳米粒子的飞行行为、超音速喷射流中冲击波与粒子之间的相互作用及静电力对粒子加速度的进一步影响。存在撞击粒子速度超过临界速度的最佳粒径；此外，具有亚微米粒径的粒子与冲击波相互作用，并且在撞击前减速，即使在不可避免的冲击波存在下，通过静电力也可有效地增加粒子撞击速度；该模型还表明，涂层厚度可以通过粒径分布来控制，可通过增加粒子尺寸分布的标准偏差，使涂层厚度变薄，涂层区域仅径向向外延伸。静电场辅助冷喷涂（electrostatic-force-assisted cold spray，EFACS）技术目前还处在计算模拟中，根据不完全的文献统计，未发现 EFACS 设备和实验结果的相关报道。

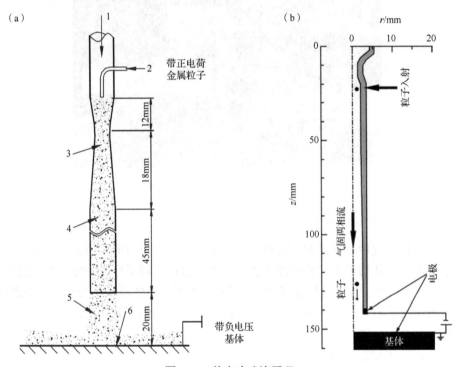

图 8-26　静电冷喷涂原理

（a）静电冷气动态喷涂的示意图[78]，（b）冷喷涂计算模型[79]
1-高压送粉气体入口；2-带正电荷金属粒子入口；3-拉瓦尔喷嘴；
4-粒子加速管道；5-高速气体-粒子两相流；6-带负电压基体

4. 磁场辅助冷喷涂技术

针对铁磁性的粉末，意大利的 Astarita 等[80]于 2019 年提出了磁场辅助冷喷涂（MACS）技术，如图 8-27（a）与（b）所示，磁场由 NdFeB 永磁体（N30SH-N42SH 级，剩余磁感应强度 Br=1.2T，矫顽力 Hc=870kA/m）提供。外加磁场可用于磁化粒子（铁粉），将其加速向基体表面运动；此外，磁引力还能使粉末粒子的飞行轨迹聚焦。与常规 CS（氮气，压力 0.7MPa，温度 500℃）相比，磁场辅助冷喷涂技术可实现磁性粉末更高的沉积效率，从而使所制备的涂层具有更低的孔隙率和更优的涂层性能，如图 8-27（c）与（d）所示。该技术需要控制送粉速率，否则过多的粉会造成高孔隙率。

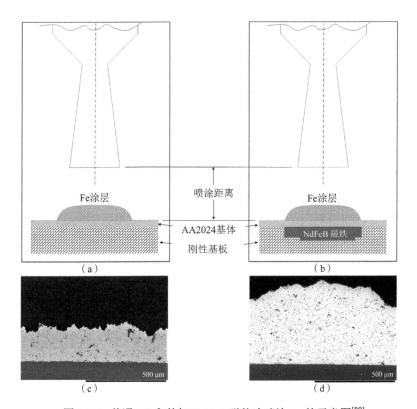

图 8-27　普通 CS 和外加 NdFeB 磁体冷喷涂 Fe 的示意图[80]

（a）传统冷喷涂；（b）传统冷喷涂磁场辅助冷喷涂技术；
（c）传统冷喷涂 Fe 涂层；（d）传统冷喷涂磁场辅助冷喷涂 Fe 涂层

5. 搅拌摩擦加工辅助冷喷涂技术

李文亚教授课题组较早在我国进行冷喷涂涂层的搅拌摩擦加工处理工作[81]（见 7.4.3 小节）。基于 FSP 后处理工作，提出了搅拌摩擦加工原位辅助冷喷涂技术（FSP in-situ assisted CS，图 8-28）的新思路，主要过程是：依次启动喷枪及搅拌工具，且在机械臂 1 与机械臂 2 的协同作用下，分别带动喷枪进行涂层制备、搅拌工具进行原位同步改性处理；调节机械臂 1 与机械臂 2 的位置，控制喷枪和搅拌工具与第 1 层已沉积涂层表面的距离，完成第 2 层、第 3 层，直至第 n 层金属基复合块材的制备与改性，逐层实现金属或金属基复合块材所需的厚度。

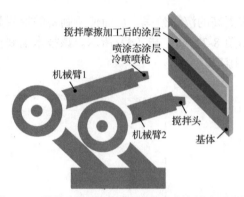

图 8-28　搅拌摩擦加工原位辅助冷喷涂技术原理图

2020 年，Wang 等[82]基于冷喷涂层 FSP 后处理的思路，开展了 CS-FSP 复合增材制造技术制备 Al 块材，如图 8-29（a）所示。在实际的研究当中，预先制备第一层 2.5mm 厚的 Al 涂层，然后采用 FSP 对第 1 层涂层进行改性处理；然后，在第 1 层 FSP 后的涂层表面喷涂第 2 层 Al 涂层（厚 1.5mm），随后进行相应的 FSP 处理，如图 8-29（b）所示。复合增材制造块材的强度（87MPa）和延伸率（60.3%）均高于冷喷涂制备的材料（60MPa 和 4.2%）。但研究人员未在文献中对此问题进行说明，即同一层的 CS 和 FSP 工序之间是否需要对样品进行拆卸。

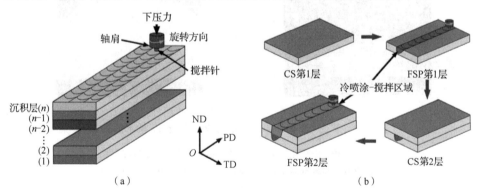

图 8-29　搅拌摩擦加工辅助冷喷涂技术[82]

（a）FSP 装置示意图；（b）FSP 处理层间搭接示意图
ND-法向；PD-处理方向；TD-横向

6. 激波风洞冷喷涂技术

激波风洞冷喷涂（shock tunnel produced cold spray）是由德国亚琛工业大学表面工程研究所和冲击波实验室共同开展的工作[83]，激波风洞冷喷涂原理[83]如图 8-30 所示。在高压部分（HPS）和双隔膜腔室（DD）加入压缩气体至所需的压力，在低压部分（LPS）、超音速喷嘴（N）和存储罐（DT）充入与大气压相等的氮气；

打开释放阀，使双隔膜腔室的压力迅速下降，膜片破裂；形成一个冲向低压部分的入射冲击波（ISW），同时也产生了一个冲向上游高压段的膨胀波（EF）；从而形成一个接触面（CS），用于区别冲击波后面的高温流动区和膨胀波引起的低温流动区，在这两个区域的气体具有同等的速度和压力。当冲击波碰撞到超音速喷嘴的入口时，由于喷嘴入口和喉部的尺寸都非常小，冲击波几乎完全被反射回来，导致在喷嘴入口和反射冲击波（RSW）之间形成了一个可以视为储存器的高温高压区域。当反射冲击波与接触面相互作用时，会产生传播冲击波（TSW）和反射激波，从接触表面向右传播的反射波到达喷嘴入口，几乎再次被完全反射，并再次与接触面相互作用。在相互作用过程中，冲击波的震荡强度降低并形成几乎稳定的储存条件。需要指出的是，多次的反射过程导致储存条件进一步增加，即更高

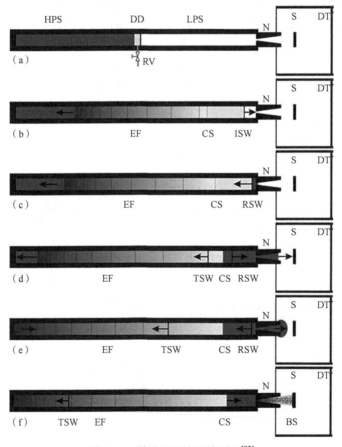

图 8-30　激波风洞冷喷涂原理[83]

（a）高压气体填充；（b）冲击波产生；（c）膨胀波产生；（d）反射波产生；（e）透射波产生；（f）粒子加速
HPS-高压部分；LPS-低压部分；DD-双隔膜腔室；N-喷嘴；S-基材；DT-存储罐；RV-释放阀；
EF-膨胀波；CS-接触面；ISW-入射冲击波；RSW-反射冲击波；TSW-传播冲击波；BS-弓形冲击波

的温度、密度和压力。当入射波通过喷嘴，只需经过很短的时间便形成准稳态的高速气流通过喷嘴，注入的粉末粒子进入气流并被加速，与基体碰撞形成致密的涂层。激波风洞冷喷涂技术可将 35μm 铜粒子的碰撞速度提高至 1200m/s，在氧化铝基体上成功制备较厚的涂层，该涂层具有极高的致密度[84]。在前期研究中，使用尺寸较大的装置有利于气体流动可视化和测量，但在具体的工业应用中，需要较小的喷涂设备，以及较小的喷嘴和较少的工作气体。此外，为了制备较厚的涂层，间歇性的操作是必要的，这项开发已在亚琛工业大学冲击波实验室中开展。

7. 径向冷喷涂技术

俄罗斯新西伯利亚理论和应用力学研究所于 2016 年报道了一种径向超音速喷嘴（radial supersonic nozzle），能提高 Al、Cu、Ni 涂层在管道内表面的应用[85]，使用该径向喷嘴喷涂沉积涂层的工作原理如图 8-31（a）所示，具体工作过程是：一定的预设压力/温度的工作气体从气体加热器进入径向喷嘴主体，然后通过小孔进入混合室；粉末通过径向小孔注入混合室，在到达直径为 d_{cr} 的喷嘴喉部之前，混有粉末粒子的工作气体转变其运动方向，在径向喷嘴的超音速部分中加速（喉部和出口之间），碰撞钢管内表面沉积成内壁涂层，同时喷嘴以适当的速度 v_s 沿管轴由里向外移动。

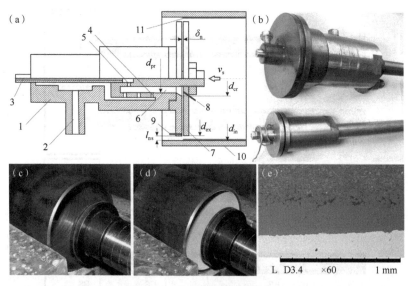

图 8-31　内孔冷喷涂工作原理

（a）采用径向喷嘴喷涂沉积涂层的工作原理图；（b）径向喷嘴装置图；（c）钢管内壁喷涂 Al 涂层前照片；
（d）喷涂后照片；（e）钢管内壁 Al 涂层的显微组织[85]

1-喷嘴；2-工作气体；3-粉末（与载气混合）入口；4-小孔；5-径向小孔；6-混合室；7-径向喷嘴；8-混合室压力传感器[85,86]；9-喷嘴出口压力传感器[85,86]；10-钢管；11-内壁涂层；v_s-喷嘴平移速度；d_{ex}-出口直径；d_{pr}-混合室直径；l_{ns}-喷涂距离；δ_n-喷嘴通道宽度；d_{cr}-喷嘴喉部直径；d_{in}-待喷涂钢管内径

图 8-31（b）是径向喷嘴装置图，尺寸较大的喷嘴出口直径为 72mm，喉部直径为 18mm；尺寸较小的喷嘴的出口直径是 40mm，喉部直径为 10mm。图 8-31（c）和（d）分别是采用出口直径 72mm 的喷嘴在钢管内壁喷涂 Al 涂层前后的图片，钢管内壁 Al 涂层的显微组织如图 8-31（e）所示。

冷喷涂技术原理自 20 世纪 80 年代中期由苏联科学院理论与应用力学研究所提出，其工作原理和涂层沉积机理已经得到了大量的研究，这些研究对冷喷涂系统的开发具有重要的理论指导意义。冷喷涂系统的质量与参数指标对粉末的沉积效率与沉积层性能具有重要的影响。冷喷涂系统的不断迭代更新，使冷喷涂技术的基础研究不断在实践生产中得到应用，由实验室逐渐走向工业应用。

参 考 文 献

[1] ASSADI H, KREYE H, GEARTNER F, et al. Cold spraying—A materials perspective[J]. Acta Materialia, 2016, 116: 382-407.

[2] YIN S, CAVALIERE P, ALDWELL B, et al. Cold spray additive manufacturing and repair: Fundamentals and applications[J]. Additive Manufacturing, 2018, 21: 628-650.

[3] Cold spraying system. Impact innovations GmbH. CGT Kinetiks[EB]. [2019-06-13]. https://impact-innovations.com/en/.

[4] KAY C M, KARTHIKEYAN J. High Pressure Cold Spray: Principles and Applications[M]. Almere: ASM International Publishing, 2016.

[5] BAHR E. Cold Spray Systems and Components from CGT GmbH for the Production of High-end Metal Coatings[C]. Orlando, USA: Titanium 2010, 2010.

[6] WÜSTEFELD C, RAFAJA D, MOTYLENKO M, et al. Local heteroepitaxy as an adhesion mechanism in aluminium coatings cold gas sprayed on AlN substrates[J]. Acta Materialia, 2017, 12: 418-427.

[7] LIU Z Y, WANG H Z, HACHÉ M, et al. Formation of refined grains below 10nm in size and nanoscale interlocking in the particle-particle interfacial regions of cold sprayed pure aluminum[J]. Scripta Materialia, 2020, 177: 96-100.

[8] HENAO J, CONCUSTELL A, DOSTA S, et al. Deposition mechanisms of metallic glass particles by cold gas spraying[J]. Acta Materialia, 2017, 125: 327-339.

[9] CHAUDHURI A, RAGHUPATHY Y, SRINIVASAN D, et al. Microstructural evolution of cold-sprayed inconel 625 superalloy coatings on low alloy steel substrate[J]. Acta Materialia, 2017, 129: 11-25.

[10] Photo courtesy of Plasma Giken Co. , Ltd. [EB/OL]. [2023-06-05]. http://www.plasma.co.jp/en/.

[11] Photo courtesy of VRC Metal Systems[EB/OL]. [2023-06-05]. https://vrcmetalsystems.com/.

[12] ROKNI1 M R, NARDI A T, CHAMPAGNE V K, et al. Effects of preprocessing on multi-direction properties of aluminum alloy cold-spray deposits[J]. Journal of Thermal Spray Technology, 2018, 27: 818-826.

[13] HRABE R. VRC Metal Systems Cold Spray Transition for the DoD. Cold spray team[EB]. [2021-03-15]. https://www.coldsprayteam.com/csat-2021-poster-session.

[14] 黄春杰, 殷硕, 李文亚, 等. 冷喷涂技术及其系统的研究现状与展望[J]. 表面技术, 2021, 50(7): 1-23.

[15] LI W Y, ZHANG C, WANG H T, et al. Significant influences of metal reactivity and oxide films at particle surfaces on coating microstructure in cold spraying[J]. Applied Surface Science, 2007, 253: 3557-3562.

[16] WEI W Y, LUO X T, CHU X, et al. Solid-state additive manufacturing high performance aluminum alloy 6061 enabled by an in-situ micro-forging assisted cold spray[J]. Materials Science and Engineering A, 2020, 776: 139024.

[17] YANG X W, LI W Y, YU S Q, et al. Electrochemical characterization and microstructure of cold sprayed AA5083/Al$_2$O$_3$ composite coatings[J]. Journal of Materials Science & Technology, 2020, 59: 117-128.

[18] YIN S, XIE Y C, CIZEK J, et al. Advanced diamond-reinforced metal matrix composites via cold spray: Properties and deposition mechanism[J]. Composites Part B: Engineering, 2017, 113: 44-54.

[19] ELSENBERG A, BUSATO M, GAERTNER F, et al. Influence of MAX-phase deformability on coating formation by cold spraying[J]. Journal of Thermal Spray Technology, 2020, 30(19): 617-642.

[20] BAGHERIFARD S, ASTARAEE A H, LOCATI M, et al. Design and analysis of additive manufactured bimodal structures obtained by cold spray deposition[J]. Additive Manufacturing, 2020, 3: 101131.

[21] QIU X, TARIQ N, QI L, et al. Influence of particulate morphology on microstructure and tribological properties of cold sprayed A380/Al$_2$O$_3$ composite coatings[J]. Journal of Materials Science & Technology, 2020, 44: 9-18.

[22] JUCKEN S, MARTIN M H, IRISSOU E, et al. Cold-sprayed Cu-Ni-Fe anodes for CO$_2$-free aluminum production[J]. Journal of Materials Science & Technology, 2020, 29: 670-683.

[23] BARTON D J, BHATTIPROLU V S, HORNBUCKLE B C, et al. Residual stress generation in laser-assisted cold spray deposition of oxide dispersion strengthened Fe91Ni8Zr1[J]. Journal of Materials Science & Technology, 2020, 29: 1550-1563.

[24] Photo courtesy of CenterLine_LTD, center line supersonic technologies[EB/OL]. [2023-06-05]. https://www.supersonicspray.com/.

[25] Kinetic metallization: Coatings once thought impossible. Inovati[EB/OL]. [2023-06-05]. https://www.inovati. com/index.php.

[26] TAPPHORN R M, GABEL H. System and process for solid-state deposition and consolidation of high velocity powder particles using thermal plastic deformation: US6915964B2[P]. 2005-12-07.

[27] Low pressure cold spray portable industrial equipment DYMET for metal coating. Obninsk Center for Powder Spraying[EB/OL]. [2019-04-21].http://en.dymet.net/.

[28] 李文亚, 张冬冬, 黄春杰, 等. 冷喷涂技术在增材制造和修复再制造领域的应用研究现状[J]. 焊接, 2016(4): 2-8.

[29] MINNICK M. Production cold spray repairs for NAVAIR. Inovati[EB/OL]. [2018-05-23]. http://www.inovati.com/.

[30] VILLAFUERTE J. SST cold spray technology keeping historical aircraft airworthy-chipmunk engine restoration [J]. Thermal Spray Bulletin, 2021, 14(1): 16-20.

[31] KASHIRIN A, KLYUEV O, BUZDYGAR T, et al. Modern applications of the low pressure cold spray. Obninsk Center for Powder Spraying[EB/OL]. [2023-06-05]. http://en.dymet.net/uploads/fotos/12.pdf.

[32] LIU T, VAUDIN M D, BUNN J R, et al. Quantifying dislocation density in Al-Cu coatings produced by cold spray deposition[J]. Acta Materialia, 2020, 193: 115-124.

[33] CHANDANAYAK T, AZARMI F. Investigation on the effect of reinforcement particle size on the mechanical properties of the cold sprayed Ni-Ni3Al composites[J]. Journal of Materials Engineering And Performance, 2014, 23: 1815-1822.

[34] YANG Z L, NING X J, YU X D, et al. Energy release characteristics of Ni-Al-CuO ternary energetic structural material processed by cold spraying[J]. Journal of Thermal Spray Technology, 2020, 9: 1070-1081.

[35] FALLAH P, RAJAGOPALAN S, MCDONALD A, et al. Development of hybrid metallic coatings on carbon fiber-reinforced polymers (CFRPs) by cold spray deposition of copper-assisted copper electroplating process[J]. Surface and Coatings Technology, 2020, 400: 126231.

[36] ZHANG Z C, LIU F C, HAN E H, et al. Effects of Al$_2$O$_3$ on the microstructures and corrosion behavior of lowpressure cold gas sprayed Al 2024-Al$_2$O$_3$ composite coatings on AA 2024-T3 substrate[J] Surface and Coatings Technology, 2019, 370: 53-68.

[37] CHOI J, NAKAYAMA W, OKIMURA N, et al. Deposition of high-density carbon nanotube-containing nickel-based composite films by low-pressure cold spray[J]. Journal of Thermal Spray Technology, 2020, 29: 1902-1909.

[38] LI W Y, LI C J. Optimal design of a novel cold spray gun nozzle at a limited space[J]. Journal of Thermal Spray Technology, 2005, 14: 391-396.

[39] 李文亚, 韩天鹏, 黄春杰, 等. 一种管道内壁涂层的制备方法: 201610850554. X[P]. 2018-09-04.

[40] FUKANUMA H. 高性能手持/内孔冷喷涂系统的开发[R]. 广州, 中国: 2019 年冷喷涂技术及其在增材制造中的应用专题会, 2019.

[41] AKEDO J. Room temperature impact consolidation (RTIC) of fine ceramic powder by aerosol deposition method and applications to microdevices[J]. Journal of Thermal Spray Technology, 2008, 17: 181-198.

[42] AKEDO J. 15-Aerosol deposition (AD) and its applications for piezoelectric devices[J]. Advanced Piezoelectric Materials, 2017: 575-614.

[43] KIRIHARA S, NAKATA K. Multi-Dimensional Additive Manufacturing[M]. Singapore: Springer Nature Singapore Pte Ltd, 2020.

[44] WOLPERT C, EMMLER T, VIDALLER M V, et al. Aerosol-deposited $BiVO_4$ photoelectrodes for hydrogen generation[J]. Journal of Thermal Spray Technology, 2020, 30(15): 603-616.

[45] EXNER J, NAZARENUS T, HANFT D, et al. What happens during thermal post-treatment of powder aerosol deposited functional ceramic films? Explanations based on an experiment-enhanced literature survey[J]. Advanced Materials, 2020, 32(19): 1908104.

[46] 王丽爽, 周恒福, 李成新, 等. 真空冷喷涂致密 Al_2O_3 陶瓷涂层微观结构的研究[J]. 热喷涂技术, 2017, 9(3): 36-45.

[47] 谢扬, 马凯, 李成新, 等. 真空冷喷涂 LiNi0.33Co0.33Mn0.33O$_2$ 涂层颗粒沉积行为研究[J]. 热喷涂技术, 2019, 11(1): 30-36.

[48] RYU J, PARK D S, SCHMIDT R. In-plane impedance spectroscopy in aerosol deposited $NiMn_2O_4$ negative temperature coefficient thermistor films[J]. Journal of Applied Physics, 2011, 109(11): 113722.

[49] MA K, LI C J, LI C X. Narrow and thin copper linear pattern deposited by vacuum cold spraying and deposition behavior simulation[J]. Journal of Thermal Spray Technology, 2021, 30(4): 571-583.

[50] PARK H, KWON H, KIM J, et al. Shock absorption effect on particle fragmentation and microstructural features of vacuum-kinetic-sprayed Al_2O_3 film on polycarbonate substrate[J]. Journal of Thermal Spray Technology, 2020, 30(3): 558-570.

[51] PARK H, KWON J, LEE I, et al. Shock-induced plasticity and fragmentation phenomena during alumina deposition in the vacuum kinetic spraying process[J]. Scripta Materialia, 2015, 100: 44-47.

[52] SCHMIDT T, ASSADI H, GARTNER F, et al. From particle acceleration to impact and bonding in cold spraying[J]. Journal of Thermal Spray Technology, 2009, 18: 794-808.

[53] HANFT D, EXNER J, SCHUBERT M, et al. An overview of the aerosol deposition method: process fundamentals and new trends in materials applications[J]. Journal of Ceramic Science & Technology, 2015, 6(3): 147-182.

[54] DANESHIAN B, GAERTNER F, ASSADI H, et al. Size effects of brittle particles in aerosol deposition-molecular dynamics simulation[J]. Journal of Thermal Spray Technology, 2021, 30: 503-522.

[55] SAHNER K, KASPAR M, MOOS R. Assessment of the novel aerosol deposition method for room temperature preparation of metal oxide gas sensor films[J]. Sensors and Actuators B Chemical, 2009, 139(2): 394-399.

[56] FUIERER P, CALVO R, STROBEL G. Dense, nano-grained, multi-phase ceramic coatings by dry aerosol deposition of lunar regolith simulant [J]. Additive Manufacturing, 2020, 35(3): 101304.

[57] VACKEL A. In situ substrate curvature measurement of $BaTiO_3$ films deposited by aerosol deposition[J]. Journal of Thermal Spray Technology, 2021, 30: 584-590.

[58] HENON J, PIECHOWIAK M A, PANTEIX O D, et al. Dense and highly textured coatings obtained by aerosol deposition method from Ti₃SiC₂ powder: Comparison to a dense material sintered by Spark Plasma Sintering[J]. Journal of the European Ceramic Society, 2015, 35: 1179-1189.

[59] AKEDO J, NAKANO S, PARK J, et al. The aerosol deposition method-From production of high performance micro devices with low cost and low energy consumption[J]. Synthesiology, 2008, 1: 121-130.

[60] National Institute of Advanced Industrial Science and Technology [EB/OL]. [2023-10-29]. https://www.aist.go.jp/index_en.html.

[61] JODOIN B, RICHER P, BÉRUBÉ G, et al. Pulsed-gas dynamic spraying: Process analysis, development and selected coating examples[J]. Surface and Coatings Technology, 2007, 201: 7544-7551.

[62] BOLDUC M. Deposition of commercially pure titanium powder using low pressure cold spray and pulsed gas dynamic spray for aerospace repairs[D]. Ottawa: Ottawa University Thesis, 2013.

[63] VIILLAFUERTE J, VANDERZWET D, YANDOUZI M, et al. Shockwave induced spraying[J]. Advanced Materials & Processes, 2009, 167(3): 32-34.

[64] YANDOUZI M, AJDELSZTAJN L, JODOIN B. WC-based composite coatings prepared by the pulsed gas dynamic spraying process: Effect of the feedstock powders[J]. Surface and Coatings Technology, 2008, 202: 3866-3877.

[65] KARIMI K, JODOIN B, RANKIN G. Shock-wave-induced spraying: Modeling and physics of a new spray process[J]. Journal of Thermal Spray Technology, 2011, 20: 866-881.

[66] CAVALIERE P. Laser Cladding of Metals[M]. Switzerland: Springer International Publishing, 2021.

[67] VILLAFUERTE J. Modern Cold Spray-Materials, Process and Applications[M]. Switzerland: Springer International Publishing, 2015.

[68] BRAY M, COCKBURN A, O'NEILL W. The laser-assisted cold spray process and deposit characterization[J]. Surface and Coatings Technology, 2009, 203: 2851-2857.

[69] LUPOI R, SPARKES M, COCKBURN A, et al. High speed titanium coatings by supersonic laser deposition[J]. Materials Letters, 2011, 65: 3205-3207.

[70] LUO F, COCKBURN A, SPARKES M, et al. Performance characterization of Ni60-WC coating on steel processed with supersonic laser deposition[J]. Defence Technology, 2015, 11: 35-47.

[71] YAO J H, YANG L J, LI B, et al. Characteristics and performance of hard Ni60 alloy coating produced with supersonic laser deposition technique[J]. Materials & Design, 2015, 83: 26-35.

[72] LI B, JIN Y, YAO J H, et al. Influence of laser irradiation on deposition characteristics of cold sprayed Stellite-6 coatings [J]. Optics & Laser Technology, 2018, 100: 27-39.

[73] BIRT A M, CHAMPAGNE V K, SISSON R D, et al. Statistically guided development of laser-assisted cold spray for microstructural control of Ti-6Al-4V[J]. Metallurgical & Materials Transactions A, 2017, 48(4): 1931-1943.

[74] GORUNOV A I, GILMUTDINOV A K. Investigation of coatings of austenitic steels produced by supersonic laser deposition[J]. Optics & Laser Technology, 2017, 88: 157-165.

[75] TLOTLENG M, AKINLABI E, SHUKLA M, et al. Microstructural and mechanical evaluation of laser-assisted cold sprayed bio-ceramic coatings: Potential use for biomedical applications[J]. Journal of Thermal Spray Technology, 2015, 24: 423-435.

[76] PERTON M, COSTIL S, WONG W, et al. Effect of pulsed laser ablation and continuous laser heating on the adhesion and cohesion of cold sprayed Ti-6Al-4V coatings[J]. Journal of Thermal Spray Technology, 2012, 21: 1322-1333.

[77] BARTON D J, BHATTIPROLU V S, THOMPSON G B, et al. Laser assisted cold spray of AISI 4340 steel[J]. Surface and Coatings Technology, 2020, 400: 126218.

[78] JEN T, PAN L, LI L, et al. The acceleration of charged nano-particles in gas stream of supersonic De-Lavel-type nozzle coupled with static electric field[J]. Applied Thermal Engineering, 2007, 26(17-18): 613-621.

[79] TAKANA H, OGAWA K, SHOJI T, et al. Computational simulation of cold spray process assisted by electrostatic force[J]. Powder Technology, 2008, 185(2): 116-123.

[80] ASTARITA A, AUSANIO G, BOCCARUSSO L, et al. Deposition of ferromagnetic particles using a magnetic assisted cold spray process[J]. The International Journal of Advanced Manufacturing Technology, 2019, 103: 29-36.

[81] HUANG C, LI W Y, ZHANG Z, et al. Modification of a cold sprayed SiCp/Al5056 composite coating by friction stir processing[J]. Surface & Coatings Technology, 2016, 296: 69-75.

[82] WANG W, HAN P, WANG Y H, et al. High-performance bulk pure Al prepared through cold spray-friction stir processing composite additive manufacturing[J]. Journal of Materials Research and Technology, 2020, 9(4): 9073-9079.

[83] NICKEL R, BOBZIN K, LUGSCHEIDER E, et al. Numerical studies of the application of shock tube technology for cold gas dynamic spray process[J]. Journal of Thermal Spray Technology, 2007, 16: 729-735.

[84] LUO X S, OLIVIER H. Gas dynamic principles and experimental investigations of shock tunnel produced coating[J]. Journal of Thermal Spray Technology, 2009, 18: 546-554.

[85] KLINKOV S V, KOSAREV V F, ZAIKOVSKII V N. Preliminary study of cold spraying using radial supersonic nozzle [J]. Surface Engineering, 2016, 32(9): 701-706.

[86] KISELEV S P, KISELEV V P, KLINKOV S V, et al. Study of the gas-particle radial supersonic jet in the cold spraying[J]. Surface and Coatings Technology, 2017, 313: 24-30.

第9章　冷喷涂材料的工业应用

自冷喷涂技术出现便展现了其在制备致密无氧化金属或金属基复合材料涂层方面的独特优势，随着冷喷涂技术水平与设备水平的快速发展，其在国防工业（如航空航天、船舶海洋、核工业、武器装备、电子信息等）与民用工业（轨道交通、汽车制造、能源化工、机械加工、电力电子等）的初步应用均显示出突出的优势。在空、天、陆、海环境下，从纳米尺度到巨大构件，从防护涂层到成形制造与修复，从功能提升到结构增强，冷喷涂技术都能发挥重要的作用。

9.1　涂层应用

除陶瓷、硬金属及高强度材料冷喷涂沉积困难外，其他大部分金属、合金、金属-陶瓷复合材料等都比较容易通过冷喷涂获得涂层。目前，适合热喷涂涂层应用领域的一些应用场合，都有望实现冷喷涂应用。以下介绍根据研究报道总结的冷喷涂层典型应用类型。

9.1.1　保护涂层

1）耐腐蚀涂层

冷喷涂可以制备耐腐蚀性能优异的金属或金属基腐蚀防护涂层。与传统热喷涂制备的 Zn、Al 及其合金涂层相比，冷喷涂保护涂层更耐腐蚀，使用寿命更长。此外，冷喷涂更易在应用于极端及恶劣环境下的钢材上沉积高致密度的 Ti、Ni 及不锈钢等阴极金属涂层。

2）耐高温涂层

冷喷涂可用于制备包括 MCrAlY 高温抗氧化涂层、热障涂层黏合层、Cu-Cr-Al 抗氧化保护层，以及在高温环境中具有高热导率和电导率的 Cu-Cr-Nb 涂层等。例如，在 NASA 研制的下一代先进可重复发射运载火箭中，通过冷喷涂技术在发动机燃烧室衬套材料 GRCop-84 新型铜合金表面制备一层 Cu-Cr-Al 抗氧化保护层。实验证明，即使是在 800℃的高温下进行长时间氧化，Cu-Cr-Al 涂层表面仍然完好如初。

3）耐磨涂层

冷喷涂耐磨涂层通常需选用耐磨材料作为粉末，如金属陶瓷、金属基复合材料和减磨合金（Al-12Si 铝合金、锌合金、青铜等），此类涂层可显著提高工业零部件的耐磨损性能。例如，冷喷涂制备的纳米结构 WC-12Co 金属陶瓷涂层，其硬度可超过 1900HV，进一步通过 WC 粒子尺寸的微纳双尺度设计，其硬度和断裂韧性甚至高于同成分的粉末冶金块材。

9.1.2　功能涂层

随着冷喷涂技术研究的不断深入，基于新材料的应用或新涂层结构的设计开发，一些面向生物、声、光、电、热、磁等功能涂层的研究取得了一定的进展。例如，用于生物医疗领域的生物植入体表面改性 Ti 涂层、Ti/Ta 等复合材料涂层、羟基磷灰石表面改性涂层；用于能源领域的光催化 TiO_2 涂层，用于辐射热能管理的高反射率 Ag 涂层，用于强化导热换热效率的 Cu/Diamond 复合涂层；用于实现导磁的高品质电饭锅 Al 合金内胆外表铁基涂层；用于电磁屏蔽的 NiCo 合金；用于热塑性聚合物材料沉积物等。另外，值得关注的是纳米结构功能涂层的冷喷涂制备，粒子低温固态沉积的特性使冷喷涂可以较大程度地保持原始粉末的初始结构，为常规方法无法大面积制备的纳米结构涂层，以及全新设计理念的纳米结构涂层制备打开了新的大门。除此之外，其他多种具有新型功能的冷喷涂涂层正在逐步开发。下面以雒晓涛等应用于高纯多晶硅生产领域的高红外反射 Ag 涂层与应用于核电安全的换热强化多孔 Ti 涂层为例进行简要的介绍[1,2]。

1. 高红外反射 Ag 涂层

纯度在 99.9999%～99.9999999%（6N～9N）的多晶硅是光伏产业制造太阳能电池的关键材料。近年来，随着光伏（PV）产业在亚洲和欧洲的蓬勃发展，多晶硅的产量一直在急剧增长。在我国，由于光伏系统装机容量的增加，多晶硅产量从 2011 年的 157000t 增加到 2018 年的 388000t，装机容量从 1292kW·h 增加到 5306kW·h。尽管有许多替代合成技术，但约 80%的多晶硅仍然通过化学气相沉积（CVD）工艺（通常称为"西门子工艺"）生产。生产中，易挥发的三氯硅烷（$SiHCl_3$）被连续送入钟罩式反应器（CVD 反应器），反应器内部大量细长的硅棒通过焦耳效应被加热至 1100℃。通常条件下，CVD 反应器的高度约为 3.7m，直径范围为 1.6～3.5m，具体取决于 CVD 反应器中硅棒的数量（12～72）。生产过程中，吸附在上述硅棒上的高纯度挥发性三氯硅烷热分解成硅后不断沉积在硅棒上，产生纯度在 6～9N 的大直径多晶硅棒。在西门子工艺多晶硅生产中，电能消耗高达 100～150kW·h/kg，能耗占总成本的 29%左右。具体可分为三部分：辐射能耗、对流传热能耗和反应气体混合物的化学反应能耗，第三类能耗由于占比较低，通常可以忽略不计。在 CVD 反应器中，晶种硅棒通常被加热到约 1100℃的高温，促进 $SiHCl_3$ 的分解和硅在硅棒上的沉积。相反，反应器内壁是水冷的，以保持相对较低的温度（约 100℃），避免其沉积硅层。因为热辐射换热的能量密度与两个物体温度四次方的差值成正比，温度极高的硅棒和温度较低的反应器内壁之间巨大的温差使得硅棒辐射到内壁的辐射能很高,辐射能耗高达总能耗的 70%。对此，主要有两种策略来最小化辐射能耗：①在 CVD 反应器中开发具有更多数量硅棒的系统。随着 CVD 反应器中硅棒数量的增加，从内圈硅棒到反应器内壁的辐射能量可能会被外圈硅棒阻挡；②在硅棒和反应堆壁之间引入热屏蔽和/或通过在反应堆壁上涂覆 Ag 使其具有高红外反射率。氮化铝（AlN）等具有相对高反射率和高稳定性的陶瓷是制造此类屏蔽物的潜在材料。然而，屏蔽物需要暴露在高温下，容易沉积硅层，从而显著降低其反射率。因此，需要经常清洁屏蔽层，确保高辐射反射率，这不便于实际应用。通过爆炸焊接将 1.5mm 厚的银板覆盖在反应器内壁已被证明是减少辐射能耗的有效方法。然而，在爆炸焊接过程中，需要相对较厚的 Ag 板（>1.5mm）以避免 Ag 板撕裂。这使得反应器涂层所需的银总量非常巨大。尽管许多其他涂层工艺［如物理气相沉积（PVD）、溶液/溶胶-凝胶法等］可用于制备相对较薄的银涂层（1～500μm），但 CVD 反应器的巨大体积使得这些工艺不具备适用性。热喷涂和激光熔覆虽然适用于相对较薄的 Ag 涂层制备，但 Ag 微粒必须经过熔化和固化，在此期间高温将导致 Ag 涂层严重氧化，不再具备高反射率。针对上述问题，雒晓涛等提出采用冷喷涂工艺在 AISI SS 316 基底上制备具有高结合强度的 Ag 涂层，进而研究该涂层在 CVD 反应器内壁面的辐射能量降低能力。由于银涂层需要在反应器的反复加热和冷却循环中经历反复的热冲击，因此除了高反射率外，高耐久性也是银涂层得以应用的前提。温度梯度和热膨胀系数的失配会在涂层-基体界面产生应力，当界面应力超过黏附强度时，涂层容易从基体上分层。然而在冷喷涂工艺中，当软涂层沉积在硬基材上时，由于涂层材料难以嵌入硬质基材表面，因此涂层结合强度通常处于较低的水平。在高硬度基材表面，塑性变形主要在较软的一侧，软质的粒子与基材的有效结合非常有限，从而导致黏结不良。针对冷喷涂软质金属粉末在硬质基材表面沉积时难以与基材形成有效机械锁合，导致涂层结合强度较低的问题，雒晓涛等提出在不锈钢基材和银涂层中间添加一层硬度介于银涂层和不锈钢基体之间的镍涂层作为过渡层，以提高涂层与基体间的结合强度。对比测试了涂层的硬度、涂层结合强度，并通过 300℃ 的水淬快冷热循环实验验证了 Ni 过渡层可满足涂层服役寿命要求。

　　图 9-1 为冷喷涂 Ag 涂层与 Ni/Ag 双层涂层的断面组织与元素分布,在优化的参数条件下可制备高致密度的 Ni 涂层与 Ag 涂层，其中 Ag 涂层的厚度约为 300μm，Ni 过渡层的厚度约为 100μm。与直接在不锈钢表面制备的 Ag 涂层相比，在 Ni 涂层表面制备的 Ag 涂层与过渡层表面形成了良好的机械锁合。由于银涂层的硬度为 107.8HV，镍涂层的硬度为 175.2HV，不锈钢基体的硬度为 219.5HV，

镍涂层硬度介于银涂层与基体之间，硬度逐渐过渡，能够一定程度地实现界面机械锁合，因此如图 9-2（a）所示，添加了镍涂层作为过渡层的试样结合强度为35.7MPa，是纯银涂层试样结合强度的 8 倍以上。Ag 涂层与 Ni/Ag 双层涂层的结合强度与热循环寿命测试结果比较，如图 9-2（b）所示，纯银涂层试样平均在循环 23 次后脱落，而有镍涂层作为过渡层的试样在热循环 100 次后涂层仍未脱落，其抗热冲击性远高于纯银涂层试样。

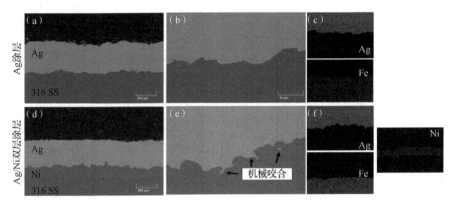

图 9-1　冷喷涂 Ag 涂层与 Ni/Ag 双层涂层的断面组织与元素分布[1]

（a）Ag 涂层断面；（b）Ag 涂层界面；（c）Ag 涂层元素面扫描；（d）Ni/Ag 双层涂层断面；
（e）Ni/Ag 双层涂层界面；（f）Ni/Ag 双层涂层元素面扫描

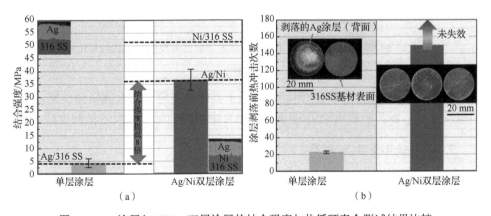

图 9-2　Ag 涂层与 Ni/Ag 双层涂层的结合强度与热循环寿命测试结果比较

（a）结合强度；（b）抗水淬热冲击性能

进一步对涂层的红外反射率进行了测试，结果如图 9-3 所示，抛光后银涂层的平均红外反射率高达 98%以上，远高于不锈钢基材，能够达到显著节能的效果；且涂层厚度为爆炸焊涂层厚度的 10%，材料成本能够节约 90%左右。同时发现，即使未做抛光处理，喷涂态涂层的红外反射率也达到85%以上。另外，Ni过渡层的制备，也有利于Ag涂层获得更低的表面粗糙度，进而可使Ag涂层红外反射率由85%提高到92%以上，节能效果更加显著。

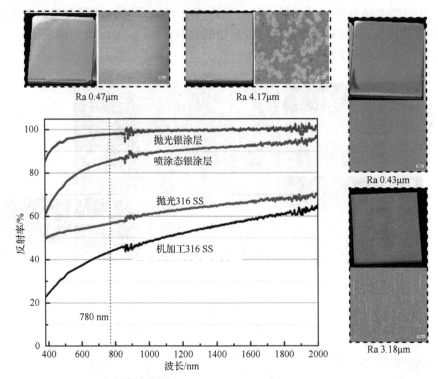

图9-3　两种不同喷涂涂层在不同表面状态下的红外反射率测试结果比较[1]

Ra-粗糙度

上述工作提出的过渡层思路同样适用于其他需要将软质金属喷涂在硬质基体的服役情况，以解决软质涂层/硬质基材组合中出现的结合强度较低的难题。

2. 换热强化多孔Ti涂层

核电安全是全球范围内关注的重点课题，堆芯发生熔化时，引入外部海水冷却核电压力容器下封头，使冷却介质带走的热量大于堆芯释放的热量，从而保证熔融燃料保留在反应容器内部的外部冷却-熔融物堆内滞留策略（IVR-ERVC）是保证辐射燃料不会释放到环境中的重要举措。提高压力容器表面的临界换热系数（CHF）是提高外部冷却介质对流换热效率，保证IVR-ERVC策略有效性的关键。研究结果表明，在反应容器表面制备多孔金属涂层、加工织构、增大换热面积、增加气泡形核位点是提高CHF的重要手段。但高温烧结、电化学沉积、机械加工等工艺手段不仅存在适用性问题，同时会导致反应容器自身强度劣化。因此，冷喷涂固态低温沉积不会劣化反应容器材料组织、适用于米级尺寸不规则外形反应容器表面涂层的特点，使其成为核反应容器下封头表面进行多孔金属涂层与表面织构改性的潜在有效方法。

雒晓涛等利用钛合金粉末沉积效率高，且粒子不易变形、涂层孔隙率高的特点，提出通过冷喷涂技术在核电反应容器常用材料 SA508 Gr3 钢表面制备多孔 TC4 涂层和表面织构的策略，借以提高压力容器表面的 CHF。通过研究粒子沉积条件对涂层孔隙特征的影响规律，建立了孔隙率及涂层厚度与 CHF 的量化关系。并且为了进一步研究其在实际服役条件下的耐久性，分别通过 300℃水淬热冲击实验、300℃/1000h 大气气氛氧化实验考察了多孔涂层的长期服役稳定性。

图 9-4 为不同沉积条件下冷喷涂 TC4 涂层的断面组织与表面形貌，多孔金属涂层研究结果表明，基于固态粉末堆垛的策略，多孔 TC4 涂层的孔隙率可在 15.4%～27.5%调控，沉积时气体的压力越高，温度越高，粒子的变形量越高，涂层的孔隙率越低。

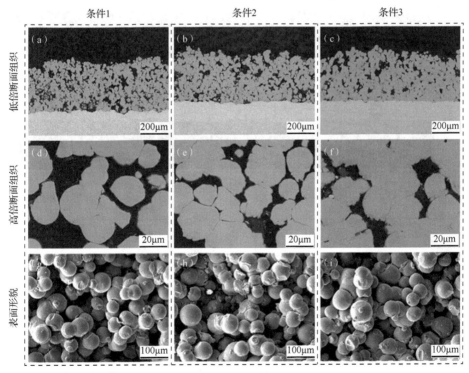

图 9-4　不同沉积条件下冷喷涂 TC4 涂层的断面组织与表面形貌[2]

（a）条件 1 涂层低倍断面组织；（b）条件 2 涂层低倍断面组织；（c）条件 3 涂层低倍断面组织；
（d）条件 1 涂层高倍断面组织；（e）条件 2 涂层高倍断面组织；（f）条件 3 涂层高倍断面组织；
（g）条件 1 涂层表面形貌；（h）条件 2 涂层表面形貌；（i）条件 3 涂层表面形貌

如图 9-5 所示，多孔涂层的表面粗糙结构与多孔特性使涂层表面具有超亲水性，有利于提高换热效率。涂层孔隙率与涂层厚度对 CHF 的影响如图 9-6 所示，TC4 多孔涂层的 CHF 随孔隙率增加而增加，这主要是因为孔隙率越高，涂层与液态水接触的换热面积增大，同时气泡逸出的阻力降低，有利于高效换热。另外，CHF 强化效果随涂层厚度的增加先增加后减小，这是由于涂层厚度的增加有利于

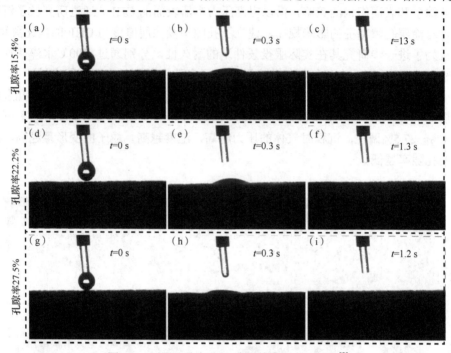

图 9-5　不同孔隙率 TC4 涂层的表面润湿性能[2]

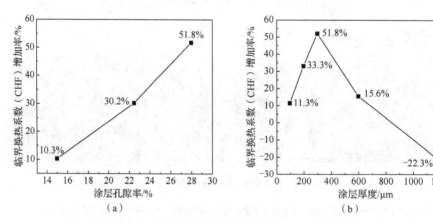

图 9-6　涂层孔隙率与涂层厚度对 CHF 的影响[2]

（a）涂层孔隙率；（b）涂层厚度

增加总体换热，但气泡逸出的阻力增大，同时金属内部的热传导距离也越大，上述强化效应与弱化效应的共同作用使得涂层厚度存在最优值。耐久性实验结果显示，在 4 次 CHF 测试后和 300℃的水淬热冲击实验 100 次后，具有最高孔隙率的涂层中也未观察到裂纹。厚度为 300μm，孔隙率为 27.5% 的多孔 TC4 涂层在 300℃下的 1000h 大气气氛氧化实验中，未观察到孔隙率的变化及涂层脱落。

对于 CHF 强化涂层，冷喷涂除了可以制备如图 9-7（a）所示的多孔金属涂层外，还可结合掩膜技术，制得如图 9-7（b）所示的内部具有多孔结构的凸起针刺表面织构，其 CHF 可提升达 200%。冷喷涂灵活喷涂的工艺特性使其可实现多孔金属涂层与表面织构的大面积制备［图 9-7（c）］。

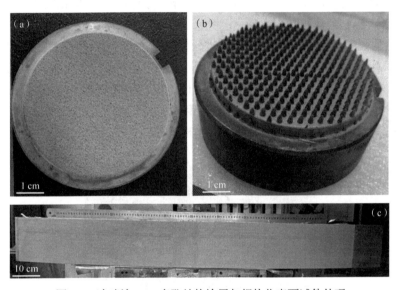

图 9-7　冷喷涂 TC4 多孔结构涂层与织构化表面试件外观

（a）多孔金属涂层；（b）多孔结构的凸起针刺；（c）大面积多孔涂层

综上所述，前文仅介绍了两个功能涂层开发的例子，随着冷喷涂技术的进步及新的需求不断出现，可在掌握冷喷涂技术自身特性的基础上，根据具体需求，开发满足服役要求的新型功能涂层或提升现有涂层的服役性能。

9.2　冷喷涂增材制造

材料低温固态成形是冷喷涂技术区别于激光、电子束、电弧、等离子弧等高能束增材制造技术的最大特点，因此冷喷涂作为增材制造技术具有如下优势：

（1）材料适用范围是对现有高能束增材制造技术的有效补充，成形能力只依赖于材料自身的塑性变形能力，适用于高激光反射率、高热导率的铝、铜、银等金属。

（2）沉积温度显著低于材料熔点，大气气氛下不发生进一步氧化，不经历熔化凝固转变，不出现熔融金属定向凝固产生的粗大柱状晶，晶粒尺寸与原始粉末相当甚至更小，理论上可获得更优的力学性能。

（3）材料沉积速率高达 30kg/h 且不需要施加保护气氛，在米级大型构件的增材制造方面极具优势。

上述特点使冷喷涂固态增材技术在美国、德国、日本、法国、澳大利亚及中国受到了广泛的关注。澳大利亚 Titomic 公司利用商用冷喷涂设备打印出高度达4.5m 的钛合金构件，在国际展会引起广泛关注（图 9-8）。美国已将冷喷涂固态增材技术用于 B-1 轰炸机、F/A-18 战斗机、"黑鹰"和"海鹰"直升机铝合金、镁合金部件的修复再制造。由于该技术在增材制造方面表现出的巨大潜力，2019 年，前任美国总统奥巴马发起成立的美国先进制造业合作委员会发布的 11 项先进制造技术中，将冷喷涂增材制造技术列为首位，但已实现规模化应用的美国军方在技术细节方面的公开报道极少，公开的应用也仅限于服役金属构件的修复再制造。下面将根据构件外形特征对冷喷涂增材制造进行分类描述。

图 9-8　冷喷涂固态增材制造 4.5m 高钛合金火箭壳体模型

9.2.1　轴对称结构零件

在实际的工业生产中，经常遇到具有轴对称旋转结构的零件，如圆管和法兰等。冷喷涂在制造这种具有旋转结构的零件时具有独特的优势。图 9-9 为日本等

离子技研工业株式会社生产的冷喷涂铜/Al 复合结构法兰构件。制造过程中，首先
将铝粉通过冷喷涂逐层沉积到旋转的铝管表面，再将 Cu 冷喷涂到 Al 管表面，随
后使用车削和钻孔等对沉积材料进行机械加工，从而完成零件的制造。需要注意
的是，相对于高能束粉床增材制造技术，冷喷涂增材制造无法直接生产出精细结
构的金属构件，主要是因为冷喷涂粉末束斑直径通常为 2～8mm，单道沉积体的
宽度远高于电子束与激光等增材制造技术，同时粉末沉积对沉积角度比较敏感。
因此，在形状相对简单，但尺寸较大的构件增材制造方面具有天然优势，为了获
得满足最终尺寸的构件还需要结合后加工（减法制造）。

图 9-9　日本等离子技研工业株式会社生产的冷喷涂铜/Al 复合结构法兰构件[3]

　　冷喷涂增材制造技术在制备圆柱体壁面结构方面也具有一定的独特优势[4-10]，
其制造过程与法兰构件的制造过程非常类似。图 9-10 为使用冷喷涂增材制造技术
生产的 1/10 比例核废料储存罐的铜外壁[5]。性能测试显示，该冷喷涂外壁具有
10mm 的厚度，0.3%的孔隙率，8900kg/m³ 的密度，0.019%的含氧量（原料铜粉含
氧量为 0.02%），以及良好的抗拉强度、力学性能、稳定性和热性能。对于某些零
件，在完成冷喷涂外壁制造后，要通过机械加工过将基体部分移除，仅保留冷喷
涂材料本身。图 9-10（b）为通过冷喷涂增材制造技术制备的冷喷涂钽钨合金枪管
衬里[4]。在制造过程中，首先将钽钨合金层沉积到圆柱形铝心轴基体上，然后使
用深孔钻削、珩磨，并将其短暂浸泡在稀氢氧化钠中除去铝心轴，最终获得钽钨
合金枪管。

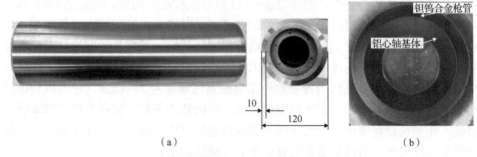

（a）　　　　　　　　　　　　　　　　　　（b）

图 9-10　冷喷涂轴对称圆筒结构[4,5]（单位：mm）

（a）1/10 比例核废料储存罐的铜外壁；（b）钽钨合金枪管衬里

　　在内壁表面进行冷喷涂制造时，制造过程随内壁内径的变化略有不同。当内径足够大时，可将常规的冷喷涂喷枪及其配件放置在待喷涂构件内，制造过程与外壁喷涂相似。但是，在部件的大小不足以容纳喷嘴的情况下，则要通过倾斜喷枪的方式，以适应有限的空间。由于倾斜喷涂产生的涂层质量较垂直喷涂略有下降，因此采用该方式得到的零件性能可能也会略有下降。图 9-11（a）为采用冷喷涂增材制造生产的食品加工机压力环的铜内壁[10]。另外，当内径过小以至无法采用倾斜喷枪的方式来完成生产时，则可以使用特殊设计的冷喷涂短喷嘴进行生产[9,11]。图 9-11（b）为适用于小直径内壁喷涂的小型冷喷涂短喷嘴，其长度仅为 6.5mm，远远小于普通的喷嘴的长度。图 9-11（c）为使用该短喷嘴在内径为 80mm 的金属管上的喷涂的铜内壁[9]。

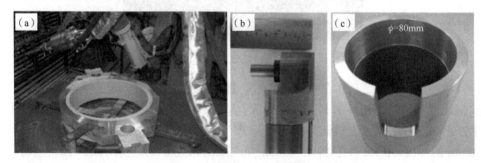

图 9-11　冷喷涂轴对称结构壁面[9,10]

（a）食品加工机压力环的铜内壁；（b）小型冷喷涂短喷嘴；（c）小空间气缸管的内壁

ϕ-内径

　　除以上列举的轴对称结构零件，冷喷涂还能够生产其他特殊的旋转结构，如锥形结构和齿轮（图 9-12）。图 9-12（b）为采用冷喷涂增材制造技术生产的齿轮结构[9,12]。在制造这样结构的零件之前，需要进行喷枪运动轨迹的设计及开发，使喷嘴的运动速度、扫描步长、运动轨迹与主轴的旋转参数相配合，进而完成生产。类似的特殊旋转结构，目前的研究还相对较少，因此该主题可能成为未来的研究重点。

图 9-12　冷喷涂轴对称复杂结构[9, 12]

（a）锥形结构；（b）齿轮

9.2.2　薄壁结构零件

制造薄壁结构零件也是未来冷喷涂增材制造一个主要的发展方向。由于单道次的冷喷涂沉积物横断面呈高斯状分布，而非标准的立方体结构，因此简单的冷喷涂喷嘴运动轨迹无法实现对垂直薄壁结构的制造[13,14]。近年来，欧美多个研究机构对喷枪运动轨迹进行优化，实现了垂直薄壁结构的制造。图 9-13（b）为基于喷涂运动轨迹优化后得到的铜垂直薄壁结构。该结构的喷枪轨迹优化策略如图 9-13（a）所示，通过调节喷嘴的偏转角（θ）、偏移距离（s）和后退距离（d）之间的关系，来确定最佳的喷嘴运动轨迹，进而实现薄壁结构的制造[13]。

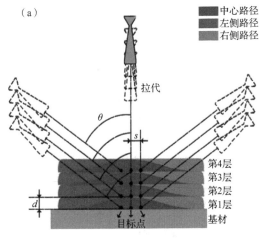

图 9-13　冷喷涂制造薄壁结构零件的策略与典型件照片[13]

（a）喷嘴轨迹优化示意图；（b）铜垂直薄壁结构

9.2.3　复杂结构零件

冷喷涂在制备具有复杂结构的零件方面显示出巨大的潜力。图 9-14 为使用冷喷涂制造的复杂结构零件[15]。在制造类似复杂零件时，首先要将冷喷涂粉末材料沉积到专门设计的基板上，完成喷涂后，将基板材料去除，仅保留冷喷涂材料，随后通过简单的机械加工，生产出具有复杂结构的零件。制造的难点主要是基板的设计，一个优秀的基板设计要确保其在喷涂后容易去除，且剩余冷喷涂材料部分要经历最少的机械加工。采用相似的方法，冷喷涂增材制造技术还可被用于对现有零件的结构进行重新改造。

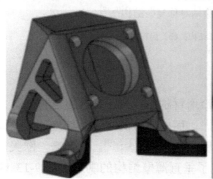

图 9-14　冷喷涂制造的具有复杂结构的零件[15]

图 9-15 为通过冷喷涂向轴承盖添加新结构的增材过程。经过冷喷涂技术的修改后，得到了一个结构完全不同的全新零件，改造部分与原始结构之间无明显的更改痕迹[16]。类似复杂结构的制造对于冷喷涂技术非常重要，因为这可以大大拓宽冷喷涂增材制造技术在未来的应用领域。

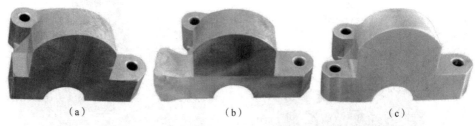

（a）　　　　　　　　　（b）　　　　　　　　　（c）

图 9-15　通过冷喷涂向轴承盖添加新结构的增材过程[16]

（a）原始结构；（b）喷涂成形新结构；（c）加工后的结构

冷喷涂阵列结构是一个新研究领域。图 9-16（a）为阵列结构零件的制造示意图。首先依据零件要求设计一个规则的多孔模具，将多孔模具放置于喷枪与基体之间，多孔模具的实体部分在喷涂过程中可以阻挡部分粉末粒子通过，其余粉末粒子则通过孔隙在基体表面沉积，从而实现阵列结构零件的制造。通过调整模具的形状及模具与基体之间的距离，可获得不同形状的阵列结构零件。图 9-16（b）为冷喷涂制造的阵列散热器[17-24]。传热和机械测试表明该散热器具有良好的散热功能。采用相同的方法，冷喷涂还可以用于制造电脑芯片散热器，金属标记或其他具有特殊图案的产品和零件[25-27]。

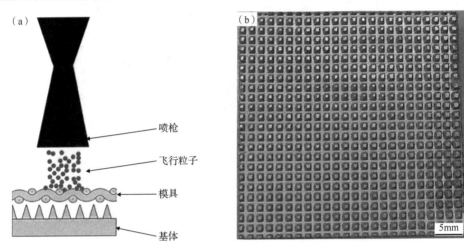

图 9-16 冷喷涂阵列结构的紧凑型热交换器

（a）阵列结构零件的制造示意图；（b）冷喷涂制造的阵列散热器

9.3 冷喷涂修复

9.3.1 冷喷涂修复零件过程

零件在长时间使用后，由于腐蚀、磨损、疲劳或其他原因，会发生损伤甚至失效，当无法满足服役要求时，会采用备件更换或使用有效方法进行修复。冷喷涂是一种修复受损零件的有效方法，具有避免修复过程对需修复零件基材产生热损伤的特点，并且能够保留原料粉末原始特性的独特能力，因此在修复受损部件方面具有巨大的潜力。在过去的十余年中，冷喷涂已成功应用于修复各类腐蚀或损伤的组件。与其他修复技术类似，复杂的表面形貌及损伤区域表面的污损会对修复物与基体的结合强度造成影响，从而导致冷喷涂的原料无法直接沉积在损伤的零件上。因此，在修复之前，必须先对受损区域进行预加工以重建受损表面。通过铣削、磨削或喷砂处理在重建的表面上进行表面处理，以保证适合冷喷涂涂层沉积的洁净表面[28-30]。沉积后，已涂覆的组件也必须进行后加工至其原始尺寸。如图 9-17 所示，采用冷喷涂对受损零件不同修复阶段的形貌比较，标准恢复过程通常包括以下四个阶段：破损区域的预加工、材料喷涂、后续加工及修复完成后的性能测试。

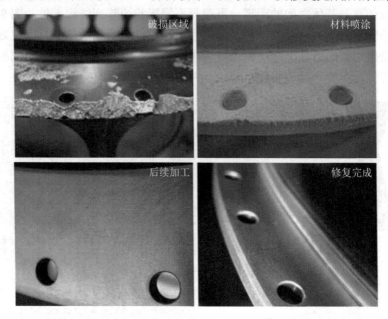

图 9-17　采用冷喷涂对受损零件不同修复阶段的形貌比较

9.3.2　腐蚀和侵蚀性损伤修复

在冷喷涂的所有现役及潜在应用领域里，飞机部件的维修是非常适合用冷喷涂修复的领域之一。铝合金与镁合金因其质量轻，广泛用于制造飞机零部件，在飞机的服役过程中，受微粒子的高速冲击和潮湿空气的影响，航空部件容易遭受严重腐蚀和磨损。镁和镁合金相对其他金属具有许多优点（如高刚度、低密度、高导热性和出色的切削性），因此已被广泛用于制造飞机变速箱。但是，作为电化学活性高的材料，镁容易与其他金属材料的阴离子反应而被腐蚀，镁质齿轮箱在使用中经常遭受电化学腐蚀，这种腐蚀会大大缩短齿轮箱的使用寿命，从而增加潜在的故障风险和维护成本。因此，修复被腐蚀的区域并使齿轮恢复使用非常重要。采用冷喷涂增材制造技术在受腐蚀材料表面进行材料填充，是修复受损齿轮箱的有效方法。图 9-18 为受损零件在冷喷涂修复前后的对比图[31-33]。通过对维修部件进行的机械和腐蚀测试，证实了回填的铝和铝合金材料具有优越的强度、耐磨性和耐腐蚀性。

在受到腐蚀和侵蚀的构件修复时，由于表层长期受到外部环境介质的作用，呈现出多孔、力学性能蜕变等问题，因此首先需要机械减材加工、手工打磨、喷砂等方式去除表面的失效层，然后进一步采用冷喷涂技术进行修复。另外，构件

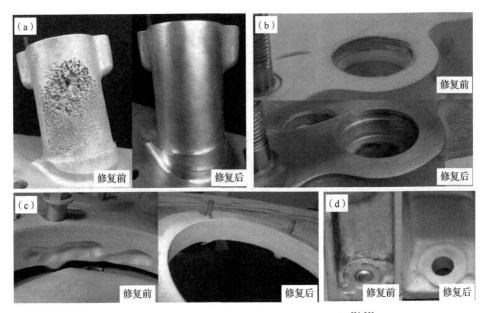

图 9-18　受损零件在冷喷涂修复前后的对比图[31-33]

(a) S-92 直升机变速箱油箱；(b) CH47 直升机附件盖的油管孔；(c) UH-60 直升机变速箱油箱；
(d) UH-60 旋翼变速箱壳体

修复过程中，失效部位的外形通常比较复杂，目前多采用手持式喷枪进行手工操作，由于喷涂角度对沉积层的结合强度、组织与性能具有显著影响，因此在去除失效层时，避免出现直角深坑的同时，可对破损区域适当进行扩大、通过预制坡度较小（<45°）的过渡段以避免上述问题。

由于铝和铝合金低密度、高抗拉强度、良好的可成形性和优异的耐腐蚀性而广泛用于飞机、船舶和汽车部件的制造。在航空工业中，直升机桅杆支架是一个核心部件，该部件通常使用铝合金制造。卡环凹槽表面上的点蚀是直升机桅杆支架在服役期间可能遭受的一种典型损伤形式。当点蚀损伤超过标准时，必须进行修理或更换。采用冷喷涂增材制造技术对腐蚀区域进行修复，能够完全恢复受损区域尺寸与性能，使零件重新达到服役标准。图 9-19（a）为受损的直升机桅杆支架卡环槽表面修复前后的对比图。图 9-19（b）和（c）为类似的飞机受损铝合金部件修复前后的对比图[33,34]。在海洋工业中，冷喷涂也成功应用于船舶铝合金气门执行器腐蚀的内孔表面修复。与其他传统修复方法（如钨极惰性气体保护焊，金属惰性气体保护焊和激光熔覆），冷喷涂修复最大的优点是不会对零件基材产生热影响。图 9-20（a）为受损气门执行器在修复前后的对比图。使用冷喷涂维修的执行器已通过所有性能测试，现已重新投入使用[35]。此外，在汽车工业中，冷喷涂技术也成功应用于受损的 Caterpillar-3116 和 Caterpillar-3126 铝合金发动机机油泵壳的修复 [图 9-20（b）] [36]。

图 9-19　受损零件在冷喷涂修复前后的对比图[33,34,37]

（a）AH-64 直升机桅杆支架；（b）F18-AMAD 变速箱；（c）T-700 发动机的前框架

图 9-20　受损零件在冷喷涂修复前后的对比图[35,36]

（a）船舶气门执行器的内孔表面；（b）Caterpillar 铝合金发动机机油泵壳

　　镍合金是航空航天工业中经常使用的一类重要材料，它在高温下具有优异的力学性能和耐腐蚀性能。使用镍合金制成的飞机部件在飞行过程中承受很大的机械和热负荷，导致这些零件被严重磨损和腐蚀，从而缩短其使用寿命。飞机鼻轮转向执行器的发条盒通常采用镍合金制造，当起落架伸出时，这些组件会暴露在潮湿的恶劣环境中，导致腐蚀发生。采用冷喷涂技术，可以完美修复受到腐蚀的前轮转向执行器机筒。图 9-21 为受损的波音 737 前轮转向执行器机筒修复前后的对比图。从图中可以观察到，修复后可恢复没有任何凹坑和裂纹的光滑表面[31]。

图 9-21　受损的波音 737 前轮转向执行器机筒修复前后的对比图[31]

(a) 修复前；(b) 修复后

9.3.3　机械损伤修复

　　由疲劳、意外撞击、大修或操作不当引起的机械缺陷是零件可能遭受的一种损坏。这种类型的机械损坏可以通过冷喷涂技术来修复。图 9-22 为采用冷喷涂技术修复机械损坏的飞机襟翼传动箱壳体不同阶段的照片[32]。冷喷涂还能用于受损

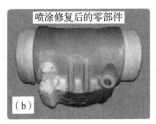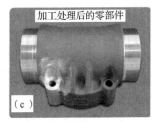

图 9-22　采用冷喷涂技术修复机械损坏的飞机襟翼传动箱壳体的恢复过程[32]

(a) 初始受损状态；(b) 破损部位喷涂修复后的形貌；(c) 加工处理后的形貌

汽车零件及受损模具的修复。图 9-23（a）和图 9-23（b）分别为受损的汽车外壳和模具在修复前后的对比图[38]。修复后的模具在抗磨削测试时表现出与原件相近的结果，甚至比原件具有更好的耐磨性[39]。

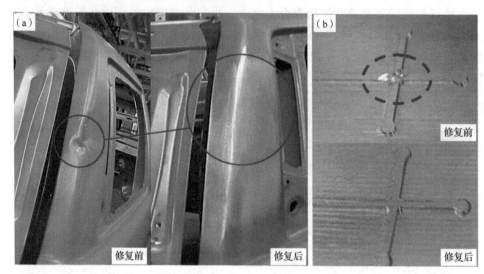

图 9-23　典型受损零件在冷喷涂修复前后的对比图[38,39]

（a）汽车外壳；（b）模具

9.3.4　受损金属板材的修复

商业和军用飞机的表皮主要由铝合金板制成，并带有额外的铝涂层以防止腐蚀。在例行飞行中，由于灰尘和碎屑的高速撞击，飞机蒙皮表面的铝涂层极有可能遭受侵蚀和刮擦损伤。损伤区域作为薄弱点，容易成为腐蚀的发生点，一旦表层被腐蚀穿透，伤及表皮本身，维护成本将非常高。因此，有必要在腐蚀渗透到下面的基础材料之前修复损伤的铝防腐涂层。热喷涂技术已被用来修复受损的飞机蒙皮，但涂层具有高孔隙率、高氧化物含量的缺点。更重要的是，较高的温度可能会对下面的基材产生不利影响，从而大大降低修复后飞机蒙皮的性能[40]。冷喷涂增材制造技术由于其低温特点，能够在不损伤基础材料的情况下对受损区域进行修复[41-43]。

图 9-24 为采用冷喷涂技术修复后的飞机蒙皮表面的防腐铝涂层示意图及形貌[44]。从外观上看，损伤的区域完全被冷喷涂的铝所填充，与周围的铝涂层没有明显区别。修复样品的机械测试表明，冷喷涂铝的硬度高于原始铝涂层，修复后的蒙皮具有更好的抗疲劳性。腐蚀性能测试表明，尽管冷喷涂铝与被修复表面容易成为易腐蚀区，但该修复涂层可以对铝合金蒙皮基体产生有效的防腐保护[44]。

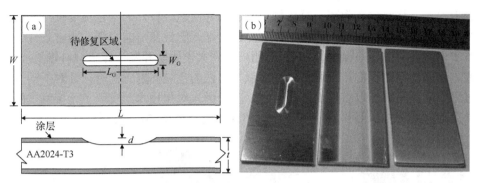

图 9-24　采用冷喷涂技术修复后飞机蒙皮表面的防腐铝涂层示意图及形貌[44]

（a）自加工损伤示意图；（b）预加工后的待修复区域、喷涂修复态与加工后的表面状态

飞机螺旋桨叶片在服役过程中，由于灰尘和水滴等的高速冲击，也会遭受严重腐蚀与冲蚀。另外，在飞机起飞和降落期间，相对较大的碎屑冲击将导致叶片表面更严重的损伤。在冷喷涂技术用于材料修复之前，修复受损螺旋桨的主要手段是对受损区域进行研磨。采用冷喷涂修复技术，可以对研磨过程中去除的材料进行重新填充，从而使得螺旋桨表面恢复到原始尺寸。图 9-25 为采用冷喷涂技术进行受损螺旋桨修复的不同工序阶段（初始、表面预修整、修复完成）的实物照片。冷喷涂修复的叶片通过了大量的适航性测试计划，已投入使用[45]。

图 9-25　采用冷喷涂技术进行受损螺旋桨的修复过程[45]

（a）初始表面形貌；（b）表面预修整后的叶片形貌；（c）修复完成后的叶片形貌

9.3.5　铸造件制造缺陷的修复

灰铸铁具有优异的性能，同时具有较低的材料与加工成本，因此作为发动机与变速箱壳体等构件广泛应用于汽车行业。近年来，轻量化的迫切需求使铸造铝合金也广泛应用于发动机与变速箱壳体的制造。在上述铸造过程中，通常会产生一定量的不合格产品。大部分不合格的产品主要是表面存在铸造孔隙、疏松等缺陷。上述缺陷通常不影响构件的强度，但外观不满足需求。由于常规的焊接、激光等高能束增材制造技术在修复铸铁和高强度铸铝时通常会出现开裂、组织退化等现象，因此大多采用重新熔铸的方式加以利用，成本极高且耗能较大。尽管有采用电弧喷涂等常规热喷涂进行修复的技术，但存在快冷组织硬度极高、后续机

加工困难，修复层孔隙率与氧化物含量较高等问题。较低的工艺温度使冷喷涂成为潜在有效的修复方法，但由于铸铁脆性极高，塑性变形能力强，通常条件下很难实现铸铁层的冷喷涂沉积。对此，西安交通大学团队开发了异质材料修复技术，通过金属材料的调配，克服了修复区域与铸铁的色差问题。同时，针对手动修复过程中喷涂距离难以有效保证的问题，基于激光对焦技术，实现了无接触式的喷涂距离有效调控。图 9-26 为铸铁发动机缸体铸造缺陷的冷喷涂修复。

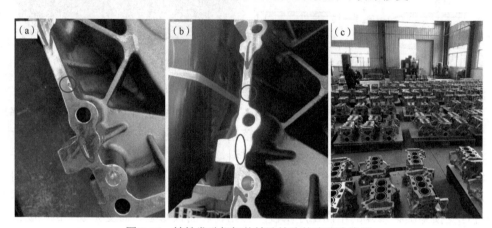

图 9-26　铸铁发动机缸体铸造缺陷的冷喷涂修复

（a）修复前；（b）修复后；（c）规模化作业现场

　　除了对制造缺陷和常规缺陷进行修复外，对于设计出现问题的缺陷也可通过冷喷涂增材制造进行解决。图 9-27（a）为对含设计缺陷的铝合金发动机气门的冷喷涂封堵作业效果。结合预制封头与冷喷涂连接相结合的方法对如图 9-27（a）圆圈所示的气门进行封堵，堵头的宏观断面结构与显微结构分别如图 9-27（b）和（c）

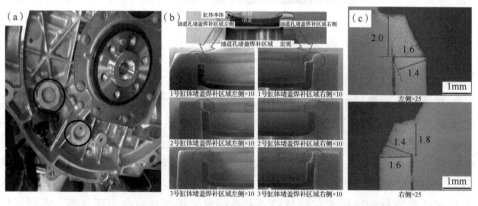

图 9-27　含设计缺陷的铝合金发动机气门的冷喷涂封堵作业效果

（a）冷喷涂封堵铝合金发动机多余气门；（b）堵头宏观断面结构；（c）堵头显微结构（单位：mm）

所示，冷喷涂沉积层与堵头表面和原始基材结合良好，相关产品通过了长期台架振动与泄漏测试，实现了数万台设计缺陷发动机壳体的封堵作业。

9.4 冷喷涂材料的机械加工

9.4.1 冷喷涂材料的机械加工特性

冷喷涂技术作为一种新兴的增材制造工艺，在制造独立构件及修复受损零件方面具有巨大的潜力。它可以广泛应用于航天、航空、航海、汽车和核能等重点的工业领域。与其他被广泛使用的金属增材制造技术，如选区激光熔化、选区电子束熔化及激光直接沉积等技术相比，采用冷喷涂增材制造技术生产的构件通常需要后续机械加工，以提高零件的尺寸精度及表面质量，从而使其可以应用到实际的生产生活中。现有的研究表明，所有常规的机械加工过程，如车削、铣削、钻孔等适用于冷喷涂材料的加工。图 9-28 为爱尔兰都柏林圣三一大学冷喷涂实验室制造的三种典型冷喷涂构件。图 9-28（a）为通过车削加工得到的冷喷涂铝合金圆管构件，图 9.28（b）为通过车削和钻孔加工得到的铝合金法兰构件，图 9-28（c）为通过铣削精加工后得到的冷喷涂铜长方体构件。

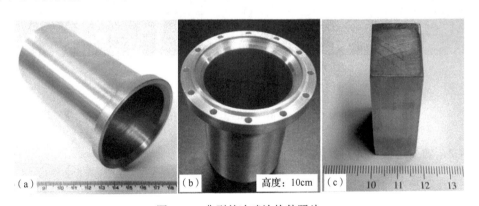

图 9-28　典型的冷喷涂构件照片

（a）铝合金圆管构件；（b）铝合金法兰构件；（c）铜长方体构件

对于标准的通过冷喷涂沉积得到的材料而言，除非对其进行退火、热等静压等方法进行热处理使材料达到完全致密或拥有较高的延展性，否则采用冷喷涂技术制备构件的加工方式将类似于多孔且低塑性材料的加工方式，因此加工冷喷涂沉积材料时应施加的切削力通常要低于传统铸造材料。另外，由于冷喷涂材料是微米级粉末粒子逐层沉积形成的，因此材料内部的密度和加工硬化程度的分布呈现不均匀状态，并且在某些局部区域可能会有氧化物夹杂[46]。这些现象将导致切削工具承受的机械和热负荷在加工过程中发生变化，从而对最终的零件加工质量产生影响。

　　图 9-29 比较了传统铸造方法生产的铝构件、退火后的冷喷涂铝构件及未经退火的冷喷涂铝构件的切屑形貌[47]。如图 9-29（a）所示，完全致密的铸造铝构件在加工过程中会形成连续的切屑。图 9-27（b）显示具有良好延展性的退火冷喷涂铝构件也会形成切屑，但切屑的形成并不连续。对于未经退火的冷喷涂铝构件，其切削过程类似于粉末烧结材料的处理成果，由于粒子间的结合强度不足，延展性低，无法形成较为完整的切屑。上述对比结果说明冷喷涂构件的机械加工特性主要取决于材料的密度、延展性和结合强度。另外，需要注意的是，由于未经退火的冷喷涂零件非常脆，当使用过高的加工参数时，可能造成零件的断裂或损坏。当最终的零件不需要基体时，要在机械加工之前去除基体，否则冷喷涂材料中的残余应力释放会严重地降低工件精度。

（a）　　　　　　　　　　　（b）　　　　　　　　　　　（c）

图 9-29　不同方法制备的铝构件的切削过程产生的切削形貌[47]

（a）铸造铝构件；（b）退火后的冷喷涂铝构件；（c）未经退火的冷喷涂铝构件

9.4.2　加工过程中的刀具磨损

　　在对冷喷涂沉积材料进行机械加工时，由于加工过程的不连续性，工具的磨损将大于加工传统铸造材料时的磨损。在制备冷喷涂金属基复合材料时所使用的强化相材料，如氧化铝、碳化硅、金刚石等硬质材料，加工过程会对刀具造成严重的磨损甚至损坏[48]。图 9-30 为铣削冷喷涂铝基金刚石复合材料拉伸试样时使用的刀具磨损照片，可以发现部分铣刀的刀头出现不同程度的钝化。由于金刚石具有极高的硬度，刀具寿命要以秒为单位进行计算，因此在加工过程中需要经常需要更换刀具，严重增大了机械加工的成本。

图 9-30　铣削冷喷涂铝基金刚石复合材料拉伸试样时使用的刀具磨损照片

9.4.3　冷喷涂材料在机械加工后的组织变化

车削加工一直是冷喷涂构件精加工的重要加工工序之一。对于未经热处理的冷喷涂沉积材料，粒子间的结合力较弱，导致大量的粒子团在车削过程中发生剥落，产生不完美的加工效果。图 9-31（a）及（c）为车削加工后的冷喷涂铝构件表面的白光干涉仪图。从图中可以看到，未经热处理的冷喷涂构架在车削加工后，其表面粗糙度相对较大。经过热处理后的冷喷涂构件，由于粒子间的结合力增强，车削加工后其表面粗糙度明显降低，表面质量得到了极大的提升，见图 9-31（b）与（d）[47]。另外，车削加工还能帮助消除冷喷涂沉积材料的残余压应力，并可能在工件表面引入拉伸应力[49]。

除了对表面粗糙度产生影响外，铣削加工还会对机加工表面附近材料的微观结构产生影响。图 9-32 显示了铣削加工后冷喷涂铝构件的断面图。铣削过程产生的压力会对高孔隙率的冷喷涂材料产生致密化作用，从而导致构件表面的密度远高于其内部。另外，当铣削力过大时，铣削加工会对脆性的冷喷涂沉积材料产生不良的影响，如形成裂纹甚至断裂[49,50]。因此，在进行铣削加工时，要充分考虑加工参数对材料组织均匀性的影响，以及可能产生的裂纹等不良影响。

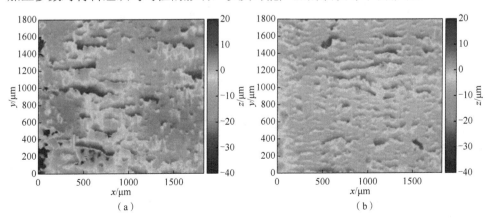

（a）　　　　　　　　　　　　　　　　（b）

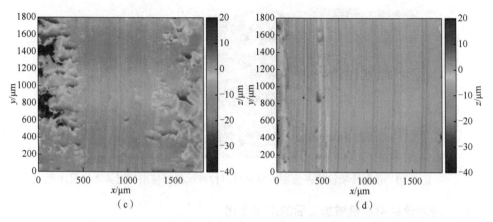

图 9-31　冷喷涂铝构件在车削加工后的表面的白光干涉仪图[47]

（a）采用氮气制备且未经热处理；（b）采用氮气制备且经热处理；
（c）采用氦气制备且未经热处理；（d）采用氦气制备且经热处理

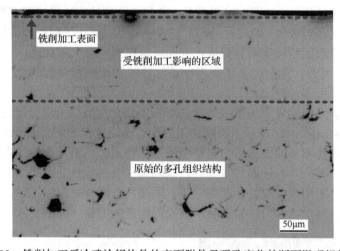

图 9-32　铣削加工后冷喷涂铝构件的表面附件呈现致密化的断面微观组织特征

参 考 文 献

[1] LUO X T, LI S P, LI C J, et al. Cold spray (CS) deposition of a durable silver coating with high infrared reflectivity for radiation energy saving in the polysilicon CVD reactor[J]. Surface and Coatings Technology, 2021, 409: 126841.

[2] LI S P, LUO X T, LI C J. Cold sprayed superhydrophilic porous metallic coating for enhancing the critical heat flux of the pressurized water-cooled reactor vessel in nuclear power plants[J]. Surface and Coatings Technology, 2021, 422: 127519.

[3] ABREEZA M, YUJI I, KAZUHIRO O. Computational Simulation for Cold Sprayed Deposition[C]. Sendai, Japan: ELYT Laboratory Workshop, 2011.

[4] BARNETT B, TREXLER M, CHAMPAGNE V. Cold sprayed refractory metals for chrome reduction in gun barrel liners[J]. International Journal of Refractory Metals and Hard Materials, 2015, 53: 139-143.

[5] CHOI H J, LEE M, LEE J Y. Application of a cold spray technique to the fabrication of a copper canister for the geological disposal of CANDU spent fuels[J]. Nuclear Engineering & Design, 2010, 240(10): 2714-2720.

[6] SOVA A, GRIGORIEV S, OKUNKOVA A, et al. Potential of cold gas dynamic spray as additive manufacturing technology[J]. International Journal of Advanced Manufacturing Technology, 2013, 69(9-12): 2269-2278.

[7] KUMAR S, CHAVAN N M. Cold Spray Coating Technology: Activities at ARCI[C]. Washington, USA: Proc. MIAE/ARCI Symposium on 'New coatings, materials and processes for aerospace', 2011.

[8] CHAD H. CSIRO Titanium Technologies and additive manufacturing[C]. Hamburg, Germany: Proceedings of 10th World Conference on Titanium, 2003.

[9] Richter P. New Value Chain for Advanced Coatings by Using Cold Spray[C]. Basel, Switzerland: Industrial Technologies, 2014.

[10] MAY C. Cold Spray Coatings on Hard Surfaces Other Commercial Applications,CSAT workshop[EB]. [2013-07-18]. https://www.coldsprayteam.com/csat-2013.

[11] SOVA A, OKUNKOVA A, GRIGORIEV S, et al. Velocity of the particles accelerated by a cold spray micronozzle: Experimental measurements and numerical simulation[J]. Journal of Thermal Spray Technology, 2013, 22: 75-80.

[12] BRIEFING T. Metal coated particles and defense applications, Workshop. Worcester, USA[EB]. [2013-07-17]. www.coldsprayteam. com/csat-2013.

[13] WU H, XIE X, LIU M, et al. Stable layer-building strategy to enhance cold-spray-based additive manufacturing[J]. Additive Manufacturing, 2020, 35: 101356.

[14] VARGAS-USCATEGUI A, KING P C, STYLES M J, et al. Residual stresses in cold spray additively manufactured hollow titanium cylinders[J]. Journal of Thermal Spray Technology, 2020, 29: 1508-1524.

[15] LYNCH M E, GU W, EL-WARDANY T, et al. Design and topology/shape structural optimisation for additively manufactured cold sprayed components[J]. Virtual & Physical Prototyping, 2013, 8(3): 213-231.

[16] VILLAFUERTE J. Using Cold Spray to Add Features to Components, CSAT Workshop, Worcester, USA[EB]. [2015-05-12]. www. coldsprayteam. com/csat-2015.

[17] CORMIER Y, DUPUIS P, FARJAM A, et al. Additive manufacturing of pyramidal pin fins: Height and fin density effects under forced convection[J]. International Journal of Heat and Mass Transfer, 2014, 75: 235-244.

[18] CORMIER Y, DUPUIS P, JODOIN B, et al. Pyramidal fin arrays performance using streamwise anisotropic materials by cold spray additive manufacturing[J]. Journal of Thermal Spray Technology, 2016, 25: 170-182.

[19] DUPUIS P, CORMIER Y, FENECH M, et al. Flow structure identification and analysis in fin arrays produced by cold spray additive manufacturing [J]. International Journal of Heat & Mass Transfer, 2016, 93: 301-313.

[20] DUPUIS P, CORMIER Y, FENECH M, et al. Heat transfer and flow structure characterization for pin fins produced by cold spray additive manufacturing [J]. International Journal of Heat & Mass Transfer, 2016, 98: 650-661.

[21] CORMIER Y, DUPUIS P, JODOIN B, et al. Finite element analysis and failure mode characterization of pyramidal fin arrays produced by masked cold gas dynamic spray[J]. Journal of Thermal Spray Technology, 2015, 24: 1549-1565.

[22] FARJAM A, CORMIER Y, DUPUIS P, et al. Influence of alumina addition to aluminum fins for compact heat exchangers produced by cold spray additive manufacturing[J]. Journal of Thermal Spray Technology, 2015, 24: 1256-1268.

[23] CORMIER Y, DUPUIS P, JODOIN B, et al. Net shape fins for compact heat exchanger produced by cold spray[J]. Journal of Thermal Spray Technology, 2013, 22: 1210-1221.

[24] CORMIER Y, DUPUIS P, JODOIN B, et al. Mechanical properties of cold gas dynamic-sprayed near-net-shaped fin arrays[J]. Journal of Thermal Spray Technology, 2014, 24: 476-488.

[25] BIRTCH W. Supersonic Spray Technologies[C]. Worcester, USA: CSAT Workshop, 2010.

[26] BIERK B, ADDISON G, ELMQUIST B. Repair Technology Development Projects[C]. Worcester, USA: CSAT Workshop, 2011.

[27] KASHIRIN A, KLYUEV O, BUZDYGAR T, et al. Modern Applications of the Low Pressure Cold Spray[C]. Hamburg, Germany: Proceedings of the 2011 International Thermal Spray Conference, 2011.

[28] YIN S, XIE Y, SUO X, et al. Interfacial bonding features of Ni coating on Al substrate with different surface pretreatments in cold spray[J]. Materials Letters, 2015, 138: 143-147.

[29] NASTIC A, VIJAY M, TIEU A, et al. Experimental and numerical study of the influence of substrate surface preparation on adhesion mechanisms of aluminum cold Spray coatings on 300M steel substrates[J]. Journal of Thermal Spray Technology, 2017, 26: 1461-1483.

[30] SUN W, TAN A W Y, KHUN N W, et al. Effect of substrate surface condition on fatigue behavior of cold sprayed Ti6Al4V coatings[J]. Surface and Coatings Technology, 2017, 320: 452-457.

[31] SCHELL J. Cold Spray Aerospace Applications[C]. Worcester, USA: CSAT Workshop, 2016.

[32] HOWE C. Cold Spray Repair of the CH-47 Accessory Cover[C]. Worcester, USA: CSAT Workshop, 2014.

[33] KILCHENSTEIN G. Cold Spray Technologies Used for Repair[C]. USA: JTEG Monthly Teleconference Los Angeles, 2014.

[34] HOWE, C. Cold Spray Qualification of T700 Engine Front Frame[C]. Worcester, USA: CSAT Workshop, 2015.

[35] WIDENER C A, CARTER M J, OZDEMIR O C, et al. Application of high-pressure cold spray for an internal bore repair of a navy valve actuator[J]. Journal of Thermal Spray Technology, 2016, 25: 193-201.

[36] LYALYAKIN V P, KOSTUKOV A Y, DENISOV V A. Special features of reconditioning the housing of a Caterpillar diesel oil pump by gas-dynamic spraying [J]. Welding International, 2016, 30(1): 68-70.

[37] LEYMAN P F, CHAMPAGNE V K. Cold spray process development for the reclamation of the Apache helicopter mast support[R]. USA: Army Research Laboratory, 2009.

[38] MAEV R G, STRUMBAN E, LESHCHINSKIY V, et al. Repair applications of the LPCS process, CSAT Workshop. Worcester, USA[EB]. [2014-07-12] . www. coldsprayteam. com/csat-2014.

[39] LEE J C, KANG H J, CHU W S, et al. Repair of damaged mold surface by cold-spray method[J]. CIRP Annals - Manufacturing Technology, 2007, 56(1): 577-580.

[40] Thermal Spray Repair of Exterior Clad Aluminum, Boeing Standards D6-51343, USA[S]. 2006.

[41] JONES R, MOLENT L, BARTER S, et al. Supersonic particle deposition as a means for enhancing the structural integrity of aircraft structures[J]. International Journal of Fatigue, 2014, 68: 260-268.

[42] MATTHEWS N, JONES R, SIH G C. Application of supersonic particle deposition to enhance the structural integrity of aircraft structures[J]. Science China-Physics, Mechanics & Astronomy, 2014, 57(1): 12-18.

[43] JONES R, MATTHEWS N, RODOPOULOS C A, et al. On the use of supersonic particle deposition to restore the structural integrity of damaged aircraft structures[J]. International Journal of Fatigue, 2011, 33(9): 1257-1267.

[44] YANDOUZI M, GAYDOS S, GUO D, et al. Aircraft skin restoration and evaluation[J]. Journal of Thermal Spray Technology, 2014, 23: 1281-1290.

[45] ASHOKKUMAR M, THIRUMALAIKUMARASAMY D, SONAR T, et al. An overview of cold spray coating in additive manufacturing, component repairing and other engineering applications[J]. Journal of the Mechanical Behavior of Materials, 2022, 31(1): 514-534.

[46] YIN S, WANG X, LI W, et al. Deformation behavior of the oxide film on the surface of cold sprayed powder particle[J]. Applied Surface Science, 2012, 259: 294-399.

[47] ALDWELL B, KELLY E, WALL R, et al. Machinability of Al 6061 deposited with cold spray additive manufacturing[J]. Journal of Thermal Spray Technology, 2017, 26: 1573-1584.

[48] RAMULU M, RAO P N, KAO H. Drilling of (Al$_2$O$_3$)p/6061 metal matrix composites[J]. Journal of Materials Processing Technology, 2002, 124(1-2): 244-254.

[49] SOVA A, COURBON C, VALIORGUE F, et al. Effect of turning and ball burnishing on the microstructure and residual stress distribution in stainless steel cold spray deposits[J]. Journal of Thermal Spray Technology, 2017, 26(8): 1922-1934.

[50] MACDONALD D, FERNÁNDEZ R, DELLORO F, et al. Cold spraying of armstrong process titanium powder for additive manufacturing[J]. Journal of Thermal Spray Technology, 2017, 26(4): 1-12.

第 10 章　展望与新机遇

经过 30 多年的发展，冷喷涂技术已可用于沉积多种金属、合金和金属基复合材料，从而形成致密的高性能涂层。作为一种低温加工工艺，冷喷涂中金属粉末与沉积的涂层几乎不会发生氧化，涂层的成分几乎与原始粉末相同。因此，冷喷涂层可具有与相应的块状材料相当的力学性能、导热和导电性能等。而且，冷喷涂具有沉积效率高、容易实现厚涂层制备的特点，可以用于修复失效零部件、增强零部件表面的抗摩擦和抗腐蚀性能及增材制造。特别在增材制造领域，作为一种新兴的增材制造技术，基于冷喷涂的增材制造为现代增材制造技术的应用开辟了新的途径。由于其对软金属材料的加工具有独特的优势，不仅在保持喷涂材料性质不变方面具有重要价值，而且在快速制备大型复杂结构材料的复合技术方面将发挥巨大的作用，因此越来越受到学术界和工业界的关注。

本书针对冷喷涂存在的一些关键技术问题及未来发展的方向进行梳理与讨论，同时也提出了一些适用的解决方案。冷喷涂技术在未来仍有很大的发展空间及应用前景，这里分别从基础研究及工业应用两方面对冷喷涂技术未来的发展方向进行展望。

1. 基础研究

（1）冷喷涂单粒子的沉积机理方面仍需要进一步深入研究，通过建立高分辨率的粒子高速变形照相设备，观测单个金属粒子及陶瓷粒子在撞击基体表面时变形及破碎特性，从而更全面地了解冷喷涂金属、陶瓷及金属基复合材料的沉积机理。

（2）基于冷喷涂过程控制，通过粒子塑性变形程度与沉积温度的协同调控，实现沉积体内粒子间界面的充分冶金结合与界面氧化膜的充分破碎分散，促进沉积粒子的整体动态再结晶，避免位错的累积，有望使制备态冷喷涂沉积体具有高强度的同时具有较高的塑性。

（3）进一步深入研究冷喷涂沉积体脆性的本征来源，揭示粒子界面显微结构对沉积体力学性能的影响，阐明热处理对冷喷涂沉积体粒子内部及粒子间界面显微结构的影响规律，针对不同材料，揭示热处理塑性提升的基本原理，解决冷喷涂钛与钛合金的热处理仍难改善脆性的基础问题，进一步拓展冷喷涂沉积体的材料适用范围。

（4）开展其他辅助技术对冷喷涂沉积体组织与性能影响的系统深入研究，开发出新型材料沉积复合新技术，实现材料性能和成形效率的同时提升。

（5）建立冷喷涂增材制造过程中点、线、面、体的外形形成理论关系，在此基础上确立冷喷涂增材制造构件外形精准调控的方案与方法，突破目前依赖反复实验与经验进行外形调控的困境。

（6）面向国家重大需求与国民经济重要支柱行业对构件性能的要求，通过大量的实验研究，积累冷喷涂层、修复件、增材制造件在振动、疲劳、高温、腐蚀等环境中的长期服役行为与失效机理数据库，为冷喷涂技术的工业化应用提供理论支撑。

（7）揭示冷喷涂低熔点金属长期喷涂中的喷嘴堵塞机理，开发适用于此类材料的专用冷喷涂喷嘴；建立适用于不同喷涂材料的专用喷嘴尺寸结构数据库，即适用于不同材料、形状及尺寸的喷嘴及其设计，延长喷嘴的使用寿命等。

（8）开发先进的冷喷涂相关的仿真计算模型，通过对喷涂全环节进行仿真模拟，对冷喷涂的涂层形貌及性能进行预测并对其参数进行优化，快速有效地指导生产制造进程，从而在最短的时间内获得最佳的喷涂效果。

2. 工业应用

（1）基于现有粉末含氧量、粒径分布、粉末外形对冷喷涂沉积行为与沉积体性能影响的大量研究成果，建立冷喷涂金属粉末的生产、储存、使用与检测的国家标准与行业标准，为冷喷涂工业化大规模的应用提供依据。

（2）探索更多复合制造工艺的开发，采用模块化系统设计的方式将冷喷涂与减材制造及激光等工艺进行耦合，在喷涂过程中及时调控喷涂精度，从而实现以冷喷涂工艺为主，多制造加工技术为辅的现代化增材制造。

（3）鉴于现有国产冷喷涂装备在稳定性方面与国际先进装备的差距，集中国内优势研究力量，在高性能冷喷涂装备的核心部件：长寿命气体加热装置、气体压力与温度高精度控制系统、高稳定性大容量高压送粉器、长寿命 Laval 喷嘴自主化制造进行攻坚开发，使国产高性能装备性能达到甚至超过目前的国际一流装备。

（4）针对国家重大需求与国民经济重要支柱行业制造业新的要求，在深入理解冷喷涂材料沉积原理的基础上，综合利用冷喷涂技术特点，从原材料、沉积体微结构设计、喷涂过程、后处理等多方面联合控制，满足不断涌现的新需求。

（5）通过对材料、设备、过程及后处理等工序进行协同优化，降低冷喷涂技术的应用成本。

　　冷喷涂技术在我国方兴未艾，冷喷涂增材制造技术在我国制造业领域异军突起。冷喷涂技术突出的冶金优势与加工特点，使其必将在解决国家的重大需求与国民经济发展的需求方面占有一席之地。随着高性能冷喷涂装备与工艺及相关辅助设备的不断发展与成熟，一方面可以覆盖更多的材料，另一方面可以实现复杂大型金属零部件的工业规模化生产。相信在未来 5~10 年必将迎来新的发展与广泛应用。